应用型本科高校"十四五"规划机械类专业教材

液压与气压传动

U0783753

主　编　张玉平

副主编　黄安贻　黄　英

参　编　叶仁虎　王　睿　吴　娇

主　审　容一鸣

华中科技大学出版社
http://www.hustp.com
中国·武汉

内 容 简 介

本书共 13 章,第 1 章为绪论,介绍液压与气压传动的基本知识;第 2 章介绍液压流体力学基础,是基本理论部分;第 3、4、5、6 章按液压动力元件、执行元件、操纵控制元件和辅助元件的顺序,介绍基本液压元件的结构、工作原理、性能和应用;第 7 章主要介绍常用液压基本回路的组成、原理、性能和应用场合,核心是调速回路;第 8 章通过典型的机械工程中的液压系统,介绍液压系统分析的方法、步骤和分析的内容;第 9 章介绍液压系统的设计步骤、设计计算方法;第 10 章介绍电液比例控制系统的工作原理与应用实例;第 11 章介绍气压传动基础知识;第 12 章介绍气源装置及辅助元件、气动执行元件、气动控制元件的结构、工作原理、性能和应用;第 13 章介绍气动基本回路的组成、原理、性能和应用,气动系统的工作原理及性能分析。

本书编写采用理论与实践相结合,注重液压与气动技术在机械工程中的应用,注重技术应用能力的培养。书中例题翔实,主要章节均有思考题与习题。

本书可作为普通高等学校机械类专业的教材,也可作为高职高专、成人教育、自学考试等机械类专业的教材。同时,可供从事液压与气压传动与控制技术的工程技术人员参考。

图书在版编目(CIP)数据

液压与气压传动/张玉平主编.—武汉:华中科技大学出版社,2021.8(2025.6 重印)
ISBN 978-7-5680-7411-7

Ⅰ.①液… Ⅱ.①张… Ⅲ.①液压传动 ②气压传动 Ⅳ.①TH137 ②TH138

中国版本图书馆 CIP 数据核字(2021)第 165999 号

液压与气压传动
Yeya yu Qiya Chuandong

张玉平　主编

策划编辑:袁　冲
责任编辑:狄宝珠
封面设计:孢　子
责任监印:朱　玢

出版发行:华中科技大学出版社(中国·武汉)　　电话:(027)81321913
　　　　　武汉市东湖新技术开发区华工科技园　　邮编:430223
录　　排:武汉正风天下文化发展有限公司
印　　刷:武汉邮科印务有限公司
开　　本:787mm×1092mm　1/16
印　　张:21.5
字　　数:561 千字
版　　次:2025 年 6 月第 1 版第 4 次印刷
定　　价:58.00 元

液压传动与气压传动技术是自动化和智能制造生产中的先进科学技术之一，在现代科学技术发展中占有非常重要的地位。"液压与气压传动"课程既是机械工程学科机械制造及其自动化、机械电子工程、车辆工程、材料成型及控制工程等专业的专业基础课程，也是自动化、轻工机械等专业的重要技术类课程。本课程的主要任务是使学生掌握液压与气压传动的基础知识，掌握各种液压与气压元件的结构、原理、性能及在工程中的应用，熟悉主要液压与气压基本回路的组成、原理、特点及应用，掌握分析液压与气动系统的基本方法，了解液压与气动系统设计的基本方法，为学习后续专业课程打下基础。

本书共13章，第1章为绪论，介绍液压与气压传动的基本知识；第2章介绍液压流体力学基础，是基本理论部分；第3、4、5、6章按液压动力元件、执行元件、操纵控制元件和辅助元件的顺序，介绍基本液压元件的结构、工作原理、性能和应用；第7章主要介绍常用液压基本回路的组成、原理、性能和应用场合，核心是调速回路；第8章通过典型的机械工程中的液压系统，介绍液压系统分析的方法、步骤和分析的内容；第9章介绍液压系统的设计步骤、设计计算方法；第10章介绍电液比例控制系统的工作原理与应用实例；第11章介绍气压传动基础知识；第12章介绍气源装置及辅助元件、气动执行元件、气动控制元件的结构、工作原理、性能和应用；第13章介绍气动基本回路的组成、原理、性能和应用，气动系统的工作原理及性能分析。

在本书编写过程中，编者从读者学习的角度，对教材中的难度和重点内容进行了分析和讲授，力求贯彻少而精、理论与实践相结合的原则，吸收了同类教材的编写经验和最新的教学、科研成果，并融入了编者的教学心得和体会，选择了大量的例题进行详细的解答，旨在帮助读者掌握教材内容，提高分析问题和解决问题的能力。紧密联系液压与气动技术在机械工程中的应用，适当淡化了纯理论分析，侧重对液压与气动技术应用能力的培养，加强了学生分析问题、解决问题的能力和创新意识的培养，增加了目前工程实践中应用越来越广泛的电液比例控制系统。可以预言，随着机电一体化技术的发展，电液比例控制技术与系统将主导液压与气压传动与控制领域。本书涉及的元件、回路以及系统原理图全部按照国家最新图形符号绘制，主要图形符号摘录于附录中。

本书由武汉华夏理工学院张玉平担任主编，武汉华夏理工学院黄安贻、黄英担任副主编，武汉华夏理工学院叶仁虎、王睿、吴娇参编；全书由张玉平负责统稿。

本书由武汉理工大学容一鸣教授担任主审，并提出了修改意见，特此致谢。

在本书的编写过程中，华中科技大学出版社给予了极大支持和帮助，同时得到了武汉华夏理工学院的关心与帮助，在此一并致谢。

鉴于编者水平和经验所限，书中难免存在错误和疏漏之处，敬请广大读者批评指正。

编　者
2021年6月于武汉东湖新技术开发区

第 1 章
绪论

【学习要点】

　　掌握压力和流量的基本概念、压力能（液压能）的概念；理解液压与气压传动的工作原理；掌握液压与气压传动系统的基本组成。

液压与气压传动是一门研究以流体为传动介质来实现各种机械的传动和控制的学科。一般来说，一部机器由动力装置、传动装置、工作执行装置、操纵或控制元件等四部分构成，动力装置的性能参数一般都不可能满足执行装置各种工作状况的要求，这种矛盾就由传动装置来解决。其基本结构如图 1-1 所示。

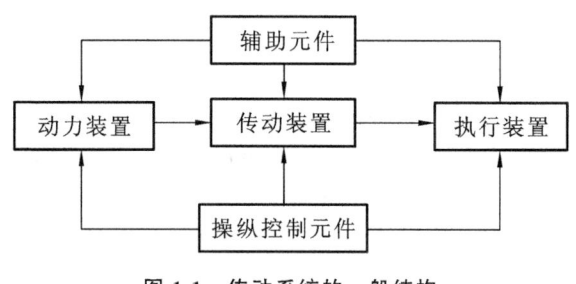

图 1-1　传动系统的一般结构

所谓传动就是指能量（动力）由动力装置向工作执行装置的传递，通过各种不同的传动方式，将动力装置的转动变为执行装置各种不同形式的运动，并提供能克服负载做功所需要的力或转矩。

用流体作为工作介质进行能量（动力）转换、传递和控制的传动方式称为流体传动，包括液力传动、液压传动和气压传动。液力传动是利用液体的动能来传递能量，液压传动则是利用液体的压力能来传递能量，而气压传动是利用气体的压力能来传递能量的。本书主要介绍液压与气压传动技术。

液压传动利用液压泵将原动机（发动机、电动机）的机械能转变为液体的压力能，然后利用液压缸或液压马达，将液体的压力能转变为机械能，以驱动负载，并获得执行机构所需的运动速度。

气压传动是利用空压机把电动机或其他原动机输出的机械能转换为空气的压力能，然后在控制元件的作用下，通过执行元件（气缸、气马达）把压力能转换为直线运动或回转运动形式的机械能，从而完成各种动作，并对外做功。

在机械工程中，液压与气压传动被广泛采用。本章介绍液压与气压传动的工作原理、组成、优缺点及应用领域与发展。

◀ 1.1　液压与气压传动的工作原理 ▶

液压与气压传动的工作原理是相似的，现以图 1-2 为例来简述液压传动的工作原理。图 1-2 中，大小两个液压缸 II 和 I 内分别装有活塞，活塞可以在缸内滑动，且密封可靠。要举升重物 12 时，截止阀 8 应关闭。当向上提起杠杆 1 时，液压缸 I 的活塞向上移动，缸 I 下腔的密封容积增大，腔内压力下降，这时排油单向阀 3 关闭，形成一定的真空度，油箱 5 中的油液在大气压力的作用下推开吸油单向阀 4 进入缸 I 的下腔，从而完成了一次吸油过程。接着，压下杠杆 1，缸 I 的活塞下移，下腔密封油腔的容积减小，油液受到挤压，压力上升，关闭吸油单向阀 4，压力油推开排油单向阀 3 进入液压缸 II 的下腔，从而推动大活塞克服重物 12 的重力 G 上升而做功。如此反复地提、压杠杆 1，就可以将重物 12 逐渐升起，从而达到起重的目的。

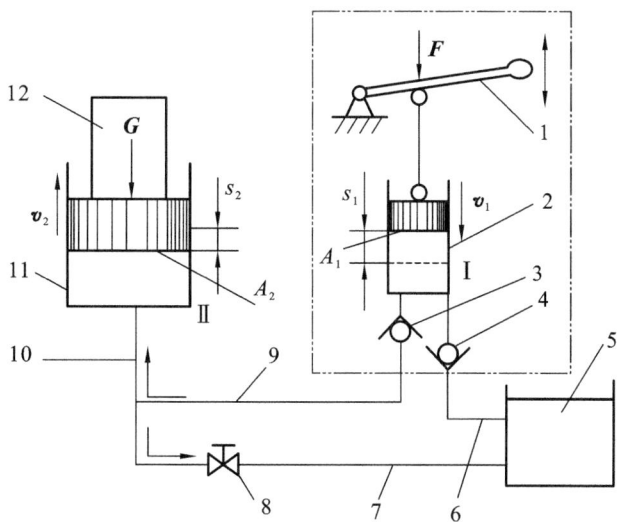

图 1-2 液压千斤顶的工作原理

1—杠杆;2—液压缸Ⅰ;3—排油单向阀;4—吸油单向阀;5—油箱;6,7,9,10—油管;8—截止阀;11—液压缸Ⅱ;12—重物

当需要液压缸Ⅱ的活塞停止运动时,可使杠杆1停止运动,液压缸Ⅱ中的液压力使排油单向阀3关闭,液压缸Ⅱ的活塞就被锁住不动。当需要液压缸Ⅱ的活塞放下时,可打开截止阀8,液压缸Ⅱ内的液压油经截止阀8排回油箱5,缸Ⅱ的活塞下降到原位。只要控制截止阀8的开度(通流面积)就可以控制重物12的下降速度。

由液压千斤顶的工作原理可以看出,驱动杠杆1向下移动的机械能,通过缸Ⅰ以及吸油、排油单向阀4、3转换成油液的压力能,此压力能再通过液压缸Ⅱ转换成克服负载(举升重物)的机械能,对外做功,实现了能量的转换和传递。

从液压千斤顶的工作原理、动力传递的过程,可以了解液压与气压传动的基本特性。

1. 力的传递

缸Ⅰ中的小活塞下移时,打开排油单向阀3,使两个液压缸油腔变成一个密封连通器。在缸Ⅱ中的大活塞上有负载 G,当小活塞上作用一个主动力 F,使密封连通器保持力的平衡。此时,油液受压后在内部建立了压力,有

大活塞上的压力为
$$p_2 = \frac{G}{A_2}$$

而小活塞上的压力为
$$p_1 = \frac{F}{A_1}$$

式中,A_1、A_2 为小活塞、大活塞的有效作用面积。

因密封连通器中压力处处相等,需要 $p_2 = p_1 = p$,所以有

$$\frac{G}{A_2} = \frac{F}{A_1} = p \tag{1-1}$$

这样,用较小的力就可以平衡大活塞上很大的负载力,即

$$G = \frac{A_2}{A_1}F \tag{1-2}$$

当系统的结构参数 A_1、A_2 不变时,从式(1-1)可知,负载 G 越大,举升它需要的压力 p 就越大,亦即需要提供的压力 p 就越大,由此可以得出一个重要的结论,即液压系统中的工作压力取决于负载,取决于液体流动时需要克服的阻力。

由式(1-2)可以看出,大小活塞的面积比 A_2/A_1 越大,作用力放大的效果就越明显,只要在小活塞上施加一个很小的力 F,就可以使大活塞上产生一个很大的举升力举起重物 G。请注意,这里只是作用力被放大了,并不是能量放大,能量是守恒的。

2. 运动的传递

根据质量守恒定律,从液压缸 I 中压出的油液的体积必然等于液压缸 II 中大活塞上升所让出的体积,即有

$$V = A_1 s_1 = A_2 s_2 \tag{1-3}$$

式中,s_1、s_2 为小活塞和大活塞的位移量。

设小活塞、大活塞移动 s_1、s_2 距离的时间为 t,则有

$$\frac{V}{t} = A_1 \frac{s_1}{t} = A_2 \frac{s_2}{t}$$

即

$$q = A_1 v_1 = A_2 v_2 \tag{1-4}$$

因此有

$$v_2 = \frac{A_1}{A_2} v_1 = \frac{q}{A_2} \tag{1-5}$$

由式(1-5)可知,如果调节进入缸 II 的流量 q,就可以调节大活塞的运动速度 v_2。由此可以得出又一个重要结论,即液压系统中执行元件的运动速度取决于流量。

3. 功率的转换与传递

由图 1-2 可知,缸 I 输入的机械功率为 Fv_1,转换为液压功率 pq,缸 II 将液压功率 pq 转换为机械功率,对外做功 Gv_2。因为 Fs_1 为机械能,有

$$Fs_1 = p_1 A_1 s_1 = p_1 V_1 \tag{1-6}$$

由此可知,体积为 V,具有压力 p 的液体就具有压力能(液压能)pV。

综上所述,可以得出如下结论:液压与气压传动是依靠密封容腔中流体的压力能来实现运动和动力传递的。液压与气压传动装置从本质上讲是一种能量转换装置,它先将机械能转换为便于输送的压力能,然后再将压力能转换为机械能对外做功。

◀◀ 1.2　液压与气压传动系统的组成和图形符号 ▶▶

1.2.1　液压与气压传动系统的组成

以图 1-3 所示磨床工作台液压传动系统的工作原理图为例。这个系统可使工作台克服各种阻力作直线往复运动,并且工作台的运动行程和运动速度可以调节。图中,液压泵 3 由电动机驱动旋转,从油箱 1 中吸油,油液流经过滤器 2 进入液压泵。当液压油从液压泵输出进入油管后,通过开停阀 5、节流阀 6 流至手动换向阀 7。换向阀 7 有左、中、右 3 个工作

位置。

　　注意:理解一个液压传动系统的工作原理,需要抓住执行元件运动方向如何控制、速度如何控制、系统压力如何控制这三个关键问题。

　　若将换向阀 7 的阀芯推到右边,如图 1-3(a)所示,液压泵 3 输出的液压油将流经开停阀 5、节流阀 6、换向阀 7 的 P 口→A 口进入液压缸 8 左腔,推动活塞和工作台向右移动。与此同时,液压缸右腔的油液经换向阀 7 的 B 口→T 口经回油管排回油箱。

　　当换向阀 7 的阀芯处于左位时,如图 1-3(b)所示,则液压油经 P 口→B 口进入液压缸 8 右腔;液压缸左腔的液压油经 A 口→T 口排回油箱,工作台向左移动。

　　由此可见:由于设置了手动换向阀 7,所以可改变液压油的流向,使液压缸 8 不断换向从而实现工作台的往复运动。

　　工作台运动时,要克服阻力,主要是磨削力和工作台与导轨之间的摩擦力等,这些阻力,由液压泵提供给液压缸的油液的压力来克服;要克服的阻力越大,液压缸中的油压越高;反之压力就越低。根据工作情况的不同,液压泵输出油液的压力可以通过溢流阀 4 进行调整。

　　工作台的运动速度可通过节流阀 6 来调节。节流阀的作用是:通过改变节流阀开口量的大小来调节通过节流阀油液的流量,从而控制工作台的运动速度。此时,液压泵输出的多余的油液只能在一定压力下通过溢流阀 4 溢流回油箱。当节流阀口开大时,进入液压缸的油液增多,活塞(和工作台)移动速度增大;当节流阀口关小时,进入液压缸的油液减少,活塞(和工作台)的移动速度降低。

　　当手动换向阀 7 的阀芯处于中位时,如图 1-3(c)所示,由于所有油口 P、T、A、B 均封闭,油路不通,液压油不能进入液压缸 8,活塞停留在某个位置上,所以工作台 9 不动。此时,开停阀 5 的阀芯应处于左位,如图 1-3(d)所示,液压泵输出的液压油经开停阀 5 的 P 口→A 口流回油箱,液压泵输出的油液没有压力,液压泵的这种工作状态称为压力卸荷。

　　过滤器 2 用于滤去油液中的污染物。

　　由此可知,液压与气压传动系统主要由以下几个部分组成。

1. 动力元件

　　动力元件主要指液压泵或空气压缩机。其作用是把原动机(电动机)输出的机械能转变成流体压力能的能量转换装置。

2. 执行元件

　　执行元件指各种类型的液(气)压缸、液(气)压马达。其作用是将流体的压力能转变成机械能的能量转换装置。

3. 控制调节元件

　　控制调节元件主要指各种类型的控制阀,如上例中的溢流阀、节流阀、换向阀等。它们的作用是控制液压或气压系统中流体的压力、流量和流动方向,从而保证执行元件能驱动负载,并按规定的方向运动,获得规定的运动速度。

4. 辅助装置

　　辅助装置指油箱、过滤器、油雾器、蓄能器、管接头、压力表等。它们对保证液(气)压系统可靠、稳定、持久地工作具有重要作用。

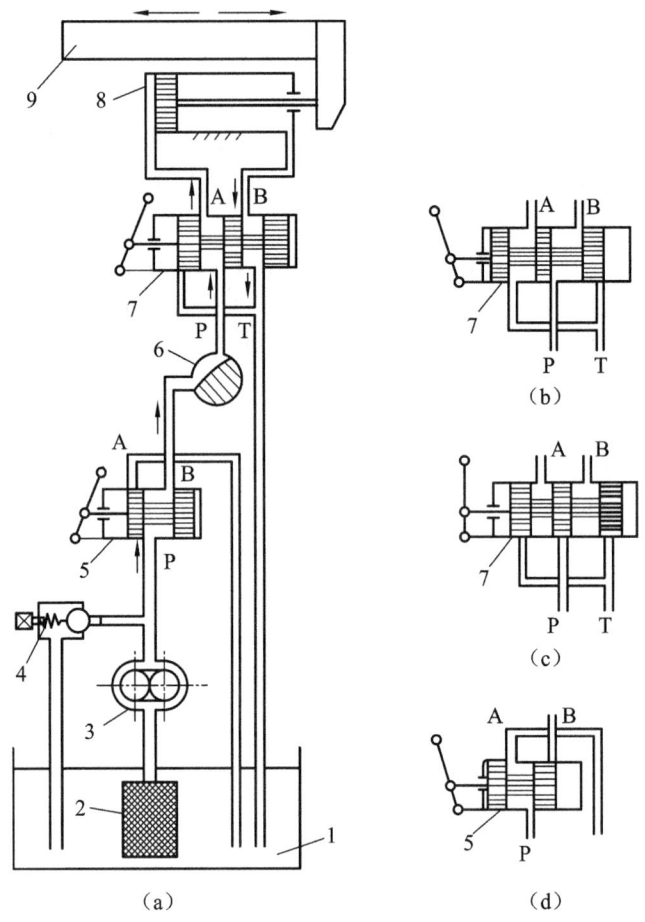

图 1-3　磨床工作台液压传动系统的工作原理图
1—油箱；2—过滤器；3—液压泵；4—溢流阀；5—开停阀；
6—节流阀；7—换向阀；8—液压缸；9—工作台

5. 工作介质

工作介质指传递能量的流体，即各种类型的液压油或压缩空气。

1.2.2　液压与气压传动系统的图形符号

图 1-3 是采用半结构式图形表示的液压传动系统的工作原理图。这种原理图，直观性强，容易理解，但图形较复杂，绘制不方便。为简化液压、气动系统的表示方法，通常采用图形符号来绘制系统的原理图。图形符号只表示元件的职能，不表示元件的结构和参数，通常也称为职能符号。如图 1-4 所示为用职能符号绘制的上述磨床工作台液压传动系统的工作原理图，表明了组成系统的元件、元件之间相互关系及整个液压传动系统的工作原理，且简单明了，便于绘制。图 1-4 中的图形符号可参见国家标准 GB/T 786.1—2009《流体传动系统及元件图形符号和回路图 第 1 部分：用于常规用途和数据处理的图形符号》。

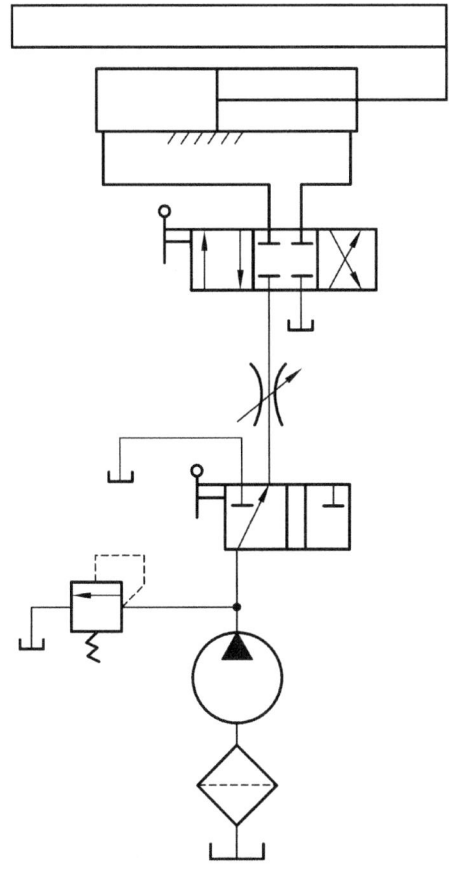

图 1-4　用图形符号绘制液压传动系统的工作原理图

◀ 1.3　液压与气压传动的优缺点 ▶

1.3.1　液压传动的优缺点

1. 液压传动的优点

液压传动与机械传动、电力传动、气压传动相比,主要具有下列优点。

(1) 易于实现无级调速,调速范围大,可达 100:1～2 000:1。

(2) 在功率相同的情况下,液压传动装置的体积小、重量轻、惯性小、结构紧凑(如液压马达的重量只有同功率电机重量的 10%～20%),而且能传递较大的力或扭矩。

(3) 工作平稳,反应快,冲击小,能频繁启动和换向。液压传动装置的换向频率,回转运动每分钟可达 500 次,往复直线运动每分钟可达 400～1 000 次。

(4) 控制、调节比较简单,操纵比较方便、省力,易于实现自动化,与电气控制配合使用能实现复杂的顺序动作和远程控制。

(5) 易于实现过载保护,系统超负载时油液经溢流阀流回油箱。由于采用油液做工作介质,能自行润滑,所以寿命长。

（6）易于实现系列化、标准化、通用化,液压传动系统易于设计、制造和推广使用。

（7）易于实现回转运动、直线运动,且元件排列布置灵活。

（8）在液压传动系统中,功率损失所产生的热量可由流动着的油液带走,故可避免机械本体产生过度温升。

2. 液压传动的缺点

（1）液体作为工作介质,易泄漏,且具有可压缩性,故难以保证严格的传动比。

（2）液压传动中有较多的能量损失（压力损失、泄漏损失）,传动效率低,所以不宜做远距离传动。

（3）液压传动对油温和负载变化敏感,不宜在很低或很高温度下工作,对污染很敏感。

（4）液压传动需要有单独的能源（液压泵站）,液压能不能像电能那样从远处传来。

（5）液压元件制造精度高,造价高,须组织专业化生产。

（6）液压传动装置出现故障时不易查找原因,不易迅速排除故障。

总之,液压传动优点较多,其缺点正随着科学技术的发展逐步得以克服,因此,液压传动在现代工业中有着广阔的发展前景。

1.3.2　气压传动的优缺点

1. 气压传动的优点

与液压传动相比,气压传动具有以下优点。

（1）空气作为工作介质,易获取,且取之不尽,使用完毕后,可直接排放到大气中,对环境无污染。

（2）空气黏度低,故流动阻力小,压力损失小,便于集中供气和进行远距离传输。

（3）工作环境适应性好。特别在易燃、易爆、多尘埃等恶劣工作环境中,比液压、电子、电气传动和控制优越。

（4）相对液压传动而言,气动动作迅速、反应快。

（5）气体压力具有较强的自保持能力,即使压缩机停机,关闭气阀,但装置中仍然可以维持一个稳定的压力。

（6）气动装置结构简单,成本低,维护方便,过载时能自动保护。

2. 气压传动的缺点

（1）由于空气的可压缩性较大,气动执行元件的动作速度及运动稳定性易受负载的变化而变化,给位置控制和速度控制精度带来较大影响。

（2）由于工作压力低,气动装置的输出力或力矩受到限制。气压传动装置的输出力不宜大于 40 kN,仅适用于小功率的场合。

（3）噪声较大,尤其是在超音速排气时要加消声器。

（4）气压传动装置的信号传递速度限制在声速（约 340 m/s）范围内,所以它的工作频率和响应速度远不如电子装置,并且信号要产生较大的失真和延滞,也不便于构成较复杂的控制系统,但这个缺点对工业生产过程不会造成困难。

◀ 1.4 液压与气压传动技术的应用与发展 ▶

1.4.1 液压与气压传动技术的应用

液压与气压传动有许多优点,在国民经济各领域中都得到了广泛的应用,但各部门应用液压与气压传动的出发点不同:工程机械、压力机械采用液压传动的原因是结构简单,输出力量大;航空工业采用的原因是重量轻、体积小;机床中采用液压传动技术主要是可实现无级调速,易于实现自动化,能实现换向频繁的往复运动;电子工业、包装机械、印染机械、食品机械等方面应用气压传动主要是取其操作方便,且无油、无污染。液压与气压传动技术在各类机械行业的应用如表 1-1 所示。

表 1-1 液压与气压传动技术在机械行业中的应用

行 业 名 称	应用场合举例
机械制造	数控机床、加工中心、组合机床、压力机、自动生产线等
工程机械	挖掘机、装载机、推土机、压路机等
汽车工业	环卫车、自卸式汽车、汽车起重机、高空作业车、智能生产线等
农业机械	联合收割机的控制系统、拖拉机的悬挂装置等
轻工机械	打包机、注塑机、包装机械等
冶金机械	电炉控制系统、轧钢机控制系统等
矿山机械	开采机、提升机、液压支架等
建筑机械	打桩机、平地机等
船舶港口机械	起货机、锚机、舵机等
铸造机械	砂型压实机、加料机、压铸机等

1.4.2 液压与气压传动技术的发展

液压技术自 18 世纪末英国制成世界上第一台水压机算起,已有 200 多年的历史了,但其真正的发展只是在第二次世界大战后 70 多年的时间内,战后液压技术迅速向民用工业转移,在机床、工程机械、农业机械、汽车等行业中逐步推广。20 世纪 60 年代以来,随着原子能技术、空间技术、计算机技术的发展,液压技术得到了很大的发展,并渗透到各个工业领域中去。当前液压技术正向着高压、高速、大功率、高效率、低噪声、长寿命、高度集成化、复合化、小型化以及轻量化等方向发展。同时,新型液压元件和液压系统的计算机辅助测试(CAT)、计算机直接控制(CDC)、机电一体化技术、计算机仿真和优化设计技术、可靠性技术以及污染控制方面,也是当前液压技术发展和研究的方向。

我国的液压技术始于 20 世纪 50 年代,经过多年的艰苦探索和发展,我国的液压技术水平有了很大的提高。目前,我国的液压件已从低压到高压形成系列,并生产出许多新型的元件,如插装式锥阀、电液比例阀、电液数字控制阀等。我国机械工业在认真消化、推广国外引进的先进液压技术的同时,大力研制、开发国产液压件新产品,加强产品质量可靠性和新技术应用的研究,积极采用国际标准,合理调整产品结构,目前已能生产品种规格齐全的产品,能为汽车、工程机械、农业机械、机床、塑机、冶金矿山、发电设备、石油化工、铁路、船舶、港口、轻工、电子、医药以及国防工业提供品种基本齐全的产品。

气压传动技术在科技飞速发展的当今世界发展将更加迅速。随着工业的发展,气动技术已发展成包含传动、控制与检测在内的自动化技术。气动技术的应用领域已从汽车、采矿、钢铁、机械等行业迅速扩展到化工、轻工、食品、医疗、军事工业等各行各业。由于工业自动化技术的发展,气动控制技术以提高系统可靠性,降低总成本为目标,研究和开发系统控制技术和机、电、液、气综合技术。显然,气动元件当前发展的特点和研究方向主要是节能化、小型化、轻量化、位置控制的高精度化,以及与电子学相结合的综合控制技术。

随着智能制造技术的发展,液压与气压传动技术在精益生产、智能生产线、无人化工厂等制造领域的应用也日益广泛。伴随着中国制造 2025 的发展进程,液压与气压传动技术在制造业转型升级中也将发挥越来越重要的作用。

思考题与习题

1.1　液压与气压传动系统由哪几部分组成?各部分的作用是什么?

1.2　传动方式有很多,什么情况下选择液压传动?什么情况下选择气压传动?它们各有什么优势?

第 2 章
液压流体力学基础

【学习要点】

了解液压油两个重要的物理性质:可压缩性和黏性。了解黏度的表示方法,黏度与温度、压力的关系以及黏度对液压系统带来的影响。

掌握液体静力学基本方程、运动学方程,即连续性方程、伯努利能量方程、动量方程,能熟练应用这些方程解决工程实际问题。

掌握液体在管道中流动的两种流态,即层流、紊流以及它们的本质;掌握液体在管道中流动产生压力损失的根本原因及计算方法;掌握液体在各种孔口、间隙中流动时的流量-压力特性以及应用;理解液压系统中产生液压冲击、空穴气蚀的物理原因以及减小、预防的方法。

液压传动以液体作为工作介质来传递能量和运动。因此,了解液体的主要物理性质,掌握液体静止和运动中的基本力学规律,对于正确理解液压传动原理、液压元件的工作原理,以及合理设计、使用和维护液压系统都是十分必要的。

2.1 液体的物理性质

液体是液压传动的工作介质,同时它还起到润滑、冷却和防锈作用。液压系统能否可靠、有效地进行工作,在很大程度上取决于系统所使用的液压油液的物理性质。

2.1.1 液体的密度

单位体积液体的质量称为液体的密度。通常用 $\rho(\mathrm{kg/m^3})$ 表示,即

$$\rho = \frac{m}{V} \tag{2-1}$$

式中,m 为液体的质量,kg;V 为液体的体积,$\mathrm{m^3}$。

液压油的密度随温度的升高而略有减小,随工作压力的升高而略有增加。在液压传动中,通常对这种变化忽略不计。一般计算中,石油基液压油的密度为 $\rho = 900~\mathrm{kg/m^3}$。

2.1.2 液体的可压缩性

液体受压力作用而发生体积缩小的性质称为液体的可压缩性。液体可压缩性可用体积压缩系数 k 来表示,即单位压力变化时的体积相对变化量,则

$$k = -\frac{1}{\Delta p}\frac{\Delta V}{V} \tag{2-2}$$

式中,V 为压力变化前,液体的体积;Δp 为压力变化值;ΔV 为在 Δp 作用下,液体体积的变化值。由于压力增大时液体的体积减小,因此上式等号右边加一负号,以使 k 成为正值。

液体体积压缩系数的倒数,称为体积弹性模量 K,简称体积模量。

$$K = -\frac{V}{\Delta V}\Delta p \tag{2-3}$$

液压油的体积弹性模量与温度、压力有关。当温度增大时,液体密度减小,可压缩性变大,因此 K 值减小。在液压油正常的工作范围内,K 值会有 5%~25% 的变化。压力增大时,液体密度增大,因此 K 值增大,但这种变化不呈线性关系,当 $p \geqslant 3~\mathrm{MPa}$ 时,K 值基本上不再增大。当液压油中混入未溶解的气体后,K 值将会有明显的降低。

在常温下,纯液压油的平均体积弹性模量的值在 $(1.4\sim2)\times10^3~\mathrm{MPa}$ 范围内,数值很大。因此,在液压传动中,一般认为液压油是不可压缩的。

封闭在容器内的液体在外力作用时的特征极像一个弹簧:外力增大,体积减小;外力减小,体积增大。液体的这种弹性效应称为液压弹簧,其刚度 K_h,在液体承压面积 A 不变时,如图 2-1 所

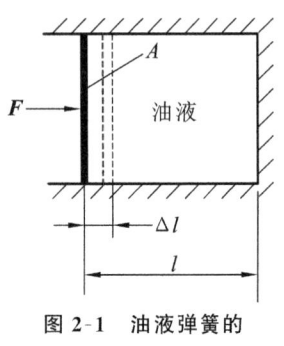

图 2-1 油液弹簧的
刚度计算简图

示,可以通过压力变化 $\Delta p = \Delta F / A$(ΔF 为作用力 F 的变化量)、体积变化 $\Delta V = A \Delta l$(Δl 为液柱长度变化量)和式(2-4)求出,即

$$K_h = -\frac{\Delta F}{\Delta l} = \frac{A^2 K}{V} \tag{2-4}$$

2.1.3　液体的黏性

1. 液体黏性的概念

液体在外力作用下流动或有流动趋势时,分子之间存在的内聚力要阻止分子之间的相对运动,从而在液体内部产生一种内摩擦力。液体的这种性质称为黏性。

如图 2-2 所示,设距离为 h 的两平行平板间充满液体,下平板固定,而上平板在外力 F 的作用下以速度 u_0 向右平移。由于液体和固体壁面间的附着力,黏附于上平板的液层速度为 u_0,黏附于下平板的液层速度为零;而由于液体的黏性,中间各层液体的速度则随着液层间距离 Δy 的变化而变化。当上、下板之间距离 h 较小时,液体

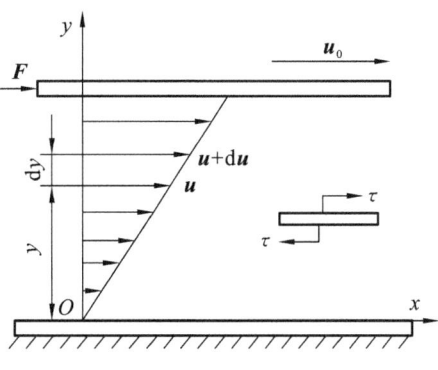

图 2-2　液体黏性示意图

的速度从上到下近似呈线性递减规律分布。其中速度快的液层带动速度慢的;而速度慢的液层对速度快的起阻滞作用。不同速度的液层之间的相对滑动必然在层与层之间产生内部摩擦力。这种摩擦力作为液体内力,总是成对出现,且大小相等、方向相反地作用在相邻两液层上。

根据牛顿实验得知,流动液体相邻液层之间的内摩擦力 F_f 与液层接触面积 A、液层间的速度梯度 du/dy 成正比,即

$$F_f = \mu A \frac{du}{dy} \tag{2-5}$$

式中,μ 为比例常数,称为黏度系数或动力黏度,其值与液体种类有关;A 为上平板与液体的接触面积,亦即各液层间接触面积;du/dy 为速度梯度,即在速度垂直方向上的速度变化率。

式(2-5)就是牛顿液体内摩擦定律。如果液体的动力黏度 μ 只与液体种类有关,而与速度梯度无关,则这样的液体称为牛顿液体。一般石油基液压油都是牛顿液体。

若以 τ 表示液层间的切应力,即单位面积上的内摩擦力,则式(2-5)可表示为

$$\tau = \frac{F_f}{A} = \mu \frac{du}{dy} \tag{2-6}$$

或写成

$$\mu = \frac{F_f / A}{du / dy} = \frac{\tau(切应力)}{du/dy(切应变)} \tag{2-7}$$

由此可见,液体黏性的物理意义是:液体在流动时抵抗变形的能力的一种度量。

在静止液体中,速度梯度 $du/dy = 0$,故其内摩擦力为零。因此,液体在静止时不呈现黏性,在流动时才显示其黏性。

2. 液体黏性的度量——黏度

液体在流动时抵抗变形的能力,即液体黏性的大小,用黏度表示。通常,黏度大小可以用动力黏度、运动黏度和相对黏度来表示。

1)动力黏度

动力黏度又称为绝对黏度。如式(2-8)所示,动力黏度 μ 的物理含义是:液体在单位速度梯度下流动时,相接触的液体层间单位面积上所产生的内摩擦力。

在 SI 单位制中,动力黏度的单位是 Pa·s(1 Pa·s＝1 N·s/m²)。

2)运动黏度

液体的动力黏度 μ 和它的密度 ρ 的比值称为运动黏度,常以符号 ν 表示,即

$$\nu = \frac{\mu}{\rho} \qquad (2\text{-}8)$$

在 SI 单位制中,运动黏度 ν 的单位是 m²/s,常用 mm²/s。

$$1 \text{ m}^2/\text{s} = 10^4 \text{ cm}^2/\text{s} = 10^4 \text{ St(斯)} = 10^6 \text{ mm}^2/\text{s(厘斯)}$$

因为在液压系统的理论分析和计算中常常碰到动力黏度 μ 与密度 ρ 的比值,因而才采用运动黏度这个单位来代替 μ/ρ。运动黏度 ν 没有什么特殊的物理意义,它之所以被称为运动黏度,是因为它的单位中只有运动学的量纲。液体的运动黏度可用旋转黏度计测定。

在我国,运动黏度是划分液压油牌号的依据,液压油的牌号是该液压油在 40 ℃时运动黏度的中间值。例如,32 号液压油是指这种油在 40 ℃时运动黏度的中间值为 32 mm²/s,其运动黏度范围为 28.8~35.2 mm²/s。

3)相对黏度

动力黏度和运动黏度是理论分析计算中经常使用的黏度单位,但它们难以直接进行工程测量,因此工程上常采用相对黏度来表示液体黏性的大小。

相对黏度是以液体的黏度相对于水的黏度的大小程度来表示该液体的黏度。相对黏度又称为条件黏度。各国采用的相对黏度单位不同,有的用赛氏黏度(美国、英国通用);有的用雷氏黏度(美国、英国商用);有的用恩氏黏度(中国、俄罗斯、德国)。

恩氏黏度用恩氏黏度计来测定,其方法是将 200 mL、温度为 t ℃的被测液体装入黏度计的容器内,由其底部孔径为 2.8 mm 的小孔流出,测出液体流完所需时间 t_1,再测出相同体积、温度为 20℃的蒸馏水在同一容器中流完所需的时间 t_2,这两个时间之比即为被测液体在 t ℃下的恩氏黏度,即

$$°E = \frac{t_1}{t_2} \qquad (2\text{-}9)$$

温度 t ℃时的恩氏黏度用符号 $°E_t$ 表示,在液压传动系统中一般以 50 ℃作为测定恩氏黏度的标准温度,用 $°E_{50}$ 表示。

恩氏黏度与运动黏度间的换算关系为

$$\nu = \left(7.31°E - \frac{6.31}{°E}\right) \times 10^{-6} \qquad (2\text{-}10)$$

国际标准化组织 ISO 规定统一采用运动黏度,但相对黏度仍被一些国家或地区采用。

3. 黏度与温度、压力的关系

液压系统中使用的石油基液压油对温度的变化很敏感,温度升高,液体的密度降低,黏

度显著降低,这一特性称为液体的黏-温特性,如图 2-3 所示。

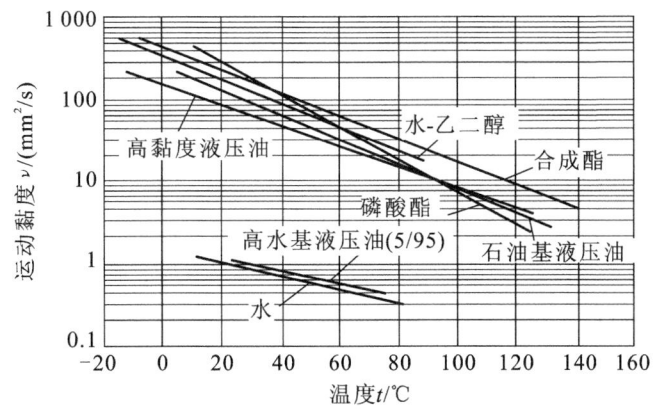

图 2-3 黏度和温度之间的关系

在实际应用中,温度升高,油的黏度下降的性质直接影响液压油的使用,其重要性不亚于黏度本身。

油液所受的压力增加时,黏度也有所增大,但是这种影响在一般液压系统使用的压力范围内并不明显,可以忽略不计。

2.1.4 对液压油的要求、选用和使用

1. 对液压油的要求

(1)黏-温特性好。在工作温度的正常变化范围内,油的黏度随温度的变化要小。

(2)具有良好的润滑性能和足够的油膜强度,使液压元件中的各摩擦表面获得足够的润滑而不致磨损。

(3)不得含有蒸气、空气及容易汽化和产生气体的杂质,否则会产生气泡。气泡是可压缩的,而且在其突然被压缩而破裂时会释放出大量的热,造成局部过热,易使其周围的油液迅速氧化变质。另外,气泡突然破裂还是产生剧烈振动和噪声的主要原因之一。

(4)对金属和密封件应具有良好的相容性;不含有水溶性酸和碱等,以免腐蚀机件和管道,破坏密封装置。

(5)对热、氧化、水解和剪切都有良好的稳定性,在储存和使用过程中不变质。温度低于 57 ℃时,油液的氧化进程缓慢,之后,温度每增加 10 ℃,氧化的速度增加 1 倍,所以控制液压油的工作温度特别重要。

(6)抗泡沫性好,抗乳化性好,腐蚀性小,防锈性好。

(7)热膨胀系数低,比热高,导热系数高。

(8)凝固点低,闪点(明火能使油面上油蒸气闪燃,但油本身不燃烧时的温度)和燃点高。一般液压油闪点在 130～150 ℃之间。

(9)质地纯净,杂质少。

2. 液压油的选用

液压传动一般采用矿物油。工作介质是液压系统十分重要的组成部分,它在系统中完成一系列重要功能,例如:传递能量、信号,润滑元件,减少摩擦和磨损,散热,防止锈蚀等。

因此,正确而合理地选用液压油,对液压系统适应各种工作环境、延长液压元件的寿命、提高系统工作的可靠性等都有重要的影响。建议使用者在选择液压油时,认真参阅机械设计手册,深入了解各种液压油的物理、化学性能。

在选择液压油时,一般需要考虑的因素见表 2-1。

表 2-1　选择液压油时需要考虑的因素

考虑的因素	具体要求
系统工作环境的要求	是否抗燃(闪点、燃点);抑制噪声的能力(空气溶解度、消泡性);废液再生处理及环境污染要求;毒性和气味
系统工作条件的要求	压力范围(润滑性、承载能力);温度范围(黏度、黏-温特性、剪切损失、热稳定性、氧化率、挥发度、低温流动性);转速(气蚀、对支承面浸润能力)
油液质量方面的要求	物理化学指标;对金属和密封件的相容性;过滤性能、吸斥水性能、吸气情况、抗水解能力、对金属的作用情况、去垢能力;防锈、防腐蚀能力;抗氧化稳定性;剪切稳定性;电学特性(耐电压冲击强度、介电强度、导电率、磁场中极化程度)
经济性方面的考虑	价格及使用寿命;维护、更换的难易程度

由于油温对黏度影响极大,因此为了发挥液压系统的最佳工作效率,应根据具体情况来控制油温,使液压系统在油液的最佳黏度范围内工作。事实上,过高的油温不仅改变了油液的黏度,而且会使常温下稳定的油液变得带腐蚀性,分解出不利于使用的成分,或因过量汽化而使液压泵吸空,无法正常工作。

3. 液压油的使用

根据一定的要求选择或配制液压油之后,不能认为液压系统工作介质的问题已全部解决了,若使用不当还是会使油液的性质发生变化的。例如,通常以为油液在某一温度和压力下的黏度是一定值,与流动情况无关,实际上油液被过度剪切后,黏度会显著减小。因此,使用液压油时应注意以下几点。

(1)对长期使用的液压油,氧化、热稳定性是决定温度界限的因素。因此,应使液压油长期处在低于它开始氧化的温度下工作。

(2)储存、搬运及加注过程中,应防止油液被污染。

(3)对油液定期抽样检验,并建立定期换油制度。

(4)油箱中油液的储存量应充分,以利于系统的散热。

(5)保持系统的密封,一旦有泄漏,应立即排除。

通常只要对使用石油基液压油的液压系统进行彻底清洗以及更换某些密封件和油箱涂料后,便可更换成高水基液压油。但是,由于高水基液压油存在黏度低、泄漏大、润滑性差、易蒸发和气蚀等一系列缺点,因此在实际使用高水基液压油的液压系统中还必须注意以下几点。

(1)由于黏度低、泄漏大,系统的最高压力不要超过 7 MPa。

(2)要防止气蚀现象,可用高置油箱以增大液压泵吸油口处压力,泵的转速不要超过 1 500 r/min。

（3）系统浸渍不到油液的部位，金属的气相锈蚀较为严重，因此应使系统尽量地充满油液。

（4）由于油液的 pH 值高，容易发生由金属电位差引起的腐蚀，因此应避免使用镁合金、锌、镉之类金属。

（5）定期检查油液的 pH 值、浓度、霉菌生长情况，并对其进行控制。

（6）过滤器、滤网等的通流能力须 4 倍于泵的流量，而不是常规的 1.5 倍。

4. 液压油的类型

液压系统中使用的液压油的种类见表 2-2。

表 2-2　液压油的种类

工业液压油	石油型		机械油 汽轮机油 普通液压油（YA）
		专用液压油	抗磨液压油（YB） 低温液压油（YC） 液压-导轨油 高黏度指数液压油（YD） 其他专用液压油
	难燃型	乳化型	水包油乳化液（YRA） 油包水乳化液（YRB）
		合成型	水-乙二醇液（YRC） 磷酸酯液（YRD） 其他

石油基的液压油以机械油为基料，精炼后按需要加入适当的添加剂而成。这种油液的润滑性好，但抗燃性差。

机械油是一种工业用润滑油，价格虽较低，但其物理化学性能较差，使用时易产生黏稠胶质而堵塞元件中的小孔，影响系统的性能。压力越高，问题越严重，因此机械油只能在压力较低和要求不高的液压系统中使用。

汽轮机油和机械油相比，抗氧化的安定性好，使用寿命长，与水混合后能迅速分离，纯净度高。普通液压油中加有抗氧化、防锈和抗泡等的添加剂，在液压系统中使用最广。

乳化液分两大类：一类是少量油（5%～10%）分散在大量的水中，称为水包油乳化液，也称高水基液（O/W）；另一类是水分散在大量的油中（油约占 60%），称为油包水乳化液（W/O）。后者的润滑性比前者好。

水-乙二醇液适用于要求防火的液压系统。这类液体如长期在高于 65 ℃ 的温度下工作，水分的蒸发使它的黏度上升，因此必须经常检验。它的低温黏度小，其润滑性比石油型液压油差；对大多数金属及液压系统中使用的大多数橡胶密封圈材料均能相容，但会使许多油漆脱落。

磷酸酯液自燃点高，抗氧化的安定性好，润滑性好，使用温度范围宽，对大多数金属不会产生腐蚀作用;但能溶解许多非金属材料,因此必须选择合适的橡胶密封圈材料。另外,这种液体有毒。

为了改善液压油的性能,往往在油液中加入各种各样的添加剂。添加剂有两类:一类是改善油液化学性能的,如抗氧化剂、防腐剂、防锈剂等;另一类是改善油液物理性能的,如增黏剂、抗泡剂、抗磨剂等。

◀ 2.2　液体静力学基础 ▶

液体静力学主要讨论静止液体的平衡规律及其应用。所谓静止液体,是指液体内部质点间没有相对运动。如果盛装液体的容器本身处在匀速运动之中,则液体亦处于相对静止状态。

2.2.1　液体中的压力

1. 压力的定义

液体单位面积上所受的法向力称为压力,严格来说,应称为压力强度,即物理学中的压强,但在工程中,人们习惯称为压力。压力 p 定义为

$$p = \lim_{\Delta A \to 0} \frac{\Delta F}{\Delta A} \qquad (2\text{-}11)$$

式中,ΔA 为微元面积;ΔF 为法向微元作用力。

静止液体中的压力称为静压力,液体静压力有两个基本特性:

(1) 液体静压力沿法线方向,垂直于承压面;

(2) 静止液体内,任一点的压力在各个方向上都相等。

由上述性质可知:静止液体总是处于受压状态,并且其内部的任何质点都是受平衡压力作用的。

2. 压力的表示方法及单位

压力有两种表示方法:绝对压力和相对压力。以绝对真空作为基准进行度量的压力,称为绝对压力;以当地大气压力为基准进行度量的压力,称为相对压力。在绝大多数工业测压仪表中,大气压力并不能使仪表动作,所以仪表指示的压力是相对压力,又称表压力。液压传动中所提到的压力均指相对压力。

如果液体中某点处的绝对压力小于大气压力,这时该点的绝对压力比大气压力小的那部分压力值,称为真空度。

绝对压力、相对压力与真空度之间的关系见图 2-4。由图 2-4 可知:以大气压为基准计算压力时,基准以上的正值是表压力,基准以下的负值的绝对值就是真空度。例如,当液体内

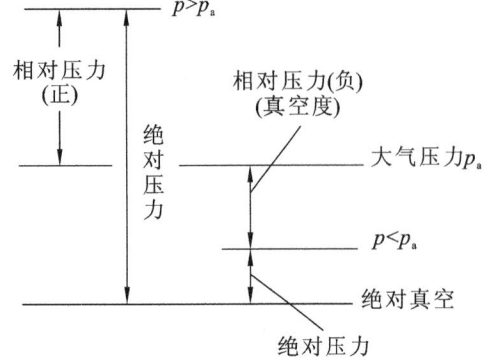

图 2-4　绝对压力、相对压力和真空度

某点的真空度为 0.07 MPa 时,它的绝对压力便是 0.03 MPa。即

$$\text{表压力}=\text{绝对压力}-\text{大气压力} \tag{2-12}$$

$$\text{真空度}=\text{大气压力}-\text{绝对压力} \tag{2-13}$$

根据压力的定义可知,压力应具有应力的计量单位。因此,压力的法定计量单位是 Pa (帕),$1\ \text{Pa}=1\ \text{N/m}^2$(牛顿/米^2),$1\times10^6\ \text{Pa}=1\ \text{MPa}$(兆帕)。我国过去沿用过的和有些部门惯用的一些压力单位还有 bar(巴)、at(工程大气压,即 kgf/cm^2)、atm(标准大气压)、mmH$_2$O(约定毫米水柱)或 mmHg(约定毫米水银柱)等。下面,将会证明液体内某一点处的表压力与它所在位置的深度 h 成正比,因此亦可用液柱高度来表示表压力的大小。

2.2.2　静压力基本方程

1. 静压力基本方程推导

在重力场中,静止液体的受力情况如图 2-5 所示。如果要求出液体内离液面深度为 h 的点 1 处的压力,可以从液体内取出一个底面通过该点的垂直小液柱,如图 2-5(b)所示。设液柱的底面积为 ΔA,高为 h。由于液柱处于平衡状态,于是在垂直方向上,有力平衡关系式

$$p\Delta A=p_0\Delta A+\rho gh\Delta A$$

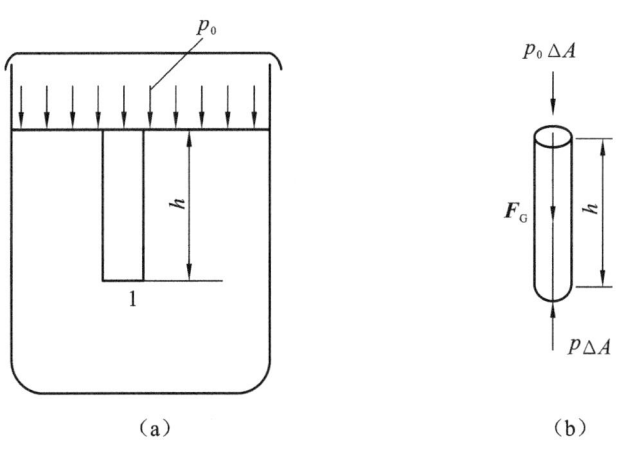

图 2-5　重力作用下的静止液体

因此得

$$p=p_0+\rho gh \tag{2-14}$$

式中,p_0 为液面受到的压力;p 为离液面深度为 h 的液体压力;ρ 为液体密度;g 为重力加速度;h 为淹深,即距离液面的深度。

式(2-14)即为液体静压力基本方程。它说明液体静压力分布有如下特征。

(1)静止液体内任一点的压力由两部分组成:一部分是液面上的压力 p_0,另一部分是该点以上液体重力所形成的压力 ρgh。

(2)静止液体内的压力随液体深度呈线性规律递增。式(2-14)是线性方程。

(3)同一液体中,离液面深度相等的各点压力相等。由压力相等的点组成的面称为等压面。在重力场中,静止液体中的等压面是一个水平面。

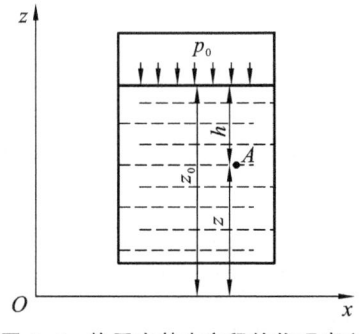

图 2-6 静压力基本方程的物理意义

2. 静压力基本方程的物理意义

将图 2-5 所示盛有液体的密封容器放在基准水平面 $(0-x)$ 上加以考察，如图 2-6 所示，则静压力基本方程可改写成

$$p = p_0 + \rho g h = p_0 + \rho g(z_0 - z) \qquad (2\text{-}15)$$

式中，z_0 为液面与基准水平面之间的距离；z 是距液面深度为 h 的点与基准面之间的距离。

将式(2-15)整理后，可得

$$\frac{p}{\rho g} + z = \frac{p_0}{\rho g} + z_0 = 常数 \qquad (2\text{-}16)$$

式(2-16)是静压力方程的另一表达形式。式中，$\dfrac{p}{\rho g} = \dfrac{pV}{\rho Vg} = \dfrac{pV}{mg}$（$V$ 为液体体积）表示单位重量液体具有的压力能，称为比压力能；$z = \dfrac{mgz}{mg}$ 表示单位重量液体具有的位能，称为比位能。因为它们具有长度的量纲，也常称作压力水头、位置水头。

静压力基本方程的物理意义是：静止液体内任何一点具有压力能和位能两种能量形式，且其总和保持不变，即能量守恒。但是这两种能量形式之间可以相互转换。

2.2.3 静压力传递原理

装入密封容器内的液体，其外加压力 p_0 发生变化时，只要液体仍保持其原来的静止状态不变，液体中任一点的压力均将按式(2-14)发生同样大小的变化。这就是说，在密封容器内，施于静止液体上的压力将等值地同时传递到液体各点。这就是静压力传递原理，或称为帕斯卡(Pascal)原理。

必须指出，当 p_0 是液压系统的工作压力时，由于 $\rho g h$ 远小于 p_0，所以，在液压传动中不考虑位置势能对压力能的影响，一般认为 $p = p_0$，即静止液体中压力处处相等。例如，当 $h = 10$ m，并取 $g = 9.81$ m/s^2，$\rho = 900$ kg/m^3 时，$\rho g h = 0.088$ MPa < 0.101 MPa，即此时 $\rho g h < 1$ atm。液压装置的高度一般不高于 10 m，因而由液体重力所形成的压力与液压系统工作压力相比可忽略不计。

图 2-7 是帕斯卡原理的应用实例。图中所示垂直液压缸、水平液压缸的截面面积分别为 A_1、A_2；作用于活塞的负载分别为 F_1、F_2。由于两缸互相连通，构成一个密封连通容器，按帕斯卡原理，缸内压力处处相等，即有 $p_1 = p_2$，于是

$$F_2 = \frac{A_2}{A_1} F_1 \qquad (2\text{-}17)$$

如果垂直液压缸的活塞上没有负载，则在略去活塞重量及其他阻力时，不论怎样推动水平液压缸的活塞，都不能在液体中形成压力，这说明液压系统中的压力是由外负载决定的。

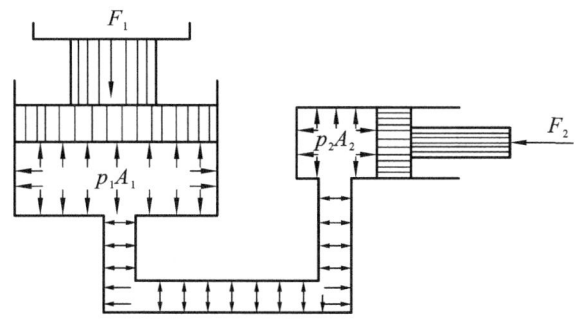

图 2-7 帕斯卡原理应用实例

2.2.4 液体作用于容器壁面上的力

在进行液压传动装置的设计和计算时,常常需要计算液体静压力作用在平面上和曲面上产生的液压作用力,例如油缸活塞所受的液压作用力、阀的阀芯所受的液压作用力等。

当固体壁面为平面时,作用在该面上的压力方向相互平行,且垂直于承压表面,故静压力作用在固体壁面上的液压作用力 F 等于压力 p 与承压面积 A 的乘积,即

$$F = pA \tag{2-18}$$

当固体壁面为曲面时,作用在曲面上各点处的压力方向是不平行的,因此,静压力作用于曲面的某一方向液压作用力等于压力与曲面在该方向投影面积的乘积,如作用曲面的 x 方向液压作用力 F_x,有

$$F_x = pA_x \tag{2-19}$$

式中,A_x 为曲面在该方向的投影面积。

例 2.1 图 2-8 为某安全阀受力简图,阀芯为圆锥形,阀座孔径 $d = 10$ mm,阀芯最大直径 $D = 15$ mm。当油液压力 $p_1 = 8$ MPa 时,压力油克服弹簧力顶开阀芯而溢油,出油腔有背压(回油压力)$p_2 = 0.4$ MPa。在阀口开启时,试求阀内弹簧的预紧力。

解 (1) 压力 p_1、p_2 作用在阀芯锥面上的投影面积分别为 $\frac{\pi}{4}d^2$ 和 $\frac{\pi}{4}(D^2 - d^2)$,故阀芯受到的向上的作用力为

$$F_1 = \frac{\pi}{4}d^2 p_1 + \frac{\pi}{4}(D^2 - d^2)p_2$$

(2) 压力 p_2 向下作用在阀芯平面上的作用力为

$$F_2 = \frac{\pi}{4}D^2 p_2$$

(3) 弹簧压紧力 F_s 应等于阀芯两侧作用力之差。阀芯受力平衡方程式为

$$F_s + \frac{\pi}{4}D^2 p_2 = \frac{\pi}{4}d^2 p_1 + \frac{\pi}{4}(D^2 - d^2)p_2$$

整理后得

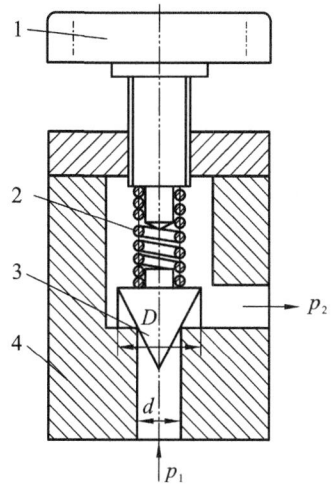

图 2-8 锥阀受力分析简图
1—调压手轮;2—调压弹簧;
3—锥阀芯;4—阀体

$$F_s = \frac{\pi}{4} d^2 (p_1 - p_2) = \frac{\pi}{4} \times 0.01^2 \times (8-0.4) \times 10^6 \ \text{N} = 597 \ \text{N}$$

◀ 2.3 流动液体力学基础 ▶

在液压传动系统中,液压油总是在不断流动,因此要讨论液体流动时的运动规律、流动液体中的能量守恒及其能量转换、流动液体对固体壁面的作用力等问题,即三个基本方程——连续性方程、能量方程和动量方程。

2.3.1 基本概念

1. 理想液体、恒定流动和一维流动

液体都是有黏性和可压缩的,但是其黏性阻力计算很复杂,可压缩系数处理起来也比较麻烦。因此,为了简化,通常假设液体没有黏性、不可压缩,然后再对简化后的结果进行补偿和修正。这种假想的既无黏性,又无压缩性的液体称为理想液体;而把事实上既有黏性,又有压缩性的液体称为实际液体。

液体流动时,如液流中任何一点处的压力、速度和密度都不随时间变化,就称液体在做恒定流动;反之,只要压力、速度或密度中有一个参数随时间变化,则称为非恒定流动。

当液体整体做线形流动时,称为一维流动;当作平面或空间流动时,称为二维或三维流动。通常把密封容器和管道内的液体的流动按一维流动处理,再用实验数据来修正其结果。

2. 迹线、流线、流束和通流截面

迹线是流动液体的某一质点在一段时间内运动的轨迹线。

流线是液流中一条条标志其各点处质点运动状态的曲线。流线上各点处的质点的瞬时流动方向与该点的切线方向重合,如图 2-9 所示。由于液流中每个质点在每一瞬时只能有一个速度,因而流线之间不可能相交,也不可能突然转折,它们只能是一条条光滑的曲线。在非恒定流动中,由于通过空间点的质点速度随时间而变化,因而流线形状也随时间而变化;只有在恒定流动时,流线形状才不随时间变化。

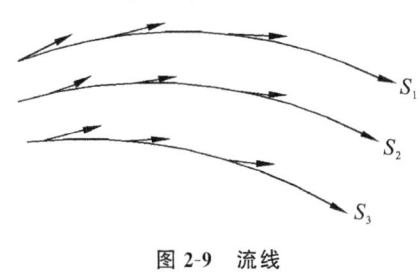

图 2-9 流线

流线彼此平行的流动,称为平行流动;流线间夹角很小或流线曲率半径很大的流动,称为缓变流动。平行流动和缓变流动都可以看成是一维流动。

通过某截面 A 上各点画出流线,这些流线的集合就构成流束,见图 2-10。流束表面称为流管,见图 2-11。流管与真实管道相似。根据流线不能相交的性质,流束(流管)内外的流线均不能穿越流束表面(流管)。当截面积 A 很小时,这个流束(流管)称为微小流束(流管)。微小流束截面上各点处的运动速度可以认为是相等的。微小流束的极限就是流线。

在流束中,与所有流线正交的截面称为通流截面,通流截面可以是平面,也可以是曲面,如图 2-10 中的截面 A 是平面而截面 B 是曲面。液体在液压管道中流动时,垂直于流动方向

的截面即为通流截面。

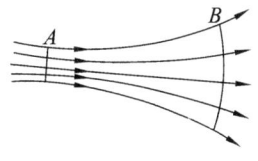

图 2-10 流束

图 2-11 流管

3. 流量和平均流速

单位时间内流过某通流截面的液体体积称为流量,一般用符号 q 表示,单位为 $\mathrm{m^3/s}$ 和 $\mathrm{L/min}$。

对于微小流束,由于通流截面面积很小,可以认为通流截面上各点的流速 u 是相等的,则通过该截面 $\mathrm{d}A$ 的微小流量为

$$\mathrm{d}q = u\,\mathrm{d}A$$

对上式在整个通流截面 A 上进行积分,便可求得流经通流截面 A 的流量,即

$$q = \int_A u\,\mathrm{d}A \tag{2-20}$$

由式(2-20)可见,要求得 q 的值,必须知道流速 u 在整个通流截面 A 上的分布规律。黏性液体流速 u 在管道中的分布规律很复杂,一般不容易知道。为方便起见,在液压传动中常采用一个假想的平均流速 v 来求流量,并认为液体以平均流速 v 流经通流截面的流量等于以实际流速 u 流过的流量,即

$$q = \int_A u\,\mathrm{d}A = vA \tag{2-21}$$

由此得出通流截面上的平均流速为

$$v = \frac{q}{A} \tag{2-22}$$

2.3.2 流量连续性方程

流量连续性方程是流体运动学方程,是质量守恒定律在流体力学中的表现形式。

如图 2-12 所示,在恒定流场中任取一流管,其两端通流截面面积分别为 A_1、A_2,在流管中任取一微小流束,并设微小流束两端的截面面积分别为 $\mathrm{d}A_1$、$\mathrm{d}A_2$,液体流经这两个微小截面的流速和密度分别为 u_1、ρ_1 和 u_2、ρ_2。根据质量守恒定律,单位时间内经截面 $\mathrm{d}A_1$ 流入微小流束的液体质量应与经截面 $\mathrm{d}A_2$ 流出微小流束的液体质量相等,即

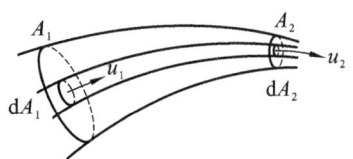

图 2-12 连续性方程推导简图

$$\rho_1 u_1 \mathrm{d}A_1 = \rho_2 u_2 \mathrm{d}A_2$$

如忽略液体的可压缩性,即 $\rho_1 = \rho_2$,则

$$u_1 \mathrm{d}A_1 = u_2 \mathrm{d}A_2 \tag{2-23}$$

对上式进行积分,就可得到经过截面 A_1、A_2 流入、流出整个流管的流量相等,即

$$\int_{A_1} u_1 \mathrm{d} A_1 = \int_{A_2} u_2 \mathrm{d} A_2$$

根据式(2-22)和式(2-23),采用平均流速来计算流量,则上式可写成

$$q_1 = q_2 \quad \text{或} \quad v_1 A_1 = v_2 A_2 \tag{2-24}$$

式中,q_1、q_2分别为流经通流截面A_1、A_2的流量;v_1、v_2分别为流体在通流截面A_1、A_2上的平均流速。

由于两通流截面是任意取的,故

$$q = vA = \mathrm{const} \tag{2-25}$$

这就是液体恒定流动时的流量连续性方程,它说明:不可压缩液体在恒定流动中,通过流管各截面的流量相等。换言之,液体是以同一流量在流管中连续地流动着,而液体的流速则与通流截面面积成反比。这样,就将质量守恒转化为液体做恒定流动时的体积守恒。

连续性方程在液压传动技术中经常用到,由它可以引申出速度传递和速度调节的概念。如图2-13(a)所示的简单系统,按连续性方程,有

$$v_1 A_1 = v_2 A_2 = q$$

由此可见,液压泵的活塞上的速度v_1必然引起液压缸的活塞产生速度v_2,且有

$$v_2 = v_1 \frac{A_1}{A_2} \tag{2-26}$$

这就是说,如果改变v_1,则v_2就会随之做相应的改变;只要能设法调节v_1,则v_2也将获得相应的调节。

如图2-13(b)所示,在泵与缸之间的管道上分一支管,其流量可以控制,则连续性方程为

$$v_1 A_1 = v_2 A_2 + q_3$$

或

$$v_2 = \frac{1}{A_2}(v_1 A_1 - q_3) \tag{2-27}$$

（a）速度的传递

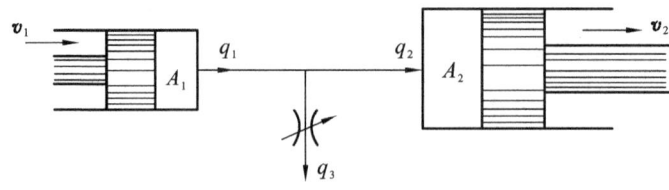

（b）速度的调节

图 2-13　连续方程在液压传动中的应用

由此可见,当v_1不可调节时,调节q_3也能使v_2产生相应的变化。

在液压技术中,v_1或q_3都能够做到在一定范围内进行无级调节,因此v_2也能实现无级调节,这是液压传动被普遍应用的原因之一。

2.3.3 伯努利方程

伯努利方程也称为能量方程,是能量守恒定律在流体力学中的具体表现形式。由于实际液体在管道中流动时的能量关系比较复杂,故先研究理想液体在管道中的流动情况,然后再拓展到实际液体的流动情况。

1. 理想液体恒定流动时的伯努利方程

根据能量守恒定律,合外力对物体所做的功等于该物体能量的增量。

如图 2-14 所示,设理想流体在任意管道中做恒定流动。在很短的时间 dt 内,任取的 AB 段流体流动到 $A'B'$ 段。因为流动的距离很小,在 AA' 和 BB' 两小段内,它们的截面积、压力、平均流速和位置高度都可以看成是不变的。

设 AA' 和 BB' 段的通流面积分别为 A_1、A_2,压力分别为 p_1、p_2,平均流速分别为 v_1、v_2,截面中心距水平基准 OO' 的位置高度分别为 z_1、z_2,则作用在 AB 段流体 A_1、A_2 截面上的液压作用力 F_1、F_2 分别为

$$F_1 = p_1 A_1, \quad F_2 = p_2 A_2$$

对于理想液体的流动,不考虑因液体黏性而产生的内摩擦力;液体在管道中做恒定流动,重合段 $A'B$ 中的流体的压力、流速及密度均不随时间发生变化。因而,这段流体的能量也就没有发生变化。而 AB 段液体流动到 $A'B'$ 就相当于 AA' 段液体移动到 BB',这时液流的平均流速(产生动能)和位置高度(位能)均发生了变化。这两段液流具有的机械能由动能和位能组成,分别为

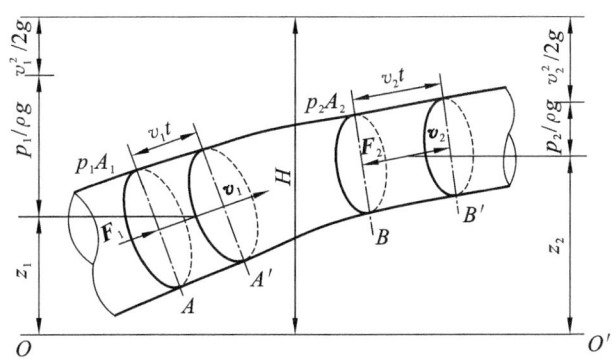

图 2-14 伯努利方程的推导

$$E_1 = \frac{1}{2} m_1 v_1^2 + m_1 g z_1$$

$$E_2 = \frac{1}{2} m_2 v_2^2 + m_2 g z_2$$

式中,m_1、m_2 分别为 AA'、BB' 段流体的质量。因质量守恒,所以 $m_1 = m_2 = m$。

AB 段流体能够流动到 $A'B'$ 处,是在外力 F_1、F_2 作用下实现的。外力 F_1、F_2 所做的总功为

$$W = F_1 v_1 t - F_2 v_2 t = p_1 A_1 v_1 t - p_2 A_2 v_2 t = p_1 V_1 - p_2 V_2$$

式中,$V = A_1 v_1 t = A_2 v_2 t$,即 AA' 或 BB' 段流体的体积。

根据能量守恒定律,合外力对这一小段流体 AB 所做的功等于该段流体能量的增量,即

$$W = E_2 - E_1$$

由上式有

$$p_1V_1 - p_2V_2 = \left(\frac{1}{2}mv_2^2 + mgz_2\right) - \left(\frac{1}{2}mv_1^2 + mgz_1\right)$$

或

$$mgz_1 + p_1V_1 + \frac{1}{2}mv_1^2 = mgz_2 + p_2V_2 + \frac{1}{2}mv_2^2$$

A、B 两截面是任选的,上式适用于管道中任意两个截面,因此上式可写成

$$mgz + pV + \frac{1}{2}mv^2 = \text{const} \tag{2-28}$$

将上式除以 mg,即对于单位重量的液体而言,有

$$z + \frac{p}{\rho g} + \frac{v^2}{2g} = \text{const} \tag{2-29}$$

或

$$Zz_1 + \frac{p_1}{\rho g} + \frac{v_1^2}{2g} = z_2 + \frac{p_2}{\rho g} + \frac{v_2^2}{2g} \tag{2-30}$$

式(2-29)或式(2-30)就是理想液体做恒定流动时的伯努利方程,其中,z 称为比位能;$\frac{p}{\rho g}$ 称为比压力能;$\frac{v^2}{2g}$ 称为比动能,它们都具有长度量纲。三者之和为常数,是单位重量的流体具有的能量,称为比能量,用 H 表示。如图 2-14 所示,H 为一条水平线。

理想液体的伯努利方程的物理意义是:在管道中做恒定流动的理想液体具有位能、压力能和动能,它们之间可以相互转换,但在任意截面处其总和不变,即能量守恒。

对于水平流动,$z_1 = z_2$,则有

$$\frac{p}{\rho g} + \frac{u^2}{2g} = \text{const} \tag{2-31}$$

上式说明,在水平流动的液体中,流速越高的地方,液体的压力就越低。例如液体在粗细不等的管道中流动,在截面细的部分,液体的流速较高,液体的压力就较低;相反,在截面粗的部分,则流速较低,而压力较高。

如果流速为零,则伯努利方程变为静压力基本方程。

2. 实际流体恒定流动时的伯努利方程

由于实际流体存在黏性,流体在流动时,流体与固体壁面之间会产生摩擦而消耗能量;当管道的形状发生变化或流向突然发生变化时,液流会产生旋涡,质点间相互撞击,也会消耗能量。

由于在伯努利方程中用平均流速 v 来代替实际流速 u,因而在动能计算中将产生误差,需要进行修正。为此,引入动能修正系数 α。α 定义为实际动能与按平均流速计算的动能之比,即

$$\alpha = \frac{\int_A \rho \frac{u^2}{2} u \, dA}{\frac{1}{2}\rho(Av)v^2} = \frac{\int_A u^3 \, dA}{v^3 A} \tag{2-32}$$

理论分析和实验表明,动能修正系数 α 与液体流动状态有关,层流时 $\alpha = 2$,紊流时 $\alpha = 1$。

设单位重量流体在两截面中流动时的能量损失为 h_w。考虑到能量损失,并引入动能修正系数 α 后,实际流体的伯努利方程为

$$z_1 + \frac{p_1}{\rho g} + \frac{\alpha_1 v_1^2}{2g} = z_2 + \frac{p_2}{\rho g} + \frac{\alpha_2 v_2^2}{2g} + h_w \tag{2-33}$$

式(2-33)就是重力场中的实际液体在流管中做平行流动或缓变流动时的伯努利方程。式中,α_1、α_2 分别为截面 A_1、A_2 上的动能修正系数;h_w 为单位重量液体从截面 A_1 流到截面 A_2 过程中的能量损失,$h_w = \dfrac{\Delta p}{\rho g}$。

式(2-33)也可以写成另外一种形式,即

$$\rho g z_1 + p_1 + \frac{1}{2}\rho \alpha_1 v_1^2 = \rho g z_2 + p_2 + \frac{1}{2}\rho \alpha_2 v_2^2 + \Delta p \tag{2-34}$$

式中,Δp 为液体从截面 A_1 流到截面 A_2 时的压力损失。

3. 伯努利方程应用举例

伯努利方程揭示了流动液体中的能量守恒和能量转换规律。它指出,对于流动的液体来说,如果没有能量的输入和输出,液体内的总能量是不变的。它是流体力学中一个重要的基本方程。它常常和流量连续性方程一起,用来求解有关速度和压力方面的问题。

在应用伯努利方程时,关键是两个截面的选取。一个截面应选在参数已知或可求处,另一个截面应选在参数待求处。必须注意压力 p 和比位能 z 应为通流截面的同一点的两个参数,为方便起见,通常把这两个参数都取在通流截面的轴心处。此外,两个截面的压力参数 p 的度量基准应该一样,如采用绝对压力都用绝对压力,采用相对压力都用相对压力。此外,比位能 z 的基准选择应方便计算。

例 2.2 如图 2-15 所示,已知液压泵的流量 $q_p = 32$ L/min,吸油管通径 $d = 20$ mm,液压泵安装高度 $h = 500$ mm,液压油的运动黏度 $\nu = 20 \times 10^{-6}$ m²/s,密度 $\rho = 900$ kg/m³,吸油管中液体流动为层流状态,压力损失 $\Delta p = 0.18$ kPa,试求液压泵吸油口的真空度。

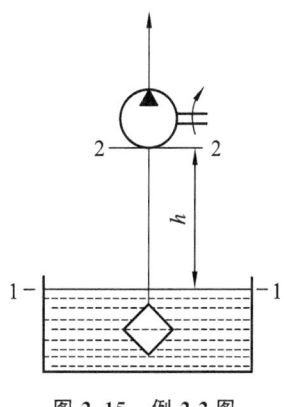

图 2-15 例 2.2 图

解 以油箱液面为计算基准,取油箱液面为 1-1 截面,泵的吸油口处为 2-2 截面。因油箱液面与大气接触,故 p_1 为大气压力,即 $p_1 = p_a$,且 $z_1 = 0$;v_1 为油箱液面下降速度,由于 $v_1 \ll v_2$,故 v_1 可近似为零;v_2 为泵吸油口处液体的流速,它等于液体在吸油管内的流速;取动能修正系数 $\alpha = 2$。

油液在吸油管中的流动速度为

$$v_2 = \frac{4q_p}{\pi d^2} = \frac{4 \times 32 \times 10^{-3}}{3.14 \times 2^2 \times 10^{-4} \times 60} \text{ m/s} = 1.698 \text{ m/s} \approx 1.7 \text{ m/s}$$

设液压泵吸油口处的绝对压力为 p_2,$z_2 = h = 500$ mm,采用绝对压力表示方法,对 1-1、2-2 截面列伯努利方程,有

$$\frac{p_a}{\rho g} + 0 + 0 = \frac{p_2}{\rho g} + h + \frac{\alpha_2 v_2^2}{2g} + h_w$$

写成另外一种形式为

$$p_a = p_2 + \rho g h + \frac{\rho \alpha_2 v_2^2}{2} + \Delta p$$

根据真空度的概念,有

$$p_a - p_2 = \rho g H + \frac{\rho \alpha_2 v_2^2}{2} + \Delta p = \left[900 \times \left(9.8 \times 0.5 + \frac{2 \times 1.7^2}{2}\right) + 180\right] \text{Pa} = 7.191 \text{ kPa}$$

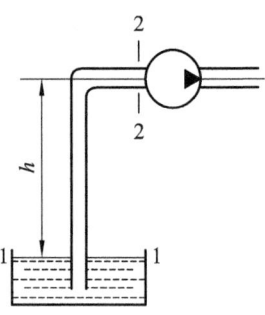

图 2-16　液压泵吸油装置

例 2.3　液压泵吸油装置如图 2-16 所示,设油箱液面压力为 p_1,液压泵吸油口处的绝对压力为 p_2,泵吸油口距油箱液面的高度为 h,吸油管路上的总能量损失为 h_w,不考虑液体流动状态的影响,取动能修正系数 $\alpha=1$。试分析影响液压泵吸油(安装)高度的因素。

解　以油箱液面为计算基准,取油箱液面为 1-1 截面,泵的吸油口处为 2-2 截面。显然有 $p_1 = p_a$,油箱截面积足够大,$v_1 = 0$,$z_1 = 0$;设 v_2 为泵吸油口处液体的流速(它等于液体在吸油管内的流速),p_2 为液压泵吸油口处的绝对压力,$z_2 = h$;h_w 为吸油管路的能量损失。

对 1-1 和 2-2 截面建立实际液体的能量方程,则有

$$\frac{p_a}{\rho g} = \frac{p_2}{\rho g} + h + \frac{v_2^2}{2g} + h_w$$

可见,泵吸油口处的绝对压力低于大气压力,这是液压泵能够吸油的条件之一。

根据真空度定义,可得液压泵吸油口的真空度为

$$p_a - p_2 = \rho g h + \frac{1}{2}\rho v_2^2 + \rho g h_w = \rho g h + \frac{1}{2}\rho v_2^2 + \Delta p$$

由此可见,液压泵吸油口处的真空度提供了三部分压力:把油液提升到高度 h 所需的压力、将静止液体加速到 v_2 所需的压力和吸油管路的压力损失 Δp。

液压泵吸油高度为

$$h = \frac{p_a}{\rho g} - \left(\frac{p_2}{\rho g} + \frac{\alpha_2 v_2^2}{2g} + h_w\right)$$

分析上式可知,泵的吸油高度与以下因素有关。

(1) 减小泵的吸油压力 p_2 的值,可增大吸油高度 h。但 p_2 小于空气分离压 p_g 时会产生空穴,引起噪声。

(2) 加大吸油管直径,降低流速 v_2,可减少将油液从静止加速到 v_2 的能量损失,可增大吸油高度 h。

(3) 减小能量损失 h_w,可增大吸油高度 h。流速降低也可以减小能量损失 h_w。

2.3.4　动量方程

流动液体的动量方程是动量守恒定律在流体力学中的具体应用。动量方程用来研究液体运动时动量的变化与所有作用在液体上的外力之间的关系。

动量定理指出:作用在物体上的所有外力的合力等于物体在合力作用方向上动量的变化率,即

$$\sum \vec{F} = \frac{\mathrm{d}\vec{I}}{\mathrm{d}t} = \frac{\mathrm{d}(m\vec{u})}{\mathrm{d}t} \tag{2-35}$$

将动量定理应用于流动液体,即得到液压传动中的动量方程。如图 2-17 所示,在任意时刻 t 从管道中选择一个控制体,在流管中任取 Ⅰ-Ⅰ 和 Ⅱ-Ⅱ 两个截面,这部分流管构成了

控制体。设液体流入、流出控制体的控制面分别为 A_1、A_2，其上的微元面积分别为 $\mathrm{d}A_1$、$\mathrm{d}A_2$，流速分别为 $\vec{u}_1$、$\vec{u}_2$，密度分别为 ρ_1、ρ_2。经过 $\mathrm{d}t$ 时间,控制体中的液体质点系运动到 I'-II' 位置,由于液体做恒定流动,I'-II 这段液体的动量没有变化。因此,控制体中液体质点系从 I-II 位置移到 I'-II' 位置时的动量的增量等于 $\mathrm{d}t$ 时间内流出的 II-II' 段液体与流入的 I-I' 段液体的动量之差。

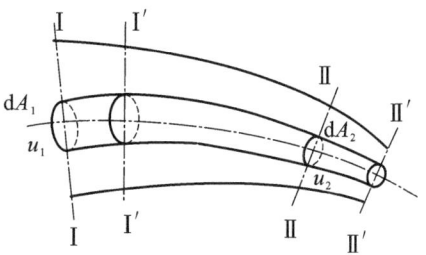

图 2-17　动量方程推导简图

经控制面 A_1、A_2,流入、流出控制体的液体的动量分别为

$$\int_{A_1} \rho_1 \vec{u}_1 u_1 \mathrm{d}A_1 = \int_{A_1} \rho_1 \vec{u}_1 \mathrm{d}q_1$$

$$\int_{A_2} \rho_2 \vec{u}_2 u_2 \mathrm{d}A_2 = \int_{A_2} \rho_2 \vec{u}_2 \mathrm{d}q_2$$

于是,恒定流动时,动量方程可写为

$$\sum \vec{F} = \rho_2 \int_{A_2} \vec{u}_2 \mathrm{d}q_2 - \rho_1 \int_{A_1} \vec{u}_1 \mathrm{d}q_1 \tag{2-36}$$

由于很难确定速度在通流截面上的分布规律,常用通流截面上的平均流速来计算动量,产生的误差用动量修正系数 β_1、β_2 进行修正。于是,上式可写为

$$\sum \vec{F} = \beta_2 \rho_2 q_2 \vec{v}_2 - \beta_1 \rho_1 q_1 \vec{v}_1 \tag{2-37}$$

动量修正系数 β 定义为实际动量与按平均流速计算的动量之比,即

$$\beta = \frac{\int \vec{u} \, \mathrm{d}m}{vm} = \frac{\int_A \vec{u}(\rho u \mathrm{d}A)}{v(\rho v A)} = \frac{\int_A u^2 \mathrm{d}A}{v^2 A} \tag{2-38}$$

可以证明,动量修正系数 β 也与液体的流动状态有关,层流时 $\beta = 4/3$,紊流时 $\beta = 1$。

对于不可压缩液体,因 $\rho_1 = \rho_2 = \rho$,$\rho_1 q_1 = \rho_2 q_2 = \rho q$,则动量方程为

$$\sum \vec{F} = \rho q (\beta_2 \vec{v}_2 - \beta_1 \vec{v}_1) \tag{2-39}$$

例 2.4　液压滑阀上的液动力分析。

很多液压阀都是滑阀结构,这些滑阀靠阀芯的移动来开启或闭合阀口或改变阀口的大小,从而控制液流。液流通过阀口时,会对阀芯产生液动力,将影响这些液压阀的工作性能。

稳态液动力是阀芯移动完毕开口固定以后,液流流过阀口时,因动量变化而作用在阀芯上的力。在这种情况下,阀腔内液体的流动是恒定流动。图 2-18 给出液流流出、流入阀口的情况。取阀体与阀芯两凸肩间形成的环形容积作为控制体,其中的液体质点系作为研究对象。

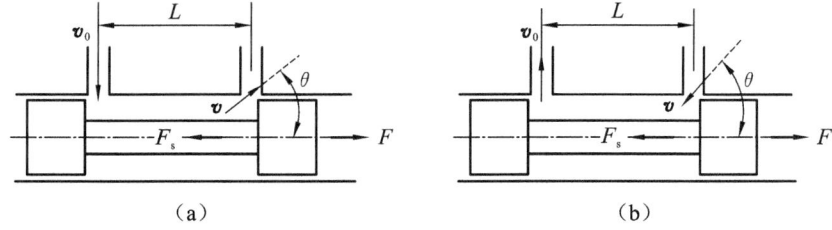

（a）　　　　　　　　　　　　　　　　（b）

图 2-18　液体流经滑阀时的稳态液动力

设阀芯对液体质点系的轴向作用力为 F，方向向右。若通过阀的流量为 q，液体密度为 ρ，阀口处的平均流速分别为 v、v_0。

对于图 2-18(a)，由式(2-39)可求得阀芯对液体的作用力为

$$F = \rho q(\beta_1 v\cos\theta - \beta_0 v_0\cos 90°) = \rho q\beta_1 v\cos\theta$$

F 为正值，说明原假设方向与实际方向相同。根据第三定律，则液流对阀芯的稳态液动力为

$$F_s = \rho q\beta_1 v\cos\theta，方向向左$$

式中，θ 是射流角，一般取 $\theta = 69°$；v 是阀口处的平均流速。

液体流出阀口时，液体在轴向的动量增加了，方向向右，说明液体受到了向右的作用力作用，所以，阀芯受到的稳态轴向液动力方向向左。

对于图 2-18(b)，可求得阀芯对液体的作用力为

$$F = \rho q[\beta_0 v_0\cos 90° - (-\beta_1 v\cos\theta)] = \rho q\beta_1 v\cos\theta$$

同理，液流对阀芯的稳态液动力为

$$F_s = \rho q\beta_1 v\cos\theta，方向向左$$

对于液体流入阀口的情况，稳态轴向液动力的大小与前者相同，液体在轴向的动量减小，方向亦向右，说明液体受到了向右的作用力作用，所以，阀芯受到的稳态轴向液动力方向也向左。

总之，稳态轴向液动力的方向总是指向关闭阀口的方向，相当于一个弹性回复力，使滑阀的工作趋于稳定。稳态轴向液动力的大小将影响操纵液压滑阀移动的操纵力大小。

液体在阀中做加速流动时，会对阀芯产生瞬态液动力，感兴趣的读者可参阅其他教材。

2.4 管道内压力损失的计算

实际液体具有黏性，为了克服黏性摩擦阻力，液体流动时要损耗一部分能量，由于管道中流量不变，因此这种能量损耗表现为压力损失。损耗的能量转变为热量，使液压系统的温度升高，影响系统的工作性能。因此，在设计液压系统时，应尽量减小压力损失。

压力损失分为两种：一种是液体在等径直管中流动时因黏性摩擦而产生的压力损失，称为沿程压力损失；另一种是由于管道的截面突然变化、液流方向突然改变或其他形式的液流阻力(如控制阀阀口)干扰而引起的压力损失，称为局部压力损失。

2.4.1 液体的流动状态

压力损失规律与液体的流动状态有关，所以首先介绍液流的两种流态。

1. 层流和紊流

1883 年，英国物理学家雷诺通过大量的实验发现，液体在管道中流动时，存在两种完全不同的流动状态，即层流和紊流。在层流时，液体质点互不干扰，液体的流动呈线性或层状，且平行于管道轴线；而在紊流时，液体质点的运动杂乱无章，除了平行于管道轴线的运动外，还存在着剧烈的横向运动。由层流过渡到紊流时，液体的流动速度称为上临界速度，而由紊流过渡到层流时，液体的流动速度称为下临界速度。在上、下临界速度之间，液体的流动状

态称为过渡流或变流,是一种不稳定的流动状态,一般按紊流处理。

层流和紊流是两种不同性质的流态。层流时,黏性力起主导作用,液体流速较低,液体质点主要受黏性力制约,不能随意运动;紊流时,惯性力起主导作用,液体流速较高,黏性力的制约作用减弱。

液体在层流状态下流动时,液体的能量损失主要损失在克服黏性摩擦上,它直接转化成热能,一部分被液体带走,一部分传给管壁。而在紊流状态下,液体的能量损失主要损失在动能上,这部分损失使液体搅动混合,产生旋涡、尾流,撞击管壳,引起振动,形成液体噪声。这种噪声虽然会受到种种抑制而衰减,并最后化作热能消散掉,但在其辐射传递过程中,还会激起其他形式的噪声。

2. 雷诺数

液体流动时的流态究竟是层流还是紊流,要用雷诺数来判断。

雷诺实验证明,液体在圆管中的流动状态不仅与管内的平均流速 v 有关,还和管径 d、液体的运动黏度 ν 有关。但是,不论平均流速 v、管径 d 和液体的运动黏度 ν 如何变化,液体流动状态仅与由这三个参数所组成的一个称为雷诺数的无量纲数有关。即

$$Re = \frac{vd}{\nu} \tag{2-40}$$

实际上,雷诺数 Re 是液体流动时所受到的惯性力与黏性力之比。当雷诺数较大时,说明惯性力起主导作用,这时液体处于紊流状态;当雷诺数较小时,说明黏性力起主导作用,这时液体处于层流状态。

雷诺数是液体在管道中流动状态的判据。对于不同情况下的液体流动状态,如果雷诺数相同,它们的流动状态也就相同。液流由层流转变为紊流时的雷诺数和由紊流转变为层流时的雷诺数是不同的,后者数值小,所以一般都用后者作为判别液流状态的依据,称为临界雷诺数,记作 Re_{cr}。当液流的雷诺数 Re 小于临界雷诺数 Re_{cr} 时,液流为层流;反之,液流大多为紊流。常见的液流管道的临界雷诺数由实验求得,详见表 2-3。

表 2-3 常见液流管道的临界雷诺数

管道的形状	Re_{cr}	管道的形状	Re_{cr}
光滑的金属圆管	2 000 ~ 2 320	带环槽的同心环状缝隙	700
橡胶软管	1 600 ~ 2 000	带环槽的偏心环状缝隙	400
光滑的同心环状缝隙	1 100	圆柱形滑阀阀口	260
光滑的偏心环状缝隙	1 000	锥阀阀口	20 ~ 100

2.4.2 沿程压力损失

1. 层流时的沿程压力损失

层流时液体质点做有规律的流动,因此可以进行理论分析。

1)圆管通流截面上的流速分布规律

图 2-19 所示是黏度为 μ 的液体在等径水平圆管中做恒定流动时的情况。在管内液流中取一段半径为 r、长度为 l、中心线与管轴相重合的小圆柱体作为研究对象,作用在其两端面

上的压力分别为 p_1 和 p_2，作用在其圆柱侧面上的内摩擦力为 F_f。

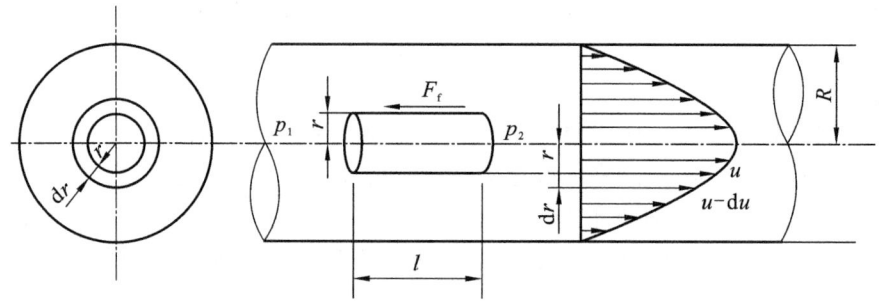

图 2-19　圆管中的层流

根据受力平衡关系，有

$$(p_1 - p_2)\pi r^2 = F_f \tag{2-41}$$

由牛顿内摩擦定律可知，内摩擦力 F_f 为

$$F_f = -\mu(2\pi r l)\frac{\mathrm{d}u}{\mathrm{d}r}$$

上式中，速度梯度 $\mathrm{d}u/\mathrm{d}r$ 为负值，故须加一负号以使内摩擦力为正值。令 $\Delta p = p_1 - p_2$，则由上述两式整理可得

$$\mathrm{d}u = -\frac{\Delta p}{2\mu l}r\,\mathrm{d}r$$

对上式进行积分，并代入相应的边界条件，即当 $r = R$ 时，$u = 0$，得

$$u = \frac{\Delta p}{4\mu l}(R^2 - r^2) \tag{2-42}$$

由此可知，管内流速在半径方向上按抛物面规律分布。最小流速在管壁 $r = R$ 处，为 $u_{\min} = 0$；最大流速在轴线 $r = 0$ 处，为

$$u_{\max} = \frac{\Delta p}{4\mu l}R^2 = \frac{\Delta p}{16\mu l}d^2 \tag{2-43}$$

2）通过管道的流量

在半径 r 处取一厚度为 $\mathrm{d}r$ 的微小圆环面积（见图 2-19），此环形面积为 $\mathrm{d}A = 2\pi r\mathrm{d}r$，通过此环形面积的流量为

$$\mathrm{d}q = u\mathrm{d}A = u2\pi r\mathrm{d}r = 2\pi\frac{\Delta p}{4\mu l}(R^2 - r^2)r\mathrm{d}r$$

因为通流截面上流速的分布规律已知，因此上式积分得圆管层流的流量公式为

$$q = \int_0^R 2\pi r \cdot \frac{\Delta p}{4\mu l}(R^2 - r^2)\mathrm{d}r = \frac{\pi R^4}{8\mu l}\Delta p = \frac{\pi d^4}{128\mu l}\Delta p \tag{2-44}$$

或

$$\frac{\Delta p}{l} = \frac{8\mu}{\pi R^4}q \tag{2-45}$$

上述各式中的 R、d 分别为圆管半径、内径。

式（2-44）表明，要使黏度为 μ 的液体在直径为 d、长度为 l 的直管中以流量 q 流过，则其管端必然要有 Δp 值的压力差，且流量与管径的 4 次方成正比。由式（2-45）可知，压力损失即压差与管径的 4 次方成反比，所以管径对流量或压力损失的影响很大。

3）圆管层流的平均流速

根据平均流速的定义,得圆管层流的平均流速为

$$v = \frac{q}{A} = \frac{\Delta p}{8\mu l}R^2 = \frac{\Delta p}{32\mu l}d^2 \qquad (2\text{-}46)$$

与式(2-43)比较可知,平均流速为最大流速的一半。

4）沿程压力损失

由式(2-46)可以得到采用平均流速计算沿程压力损失的表达式为

$$\Delta p_\lambda = \Delta p = \frac{32\mu l}{d^2}v \qquad (2\text{-}47)$$

显然,沿程压力损失的大小与管长、平均流速的一次方、黏度成正比,而与管径的平方成反比。

沿程压力损失也可以由圆管层流的流量公式(2-44)求得,即沿程压力损失为

$$\Delta p_\lambda = \Delta p = \frac{128\mu l}{\pi d^4}q \qquad (2\text{-}48)$$

将 $\mu = \nu\rho$,$Re = \dfrac{vd}{\nu}$,$q = \dfrac{\pi}{4}d^2 v$ 代入上式,整理后得

$$\Delta p_\lambda = \frac{64}{Re}\frac{l}{d}\rho\frac{v^2}{2} = \lambda\frac{l}{d}\rho\frac{v^2}{2} \qquad (2\text{-}49)$$

用比压力能单位表示,为

$$h_\lambda = \frac{\Delta p_\lambda}{\rho g} = \lambda\frac{l}{d}\frac{v^2}{2g} \qquad (2\text{-}50)$$

式中,ρ 为液体的密度;v 为液流的平均流速;λ 为沿程阻力系数,理论值 $\lambda = 64/Re$,考虑到实际流动时还存在温度变化以及管道变形等问题,因此,液体在金属管道中流动时一般取 $\lambda = 75/Re$,在橡胶软管中流动时则取 $\lambda = 80/Re$。

2. 紊流时的沿程压力损失

液体做紊流流动时,其空间任一点处液体质点速度的大小和方向都是随时间变化的,是一种很复杂的流动状态,完全用理论方法加以研究至今未获得令人满意的结果,故仍用试验的方法加以研究,再辅以理论解释,因而紊流状态下液体流动的压力损失仍用式(2-49)来计算,但式中的沿程阻力系数 λ 与层流时的沿程阻力系数 λ 是不同的。由于紊流时管壁附近的层流边界层在 Re 较低时厚度较大,把管壁的表面粗糙度完全掩盖住,使之不影响液体的流动,如同让液体流过一根光滑管一样(称为水力光滑管)。这时的 λ 仅和 Re 有关,和表面粗糙度无关,即 $\lambda = f(Re)$。当 $3\,000 < Re < 10^5$ 时,可用下面的经验公式计算

$$\lambda = 0.316\,4Re^{-0.25} \qquad (2\text{-}51)$$

当 Re 增大时,层流边界厚度减薄,当它小于管壁表面粗糙度时,管壁表面粗糙度就突出在层流边界层之外(称为水力粗糙管),对液体的压力损失产生影响,这时的 λ 将和 Re 以及管壁的相对表面粗糙度 Δ/d(Δ 为管壁的绝对表面粗糙度,d 为管子内径)有关,即 $\lambda = f(Re, \Delta/d)$。当管流的 Re 再进一步增大时,λ 将仅与相对表面粗糙度 Δ/d 有关,即 $\lambda = f(\Delta/d)$,这时就称管流进入了它的阻力平方区。对于水力粗糙管,λ 值的计算可参阅液压工程手册。

管壁绝对表面粗糙度 Δ 的值,在粗估算时,钢管取 0.04 mm,铜管取 $0.001\,5 \sim 0.01$ mm,铝管取 $0.001\,5 \sim 0.06$ mm,橡胶软管取 0.03 mm,铸铁管取 0.25 mm。

2.4.3 局部压力损失

局部压力损失是液体流经阀口、弯管、通流截面突然变化等处所引起的压力损失。液流通过这些地方时,由于它的方向和流速发生变化,液体在这些地方产生扰动、搅拌,形成旋涡、尾流,或使边界层剥离,使液体的质点相互撞击,从而产生了较大的能量损耗。

局部压力损失与液流的动能直接相关,一般它可以表达成如下的计算式。

$$\Delta p_\zeta = \zeta \rho \frac{v^2}{2} \tag{2-52}$$

采用比能形式,可写成

$$h_\zeta = \zeta \frac{v^2}{2g} \tag{2-53}$$

式中,ρ 为液体的密度;v 为液流的平均流速,一般情况下均指局部阻力下游处的流速;ζ 为局部阻力系数。

由于液体流经局部阻力区域的流动情况非常复杂,所以局部阻力系数 ζ 的值仅在少数场合可以采用理论推导的方法求得,一般都必须通过实验来确定。各种局部装置结构的 ζ 的具体数值可从有关液压工程手册中查到。

下面以截面突然扩大时的局部损失为例,介绍理论推导的方法。如图 2-20 所示,因为是紊流,动能修正系数和动量修正系数均为 1。选取截面 1-1 和 2-2 间的核心区 Ⅰ 为控制体,根据动量方程,沿轴线方向,有

$$p_1 A_1 + p_0 (A_2 - A_1) - p_2 A_2 = \rho q (v_2 - v_1)$$

式中,$p_0 (A_2 - A_1)$ 实际上可以看成是管道对液体的作用力。由实验得知,$p_0 \approx p_1$,则上式可简化为

$$(p_1 - p_2) A_2 = \rho q (v_2 - v_1)$$

$$p_1 - p_2 = \rho v_2 (v_2 - v_1)$$

对截面 1-1 和 2-2 列写伯努利方程,得

$$\frac{p_1}{\rho g} + \frac{v_1^2}{2g} = \frac{p_2}{\rho g} + \frac{v_2^2}{2g} + h_\zeta$$

式中,h_ζ 为单位重量液体的局部压力损失;由于路程短,不考虑沿程压力损失。

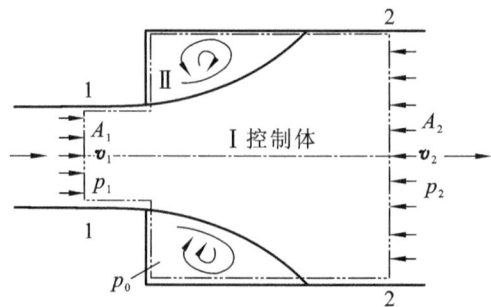

图 2-20 截面突然扩大时的局部损失

由以上两式,可求得

$$h_\zeta = \frac{v_2(v_2 - v_1)}{g} + \frac{v_1^2 - v_2^2}{2g} \qquad (2\text{-}54)$$

化简上式,并将 $v_2 = \frac{A_1}{A_2} v_1$ 代入,得

$$h_\zeta = \frac{(v_1 - v_2)^2}{2g} = \left(1 - \frac{A_1}{A_2}\right)^2 \frac{v_1^2}{2g} \qquad (2\text{-}55)$$

令截面突然扩大时的局部损失系数为

$$\zeta = \left(1 - \frac{A_1}{A_2}\right)^2 \qquad (2\text{-}56)$$

则

$$h_\zeta = \zeta \frac{v_1^2}{2g} \qquad (2\text{-}57)$$

由式(2-56)可知,截面突然扩大时的局部损失系数仅与通流面积 A_1 与 A_2 的比值有关,而与速度、雷诺数(黏性)无关。显然,当 $A_2 \gg A_1$ 时,$\zeta = 1$,因此,截面突然扩大处的局部能量损失为 $v^2/2g$。这说明,进入截面突然扩大处,特别是 $v_2 \approx 0$ 时,液体的全部动能会因液流扰动而全部损失,最后变为热能而散失。

必须特别指出,对于阀和过滤器等液压元件的局部压力损失,一般不采用式(2-52)来进行计算,因为液流情况比较复杂,难以计算。它们的压力损失数值可从产品样本中直接查到。但是产品样本提供的是元件在额定流量 q_n 下的压力损失 Δp_n。当实际通过的流量 q_v 不等于额定流量 q_n 时,可依据局部压力损失 Δp 与速度 v^2 成正比的关系,按下式计算元件的实际压力损失 Δp_v:

$$\Delta p_v = \Delta p_n \left(\frac{q_v}{q_n}\right)^2 \qquad (2\text{-}58)$$

2.4.4 管路中的总压力损失

液压系统的管路一般由若干段管道和一些阀、过滤器、管接头、弯头等组成,因此管路总的压力损失就等于所有直管中的沿程压力损失和所有这些元件的局部压力损失之总和,即为

$$\sum \Delta p_w = \sum \Delta p_\lambda + \sum \Delta p_\zeta + \sum \Delta p_v = \sum_i \lambda_i \frac{l_i}{d_i} \frac{\rho v_i^2}{2} + \sum_j \zeta_j \frac{\rho v_j^2}{2} + \sum_k \Delta p_n \left(\frac{q}{q_n}\right)$$

$$(2\text{-}59)$$

必须指出,上式仅在两相邻局部压力损失之间的距离大于管道内径 10 倍以上时才是正确的。这是因为,液流经过局部阻力区域后受到很大的扰动,要经过一段距离才能稳定下来。如果距离太短,液流还未稳定就又要经历后一个局部阻力,它所受到的扰动将更为严重,这时的阻力系数可能会比正常值大好几倍甚至十几倍。

通常情况下,液压系统的管路并不长,所以沿程压力损失比较小,而阀等元件的局部压力损失却较大,因此管路总的压力损失一般以局部压力损失为主。速度越高压力损失就越大,因此,为了减小管系统中的压力损失,管道中液体的流速不宜过高,设计时应适当增大管径。另外,为了减小压力损失,应合理选用油液的黏度,尽量采用内壁光滑的管道,尽量避免管道内径的突然变化,少用弯头。

2.5 孔口和间隙的流量-压力特性

在液压元件中,普遍存在液体流经孔口或间隙的现象。液流通道上其通流截面有突然收缩处的流动称为节流,节流是液压技术中控制流量和压力的一种基本方法。能使流动成为节流的装置,称为节流装置。例如,液压阀的孔口是常用的节流装置,通常利用液体流经液压阀的孔口来控制压力或调节流量;而液体在液压元件配合间隙中的流动,会造成泄漏而影响效率。因此,研究液体流经各种孔口和间隙的规律,了解影响它们的因素,对于理解液压元件的工作原理、结构特点和性能是很重要的问题。

2.5.1 孔口的流量-压力特性

孔口是液压元件重要的组成要素之一,各种孔口形式是液压控制阀具有不同功能的主要原因。液压元件中的孔口按其长度 l 与直径 d 的比值分为三种类型:长径比 $l/d < 0.5$ 的小孔称为薄壁小孔;长径比 $0.5 < l/d < 4$ 的小孔称为厚壁小孔或短小孔;长径比 $l/d > 4$ 的小孔称为细长小孔。这些小孔的流量—压力特性有共性,但也不完全相同。

1. 薄壁小孔

薄壁小孔的孔口边缘一般做成刃口形式,如图 2-21 所示。各种结构形式的阀口就是薄壁小孔的实际例子。液流经过薄壁孔时多为紊流,这时只有局部压力损失而几乎不产生沿程压力损失。

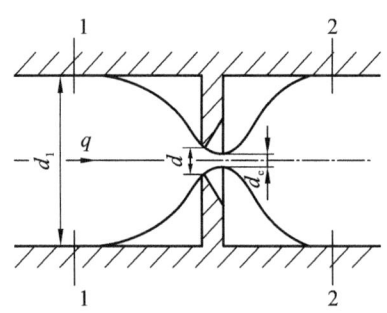

图 2-21　薄壁小孔的液流

设薄壁小孔直径为 d,在小孔前约 $d/2$ 处,液体质点被加速,并从四周流向小孔。由于流线不能转折,贴近管壁的液体不会直角转弯而是逐渐向管道轴线收缩,使通过小孔后的液体在出口以下约 $d/2$ 处形成最小收缩断面,然后再逐渐扩大充满整个管道,这一收缩和扩大的过程便产生了局部压力损失。

设最小收缩截面面积为 A_c,而小孔几何面积为 A_T,则最小收缩截面面积与孔口截面面积之比称为截面收缩系数,即

$$C_c = \frac{A_c}{A_T} \tag{2-60}$$

收缩系数反映了液流通过通流截面的收缩程度,其主要影响因素有雷诺数 Re、孔口及边缘形式、孔口直径 d 与管道直径 d_1 比值的大小等。研究表明,当 $d_1/d \geqslant 7$ 时,流束的收

缩不受孔前管道内壁的影响,这时称之为完全收缩;当 $d_1/d < 7$ 时,由于小孔离管壁较近,孔前管道内壁对流束具有导流作用,因而影响其收缩,这时称液流为不完全收缩。

选择管道轴线为参考基准,对 1-1 截面和 2-2 截面列写伯努利方程,得

$$z_1 + \frac{p_1}{\rho g} + \frac{\alpha_2 v_1^2}{2g} = z_2 + \frac{p_2}{\rho g} + \frac{\alpha_2 v_2^2}{2g} + \sum h_\zeta$$

其中,$z_1 = z_2 = 0$,$v_1 = v_2$,$\alpha_1 = \alpha_2 = 1$,故伯努利方程可简化为

$$\frac{p_1}{\rho g} = \frac{p_2}{\rho g} + \sum h_\zeta$$

式中,$\sum h_\zeta$ 为液体流过小孔时的总局部损失,它包括两部分,一是通流截面突然缩小时的局部损失,二是通流截面突然扩大时的局部损失。

当最小收缩截面上的平均流速为 v_c 时,总局部损失可表示为

$$\sum h_\zeta = (\zeta_1 + \zeta_2)\frac{v_c^2}{2g}$$

令 $\Delta p = p_1 - p_2$,将上式代入以上简化的伯努利方程,整理,得

$$v_c = \frac{1}{\sqrt{\zeta_1 + \zeta_2}}\sqrt{\frac{2}{\rho}\Delta p} = C_v\sqrt{\frac{2}{\rho}\Delta p}$$

式中,C_v 为小孔流速系数;根据通流截面突然扩大时局部损失系数的理论计算式(2-56),可知 $\zeta_2 = \left(1 - \frac{A_c}{A_2}\right)^2$,一般 $\frac{A_c}{A_2} \ll 1$,因此,$\zeta_2 \approx 1$。于是有

$$C_v = \frac{1}{\sqrt{\zeta_1 + 1}} \tag{2-61}$$

Δp 为小孔前后的压差,$\Delta p = p_1 - p_2$。

根据流量连续性方程,由此得流经薄壁小孔的流量为

$$q = A_c v_c = C_c C_v A_T\sqrt{\frac{2}{\rho}\Delta p} = C_q A_T\sqrt{\frac{2}{\rho}\Delta p} \tag{2-62}$$

式中,C_q 为流量系数,$C_q = C_c C_v$。

式(2-62)称为薄壁小孔的流量-压力特性公式。由该式可知,流经薄壁小孔的流量 q 与小孔前后的压差 Δp 的平方根以及薄壁孔面积 A_T 成正比,而与黏度无直接关系。

收缩系数 C_c、流速系数 C_v 和流量系数 C_q 的值由实验确定。在液流完全收缩的情况下,当 $Re \leqslant 10^5$ 时,收缩系数 C_c 为 0.61~0.63,流速系数 C_v 为 0.97~0.98,这时流量系数 C_q 为 0.6~0.62;当 $Re > 10^5$ 时,C_q 可以认为是不变的常数,计算时取平均值 $C_q = 0.61$。

当液流不完全收缩时,流量系数 C_q 可按经验公式确定。由于这时小孔离管壁较近,管壁对液流进入小孔起导向作用,流量系数 C_q 可增大到 0.7~0.8。当小孔不是薄刃式而是带棱边或小倒角的孔时,C_q 值将更大。

小孔的壁很薄时,其沿程阻力损失非常小,通过小孔的流量对油液温度的变化,即对黏度的变化不敏感,因此在液压系统中,常采用一些与薄壁小孔流动特性相近的阀口作为可调节流孔口,如锥阀、滑阀、喷嘴挡板阀等。薄壁小孔加工困难,实际应用中多用厚壁小孔代替。

2. 厚壁小孔

厚壁小孔的流量公式与薄壁小孔相同,但流量系数 C_q 不同,一般取 $C_q = 0.82$。厚壁小

孔的能量损失中,有沿程损失,所以厚壁小孔比薄壁小孔的能量损失大,但厚壁小孔比薄壁小孔更容易加工。一般来说,厚壁小孔适合做固定节流器用。

3. 细长小孔

由于流动液体的黏性作用,液流流过细长小孔时多呈层流,因此,通过细长小孔的流量可以按前面导出的圆管层流流量公式(2-44)计算,即细长小孔的流量-压力特性公式为

$$q = \frac{\pi d^4}{128\mu l}\Delta p = CA_T\Delta p \tag{2-63}$$

式中,A_T 为细长小孔通流面积,$A_T = \frac{1}{4}\pi d^2$;C 为细长小孔流量系数,$C = \frac{d^2}{32\mu l}$。

从式(2-63)可以看出,油液流过细长小孔的流量 q 与小孔前后的压力差 Δp 成正比,而和液体黏度 μ 成反比,流量受油液黏性影响大。因此油温变化引起黏度变化时,流过细长孔的流量将显著变化,这一点和薄壁小孔的特性是明显不同的。另外,细长小孔容易堵塞。细长小孔在液压装置中常用作阻尼孔。

薄壁小孔、厚壁小孔和细长小孔的流量-压力特性可以统一写成如下形式:

$$q = KA_T\Delta p^m \tag{2-64}$$

式中,K 为由孔的形状、结构尺寸和液体性质确定的系数。对薄壁小孔和厚壁小孔,$K = C_q\sqrt{2/\rho}$;对细长小孔,$K = d^2/(32\mu l)$。A_T 为小孔通流截面面积。Δp 为小孔两端的压力差;m 为由孔的长径比决定的指数,对薄壁小孔,$m = 0.5$;对细长小孔,$m = 1$。

4. 滑阀阀口的流量-压力特性

图 2-22 为滑阀阀口的结构示意图。当阀芯相对阀体有相对移动时,阀芯台肩控制边与阀体沉割槽槽口边的距离 x_v 称为阀的开口量或开度。当 $x_v \leq 0$ 时,阀口处于关闭状态,液体不能经阀口流出或流入。

当阀口的开口量 x_v 较小时,液体在滑阀阀口的流动特性与薄壁小孔相近,因此,可利用薄壁小孔的流量-压力特性公式(2-62),来计算液体流经滑阀阀口的流量,不过式中的通流面积 A_T 有所不同,应具体分析。

设阀芯的直径为 d,阀芯与阀体间的径向间隙为 C_r,则阀口的有效宽度为 $\sqrt{x_v^2 + C_r^2}$,如令 w 为阀口的周向长度(亦称面积梯度,它是阀口通流面积相对于阀口开度的变化率),则

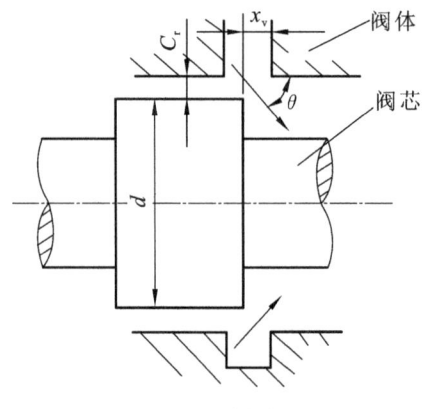

图 2-22 滑阀阀口

$w = \pi d$，所以阀口的通流面积 $A_T = w\sqrt{x_v^2 + C_r^2}$，由此求得滑阀阀口的流量-压力特性公式为

$$q = C_q w\sqrt{x_v^2 + C_r^2}\sqrt{\frac{2}{\rho}\Delta p}$$

当 C_r 值很小，且 x_v 远大于 C_r 时，可略去 C_r 不计，便有

$$q = C_q w x_v \sqrt{\frac{2}{\rho}\Delta p} \tag{2-65}$$

在液压技术中，滑阀阀口的流量-压力特性公式(2-65)是一个极其重要的公式，它是理解液压控制阀和液压伺服控制系统工作原理的理论基础。该式表明，通过阀口的流量是阀口开口量和阀口前后压力差的函数，即 $q = f(x_v, \Delta p)$。当通过阀口的流量 q 不变时，可以通过改变阀口开口量来控制液流的压力，如减压阀；当阀口开口量能随通过阀口的流量变化时，则可以设法控制液流的压力基本恒定不变，如溢流阀；当控制阀前后压力差恒定不变时，改变阀口开口量，则可调节流量的大小并恒定流量不变，如调速阀。

2.5.2　液体流经间隙的流量

液压元件中，一些零件之间为保证正常的相对运动，必须有一定的配合间隙。通过间隙的泄漏流量主要由间隙的大小和压力差决定。泄漏分为内泄漏和外泄漏。泄漏的增加将使系统的效率降低，因此应尽量减小泄漏以提高系统的性能，保证系统正常工作。此外，外泄漏将污染环境。

间隙流动分两种情况：一是由间隙两端的压力差造成的，称为压差流动；二是由于形成间隙的两固体壁面间的相对运动造成的，称为剪切流动。在很多情况下，实际间隙流动是压差流动与剪切流动的组合。

1. 平行平板间隙

平行平板间隙是讨论其他形式间隙的基础。如图 2-23 所示，在两块平行平板所形成的间隙中充满了液体，间隙高度为 h，间隙宽度和长度分别为 b 和 l，间隙中的液流状态为层流。若间隙两端存在压差 $\Delta p = p_1 - p_2$，液体就会产生流动；即使没有压差 Δp 的作用，如果两块平板有相对运动，由于液体黏性的作用，液体也会被平板带着产生流动。

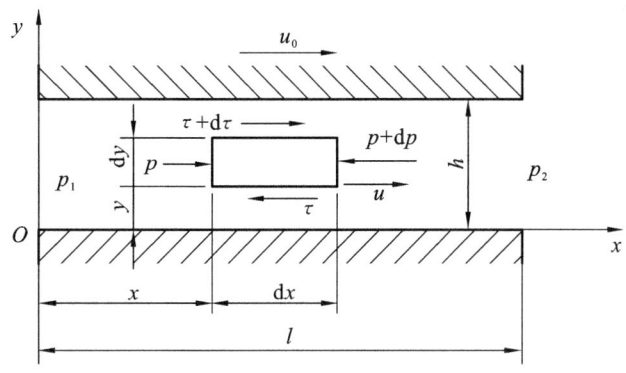

图 2-23　平行平板间隙的液流

在间隙液流中任取一个微元体 $\mathrm{d}x\mathrm{d}y$（为简单起见，宽度方向先取单位宽度，即 $b=1$），因 $\mathrm{d}x$ 较小，故作用在其左右两端面上的压力分别设为 p 和 $p+\mathrm{d}p$，上下两面所受到的切应

力分别设为 $\tau + \mathrm{d}\tau$ 和 τ，则微元体的受力平衡方程为

$$p\,\mathrm{d}y + (\tau + \mathrm{d}\tau)\mathrm{d}x = (p + \mathrm{d}p)\mathrm{d}y + \tau\,\mathrm{d}x$$

由牛顿内摩擦定律，可知

$$\tau = \mu\frac{\mathrm{d}u}{\mathrm{d}y}$$

将 τ 的表达式代入上式，并经整理，得

$$\frac{\mathrm{d}u^2}{\mathrm{d}y^2} = \frac{1}{\mu}\frac{\mathrm{d}y}{\mathrm{d}x}$$

对上式进行两次积分，得

$$u = \frac{1}{2\mu}\frac{\mathrm{d}p}{\mathrm{d}x}y^2 + C_1 y + C_2 \tag{2-66}$$

式中，C_1、C_2 为积分常数，可利用边界条件求出：当平行平板间的相对运动速度为 u_0 时，在 $y = 0$ 处，$u = 0$，在 $y = h$ 处，$u = u_0$，则得

$$C_1 = \frac{u_0}{h} - \frac{1}{2\mu}\frac{\mathrm{d}p}{\mathrm{d}x}h, \quad C_2 = 0$$

此外，液流做层流时，p 只是 x 的线性函数，即

$$\frac{\mathrm{d}p}{\mathrm{d}x} = \frac{p_2 - p_1}{l} = -\frac{\Delta p}{l}$$

把这些关系代入式（2-66）并整理后，得间隙液流的速度分布规律，为

$$u = \frac{\Delta p}{2\mu l}(h - y)y \pm \frac{u_0}{h}y \tag{2-67}$$

由此得通过平行平板间隙的泄漏流量为

$$q = \int_0^h ub\,\mathrm{d}y = \int_0^h \left[\frac{\Delta p}{2\mu l}(h - y)y \pm \frac{u_0}{h}y\right]b\,\mathrm{d}y = \frac{bh^3}{12\mu l}\Delta p \pm \frac{bh}{2}u_0 \tag{2-68}$$

即为在压差和剪切同时作用下，液体通过平行平板间隙的流量。当平行平板间的相对运动速度 u_0 的方向与压差流动方向相反时，上式等号右边的第二项取负号。

由此可知，通过间隙的流量与间隙值的 3 次方成正比，这说明元件间隙的大小对其泄漏量的影响很大。此外，泄漏所造成的功率损失可以写成

$$\Delta P = \Delta pq = \Delta p\left(\frac{bh^3}{12\mu l}\Delta p \pm \frac{1}{2}bhu_0\right) \tag{2-69}$$

由此可以得出结论：间隙 h 越小，泄漏功率损失也越小。但是，h 的减小会使液压元件中的摩擦功率损失增大，因而间隙 h 有一个使这两种功率损失之和达到最小的最佳值，并不是越小越好。

2. 环形间隙

图 2-24 所示为液体在同心环形间隙中的流动。如图 2-24(a) 所示，圆柱体直径为 d，间隙大小为 h，间隙长度为 l。当间隙 h 较小时，可将环形间隙沿圆周方向展开，把它近似地看作是平行平板间隙的流动，这样只要将 $b = \pi d$ 代入式（2-69），就可得同心环形间隙的流量公式

$$q_0 = \frac{\pi dh^3}{12\mu l}\Delta p \pm \frac{\pi dh}{2}u_0 \tag{2-70}$$

当圆柱体移动方向与压差方向相反时,上式等号右边的第二项应取负号。

当间隙较大时,如图 2-24(b)所示,必须精确计算,经推导,其流量公式为

$$q = \frac{\pi}{8\mu l}\left[(r_2^4 - r_1^4) - \frac{(r_2^2 - r_1^2)^2}{\ln(r_2/r_1)}\right]\Delta p \qquad (2\text{-}71)$$

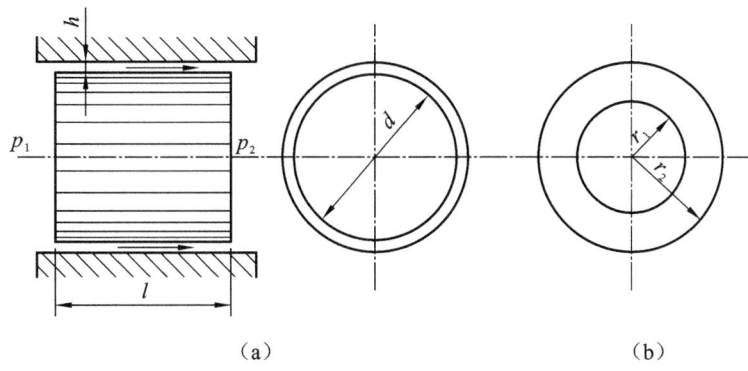

（a）　　　　　　　　　　　　　（b）

图 2-24　同心圆环间隙中的液流

在液压系统中,各零件间的配合间隙大多数为圆环形间隙,如滑阀与阀套之间、活塞与缸筒之间等。理想情况下为同心环形间隙,但实际上,一般多为偏心环形间隙。

图 2-25 所示为液体在偏心环形间隙中的流动。设内外圆间的偏心量为 e,在任意角度 θ 处的间隙为 h。因间隙很小,$r_1 \approx r_2 \approx r$,可把微元圆弧 db 所对应的环形间隙中的流动近似地看作是平行平板间隙中的流动。将 $db = rd\theta$ 代入式(2-68)得

$$dq = \frac{rh^3 d\theta}{12\mu l}\Delta p \pm \frac{rd\theta}{2}hu_0$$

由图 2-25 所示的几何关系,可以得到

$$h \approx h_0 - e\cos\theta = h_0(1 - \varepsilon\cos\theta)$$

式中,h_0 为内外圆同心时半径方向的间隙值;ε 为相对偏心率,$\varepsilon = e/h$。

将 h 值代入上式并积分后,便得偏心环形间隙的流量公式为

$$q = (1 + 1.5\varepsilon^2)\frac{\pi dh_0^3}{12\mu l}\Delta p \pm \frac{\pi dh_0}{2}u_0 \qquad (2\text{-}72)$$

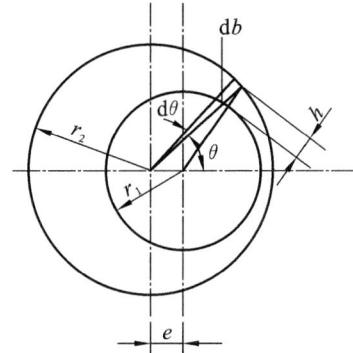

图 2-25　偏心环形间隙中的液流

当内外圆之间没有偏心量,即 $\varepsilon = 0$ 时,式(2-70)就是同心环形间隙的流量公式;当 $\varepsilon = $

1,即有最大偏心量时,其流量为同心环形间隙流量的 2.5 倍。因此,在液压元件中,为了减小间隙泄漏量,应采取措施,如在阀芯上加工一些均压槽,尽量使配合件处于同心状态。

3. 圆环平面间隙

图 2-26 所示为液体在圆环平面间隙中的流动。这里,圆环与平面之间无相对运动,液体自圆环中心向外辐射流出。设圆环的大、小半径分别为 r_2 和 r_1,它与平面之间的间隙值为 h,则由式(2-67),并令 $u_0=0$,可得在半径为 r、离下平面 z 处的径向速度为

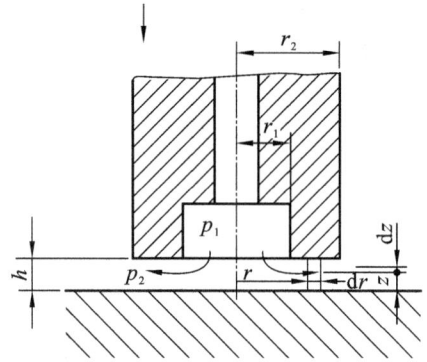

图 2-26 圆环平面间隙中的液流

$$u_r = -\frac{1}{2\mu}(h-z)z\frac{\mathrm{d}p}{\mathrm{d}r}$$

通过的流量为

$$q = \int_0^h u_r 2\pi r\,\mathrm{d}z = -\frac{\pi r h^3}{6\mu}\frac{\mathrm{d}p}{\mathrm{d}r}$$

即

$$\frac{\mathrm{d}p}{\mathrm{d}r} = -\frac{6\mu}{\pi r h^3}q$$

对上式积分,有

$$p = -\frac{6\mu q}{\pi h^3}\ln r + C$$

当 $r=r_2$ 时,$p=p_2$,求出 C,代入上式得

$$p = \frac{6\mu q}{\pi h^3}\ln\frac{r_2}{r} + p_2$$

而当 $r=r_1$ 时,$p=p_1$,所以圆环平面间隙的流量公式为

$$q = \frac{\pi h^3}{6\mu\ln\dfrac{r_2}{r_1}}\Delta p \tag{2-73}$$

必须指出,计算间隙的泄漏量比较复杂,有时不一定准确。在实际工程中,通常用试验方法来测定泄漏量,并引入泄漏系数 C_t。在不考虑相对运动影响的情况下,通过各种间隙的泄漏量可按下式计算:

$$q = C_t\Delta p \tag{2-74}$$

式中,C_t 为由间隙形式决定的泄漏系数,一般由试验确定。

例 2.5 某锥阀如图 2-27(a)所示。已知锥阀半锥角 $\varphi=20°$,$r_1=2\times10^{-3}$ m,$r_2=7\times$

10^{-3} m,间隙 $h = 1 \times 10^{-4}$ m,阀的进出口压差 $\Delta p = 1$ MPa,$\mu = 0.1$ Pa · s。求流经锥阀间隙的流量。

解 由于阀座的长度 l 较长而间隙 h 很小,致使在锥阀间隙中的液流呈现层流状态,因此不能把它当作薄壁小孔来对待,而可以借鉴圆环平面间隙的流量公式(2-73),并设想将圆锥间隙展开变成不完整的环形平面间隙,如图 2-27(b)所示。这样将式中的 π 代之以 $\pi \sin\varphi$,便可求得流经锥阀间隙的流量,即

$$q = \frac{\pi \sin\varphi h^3}{6\mu \ln \dfrac{r_2}{r_1}} \Delta p$$

将已知数据代入上式,有

$$q = \frac{\pi \times \sin 20° \times (1 \times 10^{-4})^3}{6 \times 0.1 \times \ln\left(\dfrac{7}{2}\right)} \times 1 \times 10^6 \ \text{m}^3/\text{s} = 1.43 \times 10^{-6} \ \text{m}^3/\text{s}$$

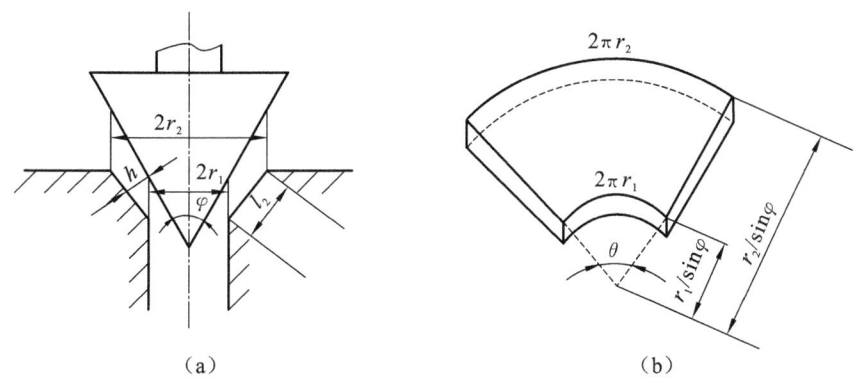

图 2-27 例 2.5 图

◀ **2.6 液压冲击和气穴现象** ▶

在液压系统中,液压冲击和气穴现象影响系统的工作性能和液压元件的使用寿命,因此必须了解它们的物理本质、产生的原因及其危害,在设计液压系统时,应采取措施减小它们的危害或防止它们的发生。

2.6.1 液压冲击

在液压系统的工作过程中,由于某种原因致使系统或系统中某处局部压力瞬时急剧上升,形成压力峰值的现象称为液压冲击。液压冲击产生的原因主要是流动的液体具有惯性,当液流通道迅速关闭或液流迅速换向或突然制动时,液流速度的大小或方向发生突然的变化,液体的惯性将导致液压冲击。此外,运动部件(负载)由液压驱动,当其突然制动或换向时,因运动部件具有惯性,也将导致系统发生液压冲击。出现液压冲击时,液体中的瞬时峰值压力往往比正常工作压力高好几倍,它不仅损坏密封装置、管路和液压元件,而且还会引起振动和噪声;液压冲击有时会使某些压力控制的液压元件产生误动作,造成事故。

1. 液压冲击的物理本质

如图 2-28 所示,有一液面恒定并能保持液面压力不变的容器,则 A 点的压力保持不变。液体沿长度为 l、管径为 d 的管道经阀门 B 以速度 v_0 流出。

若阀门突然关闭,则靠近阀门处 B 点的液体将首先立即停止运动,液体的动能将瞬间转换成压力能,B 点的压力升高 Δp(即冲击压力),接着后面相邻的液体逐层依次停止运动,动能也依次转换成压力能,压力升高形成压力波。这个压力波以速度 c 由 B 向 A 传递,称作压力升高波(第一波)。经过时间 $t=l/c$ 后,管中的液体全部停止流动。

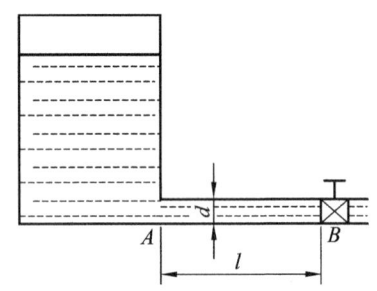

图 2-28　液流速度突变引起的液压冲击

由于管道入口处容器 A 点的压力保持不变,故压力波在 A 点被截住。此时,管道中受压缩的液体在压力差的作用下自管道入口端向左流动,压力开始恢复到其起始压力。这个压力恢复波以速度 c 从 A 点向阀门 B 点传递,当 $t=2l/c=T_c$ 时,压力恢复波(第二波)传递到了阀门 B 点。

这时,管中的全部液体将具有起始压力及与起始流速方向相反、大小相同的流速,于是,管道中的液体具有离开阀门 B 点的趋势,使得紧靠阀门 B 点的压力下降,低于起始压力,直到此压力下降耗掉其动能,使贴近阀门 B 点的这段液流停止流动。液体的压力下降波及跟随而来的液流停止流动,自 B 点向入口端 A 点传递,在 $t=3l/c$ 时,压力下降波(第三波)传递到了 A 点,管中的全部液流停止流动,全管均为降低了的压力。

因为 A 点的压力仍为起始压力,在 A 点的液体不能在此状态下保持平衡,在压力差的作用下,液体又从 A 点向 B 点流动,并使管中的流速及压力从 A 点开始恢复到初始状态,此压力恢复波(第四波)于 $t=2T_c=4l/c$ 时传递到了阀门 B 点,此时整个管道液体都恢复了起始压力及起始流速。

由于阀门仍关闭,于是在阀门 B 点又重复第一波产生的过程。假设在整个过程中能量并不逸散,则液压冲击波将周而复始地重复上述过程。实际上,由于油液的黏性作用,存在能量损失,压力冲击波呈衰减振荡。

由上述液压冲击物理过程的分析可知,液压冲击是一种非定常流动现象,它的瞬态过程相当复杂,液压冲击实质上是液流的动能瞬时被转变为压力能,而后压力能又瞬时被转变为动能而产生的液体的振动现象。当考虑管道的弹性变形时,液压冲击的物理过程变得更复杂。总而言之,液压冲击是多种能量瞬时相互转化而产生的一种振动,其根本原因在于液体的可压缩性和管道的弹性变形。

2. 最高冲击压力值的计算

1) 管内液流速度突变引起的液压冲击

如图 2-29 所示,假如突然关闭管道阀门,那么经时间 $\mathrm{d}t$ 后,压力波应向左传递 $c\mathrm{d}t$ 一段距离。设管道的通流面积为 A,压力波传递速度 $c=l/t$,t 为第一波从产生到结束的时间。显然,在极短的时间间隔 $\mathrm{d}t$ 内,长度为 $c\mathrm{d}t$ 的微段液体将停止流动。根据牛顿第二定律 $F\mathrm{d}t=m\mathrm{d}v$,若忽略摩擦,则有

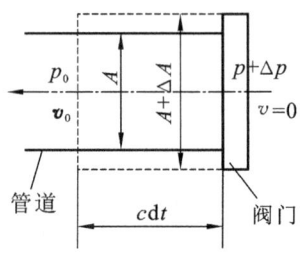

图 2-29　压力升高值

$$\Delta p A \mathrm{d}t = (\rho A c \mathrm{d}t)\Delta v$$

即
$$\Delta p = \rho c \, \Delta v$$

上式表示,由于流速瞬时变化 Δv 与由此而引起的压力变化 Δp 之间的关系。在阀门突然完全关闭的情况下,$c \, dt$ 微段液体的流速从 v_0 减小为 0,即 $\Delta v = v_0$,Δp 表示由于阀门突然关闭而引起的压力冲击值。所以,液压冲击时压力升高值为

$$\Delta p = \rho c v_0 \tag{2-75}$$

式中,Δp 为液压冲击时压力的升高值;c 为压力冲击波在液体中的传播速度,$c = \sqrt{\dfrac{K_{\mathrm{m}}}{\rho}}$;$K_{\mathrm{m}}$ 为考虑管壁弹性后的液体等效体积模量。

计算压力升高值 Δp 时,需要先知道 c 值的大小。如图 2-29 所示,设在 dt 内,长度为 $c \, dt$ 的管段受 Δp 的作用,其容积增大了 $c \, dt \, dA$,同时此管段内的液体的体积被压缩了 $dV_0 = \dfrac{V_0}{K} \Delta p$。由于管段容积增大和液体体积压缩的结果,会空出部分空间,于是在 dt 时间内,将有体积为 $v_0 A \, dt$ 的液体补入这个空间,根据连续性原理,补入的液体体积与空出的空间应相等,即

$$v_0 A \, dt = c \, dt \, \Delta A + \frac{V_0}{K} \Delta p$$

注意到液体被压缩前体积 $V_0 = c \, dt \, A$,则

$$v_0 = c \left(\frac{\Delta A}{A} + \frac{\Delta p}{K} \right)$$

根据材料力学薄壁筒应力公式,有

$$\frac{\Delta A}{A} = \frac{d \Delta p}{\delta E}$$

因此,根据式(2-75)可以得到压力波在液体中的传递速度为

$$c = \sqrt{\frac{K_{\mathrm{m}}}{\rho}} = \frac{\sqrt{\dfrac{K}{\rho}}}{\sqrt{1 + \dfrac{d}{\delta} \dfrac{K}{E}}} \tag{2-76}$$

式中,K 为液体的体积模量;d 为管道的内径;δ 为管道的壁厚;E 为管道材料的弹性模量。

对于液压传动系统中的管道来说,c 值一般在 $890 \sim 1\,250\ \mathrm{m/s}$ 之间。

如果阀门不是全部关闭而是部分关闭,使液体的流速从 v_0 降到 v_1,则只要在式(2-75)中以 $v_0 - v_1$ 代替 v_0,就可求得此时的压力升高值,即

$$\Delta p_{\mathrm{r}} = \rho c (v_0 - v_1) = \rho c \, \Delta v \tag{2-77}$$

一般来说,按阀门关闭时间常把液压冲击分为以下两种:

当阀门关闭时间 $t < T_{\mathrm{c}} = 2l/c$ 时,称为直接液压冲击(或称完全冲击)。

当阀门关闭时间 $t > T_{\mathrm{c}} = 2l/c$ 时,称为间接液压冲击(或称不完全冲击)。此时阀门开始关闭时产生的压力冲击波被反射回阀门的第二波,将部分抵消阀门继续关闭而产生的压力冲击波,故 Δp 值将低于直接液压冲击时产生的压力升高值。此时,Δp 可近似地按式(2-78)计算:

$$\Delta p_{\mathrm{rmax}}' = \rho c v \frac{T_{\mathrm{c}}}{t} \tag{2-78}$$

不论是哪一种情况,知道了液压冲击的压力升高值 Δp 后,便可求得出现液压冲击时管道中的最高压力

$$p_{r\max} = p + \Delta p \qquad (2\text{-}79)$$

式中,p 为正常工作压力。

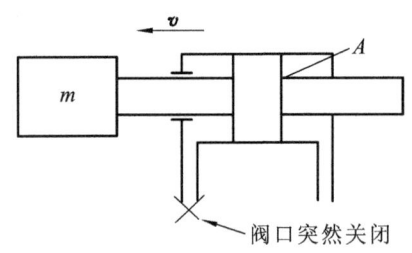

图 2-30 运动部件制动引起的液压冲击

2) 运动部件制动引起的液压冲击

如图 2-30 所示,活塞以速度 v_0 驱动负载 m(包括活塞和负载)向左运动。当突然关闭出口通道时,液体被封闭在左腔中。由于运动部件的惯性而使左腔中的液体受压,引起液体压力急剧上升,运动部件则因受到左腔内液体压力产生的阻力而制动。

设运动部件在制动时的减速时间为 Δt,速度的减小值为 Δv,根据动量定律,可近似地求得左腔内的冲击压力 Δp。由于

$$\Delta p A \Delta t = m \Delta v$$

故有

$$\Delta p = \frac{m \Delta v}{A \Delta t} \qquad (2\text{-}80)$$

式中,m 为运动部件(包括活塞和负载)的质量;A 为液压缸的有效工作面积;Δv 为运动部件速度的变化值,$\Delta v = v_0 - v_1$;Δt 为运动部件制动时间;v_0 为运动部件制动前的速度;v_1 为运动部件经过 Δt 时间后的速度。

式(2-80)的计算忽略了阻尼、泄漏等因素,其值比实际值要大些,因而是比较安全的。

3. 减小液压冲击的措施

针对上述各式中影响冲击压力 Δp 的因素,可采用以下措施来减小液压冲击。

(1) 适当加大管径,限制管道流速 v,一般在液压系统中把 v 控制在 4.5 m/s 以内,使 $\Delta p_{\max}$ 不超过 5 MPa 就可以认为是安全的。

(2) 正确设计阀口或设置制动装置,使运动部件制动时速度变化比较均匀。

(3) 延长阀门关闭和运动部件制动换向的时间,可采用换向时间可调的换向阀。

(4) 尽可能缩短管长,以减小压力冲击波的传播时间,变直接冲击为间接冲击。

(5) 在容易发生液压冲击的部位采用橡胶软管或设置蓄能器,以吸收冲击压力;也可以在这些部位设置安全阀,以限制压力升高。

2.6.2 气穴现象

在液压系统中,当流动液体某处的压力低于空气分离压时,原先溶解在液体中的空气就会游离出来,使液体中产生大量气泡,这种现象称为气穴现象。如果液体压力继续下降而低于饱和蒸气压时,液体本身便迅速汽化,产生大量蒸气泡,这时气穴现象将会更加严重。气穴现象使液压装置产生噪声和振动,腐蚀金属表面。

空穴现象多发生在阀口和液压泵的进口处,它是一种有害的现象,其危害主要表现在如下几个方面。

(1) 液体在低压部分产生空穴后,到高压部分气泡又溶解于液体中,周围的高压液体迅

速填补原来的空间,形成无数微小范围内的液压冲击,引起噪声、振动等。

(2) 液压系统空穴现象引起的液压冲击可能造成零件的损坏。另外由于析出空气中有游离氧,对零件具有很强的氧化作用,可以引起元件的腐蚀(气蚀作用)。

(3) 空穴现象使液体中带有一定量的气泡,从而引起流量的不连续及压力的波动。严重时甚至断流,导致液压系统不能正常工作。

为减小气穴和气蚀的危害,通常采取如下措施。

(1) 减小阀孔口前后的压差,一般希望其压力比 $p_1/p_2 < 3.5$。

(2) 正确设计和使用液压泵站。如降低泵的安装高度,适当加大吸油管内径,限制管内液体的流速,尽量减少吸油管路中的压力损失等。

(3) 液压系统各元件的连接处要密封可靠,严防空气侵入。

(4) 液压元件材料采用抗腐蚀能力强的金属材料,提高零件的机械强度,减小零件表面粗糙度。

本 章 小 结

本章介绍了液压传动所涉及的流体力学基础知识,如液体的密度、可压缩性和黏性,液体的流动状态、压力损失和液体流经小孔和间隙的流量,液压冲击和气穴现象等,重点分析了液体静力学、动力学方程的内容、实质和在液压传动中的应用等内容,为以后学习、分析、使用及设计液压元件及液压系统打下必要的理论基础。

思考题与习题

2.1 什么是压力?压力有哪几种表示方法?液压系统的工作压力与外界负载有什么关系?

2.2 液压油有哪几种类型?液压油的牌号与黏度有什么关系?如何选用液压油?

2.3 在液压管道中,为什么通流面积大的地方流速低,而通流面积小的地方流速高?

2.4 伯努利方程的物理意义是什么?该方程的理论式和实际式有什么区别?

2.5 在液压管道中,为什么流速低的地方压力高,而流速高的地方压力低?

2.6 液压系统中产生沿程压力损失和局部压力损失的原因是什么?

2.7 流体有哪两种流态?如何判别两种流态?

2.8 何谓液压冲击?液压冲击有什么危害?可采取哪些措施来减小液压冲击?

2.9 何谓气穴现象?它有哪些危害?通常采取哪些措施防止气穴及气蚀?

2.10 由液流的连续性方程可知,通过某断面的流量与压力无关。而通过小孔的流量却与压差有关。这是为什么?

2.11 在图 2-31 所示液压缸装置中,$d_1 = 20$ mm,$d_2 = 40$ mm,$D_1 = 75$ mm,$D_2 = 125$ mm,$q_1 = 25$ L/min。求 v_1、v_2 和 q_2 各为多少?

2.12 如图 2-32 所示,油管水平放置,截面 1-1、2-2 处的内径分别为 $d_1 = 5$ mm,$d_2 = 20$ mm,在管内流动的油液密度 $\rho = 900$ kg/m³,运动黏度 $\nu = 20$ mm²/s。若不计油液流动的能量损失,试问:

(1) 截面 1-1 和 2-2 哪一处压力较高?为什么?

(2) 若管内通过的流量 $q = 30$ L/min,求两截面间的压力差 Δp。

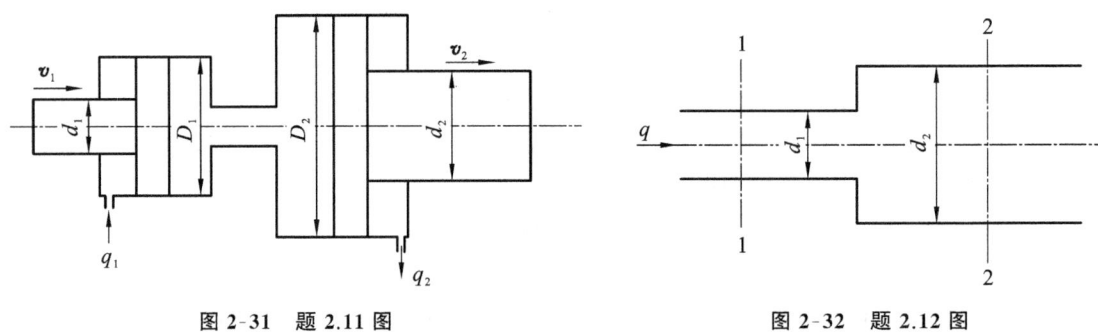

图 2-31 题 2.11 图   图 2-32 题 2.12 图

2.13 液压泵安装如图 2-33 所示,已知泵的输出流量 $q = 25$ L/min,吸油管直径 $d = 25$ mm,泵的吸油口距油箱液面的高度 $H = 0.4$ m,设油的运动黏度 $\nu = 20$ mm^2/s,密度 $\rho = 900$ kg/m^3。若仅考虑吸油管中的沿程损失,试计算液压泵吸油口处的真空度。

2.14 如图 2-34 所示,液压泵的流量 $q = 60$ L/min,吸油管的直径 $d = 25$ mm,管长 $l = 2$ m,液压油的运动黏度 $\nu = 142$ mm^2/s,密度 $\rho = 900$ kg/m^3,空气分离压 $p_d = 0.04$ MPa。滤油器的压力降 $\Delta p_\zeta = 0.01$ MPa,不计其他局部损失,求泵的最大安装高度 H_{max}。

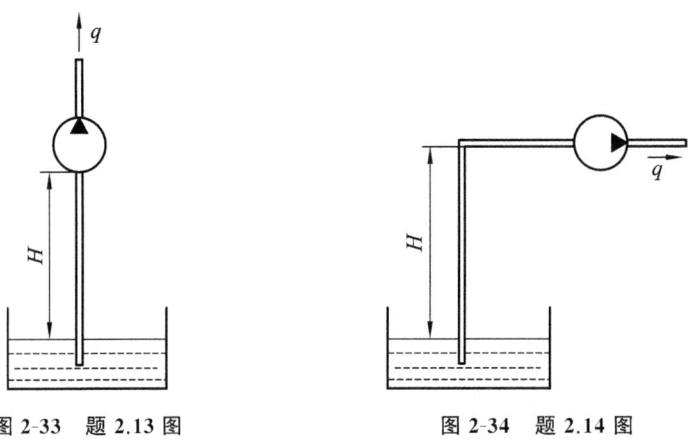

图 2-33 题 2.13 图   图 2-34 题 2.14 图

2.15 如图 2-35 所示,油液在喷管中的流动速度 $v_1 = 6$ m/s,喷管直径 $d_1 = 5$ mm,油的密度 $\rho = 900$ kg/m^3,喷管前端置一挡板,问在下列情况下管口射流对挡板壁面的作用力 F 是多少?

(1) 当壁面与射流垂直时[见图 2-35(a)];

(2) 当壁面与射流成 $60°$ 角时[见图 2-35(b)]。

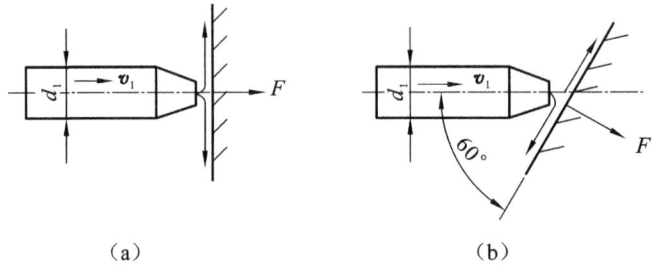

(a)   (b)

图 2-35 题 2.15 图

2.16　如图 2-36 所示,液压泵输出流量可手动调节,当 $q_1 = 25$ L/min 时,测得阻尼孔 R 前的压力为 $p_1 = 0.05$ MPa;若泵的流量增加到 $q_2 = 50$ L/min,阻尼孔前的压力 p_2 将是多大(阻尼孔 R 分别按细长小孔和薄壁小孔两种情况考虑)?

2.17　如图 2-37 所示,柱塞受 $F = 100$ N 的固定力作用而下落,缸中油液经间隙泄出。设间隙厚度 $\delta = 0.05$ mm,间隙长度 $l = 70$ mm,柱塞直径 $d = 20$ mm,油的动力黏度 $\mu = 50 \times 10^{-3}$ Pa·s。试计算:

(1) 当柱塞和缸孔同心时,下落 0.1 m 所需时间是多少?

(2) 当柱塞和缸孔完全偏心时,下落 0.1 m 所需时间又是多少?

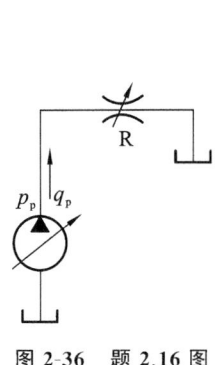

图 2-36　题 2.16 图

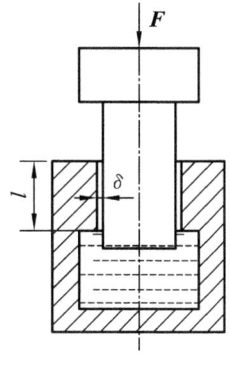

图 2-37　题 2.17 图

第 3 章
液压泵和液压马达

【学习要点】

掌握典型液压泵和液压马达的基本结构、工作原理、性能,学会分析这些元件结构特点的方法,在实际工程中学会选用。掌握泵、马达容积效率、机械效率、液压转矩、驱动功率等的计算方法。

液压泵与液压马达是液压系统中的能量转换装置。液压泵将由原动机输入的机械能转换成压力能,供系统使用。因此,液压泵的输入参量为机械参量(转矩 T 和转速 n),输出参量为液压参量(压力 p 和流量 q)。而液压马达将输入的液体压力能转换成工作机构所需要的机械能,常置于液压系统的输出端,直接或间接驱动负载转动而做功。因此,液压马达的输入参量为液压参量(压力 p 和流量 q),输出参量为机械参量(转矩 T 和转速 n)。

本章介绍常用液压泵及液压马达的结构、工作原理、性能以及应用。

◀ 3.1 液压泵和液压马达概述 ▶

液压泵和液压马达都是利用密封容积的变化来进行能量转换工作的。因此,抓住密封容积是如何构成以及密封容积是如何变化的问题,是理解液压泵和液压马达的工作原理与结构特点的关键。

3.1.1 液压泵的工作原理

图 3-1 所示为单柱塞容积式液压泵的工作原理。图中,柱塞装在缸体中,形成密封工作腔 a,柱塞在弹簧的作用下始终压紧在偏心轮上。当原动机驱动偏心轮旋转时,柱塞就在缸体中做往复运动,使得密封工作腔 a 的容积大小随之发生周期性的变化。当柱塞外伸时,密封腔 a 的容积由小变大,形成真空,油箱中的油液在大气压的作用下,经吸油管顶开吸油单向阀进入 a 腔而实现吸油,此时排油单向阀在系统管道油液压力作用下关闭;反之,当柱塞被偏心轮压进缸体时,密封腔 a 的容积由大变小,a 腔中的油液受挤压而推开排油单向阀实现排油,向系统供油。此时排油单向阀关闭。原动机驱动偏心轮不断旋转,液压泵就不断地吸油、排油。

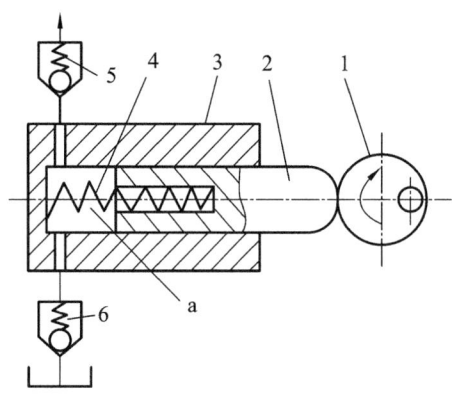

图 3-1 单柱塞容积式液压泵的工作原理

1—偏心轮;2—柱塞;3—缸体;4—弹簧;5—排油单向阀;6—吸油单向阀

液压泵排出油液的压力取决于油液流动需要克服的阻力,排出油液的流量取决于密封腔容积变化的大小和速率。

由此可见,容积式液压泵靠密封工作腔容积的变化实现吸油和排油,从而将原动机输入的机械功率转换成液压功率;排油单向阀与吸油单向阀组成配流机构(这里称为阀配流),使吸油过程和排油过程相互隔开,从而使系统能随负载建立起相应的压力。

这种单柱塞泵是靠密封工作腔的容积变化进行工作的,称为容积式泵。构成容积式液压泵必须具备如下三个条件。

(1)容积式泵必定具有一个或若干个密封工作腔。

(2)密封工作腔的容积能产生由小到大和由大到小的变化,以形成吸油、排油过程。

(3)具有相应的配流机构以使吸油、排油过程能各自独立完成。液压泵和液压马达实现进油、排油的方式称为配流。

3.1.2 液压泵的主要性能参数

液压泵的性能参数主要有压力、转速、排量、流量、功率和效率。

1. 液压泵的压力(常用单位为 MPa)

1)额定压力 p_n

在正常工作条件下,按试验标准规定连续运转所允许的最高压力称为额定压力。额定压力值与液压泵的结构形式及其零部件的强度、工作寿命和容积效率有关。在液压系统中,安全阀的调定压力要小于泵的额定压力。铭牌标注的就是额定压力。

2)最高允许压力 p_{max}

最高允许压力指泵短时间内所允许超载使用的极限压力,它受泵本身密封性能和零件强度等因素的限制。

3)工作压力 p_p

工作压力指液压泵在实际工作时的输出压力,亦即液压泵出口的压力,其值由负载决定。

4)吸入压力

吸入压力指液压泵进口处的压力。自吸式泵的吸入压力低于大气压力,一般用吸入高度衡量,又称吸入能力。当液压泵的安装高度太高或吸油阻力过大时,液压泵的进口压力将因低于极限吸入压力而导致吸油不充分,而在吸油腔产生气穴或气蚀。

2. 液压泵的转速(常用单位为 r/min)

1)额定转速 n

额定转速指在额定压力下,根据试验结果推荐的能长时间连续运行并保持较高运行效率的转速。

2)最高转速 n_{max}

最高转速指在额定压力下,保证使用寿命和性能所允许的短暂运行的最高速度。其值主要与液压泵的结构形式及自吸能力有关。

3)最低转速 n_{min}

最低转速指为保证液压泵可靠工作或运行效率不致过低所允许的最低速度。

3. 液压泵的排量及流量

1)排量 V_p(m³/r,常用单位为 mL/r)

在不考虑泄漏的情况下(输出压力为零压),液压泵主轴每转一周,所排出的液体的体积,称为排量,又称几何排量(工程中还有质量排量、重量排量的概念)。

2）理论流量 q_{pt}（m^3/s，常用单位为 L/min）

在不考虑泄漏的情况下（输出压力为零压），液压泵在单位时间内所排出的液体的体积，称为理论流量，工程上又称空载流量。即

$$q_{pt} = V_p n_p \qquad (3-1)$$

式中，V_p 为液压泵排量；n_p 为液压泵转速，r/min。

3）额定流量 q_n

额定流量指在额定压力、额定转速下，按试验标准规定必须保证的输出流量。

4）实际流量 q_p

实际流量指实际运行时，在不同压力下液压泵所排出的流量。实际流量低于理论流量，其差值 $\Delta q = q_{pt} - q_p$ 为液压泵的泄漏量。

5）瞬时理论流量 q_{tsh}

由于运动学机理，液压泵的流量往往具有脉动性，液压泵某一瞬间所排出的理论流量称为瞬时理论流量。

6）流量不均匀系数 δ_q

在液压泵的转速一定时，因流量脉动造成的流量不均匀程度，用流量不均匀系数 δ_q 表示。

$$\delta_q = \frac{(q_{tsh})_{max} - (q_{tsh})_{min}}{q_t} \qquad (3-2)$$

流量不均匀系数 δ_q 是最大瞬时流量和最小瞬时流量之差对理论流量的相对值。根据伯努利方程，流量的脉动必然造成压力脉动。

4. 液压泵的功率

1）输入功率 P_{pi}

液压泵的输入功率是原动机的输出功率，亦即实际驱动泵轴旋转所需的机械功率。

$$P_{pi} = \omega T = 2\pi n_p T_{pi} \qquad (3-3)$$

式中，T_{pi} 为驱动泵轴旋转所需的转矩。

2）输出功率 P_{po}

液压泵的输出功率（kW）用其实际流量 q_p（m^3/s）和出口压力 p_p（Pa）的乘积表示，即

$$P_{po} = p_p q_p \qquad (3-4)$$

3）理论功率 P_{pt}

如果液压泵在能量转换过程中没有能量损失，则输入功率与输出功率相等，即为理论功率，用 P_{pt} 表示，即

$$P_{pt} = p q_{pt} = 2\pi n_p T_{pt} \qquad (3-5)$$

式中，T_{pt} 为液压泵的理论转矩。

5. 液压泵的效率

实际上，液压泵在能量转换过程中是有损失的，因此输出功率小于输入功率，两者之差，即为功率损失。液压泵的功率损失有机械损失和容积损失两种，因摩擦而产生的损失是机械损失，因泄漏而产生的损失是容积损失。功率损失用效率来描述。

1）机械效率 η_{pm}

液体在泵内流动时，液体黏性会引起转矩损失，泵内零件相对运动时，机械摩擦也会引起转矩损失。因此泵输入的功率要损失一部分用于维持泵本身的转动，剩下的才能转换为

液压功率(称为理论功率)。机械效率 η_{pm} 是泵所需要的理论功率与输入功率之比,亦即泵所需要的理论转矩 T_{pt} 与输入转矩 T_{pi} 之比,即

$$\eta_{pm}=\frac{T_{pt}\omega}{T_{pi}\omega}=\frac{T_{pt}}{T_{pi}} \tag{3-6}$$

2)容积效率 η_{pV}

液压泵转换的液压功率,因为存在流量泄漏,并不能全部输出提供给系统。在转速一定的条件下,液压泵的输出功率与理论功率之比,或者液压泵的实际流量与理论流量之比,定义为泵的容积效率,即

$$\eta_{pV}=\frac{p_p q_p}{p_p q_{pt}}=\frac{q_p}{q_{pt}}=1-\frac{\Delta q_p}{V_p n_p} \tag{3-7}$$

式中,Δq_p 为液压泵的泄漏量。

在液压泵结构形式、几何尺寸确定后,泄漏量 Δq_p 的大小主要取决于泵的出口压力,与液压泵的转速(对定量泵)或排量(对变量泵)无多大关系。因此液压泵在低转速或小排量下工作时,其容积效率将会很低,以致无法正常工作。

由于泵内相对运动零件之间间隙很小,泄漏油液的流态是层流,所以泄漏量 Δq_p 和泵的工作压力 p_p 是线性关系,即

$$\Delta q_p=k_l p_p \tag{3-8}$$

式中,k_l 为泵的泄漏系数。

因此

$$\eta_{pV}=1-\frac{k_l p_p}{V_p n_p} \tag{3-9}$$

3)总效率 η_p

总效率指液压泵的输出功率与输入功率之比。

$$\eta_p=\frac{P_{po}}{P_{pi}}=\frac{p_p q_p}{2\pi n_p T_{pi}}=\frac{p_p q_{pt}\eta_{pV}}{2\pi n_p T_{pt}/\eta_{pm}}=\frac{p_p q_{pt}}{2\pi n_p T_{pt}}\eta_{pV}\eta_{pm}=\eta_{pV}\eta_{pm} \tag{3-10}$$

液压泵的总效率 η_p 在数值上等于容积效率和机械效率的乘积。液压泵的总效率、容积效率和机械效率可以通过实验测得。

液压泵的容积效率 η_{pV}、机械效率 η_{pm}、总效率 η_p、理论流量 q_{pt}、实际流量 q_p 和实际输入功率 P_{pi} 与工作压力 p 的关系曲线如图 3-2 所示。它是液压泵在特定的介质、转速和油温等条件下通过实验得出的。

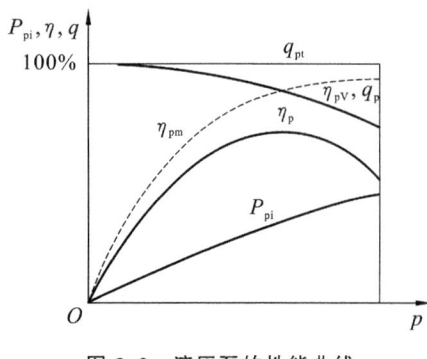

图 3-2　液压泵的性能曲线

由图 3-2 可知,液压泵在零压时的流量即为 q_{pt}。由于泵的泄漏量随压力升高而增大,所以泵的容积效率 η_{pV} 及实际流量 q_p 随泵的工作压力的升高而降低,压力为零时的容积效率 $\eta_{pV}=100\%$,这时的实际流量 q_p 可以视为理论流量 q_{pt}。总效率 η_p 开始随压力 p 的增大很快上升,接近液压泵的额定压力时总效率 η_p 最大,达到最大值后,又逐步降低。由容积效率和总效率这两条曲线的变化,可以看出机械效率的变化情况:泵在低压时,机械摩擦损失在总损失中所占的比重较大,其机

械效率 η_{pm} 很低。随着工作压力的提高,机械效率很快上升。在达到某一值后,机械效率大致保持不变,从而表现出总效率曲线几乎和容积效率曲线平行下降的变化规律。

6. 液压泵的噪声

液压泵的噪声通常用分贝(dB)衡量,液压泵的噪声产生的原因主要包括:流量脉动、液流冲击,零部件的振动和摩擦,以及液压冲击等。

例 3.1 已知中高压齿轮泵 CBG2040 的排量为 40.6 mL/r,该泵在 1 450 r/min 转速、10 MPa 压力工况下工作,泵的容积效率 $\eta_{pV}=0.95$,总效率 $\eta_p=0.9$,求泵的输出功率 P_{po} 和驱动该泵所需电动机的功率 P_{pi}。

解 (1)求泵的输出功率 P_{po}。

液压泵的实际输出流量 q_p 为

$$q_p = q_{pt}\eta_{pV} = V_p n_p \eta_{pV} = 40.6 \times 10^{-3} \times 1\,450 \times 0.95 \text{ L/min} = 55.927 \text{ L/min}$$

则液压泵的输出功率为

$$P_{po} = p_p q_p = \frac{10 \times 10^6 \times 55.927 \times 10^{-3}}{60 \times 10^3} \text{ kW} = \frac{55.927}{6} \text{ kW} = 9.321 \text{ kW}$$

(2)求电动机的功率 P_{pi}。

电动机功率即泵的输入功率为

$$P_{pi} = \frac{P_{po}}{\eta_p} = \frac{9.321}{0.9} \text{ kW} = 10.357 \text{ kW}$$

查电动机手册,应选配功率为 11 kW、异步转速为 1 450 r/min 的 4 极电动机。

3.1.3 液压马达的主要性能参数

1. 液压马达的压力

液压马达的额定压力、最高压力、工作压力的定义同液压泵,其差别是指液压马达的进口压力,而液压马达的出口压力则称为背压。为保证液压马达运转的平稳性,一般取液压马达的背压为 0.5～1 MPa。

2. 液压马达的排量、流量

液压马达的排量、理论流量、实际流量、额定流量及泄漏量的定义与液压泵类似,所不同的是,实际流量指单位时间进入液压马达的液体体积,且实际流量 q_M 大于理论流量 q_{Mt},即 $q_M - q_{Mt} = \Delta q_M$。$\Delta q_M$ 是液压马达的泄漏量。

3. 液压马达的转速和容积效率

液压马达在其排量 V_M 一定时,其理论转速 n_{Mt} 取决于进入马达的流量 q_M,即

$$n_{Mt} = \frac{q_M}{V_M} \tag{3-11}$$

由于马达实际工作时存在泄漏,并不是所有进入液压马达的液体都推动液压马达做功,一小部分液体因泄漏损失掉了,所以计算实际转速时必须考虑马达的容积效率 η_{MV}。当液压马达的泄漏流量为 Δq_M 时,则输入马达的实际流量为 $q_M = q_{Mt} + \Delta q_M$。液压马达的容积效率定义为理论流量 q_{Mt} 与实际流量 q_M 之比,即

$$\eta_{MV} = \frac{q_{Mt}}{q_M} = \frac{q_M - \Delta q_M}{q_M} = 1 - \frac{\Delta q_M}{q_M} \tag{3-12}$$

则马达实际输出转速为

$$n_M = \frac{q_M - \Delta q}{V_M} = \frac{q_M}{V_M} \eta_{MV} \tag{3-13}$$

4. 液压马达的转矩和机械效率

设马达的进、出口压力差为 Δp，排量为 V_M，不考虑功率损失，则液压马达输入液压功率等于输出机械功率，即

$$\Delta p q_{Mt} = T_{Mt} \omega_{Mt}$$

因为 $q_{Mt} = V_M n_{Mt}$，$\omega_{Mt} = 2\pi n_{Mt}$，所以马达的理论转矩 T_{Mt} 为

$$T_{Mt} = \frac{\Delta p V_M}{2\pi} \tag{3-14}$$

式(3-14)称为液压转矩公式。显然，根据液压马达排量 V_M 的大小可以计算在给定压力下马达的理论转矩的大小，也可以计算在给定负载转矩下马达的工作压力的大小。

由于马达实际工作时存在机械摩擦损失，计算实际输出转矩 T_M 时，必须考虑马达的机械效率 η_{Mm}。当液压马达的转矩损失为 ΔT_M 时，马达的实际输出转矩为 $T_M = T_{Mt} - \Delta T_M$。液压马达的机械效率定义为实际输出转矩 T_M 与理论转矩 T_{Mt} 之比，即

$$\eta_{Mm} = \frac{T_M}{T_{Mt}} = \frac{T_{Mt} - \Delta T_M}{T_{Mt}} = 1 - \frac{\Delta T_M}{T_{Mt}} \tag{3-15}$$

5. 液压马达的功率与总效率

1）输入功率 P_{Mi}

液压马达的输入功率为液压功率，即进入液压马达的流量 q_M 与液压马达进口压力 p_M 的乘积，即

$$P_{Mi} = p_M q_M \tag{3-16}$$

2）输出功率 P_{Mo}

液压马达的输出功率等于液压马达的实际输出转矩 T_M 与输出角速度 ω_M 的乘积，即

$$P_{Mo} = T_M \omega_M \tag{3-17}$$

3）液压马达的总效率 η_M

液压马达的总效率为

$$\eta_M = \frac{P_{Mo}}{P_{Mi}} = \frac{2\pi n_M T_M}{p_M q_M} = \eta_{Mm} \eta_{MV} \tag{3-18}$$

由式(3-18)可知，液压马达的总效率等于机械效率与容积效率的乘积，这一点与液压泵相同。但必须注意，液压马达的机械效率、容积效率的定义与液压泵的机械效率、容积效率的定义是有区别的。

6. 液压马达的最低稳定转速

最低稳定转速 n_{min} 是指液压马达在额定负载下，不出现爬行现象的最低转速。液压马达的最低稳定转速除与结构形式、排量大小、加工装配质量有关外，还与泄漏量的稳定性及工作压差有关。一般希望最低稳定转速越小越好，这样可以扩大液压马达的变速范围。

例 3.2 某液压马达的排量 $V_M = 250$ mL/r，入口压力为 9.8 MPa，出口压力为 0.49 MPa，其总效率 $\eta_M = 0.9$，容积效率 $\eta_{MV} = 0.92$。当输入流量为 22 L/min 时，求液压马达输出转矩和转速各为多少？

解 （1）液压马达的理论流量 q_{Mt} 为

$$q_{Mt} = q_M \eta_{MV} = 22 \times 0.92 \text{ L/min} = 20.24 \text{ L/min}$$

（2）液压马达的实际转速为

$$n_M = \frac{q_{Mt}}{V_M} = \frac{20.24 \times 10^3}{250} \text{ r/min} = 80.96 \text{ r/min}$$

（3）液压马达的输出转矩为

$$T_M = \frac{\Delta p_M V_M}{2\pi} \frac{\eta_M}{\eta_{MV}} = \frac{(9.8 - 0.49) \times 10^6 \times 250 \times 10^{-6} \times 0.9}{2\pi \times 0.92} \text{ N} \cdot \text{m} = 362.56 \text{ N} \cdot \text{m}$$

或者

$$T_M = \frac{\Delta p_M q_M}{2\pi n_M} \eta_M = \frac{(9.8 - 0.49) \times 10^6 \times 22 \times 10^{-3}}{2\pi \times 80.96} \times 0.9 \text{ N} \cdot \text{m} = 362.56 \text{ N} \cdot \text{m}$$

3.1.4 液压泵和液压马达的分类

液压泵和液压马达的类型很多。液压泵按主要运动构件的形状和运动方式分为齿轮泵、叶片泵、柱塞泵和螺杆泵四大类；按排量能否改变可分为定量泵和变量泵。

液压马达按结构可分为齿轮马达、叶片马达、柱塞马达和螺杆马达；按排量能否改变可分为定量马达、变量马达；按其工作特性分为高速液压马达和低速液压马达。额定转速在 500 r/min 以上的为高速小扭矩马达，高速马达的特点是：转速较高、转动惯量小、便于启动和制动、调节和换向灵敏度高，但输出扭矩不大。额定转速在 500 r/min 以下的为低速大扭矩液压马达，低速马达的特点是：排量大、体积大、转速低，有的可低至每分钟几转甚至不到 1 转，因此可直接与工作机构连接，不需要减速装置，简化了传动机构。通常低速液压马达的输出扭矩较大，可达几千牛·米到几万牛·米。

液压泵和液压马达也可以按压力来分类，见表 3-1。

表 3-1　压力分级

压力分级	低 压	中 压	中高压	高 压	超高压
压力/MPa	≤2.5	2.5~8	8~16	16~32	>32

液压泵和液压马达一般图形符号如图 3-3 所示。

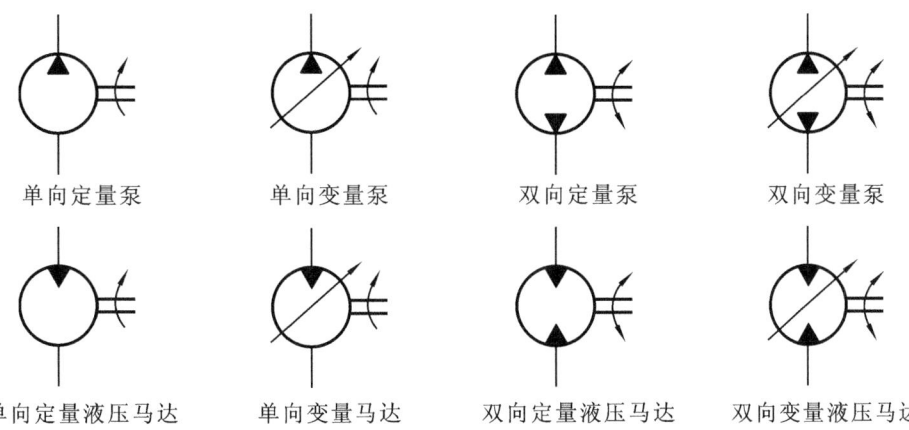

图 3-3　液压泵和液压马达的图形符号

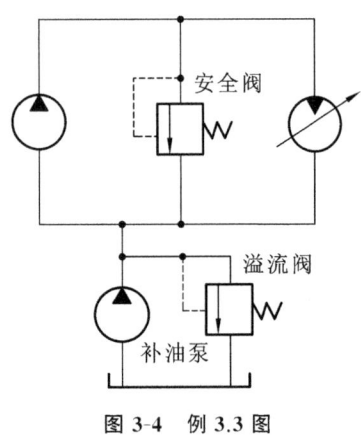

图 3-4　例 3.3 图

例 3.3　图 3-4 所示为液压泵和变量液压马达组成的闭式液压回路。图中溢流阀用于限定补油压力。已知液压泵输出油压 $p_p=10$ MPa，泵的机械效率 $\eta_{pm}=0.95$，容积效率 $\eta_{pV}=0.9$，排量 $V_p=10$ mL/r，转速 $n_p=1\,500$ r/min；液压马达的排量调节为 $V_M=10$ mL/r，机械效率 $\eta_{Mm}=0.95$，容积效率 $\eta_{MV}=0.9$，求：

(1) 液压泵的输出功率；

(2) 驱动液压泵的电动机功率；

(3) 液压马达输出转速；

(4) 液压马达输出转矩；

(5) 液压马达输出功率。

解　(1) 液压泵的输出功率。

已知液压泵的排量、转速及容积效率，因此输出流量为

$$q_p=V_p n_p \eta_{pV}=10\times10^{-3}\times1\,500\times0.9 \text{ L/min}=13.5 \text{ L/min}$$

已知液压泵的工作压力，故液压泵的输出功率为

$$P_p=\frac{P_p q_p}{60}=\frac{10\times13.5}{60} \text{ kW}=2.25 \text{ kW}$$

(2) 驱动液压泵的电动机功率。

已知液压泵的机械效率、容积效率、输出功率，故其输入功率为

$$P_i=\frac{P_p}{\eta_{pV}\eta_{pm}}=\frac{2.25}{0.9\times0.95} \text{ kW}=2.63 \text{ kW}$$

(3) 液压马达输出转速。

管道中无流量损失，液压泵输出流量就是液压马达的输入流量。已知马达的容积效率，因此用于使马达旋转的理论流量为 $q_p\eta_{MV}$，故而液压马达的转速为

$$n_M=\frac{q_M}{V_M}=\frac{q_p\eta_{MV}}{V_M}=\frac{13.5\times0.9}{10\times10^{-3}} \text{ r/min}=1\,215 \text{ r/min}$$

(4) 液压马达输出转矩。

不计管道中的压力损失，马达的工作压力也就是泵的输出压力。根据液压转矩公式，已知液压马达的机械效率，则液压马达输出转矩为

$$T_M=\frac{p_M V_M}{2\pi}\eta_{Mm}=\frac{10\times10}{2\times3.14}\times0.95 \text{ N}\cdot\text{m}=15.13 \text{ N}\cdot\text{m}$$

(5) 液压马达输出功率。

管道中没有功率损失，液压泵的输出功率也就是液压马达的输入功率。已知液压马达的容积效率和机械效率，则液压马达输出功率为

$$P_M=P_{Mi}\eta_{Mm}\eta_{MV}=P_p\eta_{Mm}\eta_{MV}=2.25\times0.95\times0.9 \text{ kW}=1.92 \text{ kW}$$

亦可以直接用机械功率算法。已知液压马达的转速和输出转矩，则其输出功率为

$$P_M=T_M\times\frac{2\pi n_M}{60}=15.13\times\frac{2\times3.14\times1\,215}{60\times1\,000} \text{ kW}=1.92 \text{ kW}$$

◀ 3.2 齿轮泵和齿轮马达 ▶

齿轮泵的特点是结构简单、体积小、重量轻、转速高且范围大、自吸性能好、工作可靠、对油液污染不敏感、维护方便和价格低廉等。在一般液压传动系统,特别是工程机械上应用较为广泛。其主要缺点是流量脉动和压力脉动较大,泄漏损失大,容积效率较低,噪声较严重,容易发热,排量不可调节,只能作定量泵,故适用范围受到一定限制。

齿轮泵按齿轮啮合形式的不同分为外啮合和内啮合两种;按齿形曲线的不同分为渐开线齿形和非渐开线齿形两种。

3.2.1 齿轮泵的工作原理

图 3-5 为外啮合渐开线齿轮泵的结构简图。外啮合齿轮泵主要由一对几何参数完全相同的主、从动齿轮,传动轴,泵体,前、后泵盖等零件组成。

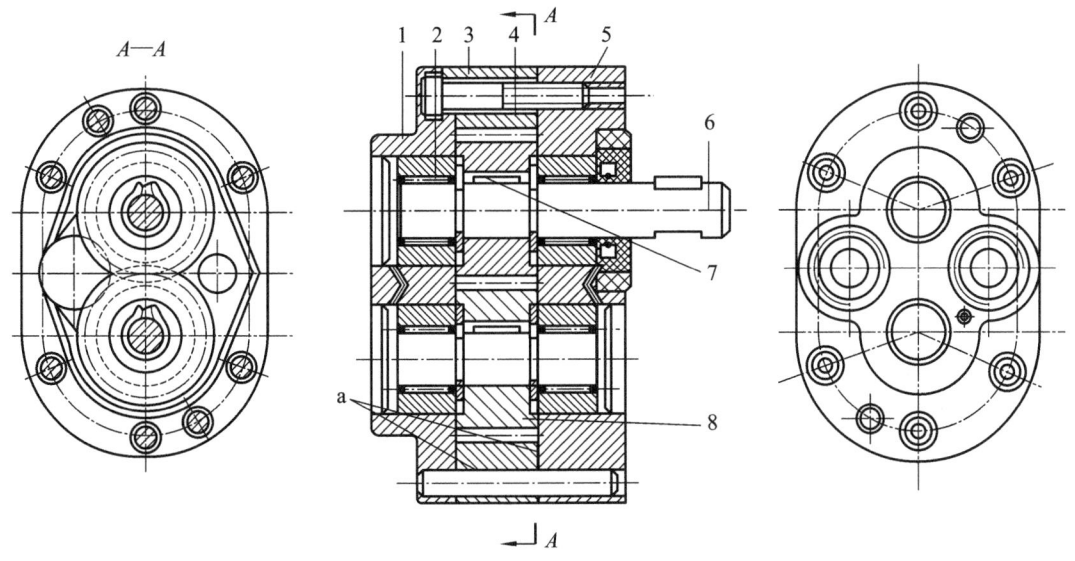

图 3-5 CB-B 型齿轮泵结构图
1—后泵盖;2—滚针轴承;3—泵体;4—主动齿轮;5—前泵盖;6—传动轴;7—键;8—从动齿轮

图 3-6 为其工作原理图。由于齿轮两端面与泵盖的间隙以及齿轮的齿顶与泵体内表面的间隙都很小,因此,一对啮合的轮齿,将泵体、前后泵盖和齿轮包围的密封容积分隔成左、右两个密封工作腔。当原动机带动齿轮如图 3-6 所示方向旋转时,右侧的轮齿不断退出啮合,而左侧的轮齿不断进入啮合,因啮合点的啮合半径小于齿顶圆半径,右侧退出啮合的轮齿露出齿间,其密封工作腔容积不断增大,形成局部真空,油箱中的油液在大气压力的作用下经泵的吸油口进入这个密封油腔——吸油腔。随着齿轮的转动,吸入的油液被齿间转移到左侧的密封工作腔。左侧进入啮合的轮齿使密封油腔——压油腔容积不断减小,把齿间油液挤出,从压油口输出,压入液压系统。这就是齿轮泵的吸油和压油过程。齿轮连续旋转,泵连续不断地吸油和压油。

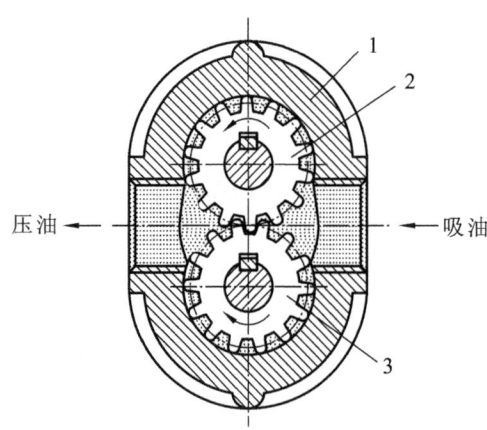

图 3-6 齿轮泵的工作原理图
1—壳体;2—主动齿轮;3—从动齿轮

齿轮啮合点处的齿面接触线将吸油腔和压油腔分开,起到了配油(配流)作用,因此不需要单独设置配油装置,这种配油方式称为直接配油。

3.2.2 齿轮泵的排量计算

外啮合齿轮泵的排量是两个齿轮的齿槽容积的总和。如果近似地认为齿槽的容积等于轮齿的体积,那么外啮合齿轮泵的排量计算式为

$$V = \pi D h B = 2\pi Z m^2 B \tag{3-19}$$

式中,D 为齿轮节圆直径;h 为齿轮扣除顶隙部分的有效齿高,$h = 2m$;B 为齿轮齿宽;Z 为齿轮齿数;m 为齿轮模数。

实际上,齿槽的容积要比轮齿的体积稍大,而且齿数越少其差值越大,考虑到这一因素,实际计算时,常用经验数据 6.66 来替代 2π。

根据齿轮啮合原理,齿轮在啮合过程中,啮合点是沿啮合线不断变化,造成吸、压油腔的容积变化率也是变化的,因此齿轮泵的瞬时流量是脉动。设 $(q_{max})_{sh}$ 和 $(q_{min})_{sh}$ 分别表示齿轮泵的最大和最小瞬时流量,则其流量的脉动率 δ_q 为

$$\delta_q = \frac{(q_{max})_{sh} - (q_{min})_{sh}}{q} \times 100\% \tag{3-20}$$

研究表明,其脉动周期为 $2\pi/z$,齿数越少,脉动率 δ_q 越大。

3.2.3 齿轮泵的结构特点分析

1. 困油现象

为了保证齿轮传动的平稳性,保证吸、压油腔严格地隔离以及齿轮泵供油的连续性,根据齿轮啮合原理,就要求齿轮的重叠系数 ε 大于 1(一般取 $\varepsilon = 1.05 \sim 1.3$),这样在齿轮啮合中,在前一对轮齿退出啮合之前,后一对轮齿已经进入啮合。在两对轮齿同时啮合的时段内,就有一部分油液困在两对轮齿所形成的封闭油腔内,既不与吸油腔相通也不与压油腔相通,这就是困油现象。如图 3-7 所示,这个封闭油腔的容积,开始时随齿轮的旋转逐渐减少,以后又逐渐增大。封闭油腔容积减小时,困在油腔中的油液受到挤压,并从缝隙中挤出而产生很高的压力,使油液发热,轴承负荷增大;而封闭油腔容积增大时,又会造成局部真空,产生气穴现象。这些都将使齿轮泵产生强烈的振动和噪声,影响齿轮泵的工作性能,降低泵的容积效率,缩短其使用寿命。消除困油现象的措施是在齿轮泵两侧泵盖上开卸荷槽。困油区油腔容积增大时,通过卸荷槽与吸油区相连,反之与压油区相连。

2. 不平衡的径向力

齿轮泵工作时,作用在齿轮外圆上的压力是不均匀的,在压油腔作用的是工作压力,在吸油腔作用的是吸油压力。由于泵体的内圆表面和齿顶径向间隙的泄漏,从泵的压油口沿齿顶圆圆周到吸油口,齿和齿之间的油的压力按递减规律分布,如图 3-8 所示。这些液体压力综合作用的合力 F_1、F_2,相当于给齿轮轴一个不平衡的径向力,其带来的危害是加重了轴

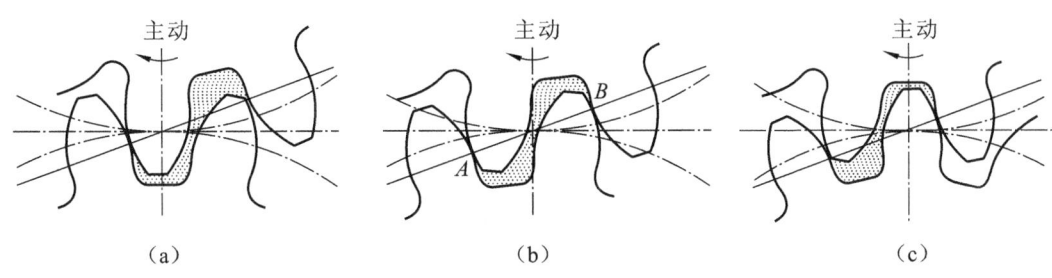

图 3-7 齿轮泵的困油现象

承的负荷,并加速了齿顶与泵体之间的磨损,影响泵的寿命。对此,可以采用减小压油口的尺寸、加大齿轮轴和轴承的承载能力、开压力平衡槽、适当增大径向间隙等办法来解决。

3. 泄漏问题

外啮合齿轮泵高压腔(压油腔)的压力油向低压腔(吸油腔)泄漏有三条路径:一是齿面啮合处间隙;二是泵体的内表面和齿顶圆间的径向间隙;三是齿轮两端面与前后盖之间的端面间隙。三条路径中,端面(轴向)间隙的泄漏量最大,占总泄漏量的 $70\%\sim75\%$。

因此普通齿轮泵的容积效率较低,输出压力也不容易提高。要提高齿轮泵的额定压力并保证较高的容积效率,关键问题是要减少沿端面间隙的泄漏。

3.2.4 提高齿轮泵压力的措施

要提高齿轮泵的工作压力,必须减小端面泄漏,可以采用浮动轴套或浮动侧板,使轴向间隙能自动补偿。图 3-9 所示是采用浮动轴套的结构。利用特制的通道,把压力油引入浮动轴套的外侧,作用在一定形状和大小的面积上,产生液压作用力,使浮动轴套压向齿轮端面。这个压紧力必须大于齿轮端面作用在轴套内侧的作用力,才能保证在各种压力下,轴套始终自动贴紧齿轮端面,减小端面间隙泄漏,达到提高压力的目的。轴向间隙自动补偿结构在高压齿轮泵中应用十分普遍。

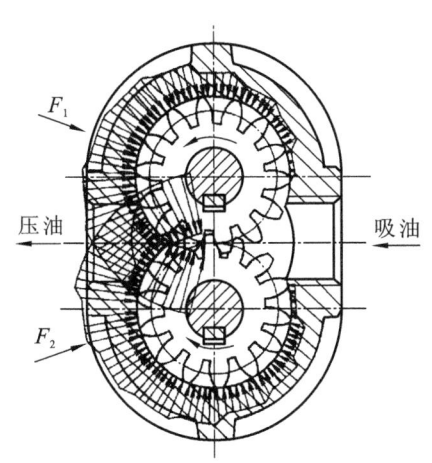

图 3-8 齿轮泵径向受力图

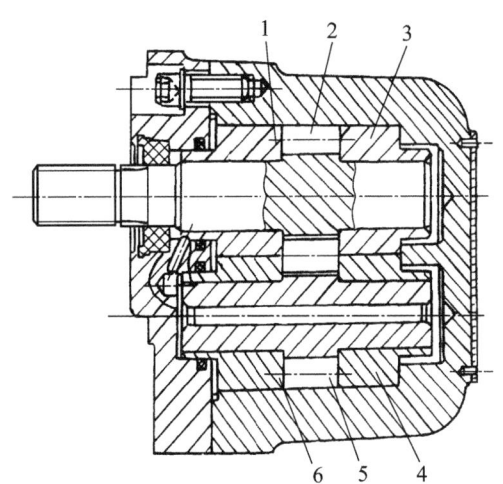

图 3-9 采用浮动轴套的中高压齿轮泵结构图

1,3,4,6—浮动轴套;2,5—齿轮

3.2.5 内啮合齿轮泵

内啮合齿轮泵有渐开线齿形和摆线齿形两种结构类型。

图 3-10 所示为内啮合渐开线齿轮泵工作原理图。相互啮合的小齿轮和内齿轮与侧板围成的密封容积被月牙板和齿轮的啮合线分隔成吸油腔和压油腔。当传动轴带动小齿轮按图 3-10 所示方向旋转时,内齿轮同向旋转,图中上半部轮齿脱开啮合,密封容积逐渐增大,是吸油腔;下半部轮齿进入啮合,使其密封容积逐渐减小,是压油腔。

图 3-11 为内啮合摆线齿轮泵工作原理图。在内啮合摆线齿轮泵中,外转子和内转子只差一个齿,内、外转子的轴心线有一偏心 e,内转子为主动轮,内、外转子与两侧配油板间形成密封容积,内、外转子的啮合线又将密封容积分为吸油腔和压油腔。当内转子按图 3-11 所示方向转动时,左侧密封容积逐渐变大是吸油腔;右侧密封容积逐渐变小是压油腔。

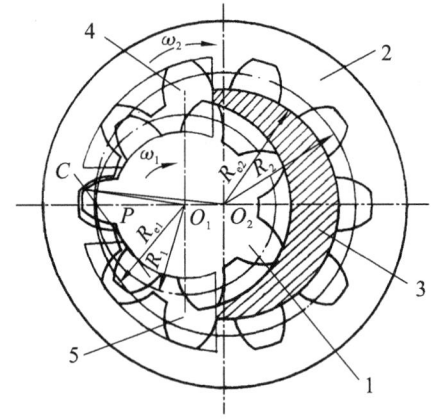

图 3-10　内啮合渐开线齿轮泵工作原理图
1—小齿轮(主动齿轮);2—内齿轮;
3—月牙板;4—吸油腔;5—压油腔

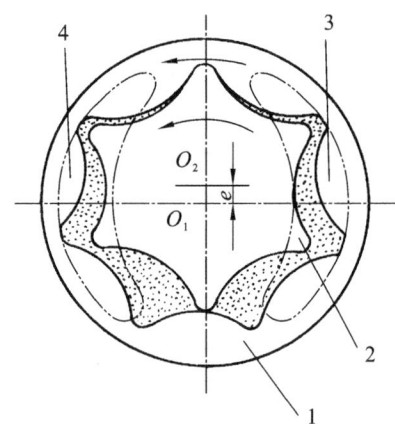

图 3-11　内啮合摆线齿轮泵工作原理图
1—外转子;2—内转子;3—压油腔;4—吸油腔

内啮合齿轮泵的最大优点是:无困油现象,流量脉动较外啮合齿轮泵小,噪声低;当采用轴向和径向间隙补偿措施后,泵的额定压力可达 30 MPa,容积效率和总效率比较高。缺点是齿形复杂,加工精度要求高,价格较贵。

3.2.6 齿轮马达

外啮合齿轮马达的工作原理如图 3-12 所示。当高压油(压力为 p_g)输入马达高压腔时,处于高压腔的轮齿均受到压力油的作用,但由于啮合点的啮合半径 R_c 小于齿顶圆半径 R_e,因此互相啮合的两个齿面只有一部分处于高压腔。这样,每个齿轮处于高压腔的各个齿面因所受到的液压切向力不平衡而形成转矩 T_1' 和 T_2',方向如图 3-12 所示。

同理,处于低压腔(压力为 p_d)的各个齿面所受到的液压切向力亦不平衡,并形成逆向转矩 T_1'' 和 T_2''。从分析作用于轮齿 C 的压力可知,作用在齿轮轴上的总转矩为

$$T_1 = T_2 = T_1' - T_1'' = T_2' - T_2'' = \frac{(p_g - p_d)V_M}{2\pi} \tag{3-21}$$

式中,V_M 为齿轮马达的排量。

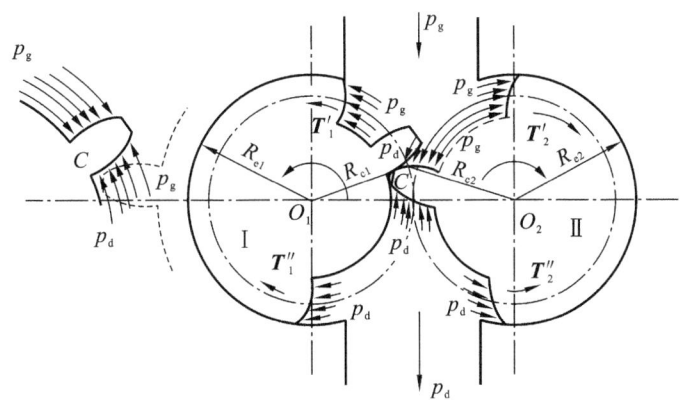

图 3-12 外啮合齿轮马达工作原理图

外啮合齿轮马达的结构特点如下。

（1）为减小输出转矩的脉动,齿轮马达的齿数一般较多。

（2）液压马达工作时要求正反转,因此齿轮马达的结构具有对称性,如:进、出油口一样大,泄漏油采用单独的油管外泄等。

（3）为减小启动摩擦转矩,提高启动机械效率,齿轮马达均采用滚动轴承。

（4）齿轮马达的间隙补偿及径向力的平衡措施与齿轮泵相同。

◀ 3.3 叶片泵和叶片马达 ▶

叶片泵按结构分为双作用式和单作用式。双作用叶片泵转子旋转一周,其每个工作腔进行两次吸油、排油,流量不可调节,主要作定量泵;单作用叶片泵转子旋转一周,其每个工作腔进行一次吸油、排油,流量可调节,主要作变量泵。按压力等级,叶片泵可分为中低压（<7 MPa）叶片泵、中高压（7～16 MPa）叶片泵和高压（20～32 MPa）叶片泵。

3.3.1 双作用定量叶片泵

1. 双作用叶片泵的工作原理

图 3-13 为 YB₁ 型双作用叶片泵的结构简图。该泵左、右泵体中装有配流盘,用长定位销将配流盘和定子定位并固定在泵体上,以保证配流盘上吸、压油窗口位置与定子内表面曲线相对应。传动轴支承在滚动轴承上,通过花键带动转子在配流盘之间转动。转子上均匀地开有 12 条叶片槽。为保证叶片能在叶片槽内沿径向方向自由滑动且紧贴定子内表面,双作用叶片泵的叶片槽根部采用了全部通高压的通油方式:右配流盘上开有与压油腔相通的环槽,将压力油引入叶片底部。泵的下部油口为吸油口,上部油口（靠近伸出轴一端）为压油口。

图 3-14 为双作用叶片泵工作原理图。转子和定子是同心的,定子的内环由两段大半径圆弧（圆心角为 β_1）、两段小半径圆弧（圆心角为 β_2）和四段过渡曲线（范围角为 β）组成,其中 $\beta_1=\beta_2=2\pi/Z$、$\beta=\pi/2-2\pi/Z$,Z 为叶片数,$2\pi/Z$ 为两叶片间夹角。过渡曲线处对应于配

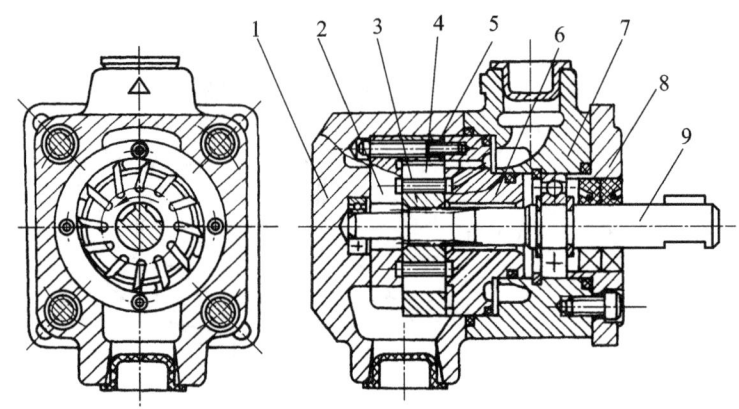

图 3-13　YB₁ 型双作用叶片泵结构简图

1—左泵体;2—左配流盘;3—转子;4—叶片;5—定子;6—右配流盘;7—右泵体;8—泵盖;9—传动轴

流盘的吸、压油窗口。如图 3-14 所示,由定子的内环、转子的外圆和左右配流盘组成的密闭容积被叶片 1、3、5、7 分割成四个工作腔。

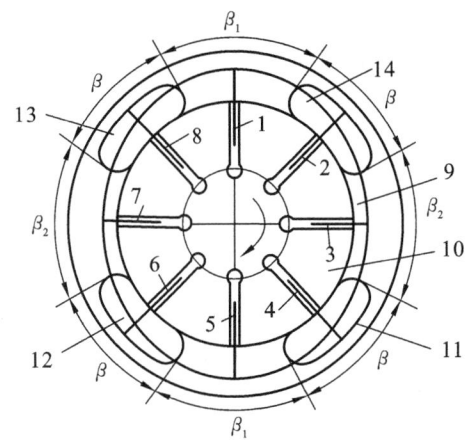

图 3-14　双作用叶片泵工作原理图

1,2,3,4,5,6,7,8—叶片;9—定子;
10—转子;11,13—配流盘吸油窗口;
12,14—配流盘压油窗口

当转子由泵轴带动如图 3-14 所示顺时针方向旋转时,叶片在离心力和通过配流盘小孔进入叶片底部压力油的作用下,叶片从定子小半径的圆弧面(封油区)经过渡曲面向定子大半径的圆弧面(封油区)滑动时,叶片向外伸,使叶片伸出并紧贴在定子的内表面上。叶片从定子大半径的圆弧面经过渡曲面向定子小半径的圆弧面滑动时,叶片受定子内壁面的作用缩回转子槽内。

因叶片 1 和 5 位于大半径圆弧段,叶片顶点的矢径 $\rho = R$;叶片 3 和 7 位于小半径圆弧段,叶片顶点的矢径 $\rho = r$,且 $r < R$。因此,在叶片、定子的内表面、转子的外表面和两侧的配油盘间形成若干个密封空间,当转子按图示方向旋转时,处在小圆弧上的密封空间经过渡曲线而运动到大圆弧的过程中,叶片外伸,密封空间的容积增大,经吸油窗口吸油;再从大圆弧经过渡曲线到

小圆弧的过程中,叶片被定子内壁逐渐压进槽内,密封空间容积变小,将油液从压油口压出,即转子每旋转一周,每个密封空间完成两次吸油和两次压油。因此,这种泵被称作双作用叶片泵。又因吸、压油窗口对称分布,转子和轴承所受的径向液压力基本相互平衡,使泵轴及轴承的寿命长,因此双作用叶片泵又称为卸荷式叶片泵。这种泵的流量均匀,噪声低。双作用叶片泵一般多做成定量泵。

2. 双作用叶片泵的排量

如图 3-15 所示,当不考虑叶片厚度时,双作用叶片泵排量 V_0 可以用两叶片间最大容积 V_1 与最小容积 V_2 之差和叶片数 Z 乘积后再乘以 2 来计算,即

$$V_0 = 2\pi B(R^2 - r^2) \qquad (3-22)$$

式中, B 为叶片的宽度; R、r 为定子圆弧段大、小半径。

实际上叶片有一定厚度,叶片所占的空间不起吸油和压油的作用,因此转子每转因叶片所占体积而造成的排量损失为

$$V' = \frac{2S(R-r)}{\cos\theta}BZ \qquad (3-23)$$

式中, S 为叶片厚度; Z 为叶片数; θ 为叶片槽相对于径向的倾斜角,一般 $\theta = 13°$,也可能 $\theta = 0°$,即叶片径向放置。

考虑叶片厚度和倾斜角的影响,双作用叶片泵的排量 V 为

$$V = V_0 - V' = 2B\left[\pi(R^2 - r^2) - \frac{R-r}{\cos\theta}SZ\right] \quad (3-24)$$

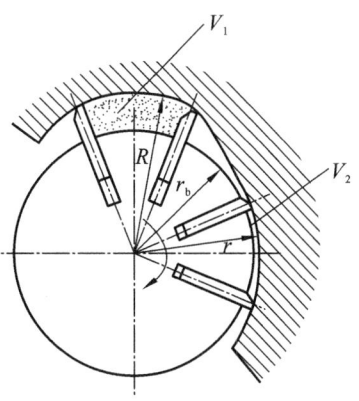

图 3-15　双作用叶片泵流量计算图

如果不考虑叶片的厚度,则理论上双作用叶片泵无流量脉动。实际上,由于制造工艺误差,该泵仍存在流量脉动,但其脉动率除螺杆泵外是各类泵中最小的。理论分析已证明,叶片数为 4 的倍数时流量脉动率最小,所以叶片数一般取 12 或 16。此外,从双作用叶片泵的排量公式可以看出,这种泵的排量与定子的宽度和定子长短半径之差成比例,在一定范围内改变这两个尺寸,可以改变排量,例如,不改变定子长短半径之差,只改变定子、转子的宽度便能形成不同排量规格的泵,便于产品的系列化生产。

3. 双作用叶片泵的结构特点分析

1) 定子工作表面曲面

定子工作表面曲面如图 3-16 所示。如前面所述,它是由两段大半径为 R 的圆弧面和两段小半径为 r 的圆弧面,以及圆弧间的四段过渡曲面组成。图中,两段大半径圆弧和两段小半径圆弧对应的中心角均为 β,为了保证吸、排油腔不相连通,中心角 β 必须大于或等于两叶片间的夹角,即 $\beta \geqslant 2\pi/Z$。大、小半径之差 $R - r$ 越大,泵的排量也越大,但差值过大,叶片从转子叶片槽中滑出的长度越大,受摩擦力作用所产生的弯矩也越大,会引起叶片折断、卡死等现象;另外,差值越大,过渡曲面的斜率也越大,当泵启动时,由于叶片的离心力不足,无法将叶片甩出紧贴在定子的内表面曲面上,即产生脱空现象(叶片顶部短时间与定子内表面不接触)而不能正常工作建立油压。

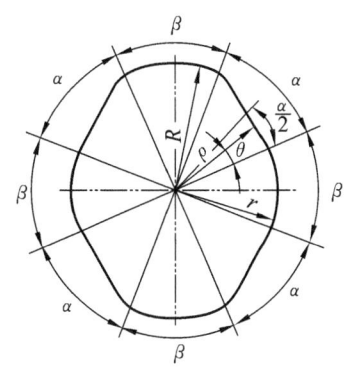

图 3-16　双作用叶片泵定子曲线

叶片滑过圆弧面时,径向运动速度为零,但在圆弧面与过渡曲面连接处,速度发生突然变化,相当于加速度 a 趋于无穷大,叶片对定子会产生冲击。加速度 a 趋于无穷大的冲击称为硬性冲击,加速度 a 为有限值的冲击称为柔性冲击。硬性冲击使连接处产生严重磨损,并引起强烈噪声。

因此,理想的过渡曲面应保证叶片在叶片槽中滑动时径向速度和加速度变化均匀,并且

应使叶片在过渡曲面和圆弧面交接点处的速度突变较小,使叶片对定子内表面的冲击尽可能的小,对定子的磨损小,瞬时流量脉动小。叶片顶部与定子内表面不产生脱空现象。

定子的过渡曲面的线形有阿基米德螺线、正弦加速曲线、等加速-等减速曲线等。其中等加速-等减速曲线应用最为广泛。

2)配流盘

图 3-17 是双作用叶片泵配流盘的结构简图。配流盘上有两个吸油窗口 2、4 和两个压油窗口 1、3,窗口之间是中心角为 α 的封油区。图中的小孔 a 为配流盘定位孔;图中 A—A 剖视图表示压油窗口通过小孔与配流盘端面环形槽 b 是连通的,而环形槽又与叶片泵转子上叶片槽底部相对。这样,可使压力油通至叶片槽底部,以便增大叶片对定子表面的压紧力来防止漏油,从而提高了泵的容积效率。

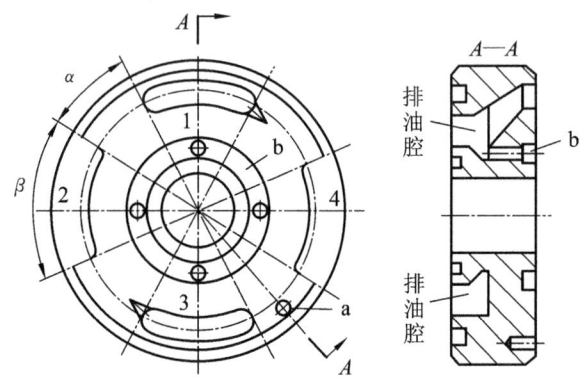

图 3-17 叶片泵的配流盘结构

配流盘的作用是给泵进行配油。为了保证配流盘的吸、压油窗口在工作中能隔开,就必须使配流盘上封油区夹角 α(即吸油窗口和压油窗口之间的夹角)大于或等于两个相邻叶片间的夹角 $2\pi/Z$。此外,定子曲线中的圆弧部分的夹角又应当等于或大于配流盘上封油区夹角 α,避免产生困油和气穴现象。

总之,为了保证配流盘的吸、压油窗口在工作中能隔开,当前一个叶片即将离开封油区时,后一个叶片应当进入封油区。当两相邻叶片之间的密闭油液处于吸油窗口到压油窗口之间的封油区时,其压力基本上是吸油压力。但是,当转子再继续转过一个微小角度,使该密闭腔突然与压油窗口相通时,其压力迅速达到泵的输出压力,油液瞬间被压缩,使压油腔中的油液倒流进来,泵的瞬时流量减少,引起流量脉动和噪声。为了避免产生这种现象,在配流盘的压油窗口靠近叶片从封油区进入压油区的一边开有三角形截面的卸荷三角槽,其通流面积是逐渐增大的。这样相邻叶片间的密封容积逐渐地进入压油窗口,压力逐渐上升,从而消除困油现象和由于压力突变而引起的瞬时流量脉动和噪声。卸荷三角槽的尺寸通常由实验来确定。

3)叶片倾角

叶片在转子中放置的方位应当有利于叶片在叶片槽中滑动,并且叶片对定子内表面及叶片槽的磨损要小。叶片在工作过程中受到离心力和叶片底部压力油的作用,使叶片紧密地与定子接触。当叶片转至压油区时,定子内表面对叶片所产生的反作用力 F_N 迫使叶片向转子中心移动,如图 3-18(a)所示,反作用力 F_N 与叶片径向运动方向有一夹角 β(压力角），其大小和方向随着接触点位置的不同以及排油压力的大小等因素变化。反作用力 F_N 可分解为沿叶片槽方向的径向力 F_P 和与叶片垂直的侧向力 F_T。如侧向力 F_T 过大，会出现叶片运动不灵活、叶片折断、叶片或叶片槽磨损严重等现象。

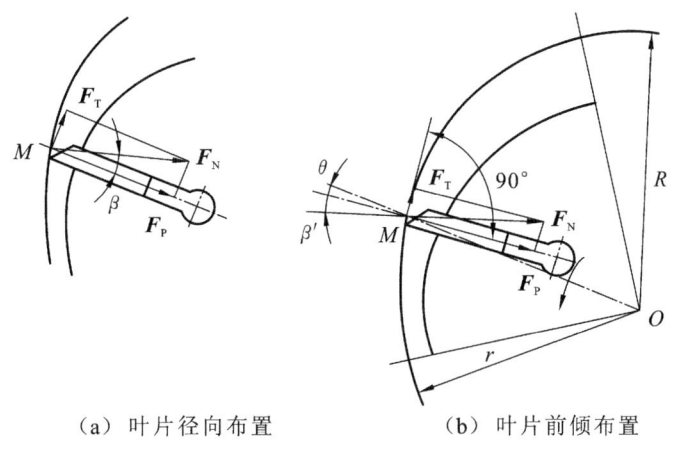

（a）叶片径向布置　　　　　（b）叶片前倾布置

图 3-18　叶片的倾角

侧向力 F_T 的大小取决于压力角，压力角 β 越大则 F_T 越大。为减小侧向力 F_T，将叶片顺着转子旋转方向向前倾斜一个 θ 角，这样可使压力角减小为 β'（$\beta' = \beta - \theta$），如图 3-18（b）所示。双作用叶片泵叶片倾角 θ 一般取 $10° \sim 14°$。但近年的研究表明，叶片的倾角并非完全必要，某些高压叶片泵和马达的叶片沿径向布置，使用情况良好。

4. 高压双作用叶片泵的结构特点

提高双作用叶片泵压力，需要采取以下措施。

1）端面间隙自动补偿

这种方法与提高齿轮泵压力方法中的齿轮端面间隙自动补偿相类似。具体方法是将配流盘的一侧与压油腔连通，使配流盘在液压油推力作用下压向定子端面。泵的工作压力较高，配流盘就会自动压紧定子，同时配流盘产生适量的弹性变形，使转子与配流盘间隙进行自动补偿，从而提高双作用叶片泵输出压力。

2）减少叶片对定子作用力

如前所述，为保证叶片顶部与定子内表面紧密接触，所有叶片底部都与压油腔相通。当叶片在吸油腔时，叶片底部作用着压油腔的压力，而顶部却作用着吸油腔的压力，这一压力差产生一个不平衡的液压力，该力迫使叶片紧贴定子内表面，但同时会造成叶片顶端与定子内表面磨损，泵的工作压力越高，磨损将越厉害，降低泵的使用寿命。为此，双作用叶片泵在提高额定压力的同时，必须在结构上采取措施使此液压力不会随额定压力的升高而增大。具体的措施包括以下几点。

（1）将叶片槽根部的通油方式改为分别通油。即位于压油区的叶片根部通高压油，位于吸油区的叶片根部与压油腔之间加阻尼孔或内装式小减压阀，使压油腔的压力降低后再与叶片根部相通。这样，在泵的出口压力提高后，作用在吸油区叶片根部上的液压力并不随之增大，只保持需要值。

（2）减小叶片底部面积 S。减小叶片厚度可减小叶片底部的作用力。但受材料工艺条件的限制，叶片不能做得太薄，一般厚度为 $1.8 \sim 2.5$ mm。

（3）采用双叶片结构，如图 3-19 所示。在转子 2 的槽中装有两个叶片 1，它们之间可以相对自由滑动，在叶片顶端和两侧面倒角之间构成 V 形通道，使叶片底部的压力油经过通道进入叶片顶部，使叶片底部和顶部的压力相等。适当选择叶片顶部棱边的宽度，即可保证叶片底部有一定的作用力压向定子 3，同时又不至于产生过大的作用力而引起定子的过度磨损。

（4）采用复合叶片结构。如图 3-20 所示之子母叶片泵和柱销式叶片泵，它们的叶片槽根部被分为两个油室 x 和 y，其中 y 常通压油腔，x 经油道 z 始终与叶片背面的油腔相通。于是，位于压油区的叶片两端压力平衡，位于吸油区的叶片根部承受高压的面积减小，如子母叶片泵的有效承压面积 $A=B'S$，$B'=(0.3\sim0.5)B$；柱销式叶片泵的有效承压面积 $A=\pi d^2/4$，d 为柱销直径，约为 5 mm。由于有效承压面积减小，当额定压力提高时，作用在吸油区叶片上的不平衡液压力并不增大。

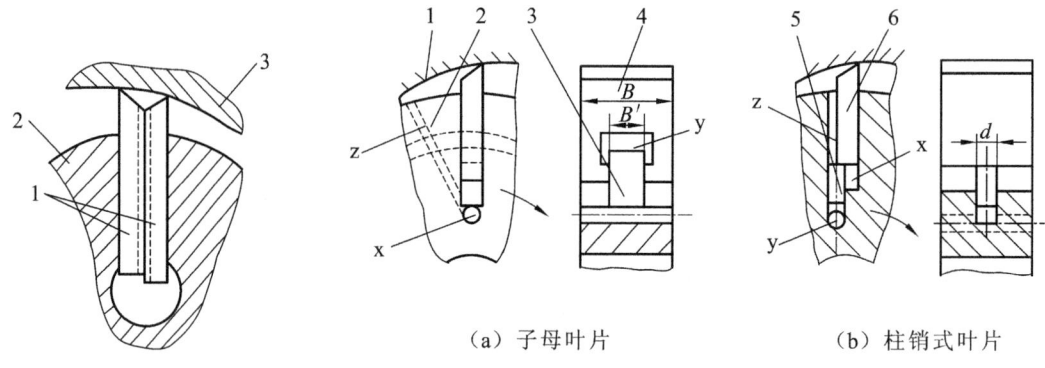

图 3-19 双叶片式工作原理图
1—叶片；2—转子；3—定子

（a）子母叶片 （b）柱销式叶片

图 3-20 高压叶片泵的叶片结构
1—定子；2—转子；3—子叶片；4—母叶片；5—柱销；6—叶片

3.3.2 单作用叶片泵

1. 单作用叶片泵的工作原理

图 3-21 为单作用叶片泵工作原理图。单作用叶片泵也是由转子 1、定子 2、叶片 3 和配流盘（图中未画出）等零件组成。与双作用叶片泵不同之处是，定子的内表面为圆柱面，转子与定子不同心，之间有一偏心量 e，配流盘只开一个吸油窗口和一个压油窗口。叶片装在转子的叶片槽内，可在槽内灵活地往复滑动。当转子转动时，由于离心力作用，叶片顶部将始终压在定子内圆柱表面上。定子内表面、转子外表面、两相邻叶片和两侧配流盘间形成密封容积。位于上、下封油区的两个叶片将密封容积分成左右两个工作腔。当转子按图示方向旋转时，右边叶片由于外伸，密封工作腔容积逐渐加大，产生局部真空，油箱中油液由吸油口经配流盘上的吸油窗口进入该密封工作腔，这是吸油过程；左侧叶

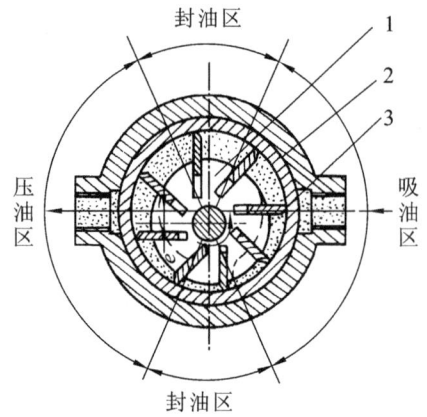

图 3-21 单作用叶片泵工作原理图
1—转子；2—定子；3—叶片

片被定子内表面压入叶片槽内,使密封容积逐渐变小,油液经配流盘压油窗口被压出进入到系统中去,这是压油过程。在吸油区与压油区之间各有一段封油区将它们相互隔开,当前一个叶片离开封油区时,与之相邻的后一个叶片进入封油区以保证吸油区与压油区始终隔离。转子每转一周,每个密封容积吸油和压油各一次,所以称为单作用叶片泵。

2. 单作用叶片泵的排量

图 3-22 为单作用叶片泵排量计算原理简图。设定子半径为 R,转子半径为 r_0,叶片宽度为 B,两叶片间夹角为 β,叶片数为 Z,定子与转子的偏心量为 e。当单作用叶片泵的转子每转一转时,每两相邻叶片间的密封容积变化量为 V_1-V_2。若近似把 V_1 和 V_2 看作是扇形截面物体的体积,则有

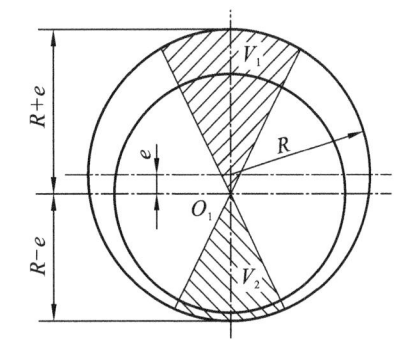

$$V_1 = \pi\left[(R+e)^2 - (r_0)^2\right]\frac{\beta}{2\pi}B \quad (3\text{-}25)$$

$$V_2 = \pi\left[(R-e)^2 - (r_0)^2\right]\frac{\beta}{2\pi}B \quad (3\text{-}26)$$

图 3-22 单作用叶片泵排量计算原理简图

因叶片数为 Z,所以在一转中应当有 Z 个密封容积变化量,即排量 $V=(V_1-V_2)Z$,将式(3-25)和式(3-26)代入,并加以整理,其排量近似表达式为

$$V = 4\pi RBe = 2\pi DBe \quad (3\text{-}27)$$

式中,D 为定子直径。

显然,改变偏心量 e,可以改变单作用叶片泵的排量 V 从而改变流量,因此单作用叶片泵主要用作变量泵。根据理论分析,当叶片数为奇数时,单作用叶片泵瞬时流量脉动小,后面介绍的限压式变量叶片泵的叶片数通常为 15 片。

3.3.3 限压式变量叶片泵

1. 限压式变量叶片泵的工作原理

图 3-23 是外反馈限压式变量叶片泵工作原理图。转子 3 的中心 O_1 是固定的,定子 4 的中心 O_2 可以左右水平移动。当泵的转子按逆时针方向旋转时,转子上部为压油区,压力油的合力把定子向上压在滑块滚针支承上。定子右边有一个反馈柱塞,它的油腔与泵的压油腔相通。设反馈柱塞面积为 A,则作用在定子上的反馈力为 pA;初始时,定子在弹簧预紧力作用下,它与转子偏心距 O_1O_2 为最大,即 $O_1O_2 = e_{max}$。当液压力小于弹簧预紧力 F_s 时,定子不动,此时偏心距为最大值 e_{max},流量 $q = q_{max}$。当泵的压力增大,$pA > F_s$ 时,反馈力克服弹簧力,把定子向左推移,偏心距减小,流量降低;当压力大到泵内偏心距所产生的流量全部用于补偿泄漏时,泵的输出流量为零,不管外载再怎么加大,泵的输出压力不会再升高。这就是此泵被称为限压式变量叶片泵的由来。至于外反馈的意义则表示反馈力是通过柱塞从外面加到定子上的。

图 3-24 为内反馈限压式变量叶片泵工作原理图。内反馈限压式压力补偿变量的原理与外反馈限压式变量完全相同,所不同的是,内反馈式的配流盘上的吸油窗口和压油窗口的对称线相对于 y 轴偏转了一个角度 θ,于是压油区对定子的液压作用力 F 与 y 轴偏离一个 θ 角,而 F 力的水平分量 F_2 则对定子左边的弹簧产生作用。

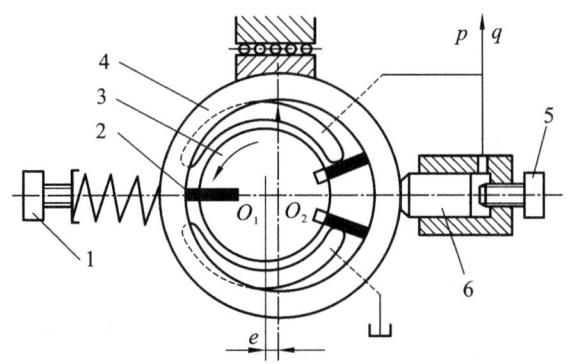

图 3-23　外反馈限压式变量叶片泵工作原理图

1—压力调节螺钉；2—叶片；3—转子；4—定子；5—流量调节螺钉；6—反馈柱塞

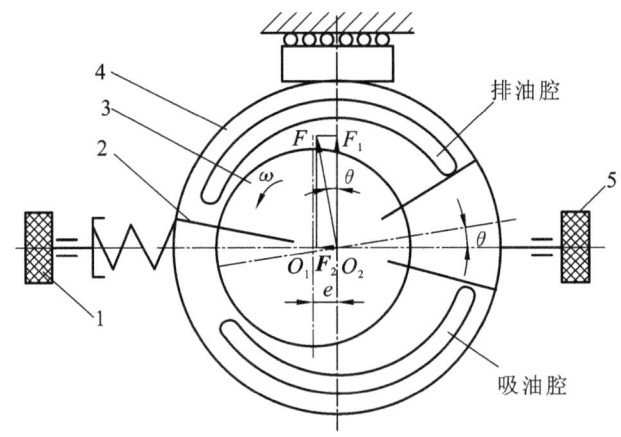

图 3-24　内反馈限压式变量叶片泵工作原理图

1—压力调节螺钉；2—叶片；3—转子；4—定子；5—流量调节螺钉

不论外反馈还是内反馈限压式变量叶片泵，两者的流量-压力特性完全相同，调整方法也相同。

2. 限压式变量叶片泵的特性曲线

限压式变量叶片泵的流量-压力特性曲线如图 3-25 所示。

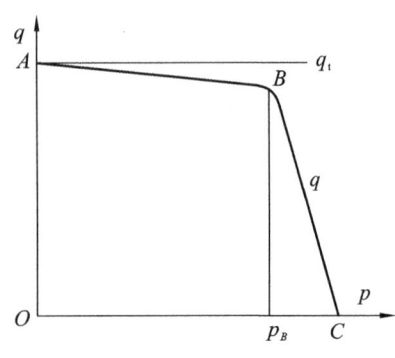

图 3-25　流量-压力特性曲线

当 $p < p_B$ 时，液压作用力还不能克服调压弹簧的预压紧力，这时定子对转子的偏心距不变，泵的理论流量 q_t 不变，但由于供油压力增大时泄漏量增大，实际流量减小，所以流量曲线为 AB 段。当 $p = p_B$ 时，B 为特性曲线的转折点；当 $p > p_B$ 时，弹簧受压缩，定子偏心距减小，使流量降低，如曲线 BC 所示。随着泵工作压力的增大，偏心距减小，理论流量减小，泄漏量增大，当泵的理论流量全部用于补偿泄漏量时，泵实际向外输出的流量等于零，这时定子和转子间维持一个很小的偏心量，这个偏心量不会再继续减小，泵的压力也不会继续升高。这样,泵输出压力也就被限制到最大值 p_{max}(图中 C 点)。

3. 特性曲线的调节

由前述工作原理可知:改变反馈柱塞的初始位置(流量调节螺钉 5 调定),可以改变初始偏心距 e_{max} 的大小,从而改变泵的最大输出流量,使特性曲线 AB 段上下平移;改变压力弹簧的预紧力 F_s 的大小(由压力调节螺钉 1 进行调节),可以改变 p_B 的大小,使曲线 BC 段左右平移;改变压力弹簧的刚度,可以改变 BC 的斜率,弹簧刚度增大,BC 段的斜率变小,曲线 BC 段趋于平缓。

掌握了限压式变量泵的上述特性,可以很好地为实际工作服务。例如,在执行元件的空行程、非工作阶段,可使限压式变量泵工作在曲线的 AB 段,这时泵输出流量最大,系统速度最高,从而提高了系统的效率;在执行元件的工作行程,可使泵工作在曲线的 BC 段,这时泵输出较高压力并根据负载大小的变化自动调节输出流量的大小,以适应负载速度的要求。又如:调节反馈柱塞或流量调节螺钉的初始位置,可以满足液压系统对流量大小不同的需要;调节压力弹簧的预紧力,可以适应负载大小不同的需要等。若把调压弹簧拆掉,换上刚性挡块,限压式变量泵就可以做定量泵使用。

4. 典型变量叶片泵的结构分析

图 3-26 为 YBN 型外反馈限压式变量叶片泵的结构简图。这种泵属外反馈限压式变量泵,额定压力为 7 MPa。其固定侧板单方向配油盘配流,定子三点支承。配流盘上叶片底部的通油槽通常做成高压腔和低压腔,即高压腔通压油腔,低压腔通吸油腔;当叶片处于吸油腔时,叶片底部和配流盘低压腔相通也参加吸油;当叶片处于压油腔时,叶片底部和配流盘高压腔相通,向外压油。叶片底部的吸油和压油作用,正好补偿了工作容积中叶片所占的体积,所以叶片体积对泵的瞬时流量无影响。为使叶片能顺利地向外运动并始终紧贴定子,必须使叶片所受的哥氏惯性力与叶片的离心力等的合力尽量与转子中叶片槽的倾斜方向一致,以免有侧向分力使叶片与转子中叶片槽产生摩擦力影响叶片的伸出,为此转子中叶片槽应向后倾斜一定的角度 θ_i(一般后倾 20°~30°)。图 3-27 为单作用叶片泵的配流盘和转子结构简图。

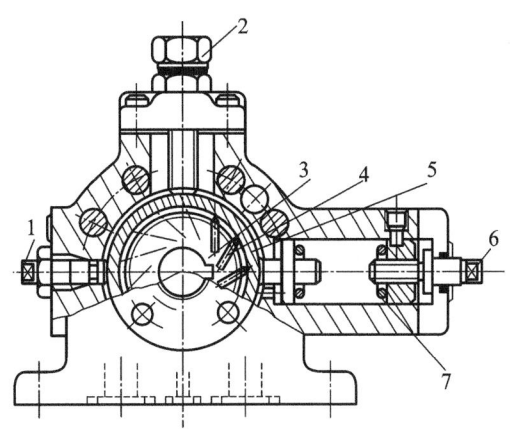

图 3-26 YBN 型外反馈限压式变量叶片泵

1—流量调节螺钉;2—噪声调节螺钉;3—转子;4—叶片;5—定子;6—压力调节螺钉;7—调压弹簧

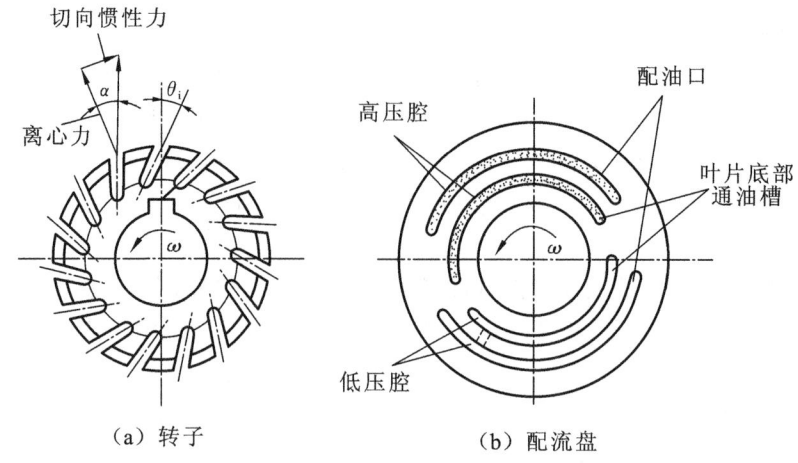

图 3-27　YBN 系列限压式变量叶片泵的配流盘和转子结构简图

3.3.4　叶片式液压马达

叶片式液压马达一般为双作用式,其工作原理如图 3-28 所示。当液压泵来油进入高压窗口(高压腔)后,叶片 1、5 和叶片 3、7 的一侧同时受高压油的作用,另一侧处于排油腔受低压油作用,因此叶片的两侧受力不平衡。但因叶片 1 及 5 位于大半径圆弧段,叶片 3

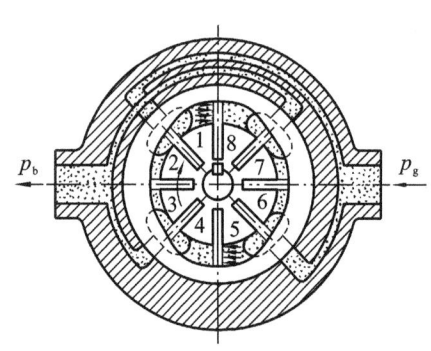

图 3-28　叶片式液压马达的工作原理

及 7 处于小半径圆弧段,因此作用在叶片上的液压力对转子轴产生一顺时针方向的转矩,驱动转子旋转。与此同时,由叶片 3 和 5、叶片 7 和 1 所围成的密封容积减小,油液经排油窗口排回油箱。若排油腔存在回油背压,则对转子形成一逆时针方向的转矩。两转矩之差即为马达理论上的输出转矩。双作用叶片马达的排量的计算式与双作用叶片泵相同,所不同的是叶片马达的叶片为径向放置($\theta=0°$),因此 $\cos\theta=1$。

图 3-29 所示为双作用叶片马达的典型结构,与双作用叶片泵相比,具有如下特点。

(1) 转子的两侧面开有环形槽,槽内放有燕式弹簧,使叶片始终压向定子内表面,以保证启动时叶片与定子内表面密封,并有足够的启动力矩。

(2) 马达需要正反转,因此叶片沿转子径向放置,叶片的倾角等于零。

(3) 为获得较高的容积效率,工作时叶片底部始终要与压油腔连通。这样,吸、压油腔互换时,必须在油路上采取措施,使马达正反转时都有压力油通入叶片底部。只要在叶片底部通过两个并联单向阀(梭阀),分别与吸、压油腔相通,就能达到这一要求。

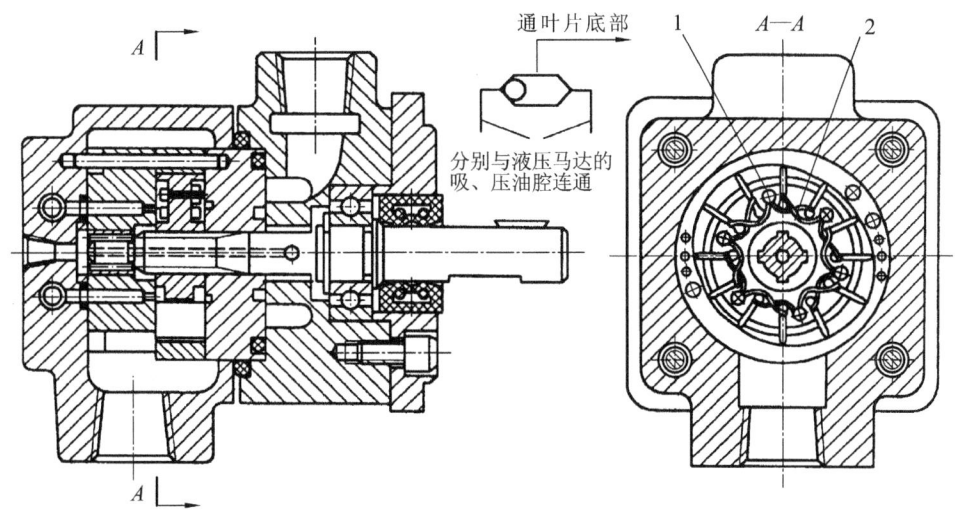

图 3-29 双作用叶片马达的典型结构

1—销钉；2—燕式弹簧

◀ 3.4 轴向柱塞泵和轴向柱塞马达 ▶

柱塞泵和柱塞马达是通过圆柱形的柱塞在缸体内做往复运动,改变缸体柱塞腔容积而实现吸入和排出液体的。其主要工作构件是柱塞和缸体,它们均是易于加工的圆柱体,容易保证精密的间隙配合,因而能保证在高压(额定压力一般可达 32~40 MPa)下仍有较高的容积效率(一般在 95% 左右)。因此,柱塞泵与柱塞马达一般都制成高压系列。

按柱塞的排列与运动方向,柱塞泵和柱塞马达可分为轴向柱塞式和径向柱塞式,前者的柱塞与传动轴平行或相交成一锐角,后者的柱塞与传动轴垂直。这里仅介绍轴向柱塞式泵和马达,径向柱塞式泵和马达属于低速大转矩泵和马达,读者可参阅液压工程手册。

3.4.1 轴向柱塞泵的工作原理和排量

轴向柱塞泵和轴向柱塞马达可分为斜盘式和斜轴式。前者的柱塞中心线与传动轴线平行,且靠斜盘对柱塞的约束反力和弹簧力的共同作用使柱塞做轴向往复运动,后者利用缸体轴线相对泵轴存在一个摆角(不大于 40°)而被连杆强制地实现柱塞的往复运动。

通轴斜盘式轴向柱塞泵的工作原理如图 3-30 所示。它主要由配流盘 6、缸体 5、柱塞 4、斜盘 3 和传动轴 1 等零件组成。柱塞安装在沿缸体均布的柱塞孔中,弹簧的作用是始终使柱塞 4 与斜盘 3 紧密接触,并使缸体 5 紧压在配流盘 6 上。配流盘 6 上两个腰形窗口分别与泵的吸、排油口相通,斜盘 3 具有一定的倾斜角 α。当缸体在传动轴带动下按图示方向旋转时,柱塞在缸体内做往复运动。位于配流盘右边的柱塞向缸体外伸时,柱塞底部的密闭容积不断增大,形成局部真空,油液通过配流盘右边吸油窗口从泵的吸油口吸油;位于配流盘左边的柱塞向缸体内运动时,柱塞底部的密闭容积不断减小,油液通过配流盘左边压油窗口从排油腔向外排油。缸体每旋转一周,每个柱塞往复运动一次,完成一次吸、排油过程。

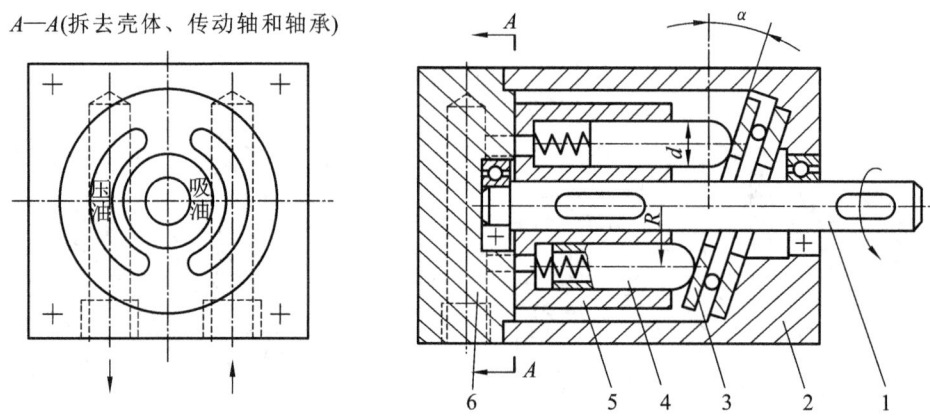

图 3-30　通轴斜盘式轴向柱塞泵的工作原理

1—传动轴；2—壳体；3—斜盘；4—柱塞；5—缸体；6—配流盘

　　斜轴式轴向柱塞泵的工作原理如图 3-31 所示。配流盘 5 的端面为球面，缸体轴线相对传动轴 1 存在一个摆角 α（不大于 $40°$），传动轴 1 旋转时，缸体中均匀分布的柱塞被连杆 2 强制地实现往复运动。

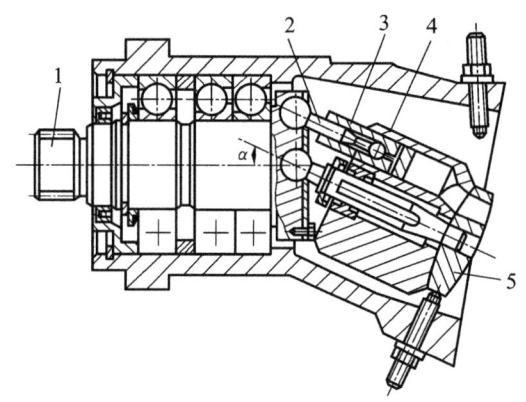

图 3-31　斜轴式轴向柱塞泵的工作原理

1—传动轴；2—连杆；3—柱塞；4—缸体；5—配流盘

　　斜盘式轴向柱塞泵和斜轴式轴向柱塞泵的排量计算式分别为

斜盘式：
$$V = \frac{\pi d^2}{4} ZD \tan\alpha \qquad (3-28)$$

斜轴式：
$$V = \frac{\pi d^2}{4} ZD \sin\alpha \qquad (3-29)$$

式中，d 为柱塞直径；D 为柱塞在缸体上的分布圆直径；Z 为柱塞数；α 为斜盘倾角或缸体摆角。

　　显然，改变斜盘倾角或缸体摆角 α 的大小可以改变排量。若改变斜盘倾角方向就会使泵的进出口变换，成为双向变量泵。

　　柱塞泵的瞬时流量也是脉动的，其流量不均匀系数 δ_q 与柱塞数及其奇偶性有关。柱塞数越多，流量不均匀系数越小；奇数柱塞比偶数柱塞的流量不均匀系数要小。因此，柱塞泵中的柱塞多采用 $Z=7$ 或 9。

3.4.2 斜盘式轴向柱塞泵的结构及特点

轴向柱塞泵不仅额定压力高,而且可以实现多种形式变量,因此应用极广,在液压泵中占有极其重要的地位。由于轴向柱塞泵种类繁多,下面介绍比较常用的典型结构。

1. 结构

图 3-32 为不通轴 CY14-1B 系列斜盘式轴向柱塞泵,是我国使用很广的柱塞泵。该泵由主体结构和变量机构两部分组成。其主体结构部分是由前泵体 7、中间泵体 1、传动轴 8、配流盘 6、缸体 5、中心弹簧 3、柱塞 9、滑履 12、回程盘 14 等零件组成。每个柱塞的头部都装有滑履,滑履与柱塞球铰连接;中心弹簧 3 的作用是,一方面将缸体压向配流盘 6,以保证它们之间的初始密封,另一方面通过回程盘 14 将滑履 12(连同柱塞 9)压向斜盘 15。当传动轴 8 通过花键带动缸体 5 旋转时,柱塞随缸体高速旋转;同时,在中心弹簧、回程盘的作用下,滑履在斜盘面上滑动,迫使柱塞在缸体上的柱塞孔中做往复运动,使密封容积发生周期性的变化,通过配流盘完成吸油和排油的工作过程。

手动变量机构由斜盘 15、轴销 16、变量活塞 17、丝杆 18、手轮 19 及变量机构壳体 20 等零件组成。改变排量的方法是旋转手轮 19,使变量活塞 17 上下移动,通过轴销 16 使斜盘 15 绕钢珠 13 摆动而改变斜盘倾角 α,从而改变柱塞行程实现变量。

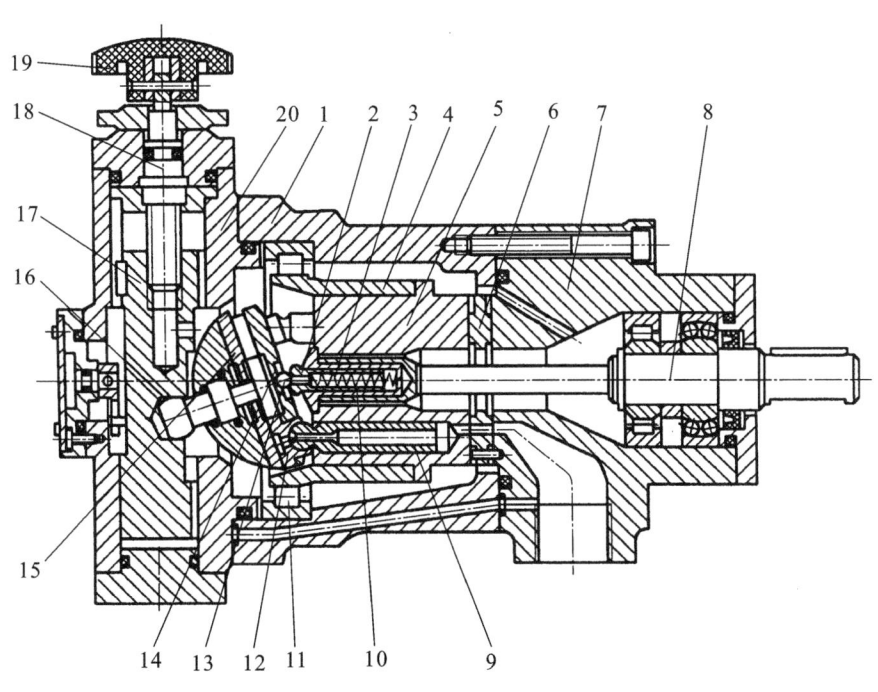

图 3-32 CY14-1B 系列斜盘式轴向柱塞泵

1—中间泵体;2—内套;3—中心弹簧;4—钢套;5—缸体;6—配流盘;7—前泵体;8—传动轴;9—柱塞;10—外套;11—轴承;12—滑履;13—钢珠;14—回程盘;15—斜盘;16—轴销;17—变量活塞;18—丝杠;19—手轮;20—变量机构壳体

2. 结构特点

1) 滑履和斜盘

柱塞的头部装有滑履,使两者之间为球面接触,而滑履与斜盘之间为平面接触,从而改善了柱塞工作受力状况。为了减小滑履与斜盘面的滑动摩擦,利用流体力学中平面间隙流动原理,建立了一定厚度的油膜,形成静压支承结构。

图 3-33 所示为滑履静压支承原理图。在柱塞中心有直径为 d_0 的阻尼小孔,将柱塞压油时产生的压力为 p 的压力油通过阻尼孔引入滑履端面的油室 h,使 h 室及其周围圆环密封带上压力升高,从而产生一个垂直于滑履端面的液压反推力 F_N,其方向与柱塞压油时产生的柱塞对滑履端面产生的压紧力 F 相反,其大小与滑履端面尺寸 R_1、R_2 有关。通常取压紧系数 $M_0 = F_N/F = 1.05 \sim 1.10$。这样,液压反推力 F_N 不仅抵消了压紧力 F,而且使滑履与斜盘之间形成油膜,使相对滑动面变为液体摩擦面,这有利于泵在高压下工作。

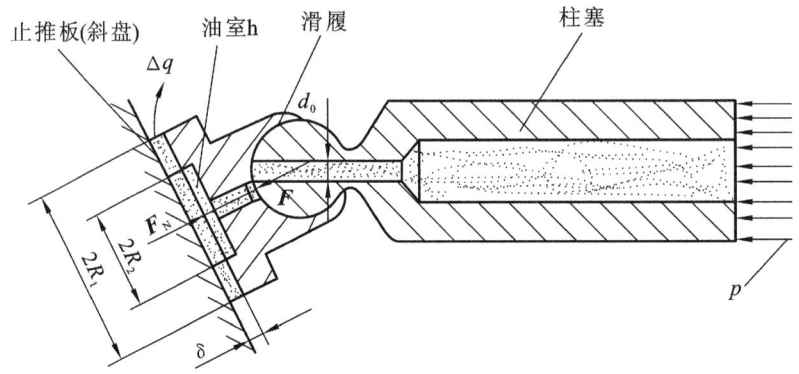

图 3-33　滑履静压支承原理图

2）柱塞和缸体

如图 3-33 所示,止推板(斜盘)通过滑履对柱塞的液压反推力 F_N,可沿柱塞的轴向和半径方向分解成轴向力 $F_{Nx} = F_N\cos\alpha$ 和径向力 $F_{Ny} = F_N\sin\alpha$(α 为斜盘倾角)。轴向力 F_{Nx} 是柱塞压油的作用力,而径向力 F_{Ny} 则通过柱塞传给缸体,它将使缸体产生颠覆力矩,造成缸体的倾斜,将使缸体和配流盘之间出现楔形间隙,密封表面局部接触,从而导致了缸体与配流盘之间的表面烧伤及柱塞和缸体之间的磨损,影响了泵的正常工作。所以,如图 3-32 所示合理地布置了圆柱滚子轴承,使径向力 F_{Ny} 的合力作用线在圆柱滚子轴承滚子的长度范围之内,从而避免了径向力 F_{Ny} 所产生的不良后果。另外,为了减少径向力 F_{Ny},斜盘的倾角一般不大于 20°。

由图 3-32 可见,使缸体紧压配流盘端面的作用力,除机械装置或弹簧的推力外,还有柱塞孔底部台阶面上所受的液压力,此液压力比弹簧力大很多,而且随泵的工作压力增大而增大。由于缸体始终受力紧贴着配油盘,就使端面间隙得到了自动补偿。

3）变量机构

轴向柱塞变量泵中的主体部分大致相同,其变量机构有各种结构形式,有手动、手动伺服、恒功率、恒流量、恒压变量等。图 3-34 所示的是手动伺服变量机构简图。该机构由缸筒1、活塞2和伺服阀3组成。活塞2的内腔构成了伺服阀的阀体,并有 c、d 和 e 三个孔道分别连通缸筒1的下腔 a、上腔 b 和油箱。主体部分的斜盘4通过适当的机构与活塞2下端相连,利用活塞2的上下移动来改变斜盘倾角。当用手柄操纵伺服阀阀芯向下移动时,上面的阀口打开,a 腔中压力油经孔道 c 通向 b 腔,活塞因上腔面积大于下腔的面积而向下移动,活塞 2 移动时又使伺服阀上的阀口关闭,最终使活塞 2 停止运动。同理,当阀芯向上移动时,下面的阀口打开,b 腔经孔道 d 和 e 接通油箱,活塞在 a 腔压力油的作用下向上移动,并在该阀口关闭时自行停止运动。变量机构就是这样依照伺服阀的动作来实现其控制的。

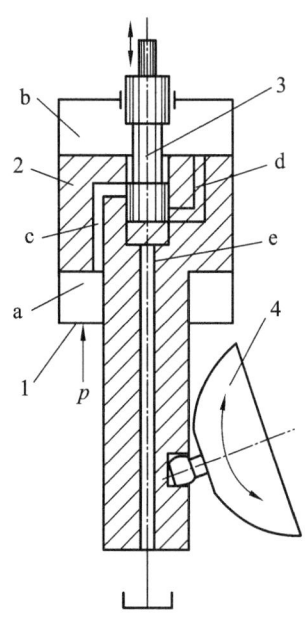

图 3-34 手动伺服变量机构

1—缸筒;2—活塞;3—伺服阀;4—斜盘

3.4.3 轴向柱塞马达

如前所述,轴向柱塞泵通入高压液体就可以做马达使用。下面,简单介绍一下斜盘式轴向柱塞马达的工作原理及结构特点。

1. 斜盘式轴向柱塞马达的工作原理

图 3-35 所示为斜盘式轴向柱塞马达的工作原理图。图示柱塞的有效工作面积为 A,当压力为 p 的油液进入马达的油腔时,滑履便受到 pA 的作用力而压向斜盘,其反作用力为 F_N。力 F_N 可分解成两个分力:一个是平行于柱塞轴线的轴向分力 F;另一个是垂直于柱塞轴线的分力 F_T。分力 F 与柱塞所受液压力平衡,而分力 F_T 对缸体中心产生扭矩,驱动液压马达旋转并输出转矩。

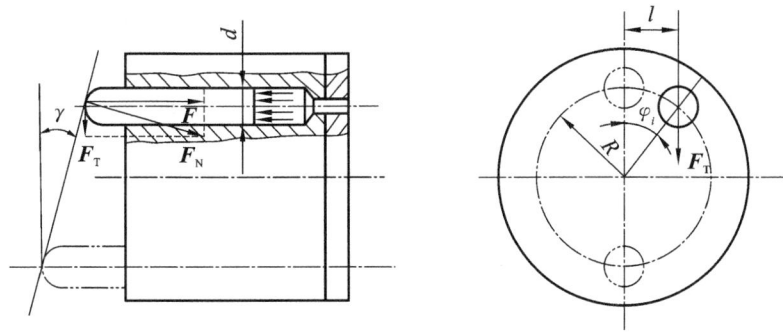

图 3-35 斜盘式轴向柱塞马达工作原理图

单个柱塞产生的转矩为

$$T_Z = F_T \cdot l = \frac{\pi}{4}d^2 \Delta p \tan\gamma \cdot R \sin\varphi_i \tag{3-30}$$

液压马达产生的转矩的总和,为压油区的柱塞产生的转矩和。瞬时驱动力矩的大小随柱塞所在位置的变化而变化,平均力矩的大小为

$$T = \frac{\Delta p V_M}{2\pi} = \frac{1}{2\pi}\Delta p \cdot \frac{\pi}{4}d^2 DZ \tan\gamma = \frac{1}{8}\Delta p d^2 DZ \tan\gamma \tag{3-31}$$

需要指出的是,液压马达是用来驱动外负载做功的,只有当外负载扭矩存在时,液压泵输入液压马达的压力油才能建立起压力,液压马达才能产生相当的扭矩去克服它。所以液压马达的输出扭矩是随外负载扭矩而变化的。

2. ZM 型轴向点接触柱塞式液压马达的结构特点

图 3-36 所示为 ZM 型轴向点接触柱塞式液压马达的结构,它由传动轴 1、斜盘 2、鼓轮 4、缸体 7、柱塞 9、配流盘 8 等主要零件组成,主要有如下特点。

(1) 采用鼓轮结构。转子分成两半,左半段为鼓轮,右半段为缸体,鼓轮上有可以轴向滑动的推杆 10。推杆在柱塞的作用下顶在斜盘上,获得转矩,并通过鼓轮、键带动传动轴旋转。缸体由传动销 6 拨动与传动轴一起旋转。由于缸体本身不传递转矩,斜盘对推杆的反作用力所产生的颠覆力矩不会作用在缸体表面上,缸体和柱塞只受轴向力,有效地减轻了柱塞和缸孔的磨损。

(2) 缸体和传动轴之间的配合面很窄,使缸体具有一定的自位作用,其表面能很好地与配流盘表面贴合,既保证了密封,又能自动补偿磨损。

(3) 斜盘由推力轴承支承,目的是减轻推杆头部与斜盘表面的磨损,提高液压马达的机械效率。

(4) 该马达的斜盘倾角固定不变,排量不可调节,因而是定量马达,其转速只能通过改变流量来调节。

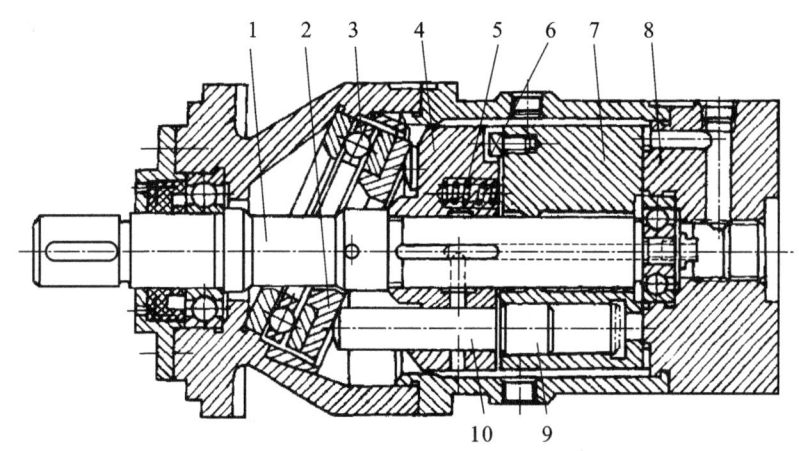

图 3-36 ZM 型轴向点接触柱塞式液压马达的结构

1—传动轴;2—斜盘;3—轴承;4—鼓轮;5—弹簧;6—传动销;7—缸体;8—配流盘;9—柱塞;10—推杆

3.5 液压泵和液压马达的选用

合理地选择液压泵及液压马达对于降低液压系统的能耗、提高系统的效率、降低噪声、改善工作性能和保证系统的可靠工作都十分重要。

3.5.1 液压泵的选用

选择液压泵的原则是:根据主机工况、功率大小和液压系统对工作性能的要求,首先应决定选用变量泵还是定量泵。变量泵的价格高,但能达到提高工作效率、节能及压力恒定等要求。然后,再根据各类泵的性能、特点及成本等确定选用何种结构类型的液压泵。最后,按系统所要求的压力、流量大小确定其规格型号。表 3-2 给出了各类液压泵的性能比较与应用范围。

表 3-2 各类液压泵的性能比较与应用范围

性能参数　　类型	齿 轮 泵	叶 片 泵		柱 塞 泵	
		单作用式（变量）	双作用式	轴向柱塞式	径向柱塞式
压力范围/MPa	2～21	2.5～6.3	6.3～21	21～40	10～20
排量范围/(mL/r)	0.3～650	1～320	0.5～480	0.2～3 600	20～720
转速范围/(r/min)	300～7 000	500～2 000	500～4 000	600～6 000	700～1 800
容积效率/(%)	70～95	85～92	80～94	88～93	80～90
总效率/(%)	63～87	71～85	65～82	81～88	81～83
流量脉动/(%)	1～27	—	—	1～5	<2
功率质量比/(kW/kg)	中	小	中	中大	小
噪声	稍高	中	中	大	中
耐污能力	中等				
价格	最低	中	中低	高	高
应用	一般常用于机床液压系统及低压大流量的一些系统或控制系统。中等高压齿轮泵常用于工程机械、航空、造船等方面	在中、低压液压系统中用得较多，常用于精密机床及一些功率较大的设备，如高精度平磨、塑料机械等，在组合机床液压系统中用得很多	在各类机床设备中得到了广泛应用，如注塑机、运输装卸机械、液压机等	在各类高压系统中应用非常广泛，如冶金、锻压、矿山、起重机械、工程机械、造船等方面	多用于 10 MPa 以上的各类液压系统，由于体积大、重量大、耐冲击性好，故常用于固定设备，如拉床、压力机、船舶等

各种类型的液压泵由于其结构原理、性能特点各有不同，因此应根据不同的使用情况，选择合适的液压泵。一般在负载小、功率小的机械设备中，可选用齿轮泵和双作用叶片泵；精度较高的设备（例如磨床）可选用螺杆泵和双作用叶片泵；在负载较大并有快速和慢速行程要求的机械设备中（例如组合机床），可选用限压式变量叶片泵；负载大、功率大的机械设备可选用常用柱塞泵；而在筑路机械、港口机械以及小型工程机械中往往选择抗污染能力强的齿轮泵。常用液压泵的应用能力范围及选用可参阅液压工程手册。

3.5.2 液压马达的选用

选择液压马达的原则与选择液压泵的原则基本相同。在选择液压马达时，首先要确定其类型，然后按系统所要求的压力、负载、转速的大小确定其规格型号。一般来说，当负载扭矩小时，可选用齿轮式、叶片式和轴向柱塞式液压马达；如负载扭矩大且转速较低时，宜选用低速大扭矩液压马达。常用液压马达的应用范围及选用如表 3-3 所示。

表 3-3　常用液压马达的应用范围及选用

类　型		适 用 工 况	应 用 举 例
高速小扭矩马达	齿轮马达	外啮合式	适用于高速小扭矩,且速度平稳性要求不高、噪声限制不大的场合	适用于钻床、风扇,以及工程机械、农业机械、林业机械的回转机构液压系统
		内啮合式	适用于高速小扭矩,要求噪声较小的场合	适用于机床(如磨床回转工作台)等设备中
	叶片马达		适用于负载扭矩不大、噪声要求小、调速范围宽的场合	适用于起重机、绞车、铲车、内燃机车、数控机床等设备中
	轴向柱塞马达		适用于负载速度大、有变速要求、负载扭矩较小、低速平稳性要求高,即中高速小扭矩的场合	
低速大扭矩马达	径向马达	曲轴连杆式	适用于大扭矩低速工况,启动性较差的场合	适用于塑料机械、行走机械、挖掘机、拖拉机、起重机、采煤机牵引部件等设备中
		内曲线式	适用于负载扭矩大、速度范围宽、启动性好、转速低的场合。当扭矩比较大、系统压力较高(如大于 16 MPa),且输出轴承受径向力作用时,宜选用横梁式内曲线液压马达	
		摆缸式	适用于大扭矩、低速工况	
中速中扭矩马达	双斜盘轴向柱塞马达		低速性好,可作伺服马达	适用范围广,但不宜在快速性要求严格的控制系统中使用
	摆线马达		适用于中低负载速度、体积要求小的场合	适用于塑料机械、煤矿机械、挖掘机、行走机械等设备中

本 章 小 结

容积式液压泵、马达是液压系统中实现能量转换的元件,理解其工作原理、结构特点的关键是抓住密封容积是如何形成和如何变化这两个问题。密封容积的形成是实现能量转换的必要条件,密封容积的变化是实现能量转换的充分条件。密封容积变大时是吸油过程,密封容积变小时是排油过程,排出油液的压力取决于油液流动时需要克服的阻力。液压泵正常工作还有两个必须的条件:油箱必须通大气;必须有配油机构。

液压泵、马达在能量转换过程中必然存在能量的损失,这就是效率问题。液压系统中能量损失表现为两种:因摩擦而引起的输入机械能的损失和因流量泄漏而引起的液压能的损失。因此液压泵、马达的总效率由机械效率和容积效率组成。为克服机械摩擦而损失一定的压力,故存在机械效率;因油液内泄而损失功率,故有容积效率。

抓住密封容积是如何形成和如何变化这两个问题也是分析液压泵结构特点的关键。

密封性能既决定泵额定压力的高低,也决定了泵的性能;分析液压泵的结构特点必须应用力学知识。

思考题与习题

3.1 什么是容积式液压泵? 它是如何工作的?

3.2 图 3-1 所示为单柱塞容积式液压泵的工作原理图,在下列情况,流量如何变化?

(1) 当泵输出压力增高时,油从柱塞与缸体配合间隙中的泄漏量增加,泵的排量(　　　　);

(2) 如果柱塞直径 d 增大,泵的排量(　　　　);

(3) 当凸轮的转速增大,泵的排量(　　　　);

(4) 当凸轮的偏心量 e 增大,泵的排量(　　　　)。

A. 增大　　　　　　B. 减小　　　　　　C. 不变

3.3 衡量液压泵和液压马达的性能主要有哪些基本参数? 各是如何定义的?

3.4 齿轮泵的困油现象是怎样产生的? 有何危害? 采用什么措施加以解决?

3.5 轴向柱塞泵的柱塞数为何是奇数?

3.6 已知某齿轮泵的额定流量 $q_n = 100$ L/min,额定压力 $p_n = 2.5$ MPa。由实验测得:泵的转速为 1 450 r/min,泵的机械效率为 0.9,且当泵的出口压力 $p_p = 0$ 时,其流量 $q_1 = 106$ L/min;当 $p_p = 2.5$ MPa 时,其流量 $q_2 = 101$ L/min。

(1) 求该泵的容积效率 η_{pV};

(2) 如泵的转速降至 600 r/min,在额定压力下工作时,估算此时泵的流量为多少? 该转速下泵的容积效率 η'_{pV} 为多少?

(3) 在上述这两种工况下,驱动泵所需功率为多少?

3.7 已知某液压马达的排量 $V_M = 250$ mL/r,液压马达入口压力 $p_1 = 10.5$ MPa,出口压 $p_2 = 1.0$ MPa,其总效率 $\eta_M = 0.9$,容积效率 $\eta_{MV} = 0.92$,当输入流量 $q = 22$ L/min 时,试求液压马达的实际转速 n_M 和液压马达的输出转矩 T_M。

3.8 某变量叶片泵的转子外径 $d = 83$ mm,定子内径 $D = 89$ mm,叶片宽度 $B = 30$ mm。并设定子和转子之间的最小间隙为 0.5 mm,求:

(1) 当排量 $V = 16$ mL/r,其偏心量 e 为多少?

(2) 该泵最大排量 V_{max} 为多少?

3.9 一变量轴向柱塞泵,共有 9 个柱塞,其柱塞分布圆直径 $D = 125$ mm,柱塞直径 $d = 16$ mm,若泵以 3 000 r/min 转速旋转,其输出流量 $q = 50$ L/min,忽略泄漏流量的影响,问斜盘角度为多少?

3.10 已知某 YBP 限压式变量叶片泵的流量-压力特性曲线如图 3-37 所示。

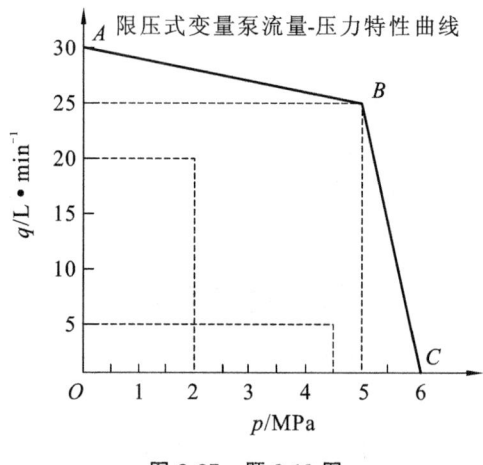

图 3-37 题 3.10 图

（1）确定驱动液压泵的理论功率是多少？

（2）应该如何调整两个螺钉使该流量-压力特性曲线，满足 $p = 2$ MPa、输出流量 $q = 20$ L/min 的快速运动和 $p = 4.5$ MPa、输出流量 $q = 5$ L/min 的进给运动的要求？用实线画出。

（3）此时，如何确定驱动油泵的理论功率？

第 4 章
液压缸

【学习要点】

掌握液压缸的工作原理;了解液压缸的主要类型;掌握液压缸推力和运动速度的计算;掌握差动液压缸的概念、推力和速度计算。了解典型液压缸的基本结构和安装方式。掌握液压缸缓冲的物理本质和各种缓冲方式。

液压缸是液压系统的执行元件,它将液体的压力能转换成工作机构的机械能,用来实现直线往复运动或小于300°的摆动。液压缸结构简单,配置灵活,设计、制造比较容易,使用维护方便,被广泛应用于各种机械设备中。液压缸已经标准化、系列化,可参阅液压工程手册、机械设计手册直接选用。注意,液压缸有各种安装结构。

◀◀ 4.1 液压缸的类型、特点和基本参数计算 ▶▶

液压缸按结构特点,分为活塞缸、柱塞缸、组合缸和摆动缸四类。其中,活塞缸和柱塞缸用以实现直线运动,输出推力和速度;摆动缸用以实现小于280°的摆动,输出转矩和角速度。组合缸具有较特殊的结构和功用。工程中以活塞缸应用最为广泛。

液压缸按作用方式和供油方向不同,可分为单作用式和双作用式两种。如图4-1所示,单作用液压缸只能从一个方向供油,液压作用力只能使活塞(或柱塞)做单方向运动,反方向运动必须靠外力(如弹簧力或自重等)实现;如图4-2所示,双作用液压缸可从两个方向供油,由液压作用力实现两个方向的运动。

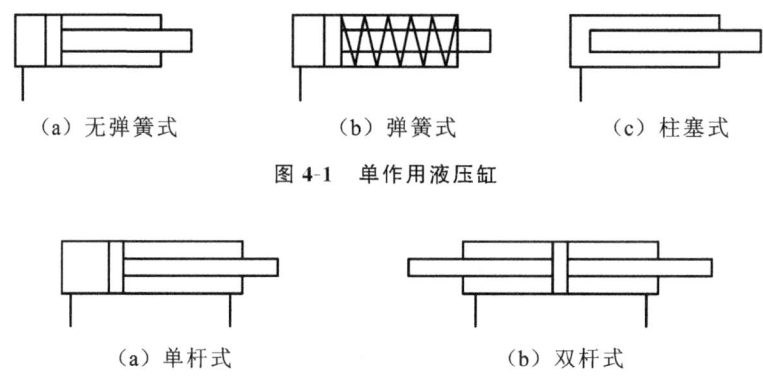

（a）无弹簧式　　　　　（b）弹簧式　　　　　（c）柱塞式

图 4-1　单作用液压缸

（a）单杆式　　　　　　　　　（b）双杆式

图 4-2　双作用液压缸

4.1.1　活塞式液压缸

在缸体内做相对往复运动的组件为活塞的液压缸,称活塞缸。活塞缸可分为双杆式和单杆式两种结构。按其安装方式的不同,又分为缸体固定式和活塞杆固定式两种。

1. 双杆活塞缸

双杆活塞缸是活塞两端都带有活塞杆的液压缸,其工作原理如图4-3所示。图4-3(a)为缸筒固定式结构简图。缸筒1固定在机床床身上,工作台4与活塞杆3相连。缸体的两端设有进、出油口,动力由活塞杆传出。当油液从左油口进入缸左腔,缸右腔中的油液从右油口回油时,推动活塞2带动工作台向右运动;反之,右腔进压力油,左腔回油时,活塞带动工作台向左运动。

由图4-3(a)可见,在这种安装方式下,工作台的运动范围约为活塞有效行程L的3倍,占地面积较大,一般用于小型设备的液压系统。

图 4-3(b)为活塞杆固定式结构简图。其活塞杆往往是空心的,固定在机床床身的两个支架上,缸筒与工作台相连。进、出油口做在缸筒两端,采用软管连接;也可以做在活塞杆的两端,液压油从空心的活塞杆中进出。液压缸的动力由缸筒传出。当缸的左腔进油、右腔回油时,缸体带动工作台向左移动;反之,右腔进油、左腔回油时,缸体带动工作台向右移动。在这种安装方式下,工作台的移动范围约等于缸体有效行程 L 的两倍,占地面积小,常用于大、中型设备。

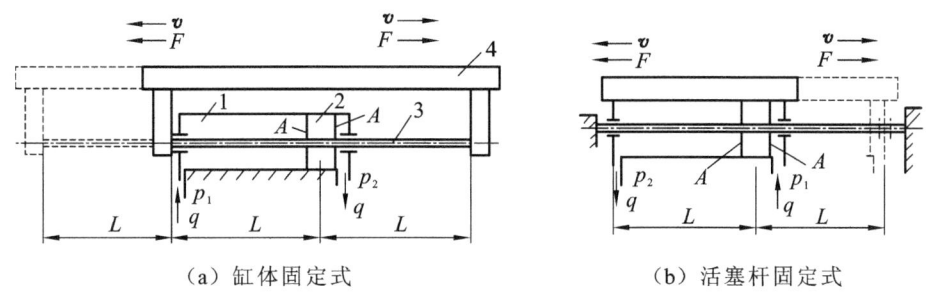

（a）缸体固定式　　　　　　（b）活塞杆固定式

图 4-3　双杆活塞缸

1—缸筒;2—活塞;3—活塞杆;4—工作台

双杆活塞缸两端的活塞杆直径通常相等,因此左、右两腔的有效工作面积相等。当分别向左、右两腔输入的压力油的压力和流量都相同时,液压缸左、右两个方向的推力和速度相等。设液压缸内径为 D,活塞杆直径为 d,液压缸进、出油腔的压力为 p_1 和 p_2、输入流量为 q 时,双杆活塞缸的推力 F 和速度 v 可按式(4-1)和式(4-2)计算:

$$F=A(p_1-p_2)=\frac{\pi}{4}(D^2-d^2)(p_1-p_2) \tag{4-1}$$

$$v=\frac{q}{A}=\frac{4q}{\pi(D^2-d^2)} \tag{4-2}$$

式中,A 为液压缸有效工作面积。

双杆活塞缸具有双向推力、速度相同的特点,因此常用于要求往复运动速度和负载相同的场合,如各种磨床。

2. 单杆活塞缸

图 4-4 为单杆活塞缸原理图,其活塞只有一端带活塞杆。单杆活塞缸的特点是两腔的有效工作面积不相等,当向液压缸左、右两腔分别供油,且供油压力和流量相同时,活塞(或缸筒)在两个方向的推力和运动速度不相等。单杆液压缸也有缸筒固定和活塞杆固定两种安装形式,但它们的工作台移动范围都是活塞有效行程的两倍。

当无杆腔进油,有杆腔回油时,如图 4-4(a)所示。活塞推力 F_1 和运动速度 v_1 分别为

$$F_1=p_1A_1-p_2A_2=\frac{\pi}{4}\left[p_1D^2-p_2(D^2-d^2)\right] \tag{4-3}$$

$$v_1=\frac{q}{A_1}=\frac{4q}{\pi D^2} \tag{4-4}$$

当有杆腔进油,无杆腔回油时,如图 4-4(b)所示。活塞推力 F_2 和运动速度 v_2 分别为

$$F_2=p_1A_2-p_2A_1=\frac{\pi}{4}\left[p_1(D^2-d^2)-p_2D^2\right] \tag{4-5}$$

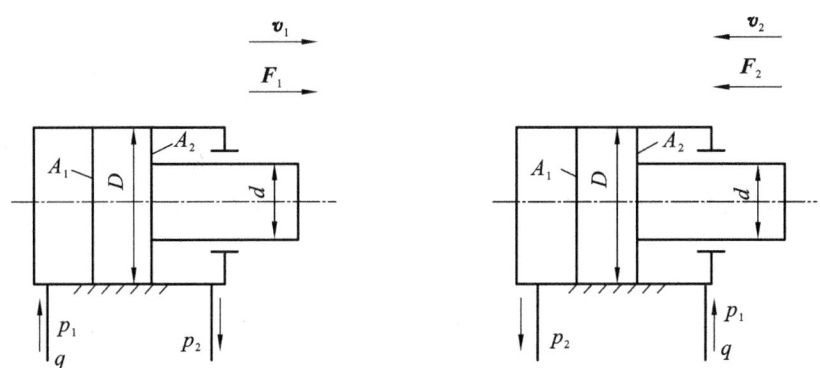

（a）无杆腔进油，有杆腔回油　　　　（b）有杆腔进油，无杆腔回油

图 4-4　单杆活塞缸

$$v_2 = \frac{q}{A_2} = \frac{4q}{\pi(D^2 - d^2)} \qquad (4-6)$$

v_2 与 v_1 之比称为液压缸的速度比 λ_v，即

$$\lambda_v = \frac{v_2}{v_1} = \frac{1}{1 - \left(\dfrac{d}{D}\right)^2} \qquad (4-7)$$

式中，A_1 为缸无杆腔有效工作面积；A_2 为缸有杆腔有效工作面积；D 为活塞的直径；d 为活塞杆直径；q 为输入液压缸的流量；p_1 为进油压力；p_2 为回油压力。

比较式(4-3)～式(4-6)可知：由于有效工作面积 $A_1 > A_2$，所以 $v_1 < v_2$，$F_1 > F_2$。即无杆腔进压力油工作时，活塞杆伸出，获得的推力大，速度低；有杆腔进压力油工作时，活塞杆缩回，得到的推力小，速度高。工程实际中，单杆活塞缸常用于一个方向有较大负载但运行速度较低、另一个方向为空载要求快速退回运动的设备中，例如各种金属切削机床、起重机、压力机、注射机的液压系统常用单杆活塞缸。

3. 单杆活塞缸的差动连接

当单杆活塞液压缸两腔同时通入压力油时，利用两腔有效工作面积差进行工作的连接形式称为差动连接。如图 4-5 所示，液压缸差动连接时，左、右两腔压力相同，而由于无杆腔有效工作面积比有杆腔有效工作面积大，因此活塞受到的左腔液压推力大于右腔液压推力，故其向右移动，并使有杆腔中的油液流入无杆腔。

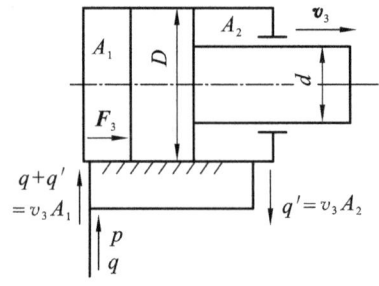

图 4-5　差动连接式的单杆活塞缸

差动连接时，活塞杆推力 F_3 和运动速度 v_3 可按式(4-8)、式(4-9)计算：

$$F_3 = A_1 p - A_2 p = \frac{\pi}{4} d^2 p \qquad (4-8)$$

因 $$v_3 A_1 = q + v_3 A_2$$

故有 $$v_3 = \frac{q}{A_1 - A_2} = \frac{q}{A_3} = \frac{4q}{\pi d^2} \qquad (4-9)$$

单杆活塞缸差动连接时,有效工作面积为活塞杆截面积 A_3,能使运动部件获得较高的速度和较小的推力。在实际应用中,液压系统常通过方向控制阀来改变单杆活塞缸的油路连接,使其有不同的工作方式,从而实现"快进—工进—快退"的工作循环:

快进(差动连接,v_3、F_3)→工进(无杆腔进油,v_1、F_1)→快退(有杆腔进油,v_2、F_2)

这时,通常要求"快进"和"快退"的速度相等,即 $v_3 = v_2$。由式(4-6)和式(4-9)可知,必须使 $D = \sqrt{2}d$(或 $d = 0.71D$)。差动连接是在不增加液压泵流量的前提下实现快速运动的有效方法,广泛应用于组合机床等设备的液压系统中。

4.1.2 柱塞式液压缸(柱塞缸)

柱塞缸是指在缸体内做相对往复运动的组件是柱塞的液压缸,也有缸体固式和柱塞固式两种形式。其结构如图 4-6(a)所示,柱塞 2 由导向套 3 导向,与缸体内壁不接触,因而缸体内孔可不加工或只做粗加工,工艺性好、结构简单、成本低。柱塞式液压缸常用于行程很长的龙门刨床、导轨磨床和大型拉床等设备的液压系统中。

柱塞缸是单作用液压缸,即在压力油作用下,做单方向运动。工作时,压力油从左端输入缸筒内,作用在柱塞的左端面上,使之向右移动,从而带动工作台运动。它的回程则需要借助自重(立式缸)或其他外力的作用来实现。为了获得双向运动,柱塞式液压缸常成对使用,如图 4-6(b)所示。

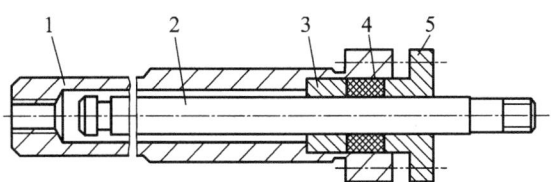

(a) 柱塞式液压缸的结构

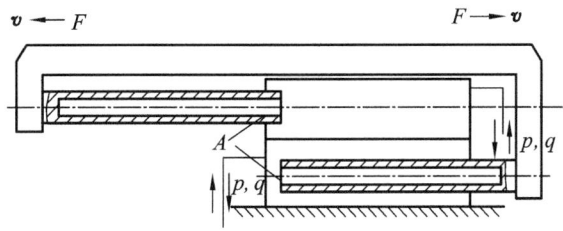

(b) 双向运动柱塞式液压缸的原理图

图 4-6　柱塞式液压缸

1—缸筒;2—柱塞;3—导向套;4—密封圈;5—压盖

柱塞缸的推力和速度可用式(4-10)、式(4-11)计算:

$$F = pA = p\,\frac{\pi}{4}d^2 \tag{4-10}$$

$$v = \frac{q}{A} = \frac{4q}{\pi d^2} \tag{4-11}$$

式中，A 为柱塞有效工作面积；d 为柱塞直径。

柱塞工作时总是端面受压，为了能输出较大的推力，柱塞一般较粗、较重。水平安装时易产生单边磨损，为防止柱塞因自重而下垂，常制成空心柱塞并设置支承套和托架。

4.1.3 摆动式液压缸(摆动缸)

摆动缸是一种将油液的压力能转变为叶片往复摆动，输出机械能的液压执行元件，又称摆动式液压马达，常用的有单叶片和双叶片两种形式，如图 4-7 所示。它们由缸体 1、叶片 2、定子块 3、输出轴 5、两端支承盘及端盖(图中未画出)等零件组成。定子块固定在缸体上，叶片和输出轴连接在一起，当两油口 A、B 交替输入压力油(交替接通油箱)时，叶片往复摆动带动输出轴输出转矩和角速度。单叶片缸输出轴的转角一般不超过 280°，双叶片缸输出轴的转角一般不超过 150°，双叶片式摆动缸的输出转矩是单叶片缸的两倍，而角速度则是单叶片缸的一半。

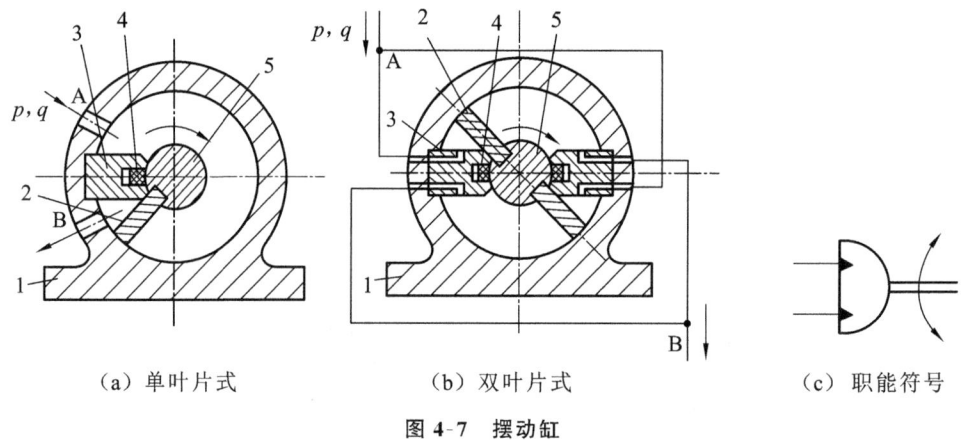

(a) 单叶片式　　　　　(b) 双叶片式　　　　　(c) 职能符号

图 4-7　摆动缸

1—缸体；2—叶片；3—定子块；4—密封件；5—输出轴

设叶片的宽度为 B，缸的内径为 D，输出轴直径为 d，叶片数为 Z，进油压力为 p，流量为 q，不计回油腔压力，则摆动缸输出的转矩 T 和回转角速度 ω 分别为

$$T = ZpB\,\frac{D-d}{2}\,\frac{D+d}{4} = \frac{ZpB(D^2-d^2)}{8} \tag{4-12}$$

$$\omega = \frac{pq}{T} = \frac{8q}{ZB(D^2-d^2)} \tag{4-13}$$

摆动缸结构紧凑，输出转矩大，但密封性较差，常用于机床的送料装置、间歇进给机构、回转夹具、工业机器人手臂和手腕的回转装置及工程机械回转机构等中低压液压系统中。在机械式功率流封闭式试验台中，将缸体做成圆形，可作为液压加载器。

4.1.4　组合液压缸

1. 增力缸

图 4-8 所示为由两个单杆活塞缸串联在一起的增力缸示意图。当压力油通入两缸左腔时,串联活塞向右运动,两缸右腔的油液同时排出,这种油缸的推力等于两缸推力的总和。由于增加了活塞的有效面积,因而使活塞杆上的推力或拉力得到增加。设进油压力为 p,活塞直径为 D,活塞杆直径为 d,不考虑摩擦损失,增力缸的推力为

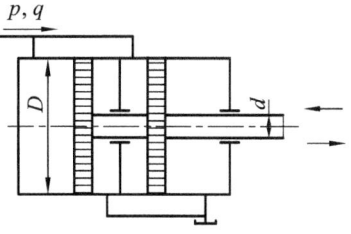

图 4-8　增力缸示意图

$$F = p\,\frac{\pi}{4}D^2 + p\,\frac{\pi}{4}(D^2 - d^2) = p\,\frac{\pi}{4}(2D^2 - d^2) \tag{4-14}$$

当单个液压缸推力不足,缸径因空间限制不能加大但轴向长度允许增加时,可采用这种增力缸。增力缸另一个用途是做多缸同步运动的同步装置,这时常称它为等量分配缸或等量缸。

2. 增压缸

图 4-9(a)所示为一种由活塞缸和柱塞缸组合而成的增压缸,常应用于某些局部油路需要高压油的液压系统中,如用于压铸机、造型机等设备。该增压缸利用活塞的有效面积大于柱塞的有效面积而使输出压力大于输入压力。

设活塞直径为 D,其面积为 A_1,柱塞直径为 d,其面积为 A_2,增压缸大端输入油液的压力为 p_1,小端输出油液的压力为 p_2,且不计摩擦阻力,则根据力学平衡关系有

$$p_1 A_1 = p_2 A_2$$

故

$$p_2 = \frac{A_1}{A_2}p_1 = \frac{D^2}{d^2}p_1 = Kp_1 \tag{4-15}$$

式中,$K = D^2/d^2$ 是增压比,表明其增压能力。

显然,增压缸仅仅是增大输出的压力,并不能增大输出的能量。单作用增压缸在活塞运动到终点时,不能再输出高压液体,需要将活塞退回到左端位置,再向右行时才又输出高压液体,即不能获得连续的高压油。为了克服这一缺点,可采用双作用增压缸,如图 4-9(b)所示,可从缸的两端交替通入压力油,从而获得连续的高压油。

应该指出,增压缸只能将高压端输出的油液通入其他液压缸以获取大的推力,其本身不能直接作为执行元件,所以安装时应尽量使它靠近执行元件。

3. 伸缩缸

伸缩缸由两个或多个活塞缸套装而成,有单作用和双作用之分。如图 4-10 所示,前一级的活塞杆就是后一级的缸筒(活塞与活塞杆套装在一起)。活塞杆伸出时,动作是逐级进行的。首先是前一级的活塞杆开始外伸,当活塞到达程终点后,后一级的活塞杆开始外伸。在进油压力、流量不变的情况下,其推力逐级减小,而其速度逐级增大。活塞杆缩回时,

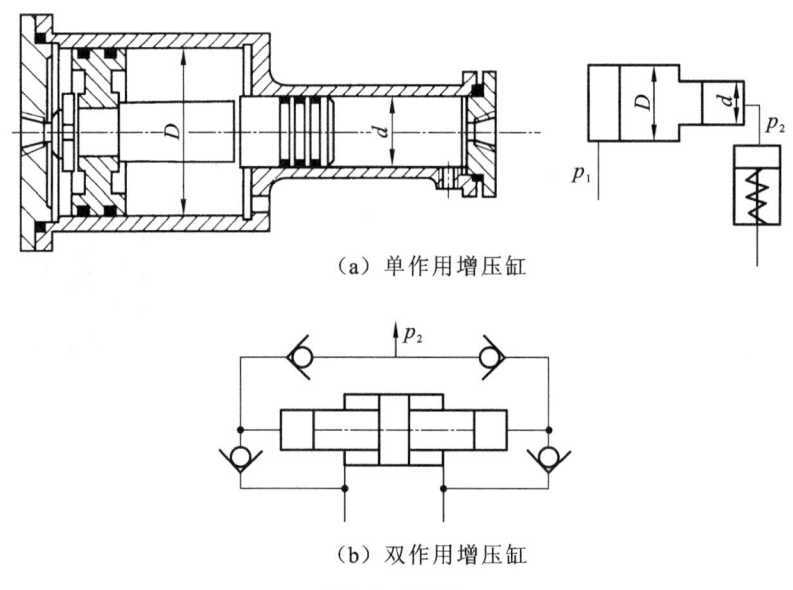

（a）单作用增压缸

（b）双作用增压缸

图 4-9　增压缸

在回油压力、流量不变的情况下,顺序是从小到大,速度逐级减小,推力逐级增大。

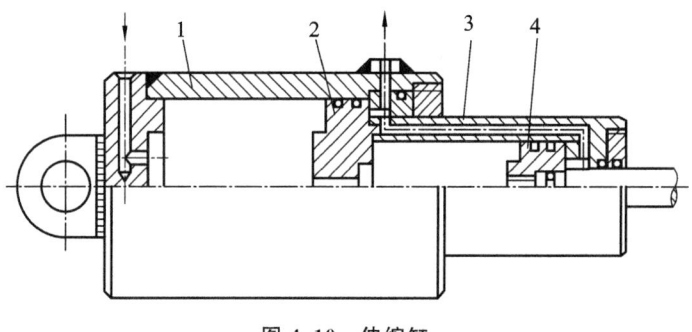

图 4-10　伸缩缸

1—主缸缸筒;2——一级活塞;3——一级缸筒;4—二级活塞

伸缩缸活塞杆伸出时行程大,而收缩后结构尺寸小,适用于起重运输车辆等需占空间小的机械上,例如起重机伸缩臂缸、自动倾卸卡车举升缸等。

4. 齿轮齿条缸

齿轮齿条缸是由带有齿条杆的双活塞缸和一套齿轮齿条传动机构组成,如图 4-11 所示。其工作原理是,当压力油从油口 a 输入缸的左腔,右腔中的油液从油口 c 回油,则活塞及齿条杆右移,齿轮带动工作台逆时针旋转;反之,则齿轮带动工作台顺时针旋转。左端盖中的泄漏油液由泄油口 b 泄掉。调节缸体两端盖上的螺钉,可调节活塞杆移动的距离,即调节了齿轮的旋转角度。齿轮缸多用于自动线、组合机床、液压机械手等转位或分度机构上。

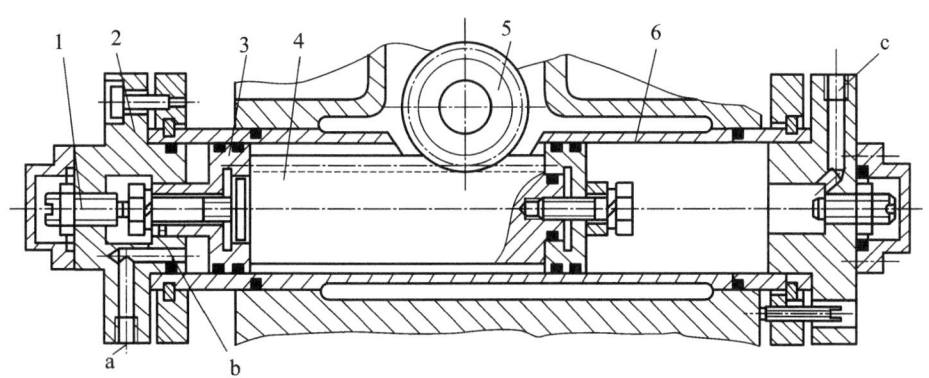

图 4-11　齿轮缸

1—调节螺钉；2—左端盖；3—活塞；4—齿条活塞杆；5—齿轮；6—缸体

◀ 4.2　液压缸的典型结构 ▶

图 4-12 所示为典型拉杆（轻型拉杆）活塞缸的结构图。液压缸主要由缸体组件和活塞组件这两个基本部分组成。缸体组件包括缸体 4、后端盖 1 和前端盖 9 等零件，缸体多采用无缝钢管制成；活塞组件包括活塞 6、缓冲套 7、活塞杆 8 等零件。这两部分在组装后通过 4 根长拉杆连接起来，并用螺母锁紧。为了保证液压缸具有可靠的密封性能，在前、后端盖与缸体之间、活塞与缸体内壁之间、活塞杆与前端盖之间、活塞杆与活塞之间均设置有相应的密封元件。为了防止活塞在两端撞击端盖，在前、后端盖中都设置了由单向阀、缓冲阀（配合缓冲套 7）组成的缓冲装置。在液压缸工作前，为了排除液压缸中的空气，在两端盖上方分别设置有排气装置（图中未表示出来）。

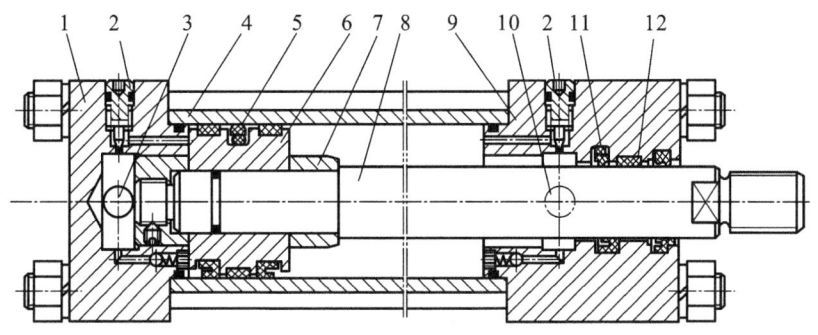

图 4-12　轻型拉杆活塞缸的结构图

1—后端盖；2—缓冲阀；3,10—进出油口；4—缸体；5,11—密封圈；6—活塞；7—缓冲套；
8—活塞杆；9—前端盖；12—导向套

由此例可知，液压缸的结构一般都是由缸体组件、活塞组件、密封装置以及缓冲装置和排气装置等 5 个部分组成。

4.2.1 缸体组件

缸体组件包括缸筒、前后端盖和导向套等,它要与活塞组件构成密封油腔,并承受很大的液压作用力,因此,缸体组件要有足够的强度和刚度、较高的表面质量和可靠的密封性。常见的缸筒与端盖的连接形式如图 4-13 所示。

图 4-13(a)所示为法兰连接。缸筒与端部一般用铸造、镦粗等方法制成法兰盘或焊接法兰盘,采用止口定位,再用螺钉与端盖固定。该连接方式结构简单,易加工,易装卸,使用广泛,但重量和外形尺寸大。

图 4.13(b) 所示为半环式连接。半环式连接是将两半环装于缸筒环形槽内,再用套或挡圈压住卡环,达到连接的目的。这种方式分外半环连接和内半环连接两种。半环式连接结构紧凑,外形尺寸小,重量较轻,易装卸;但缸筒开槽后机械强度削弱,需加厚缸壁。半环式连接应用十分普遍,常用于由无缝钢管制成的缸筒与缸盖之间的连接。

图 4-13(c)、(d)所示为内、外螺纹连接。它的外形尺寸较小,重量较轻,但缸筒端部结构复杂,装卸时需用专门工具。此种连接一般用于外形尺寸小、重量轻的场合。

图 4-13(e)所示为拉杆连接。拉杆连接结构简单,工艺性好,通用性强,但缸盖的体积和重量较大,拉杆受力后会拉伸变长,影响密封效果。此种连接只适用于长度不大的中、低压液压缸。

图 4-13(f)所示为焊接连接。焊接连接的机械强度高,制造简单,但焊接时易引起缸筒变形。这里需要注意的是,此种连接只能用于缸筒的一端,另一端必须采用其他结构。

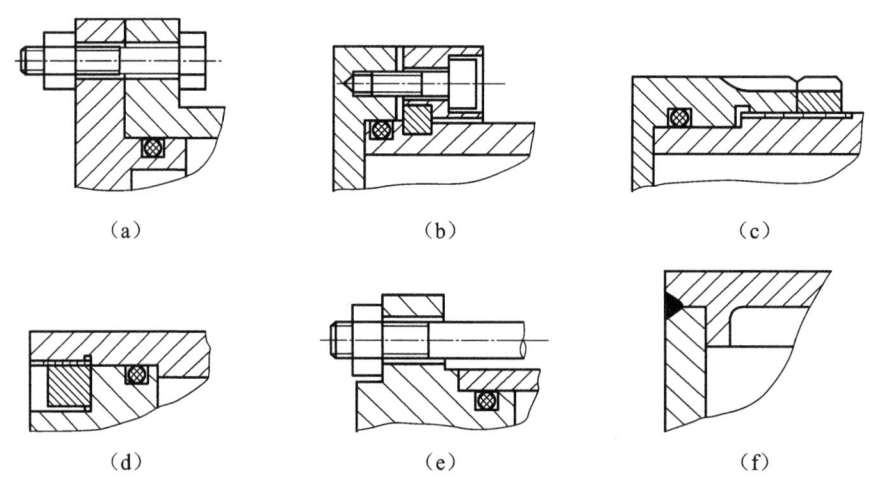

(a)	(b)	(c)
(d)	(e)	(f)

图 4-13　缸体组件的连接形式

4.2.2 活塞组件

活塞组件由活塞、活塞杆和连接件等组成。随工作压力、安装方式和工作条件的不同,活塞与活塞杆的连接方式很多。常见的有焊接连接、锥销连接、螺纹连接和半环式连接等,如图 4-14 所示。

图 4-14(a)为焊接连接,此连接结构简单,轴向尺寸小,但损坏后需整体更换,常用于小直径液压缸。

图 4-14(b)为锥销连接,锥销连接结构简单,装拆方便,但承载能力小,且需有防止锥销脱落的措施,多用于中、低压轻载液压缸中。

图 4-14(c)为螺纹连接,螺纹连接拆装方便,连接可靠,采用双螺母防松结构,适用尺寸范围广,但因加工了螺纹,削弱了活塞杆的强度,该连接方式不适用于高压系统。

图 4-14(d)为半环式连接,这种连接拆装简单,连接可靠,但结构比较复杂,常用于高压大负载特别是振动比较大的场合。

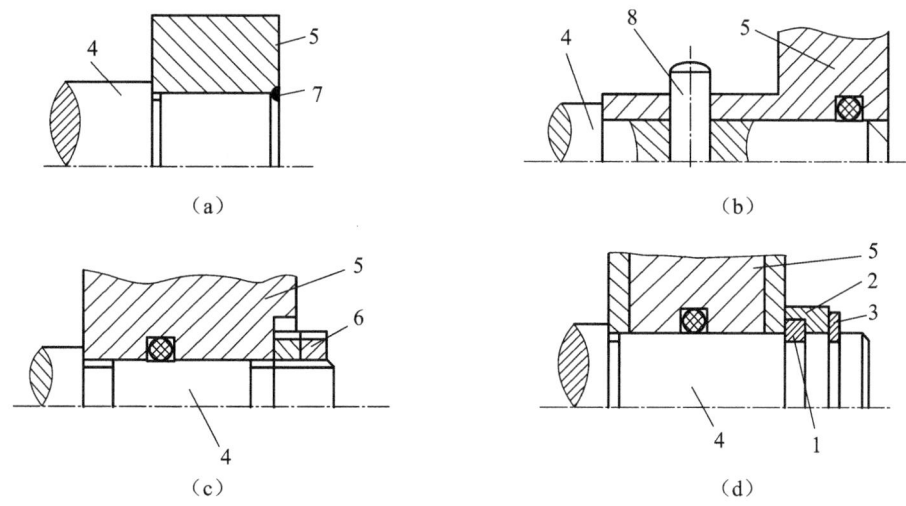

图 4-14 活塞与活塞杆的连接形式
1—半环;2—压环;3—挡环;4—活塞杆;5—活塞;6—圆螺母;7—焊接点;8—圆锥销

4.2.3 液压缸的密封

液压缸的密封主要指活塞与缸筒、活塞杆与端盖间的动密封和活塞与活塞杆、缸筒与端盖间的静密封,是用来防止液压缸内部(活塞与缸筒内孔的配合面)和外部的泄漏。常见的密封方法及密封元件有以下几种。

1. 间隙密封

间隙密封属于非接触式密封,是一种最简单的密封方法。间隙密封是通过精密加工,使相对运动零件的配合面之间有极微小的间隙 δ,使其产生液体摩擦阻力来防止泄漏而实现密封的,如图 4-15 所示。为增加泄漏阻力,常在圆柱面上加工几条环形压力平衡槽。环形槽除了储存油液,起润滑作用外,油在这些槽中形成涡流,能减缓泄漏速度,还能起到使两配合件同轴,降低摩擦阻力和避免因偏心而增加泄漏量等作用。

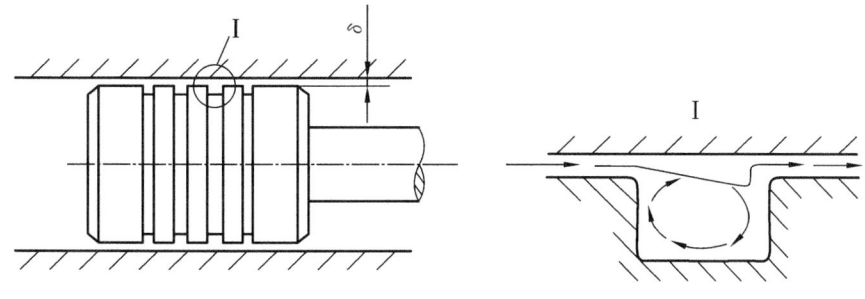

图 4-15 间隙密封

间隙密封结构简单,摩擦阻力小,耐高温,使用寿命长,但磨损后不能自动补偿,随着使用时间的增加,泄漏增大;加工时对配合表面的加工精度和表面粗糙度要求较高。此种密封方式一般应用于低压、小直径、运动速度较高的活塞与缸体间的密封。

2. 密封圈密封

密封圈密封是目前使用最为广泛的一种密封形式。有关各种橡胶密封圈的结构特点、性能及安装等请参阅第 6 章的 6.5 节。

O 形密封圈的截面形状为圆形,如图 4-16(a)所示。一般用耐油橡胶制成,主要依靠装配后产生的压缩变形来实现密封。它结构简单,密封性能好,动摩擦阻力小,制造容易,成本低,安装沟槽尺寸小,使用非常方便。应用也很广泛,既可用作直线往复运动和回转运动的动密封,又可用于静密封;既可用于外径密封,又可用于内径密封和端面密封,如图 4-16(b)所示。

O 形密封圈安装时要有合理的预压缩量 δ_1 和 δ_2,如图 4-16(c)所示,使之既保证可靠密封,又不致使密封阻力过大。它在沟槽中受到油压作用变形,会紧贴槽侧及配合件的壁面,其密封性能可随压力的增加而提高,如图 4-17(a)所示。若工作压力大于 10 MPa,O 形密封圈可能被压力油挤入配合间隙中而损坏,为此需在密封圈低压侧设置挡圈(由塑料、尼龙制成,厚度为 1.2~2.5 mm),如图 4-17(b)所示;若其双向受高压,则两侧都要加挡圈,如图 4-17(c)所示,工作压力可达 70 MPa。O 形密封圈及其安装沟槽的尺寸均已标准化,可从液压工程手册、机械设计手册中查到。

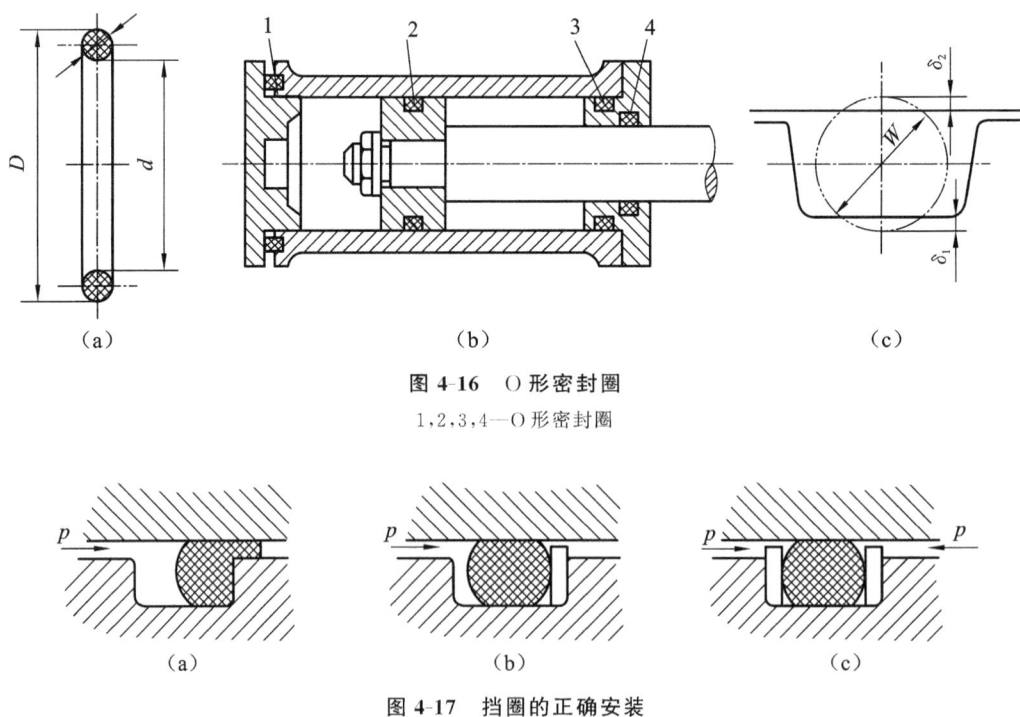

图 4-16 O 形密封圈

1,2,3,4—O 形密封圈

图 4-17 挡圈的正确安装

3. V 形密封圈

V 形密封圈结构形式如图 4-18 所示,由支承环、V 形密封环和压环三部分组成。V 形密封圈是利用压环压紧密封环时,支承环使密封环变形而起密封作用的,所以使用时必须三个环联用。但其中的支承环和压环是不起密封作用的。当工作压力高于 10MPa 时,可增加密封环的数量,以提高密封效果。安装时应将密封环的开口面向压力油腔。调整压环压力时,应以不漏油为限,不能压得过紧,以防密封阻力过大。

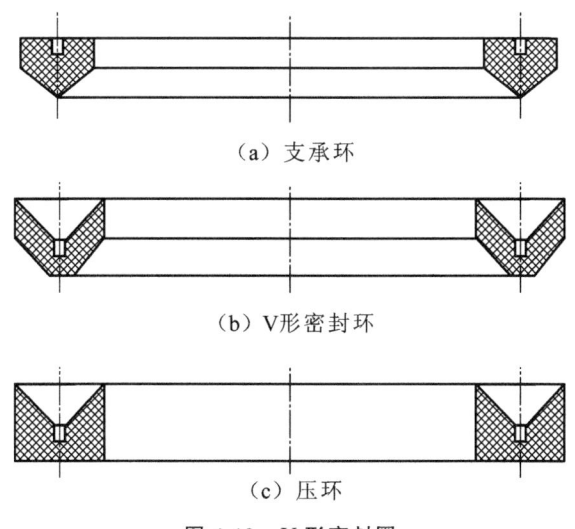

（a）支承环

（b）V形密封环

（c）压环

图 4-18　V 形密封圈

V 形密封圈密封接触面长,密封性能好,承受压力可高达 50 MPa。但其摩擦阻力大,体积也较大。主要用于高压、大直径、低速的活塞(或柱塞)与其缸筒间的密封等。

4. Y 形密封圈

普通 Y 形密封圈的截面形状为 Y 形,如图 4-19(a)所示。该密封圈由耐油橡胶制成,利用油的压力使两唇边紧压在配合件的两结合面上实现密封,如图 4-19(b)所示。其密封能力可随压力的升高而提高,并且在磨损后有一定的自动补偿能力。Y 形密封圈主要用于往复运动的密封,是一种密封性、稳定性和耐压性较好、摩擦阻力小、寿命较长的密封圈,故应用也很普遍。一般适用于工作压力 $p \leqslant 20$ MPa、工作温度为 $-30\ ℃\sim+100\ ℃$、速度 $v \leqslant 0.5$ m/s 的场合。

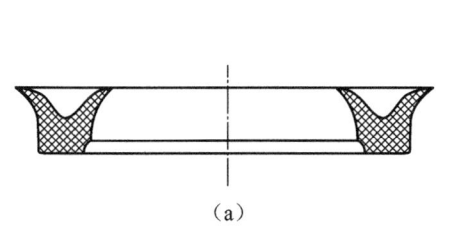

（a）

（b）

图 4-19　Y 形密封圈

4.2.4　缓冲装置

当液压缸所驱动的工作部件质量较大、速度较高时,由于惯性力较大,活塞运动到终端时会撞击缸盖,产生冲击和噪声,严重影响液压缸工作性能,甚至使液压缸损坏。因此,在大型、高速或高精度的液压设备中,常在液压缸中设置缓冲装置或在系统中设置缓冲回路。

液压缸的制动和缓冲原理是当活塞运动到接近液压缸缸盖时,在活塞和缸盖之间封住一部分油液,利用节流方法,强迫它从小孔或缝隙中挤出,以增大液压缸的回油阻力,使工作部件受到制动,逐渐减慢运动速度,达到避免活塞和缸盖相互撞击的目的。常见的缓冲装置如图 4-20 所示。

1. 环状间隙式缓冲装置

图 4-20(a)为圆柱形环隙式缓冲装置,活塞端部有圆柱形缓冲柱塞,当柱塞运行至液压缸端盖上的圆柱孔内时,封闭在缸筒内的油液只能从环形间隙 δ 中挤压出去(回油)。这样,活塞受到一个很大的、由间隙节流而建立的背压,即受到一个很大的阻力而减速制动,从而达到缓冲的目的。但这种装置在缓冲过程中,其节流面积不变,故缓冲过程中其缓冲制动力将逐渐减小,缓冲效果较差。

图 4-20(b)为圆锥形环隙式缓冲装置。其缓冲柱塞加工成圆锥体,即节流面积将随柱塞伸入端盖孔中距离的增长而减小,缓冲压力变化平缓,缓冲效果较好。

2. 可变节流槽式缓冲装置

可变节流槽式缓冲装置如图 4-20(c)所示,在缓冲柱塞上开有几个均布的轴向三角形节流沟槽。随着柱塞伸入,其节流面积逐渐减小,缓冲压力变化平缓。

3. 可调节流孔式缓冲装置

可调节流孔式缓冲装置如图 4-20(d)所示,在液压缸的端盖上设有单向阀 1 和可调节流阀 2。当缓冲柱塞伸入端盖上的内孔后,活塞与端盖间的油液需经节流阀 2 流出。调节节流孔的大小,可控制缓冲腔内缓冲压力的大小,以适应液压缸不同负载和速度对缓冲的要求。因此能获得最理想的缓冲效果。当活塞反向运动时,压力油可经单向阀 1 进入液压缸,使其迅速启动。

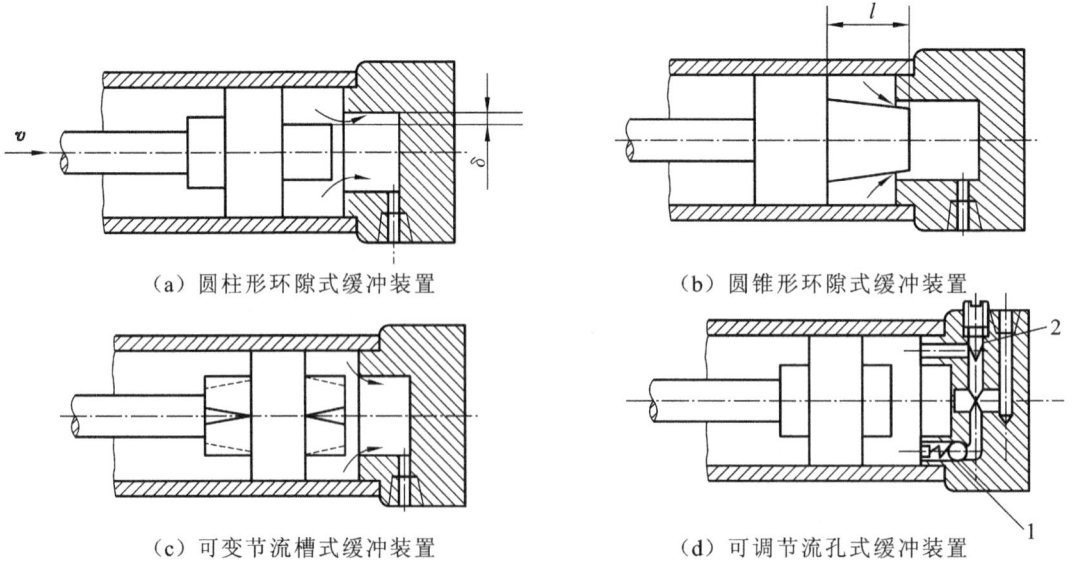

(a)圆柱形环隙式缓冲装置　　　　　　　(b)圆锥形环隙式缓冲装置

(c)可变节流槽式缓冲装置　　　　　　　(d)可调节流孔式缓冲装置

图 4-20　液压缸的缓冲装置

1—单向阀;2—可调节流阀

4.2.5 排气装置

液压系统中混入空气后,会影响液压缸运动的平稳性,如低速运动时产生爬行,启动时出现液压冲击,引起振动和噪声,换向时降低换向精度,压力过大时还会产生绝热压缩而造成局部高温,有可能烧坏密封件。严重时会使液压系统不能正常工作。因此,在设计和使用液压缸时必须考虑空气的排除。对于要求不高的液压系统,可不设专门的排气装置,而是将液压缸的进出油口设置在缸筒两端的最高处,通过回油将缸内的空气带回油箱,再从油液中逸出。对于速度稳定性要求高的液压缸和大型液压缸,则需在液压缸的最高部位设置专门的排气装置。

常用的排气装置有两种形式,一是排气孔和排气阀,二是排气塞。当使用前一种方式排气时,排气孔 2 开在液压缸的最高部位处,如图 4-21 所示,并用长管道通向远处的排气阀排气,如图 4-22 所示。机床上大多采用这种形式。若用排气塞排气,则是在缸盖的最高部位处直接安装排气塞,如图 4-23(a)、(b)所示。在液压系统正式工作前,松开排气阀或排气塞的螺钉,并让液压缸全行程空载往复运动 8～10 次,缸中的空气即可排出。排气完毕后关闭排气阀或排气塞,液压缸便可进入正常工作状态。

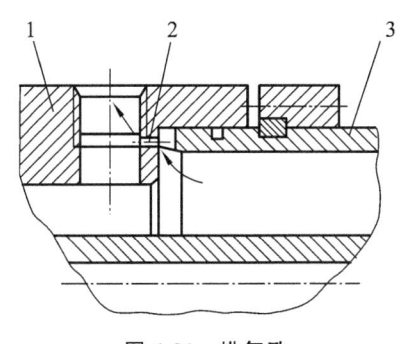

图 4-21 排气孔

1—缸盖;2—排气孔;3—缸筒

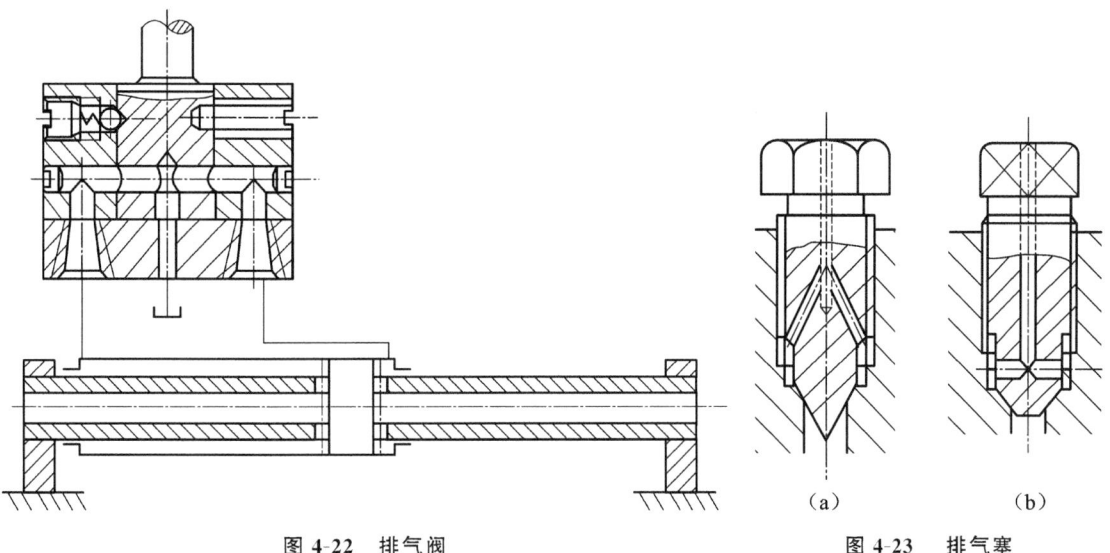

图 4-22 排气阀

图 4-23 排气塞

◀ 4.3 液压缸的设计计算 ▶

液压缸已有系列标准可供选用,但有时还需要自行设计一些非标准液压缸。液压缸的结构尺寸与主机的工作机构有着直接的联系,其设计是在完成了工况分析、负载计算以及选定了工作压力的基础上进行的。设计步骤是:首先根据使用要求确定结构形式和安装方式。因此,在设计前应做调查研究,准备好必要的原始资料和设计依据,然后根据负载情况、运动速度、最大行程和工作压力等要求设计主要结构尺寸,并对主要零件进行强度、刚度验算,必要时应进行活塞杆稳定性校核和缓冲计算;最后完成结构设计。

4.3.1 液压缸的主要尺寸计算

液压缸的主要尺寸指缸筒内径 D 和活塞杆直径 d,液压缸的长度和活塞杆的长度等。

液压缸的内径和活塞杆的直径的确定方法与使用的液压缸设备类型有关,通常根据液压缸的推力和液压缸的有效工作压力来决定。

液压缸内径 D 和活塞杆直径 d 可根据液压系统中的最大总负载和选取的工作压力来确定。对于单杆的液压缸而言,无杆腔进油且不考虑机械效率时,由式(4-3)可得

$$D = \sqrt{\frac{4F_1}{\pi(p_1 - p_2)} - \frac{d^2 p_2}{p_1 - p_2}}$$

有杆腔进油且不考虑机械效率时,由式(4-5)可得

$$D = \sqrt{\frac{4F_2}{\pi(p_1 - p_2)} + \frac{d^2 p_1}{p_1 - p_2}}$$

式中,一般选取回油背压 $p_2 = 0$,于是,上述公式便可简化,即无杆腔、有杆腔进油时分别为

$$D = \sqrt{\frac{4F_1}{\pi p_1}} \quad 或 \quad D = \sqrt{\frac{4F_2}{\pi p_1} + d^2}$$

上式中的活塞杆直径 d 可根据工作压力或设备类型选取,也可查机械设计手册或参考表 4-1 来选取。

表 4-1 液压缸工作压力与活塞杆直径

液压缸工作压力 p/MPa	$\leqslant 5$	$5 \sim 7$	> 7
推荐活塞杆直径 d	$(0.5 \sim 0.55)D$	$(0.6 \sim 0.7)D$	$0.7D$

当液压缸往复运动速度比有一定要求时,由式(4-7)可得杆径 d 为

$$d = D\sqrt{\frac{\lambda_v - 1}{\lambda_v}}$$

液压缸往复速度比 λ_v 推荐值如表 4-2 所示。计算所得的液压缸内径 D 和活塞杆直径 d 应查液压设计手册将其圆整到标准系列值。

表 4-2　液压缸往复速度比 λ_v 推荐值

工作压力 p/MPa	$\leqslant 10$	$12.5 \sim 20$	> 20
往复速度比 λ_v	1.33	1.46,2	2

液压缸缸筒长度由活塞最大行程 L、活塞长度、活塞杆导向长度 H 和有特殊要求的其他长度确定(见图 4-24)。其中活塞长度 $B=(0.6 \sim 1.0)D$；导向套长度 $A=(0.6 \sim 1.5)d$；必要时可在导向套和活塞之间装一隔套 K，隔套的长度为 $C=H-\dfrac{1}{2}(A+B)$。为了减少加工难度，一般液压缸的缸筒长度不应大于内径的 30 倍。

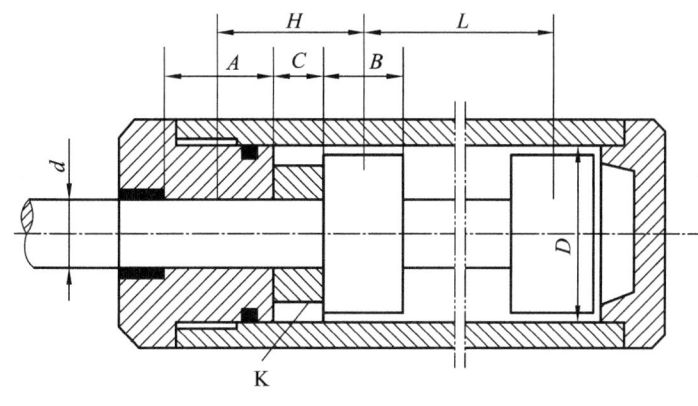

图 4-24　导向长度

4.3.2　液压缸的校核

1. 缸筒壁厚 δ 的校核

在液压传动系统中，中、高压液压缸一般用无缝钢管制作缸筒，大多属薄壁筒，即 $\delta/D \leqslant 0.08$ 时，按材料力学薄壁圆筒公式验算壁厚，即

$$\delta \geqslant \frac{p_{max}D}{2[\sigma]}$$

式中，p_{max} 为缸筒内最高工作压力(指试验压力)，考虑到液压缸可能承受冲击，试验压力要远大于工作压力；D 为缸筒内径；$[\sigma]$ 为缸筒材料的许用应力，$[\sigma]=\sigma_b/n$，σ_b 为材料抗拉强度，n 为安全系数，一般取 $n=3.5 \sim 5$。

当液压缸采用铸造缸筒时，这时应按厚壁圆筒公式验算壁厚。

当 $\delta/D=0.08 \sim 0.3$ 时，可用下式：

$$\delta \geqslant \frac{p_{max}D}{2.3[\sigma]-3p_{max}}$$

当 $\delta/D \geqslant 0.3$ 时，可用下式：

$$\delta = \frac{D}{2}\left(\sqrt{\frac{[\sigma]+0.4p_{max}}{[\sigma]-1.3p_{max}}}-1\right)$$

2. 液压缸活塞杆稳定性验算

只有当液压缸活塞杆计算长度 $L \geqslant 10d$ 时,才进行其纵向稳定性的验算。验算可按材料力学有关公式进行,此处不再赘述。

3. 液压缸缸盖固定螺栓直径校核

液压缸缸盖固定螺栓在工作过程中,同时承受拉应力和剪切应力,其螺栓直径可按下式校核:

$$d_s \geqslant \sqrt{\frac{5.2kF}{\pi Z [\sigma]}}$$

式中,d_s 为螺栓螺纹的底径;k 为螺纹拧紧系数,一般取 $k = 1.2 \sim 1.5$;F 为液压缸最大作用力;Z 为螺栓个数;$[\sigma]$ 为螺栓材料的许用应力,$[\sigma] = \sigma_s/n$,σ_s 为螺栓材料的屈服极限,n 为安全系数,一般取 $n = 1.2 \sim 2.5$。

本 章 小 结

液压缸是液压系统中最常用的执行元件,它将液压能转换成机械能对负载做功。在液压系统设计中,必须根据工况要求,设计计算液压缸的推力和运动速度。液压缸的主要参数是缸径、活塞杆直径和工作行程。缸径与系统压力、最大推力有关;活塞杆直径与强度、刚度有关;液压缸的工作行程必须稍微大于实际行程,行程终了时,活塞不能接触缸盖,否则失去推力。

工程中常常要求快速前进和快速退回的速度基本相同,因此常用差动缸。向单杆液压缸两腔同时通入压力油的连接方式称之为差动连接,此时的单杆液压缸称为差动缸。快速前进时,差动液压缸的有效工作面积实质上是活塞杆截面积。

液压缸一般为标准元件,但有时也需要专门设计,要掌握液压缸设计的主要内容和一般步骤。

思考题与习题

4.1 液压缸主要有哪几种类型?各有什么特点?各适用于什么场合?

4.2 液压缸不密封会出现哪些问题?哪些部位需要密封?

4.3 液压缸为什么要有缓冲装置?缓冲装置的基本工作原理是什么?常见的缓冲装置有哪几种?

4.4 液压缸排气的目的是什么?如何实现?

4.5 何谓差动连接?单杆液压缸差动连接时的工作面积是多少?

4.6 如图 4-25 所示,两结构尺寸相同的液压缸串联起来,$A_1 = 100 \text{ cm}^2$,$A_2 = 80 \text{ cm}^2$,$p_1 = 0.9 \text{ MPa}$,$q_1 = 12 \text{ L/min}$。若不计摩擦损失和泄漏,试问:

(1) 两缸负载相同($F_1 = F_2$)时,两缸的负载和速度各为多少?

(2) 缸 2 的输入压力是缸 1 的一半时($p_2 = p_1/2$),两缸各能承受多大的负载?

(3) 缸 1 不受负载时,缸 2 能承受多少负载?

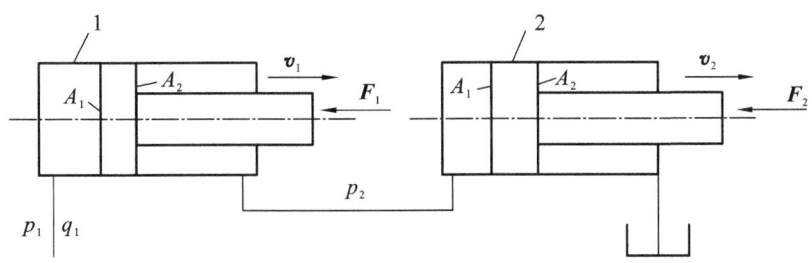

图 4-25　题 4.6 图

4.7　如图 4-26 所示的两个液压缸,缸内径 D、活塞杆直径 d 均相同,若输入缸中的流量都是 q,压力都为 p,回油直接通油箱。不计任何损失,试比较它们的推力、运动速度和运动方向。

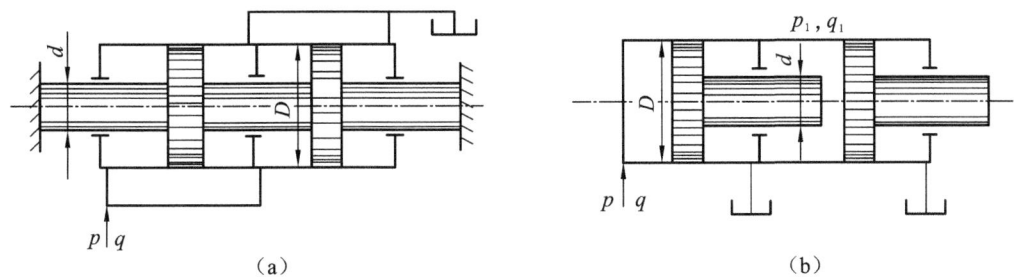

图 4-26　液压缸原理图

4.8　如图 4-7(a)所示单叶片摆动缸。其供油压力 $p=2$ MPa,供油流量 $q=25$ L/min,缸内径 $D=240$ mm,叶片安装轴直径 $d=80$ mm,若输出轴的角速度 $\omega=0.7$ rad/s,试求摆动缸叶片宽度 b 和输出扭矩 T 各为多少?

4.9　某单杆液压缸,快进时采用差动连接,快退时高压油输入油缸的有杆腔,如活塞快进和快退速度均为 0.1 m/s,工进时活塞杆受压力,推力为 25 000 N,当输入流量为 25 L/min,背压力为 0.2 MPa 时,求:

(1) 活塞直径 D 和活塞杆直径 d 各为多少?

(2) 如油缸材料用 45 钢(许用应力 $[\sigma]=1\,200$ kg/cm²)时,缸筒壁厚 δ 为多少?

第 5 章
液压控制阀

【学习要点】

了解典型的方向、压力、流量三类液压控制阀的结构，掌握它们的工作原理、工作性能和应用场合。对于方向控制阀，要掌握"位""通""中位机能"的概念；压力控制阀，特别是溢流阀是本章的难点，必须掌握它们的各种应用。流量控制阀要注意它们的流量-压力特性，理解稳定流量的温度补偿、压力补偿原理。

滑阀式控制阀容易产生液压卡紧现象，要理解解决此问题的方法。

液压控制阀是液压系统中的控制元件,用来控制液压系统中流体的压力、流量及流动方向,以满足液压缸、液压马达等执行元件不同的动作要求,它们直接影响液压系统的工作过程和工作性能。

◀ 5.1　液压阀概述 ▶

5.1.1　液压阀的基本结构及工作原理

液压阀的基本结构主要包括阀芯、阀体和驱动阀芯在阀体内做相对运动的操纵装置。阀芯的结构形式有滑阀式、锥阀式和球阀式;阀体上除有与阀芯配合的阀体孔或阀座孔外,还有外接油管的进、出油口和泄油口;驱动阀芯在阀体内做相对运动的装置可以是手调机构,也可以是弹簧或电磁铁,有些场合还采用液压作用力驱动。

在工作原理上,液压阀是利用阀芯在阀体内的相对运动来控制阀口的通断及开口量的大小,以实现压力、流量和方向控制。液压阀工作时,所有阀的阀口大小,阀进、出油口间的压差,以及通过阀的流量之间的关系,都符合本书第 2 章式(2-64)所示的孔口流量公式 $q = KA_T\Delta p^m$,只是各种阀控制的参数各不相同而已。

5.1.2　液压阀的分类

液压阀的分类方法很多,下面介绍几种不同的分类方法。

(1) 根据液压阀在系统中的功用分为:方向控制阀、压力控制阀和流量控制阀;

(2) 根据液压阀的控制方式分为:定位或开关控制阀、电液比例阀、伺服控制阀和数字控制阀。电液比例阀、伺服控制阀将在相应的章节中介绍。

(3) 根据阀芯的结构形式分为:滑阀(或转阀)类、锥阀类、球阀类。此外,还有喷嘴挡板阀和射流管阀,这两类阀将在相应的章节中介绍。

(4) 根据连接和安装形式不同分为:管式阀、板式阀、叠加式阀和插装式阀。

5.1.3　液压阀的性能参数

各种不同的液压阀有不同的性能参数,其共同的性能参数如下。

(1) 公称通径。公称通径代表阀的通流能力的大小,对应于阀的额定流量。与阀进出油口相连接的油管规格应与阀的通径相一致。阀工作时的实际流量应小于或等于其额定流量,最大不得大于额定流量的 1.1 倍,否则压力损失增大。

(2) 额定压力。额定压力是液压阀长期工作所允许的最高工作压力。对于压力控制阀,实际最高工作压力有时还与阀的调压范围有关;对于换向阀,实际最高工作压力还可能受其功率极限的限制。

5.1.4　对液压阀的基本要求

液压系统对液压控制阀的基本要求如下。

（1）动作灵敏，使用可靠，工作时冲击和振动小，噪声小，使用寿命长。

（2）流体通过液压阀时，压力损失小；阀口关闭时，密封性能好，内泄漏小，无外泄漏。

（3）所控制的参量（压力或流量）稳定，受外部干扰时变化量小。

（4）结构紧凑，安装、调整、使用、维护方便，通用性好。

◀ 5.2 方向控制阀 ▶

方向控制阀是用来使液压系统中的油路通断或改变油液的流动方向，从而控制液压执行元件的启动或停止，或改变其运动方向的阀类。有单向阀、换向阀、压力表开关等。

5.2.1 单向阀

单向阀有普通单向阀和液控单向阀两类。

1. 普通单向阀（简称单向阀）

单向阀是一种只允许液流沿一个方向通过，而反向液流被截止的方向控制阀。对单向阀的主要性能要求是：正向液流通过时压力损失要小，反向截止时密封性要好；动作灵敏，工作时撞击和噪声小。

管式单向阀为直通式，其进口和出口流道在同一轴线上；板式单向阀为直角式，其进、出口流道成直角布置。图 5-1(a)、(b)所示为管式连接的钢球式直通单向阀和锥阀式直通单向阀。液流从 P_1 流入，克服弹簧力而将阀芯顶开，再从 P_2 流出。当液流反向流入时，阀芯被压紧在阀座密封面上，液流被截止。

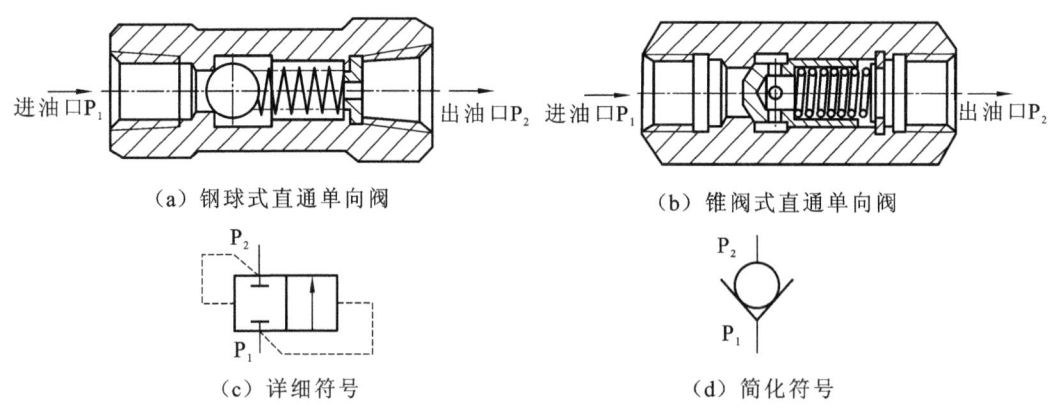

（a）钢球式直通单向阀　　　　　　（b）锥阀式直通单向阀

（c）详细符号　　　　　　　　　（d）简化符号

图 5-1 直通式单向阀

钢球式单向阀的结构简单，但密封性不如锥阀式，并且由于钢球没有导向部分，工作时容易产生振动，一般用在流量较小的场合。锥阀式应用最多，虽然结构比钢球式复杂一些，但其导向性好，密封可靠。

图 5-2 所示为板式连接的直角式单向阀，液流从 P_1 口流入，顶开阀芯后，直接经阀体的铸造流道从 P_2 口流出，压力损失小，打开上部螺塞即可对内部进行维修，十分方便。

单向阀中的弹簧主要用来克服摩擦力、阀芯的重力和惯性力，使阀芯在反向流动时能迅速关闭，所以单向阀中的弹簧较软。单向阀的开启压力一般为 0.03～0.05 MPa，并可根据需要更换弹簧。如将单向阀中的软弹簧更换成合适的硬弹簧,则可作背压阀。背压阀通常安装在液压系统的回油路上,用以产生 0.3~0.5 MPa 的背压。

所谓背压是在液压回路的回油侧或压力作用面的相反方向所作用的压力。

单向阀安装在泵的出口油路上时,一方面可防止系统的压力冲击影响泵的正常工作;另一方面在泵不工作时可防止系统的油液倒流经泵流回油箱。单向阀还被用来分隔油路以防止干扰,并与其他阀并联组成复合阀,如单向顺序阀、单向节流阀等。

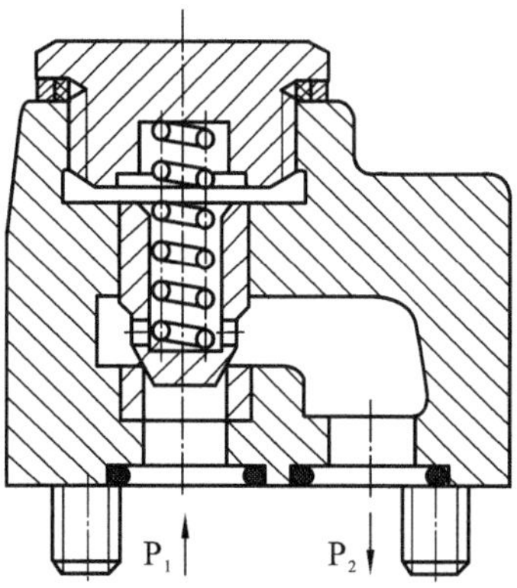

图 5-2 直角式单向阀

2. 液控单向阀

液控单向阀是可以实现逆向流动的单向阀。液控单向阀有不带卸荷阀芯的简式液控单向阀和带卸荷阀芯的卸载式液控单向阀两种结构形式,如图 5-3 所示。

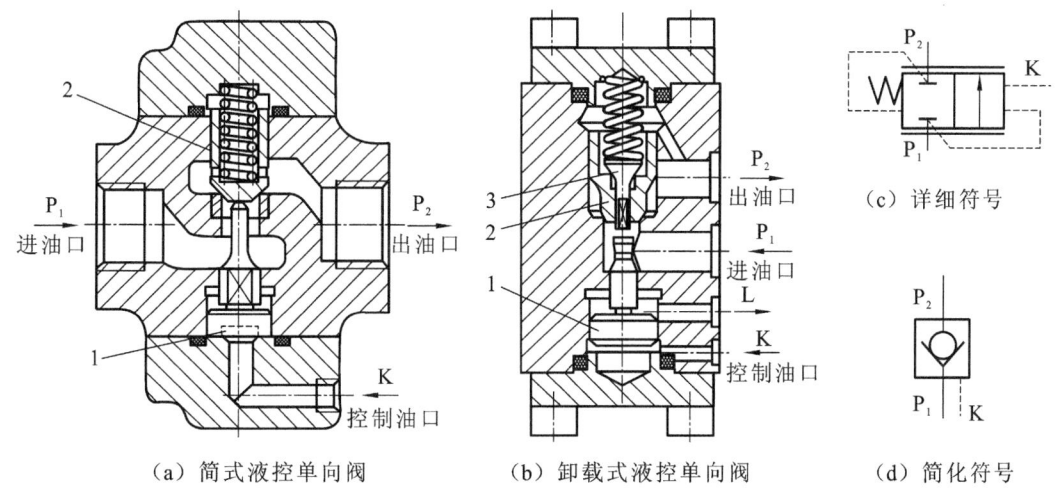

（a）简式液控单向阀　　（b）卸载式液控单向阀　　（c）详细符号　　（d）简化符号

图 5-3 液控单向阀

1—控制活塞;2—单向阀芯;3—卸荷阀芯

图 5-3(a)所示为简式液控单向阀的结构。当控制油口 K 无控制压力油时,其工作原理与普通单向阀一样,压力油只能从进油口 P_1 流向出油口 P_2,反向流动被截止。当控制油口 K 有控制压力 p_c 作用时,在液压力作用下,控制活塞 1 向上移动,顶开阀芯 2,使油口 P_2 和 P_1 相通,油液就可以从出油口 P_2 口流向进油口 P_1 口。在图示形式的液控单向阀中,控制压力 p_c 一般为主油路压力的 30%~50%。

图 5-3(b)为带卸荷阀芯的卸载式液控单向阀。当控制油口 K 通入压力油 p_c,控制活塞上移,先顶开卸荷阀芯,使主油路卸压,然后再继续顶开单向阀芯。这样可减小控制压力,使其控制压力仅为主油路工作压力的 5% 左右,因此可用于压力较高的场合。同时,可避免简式液控单向阀中当控制活塞推开单向阀芯时,高压封闭回路内油液的压力突然释放,从而产生较大的冲击和噪声。

这两种结构形式的液控单向阀,按其控制活塞处的泄油方式,都有内泄式和外泄式之分。图 5-3(a)为内泄式,其控制活塞的背压腔与进油口 P_1 相通。图 5-3(b)为外泄式,其控制活塞的背压腔直接通油箱,这样反向开启时就可减小进油腔压力 p_1 对控制压力 p_c 的影响,从而减小控制压力。一般在液控单向阀反向工作时,如出油口压力 p_1 较低,可采用内泄式,高压系统则采用外泄式。

图 5-4 所示为双液控单向阀,亦称液压锁,两个液控单向阀布置在同一个阀体内。其工作原理是:当系统一条通路的油液从 A 腔进入时,依靠油液压力自动将左边的阀芯推开,使油液从 A 腔流到 A_1。同时,将中间的控制活塞向右推,将右边的阀芯顶开,使 B_1 腔与 B 腔连通,这样,原来封闭在 B_1 腔通路上的油液能通过 B 腔排出。总之,当一个油腔正向进油时,另一个油腔就能反向出油。

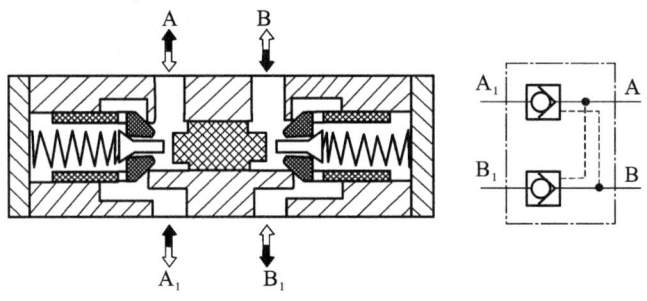

图 5-4　液压锁的结构示意图

液控单向阀具有良好的单向密封性能,常用于执行元件需要较长时间保压、锁紧等情况,也用于防止立式液压缸停止时自动下滑及速度换接等回路中。

图 5-5 所示为采用两个液控单向阀(又称双向液压锁)的锁紧回路。当换向阀左位接通时,压力油经换向阀打开液控单向阀 1 进入液压缸的左腔,此时,单向阀 1 的控制油口通油箱,其性能与普通单向阀相同。与此同时,压力油进入液控单向阀 2 的控制油口,将阀 2 的阀芯顶开。液压缸右腔的油液经液控单向阀 2、换向阀与油箱连通。此时,活塞在压力油的作用下向右运动。当换向阀右位接通时,则活塞向左运动。当换向阀处于中位时,液压缸处于自锁状态。汽车起重机的液压支腿就是这种回路。

图 5-6 是采用液控单向阀的锁紧回路。在垂直设置的液压缸下腔管路上安装有一液控单向阀,可将液压缸(即负载)较长时间锁定在任意位置上,并可防止由于换向阀的内部泄漏引起带有负载的活塞杆落下。

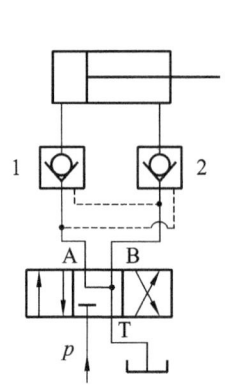

图 5-5　双向液压锁的锁紧回路

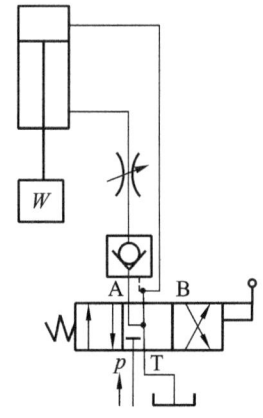

图 5-6　采用液控单向阀的锁紧回路

5.2.2　换向阀

换向阀是利用阀芯和阀体之间相对位置的不同来变换阀体上各主油口的通断关系,实现各油路连通、切断或改变液流方向的控制阀。换向阀的分类如下:

按照换向阀的操纵方式,可分为手动、机动、电磁、液动、电液动和气动。

按照换向阀的工作位置和控制的通道数,分为二位二通、二位三通、二位四通、三位四通、三位五通等。

按照换向阀的阀芯在阀体中的定位方式,又可分为钢球定位、弹簧复位、弹簧对中等。

滑阀式换向阀是液压系统中用量最大,品种、名称最复杂的一类阀。它主要由阀体、阀芯以及操纵和定位机构组成。

1. 滑阀式换向阀的结构主体及工作原理

阀体和滑阀阀芯是滑阀式换向阀的结构主体。阀体内孔有多个沉割槽,每个槽通过相应的孔道与外部相通。阀体上与外部连接的主油口,称为"通",具有两个、三个、四个或五个主油口的换向阀称为"二通阀"、"三通阀"、"四通阀"或"五通阀"。

滑阀阀芯相对于阀体有两个、三个等不同的稳定工作位置,该稳定的工作位置称为"位"。所谓"二位阀"或"三位阀"是指换向滑阀的阀芯相对于阀体有两个或三个稳定的工作位置。当滑阀阀芯在阀体中从一个"位"移动到另一个"位"时,阀体上各主油口的连通形式就发生了变化。

"通"和"位"是换向阀的重要概念,不同的"通"和"位"构成了不同类型的换向阀。几种不同的"通"和"位"的滑阀式换向阀主体部分的结构形式和图形符号见表 5-1。

表 5-1 中图形符号的含义如下。

(1)用方框表示阀的工作位置,有几个方框就表示几"位"。

(2)一个方框上与外部相连接的主油口数有几个,就表示几"通"。

(3)用方框内的箭头表示该位置上油路处于接通状态,但箭头方向不一定表示液流的实际流向。

(4)方框内的符号"⊤"或"⊥"表示此通路被阀芯封闭,即不通。

(5)通常,换向阀与系统供油路连接的油口用 P 表示,与回油路连接的回油口用 T 表示,而与执行元件相连接的工作油口用字母 A、B 表示。

(6)换向阀都有两个或两个以上的工作位置,其中一个为常态位,即阀芯未受到操纵力作用时所处的位置。图形符号中的中位是三位阀的常态位,利用弹簧复位的二位阀则以靠近弹簧的方框内的通路状态为其常态位。绘制液压系统图时,油路一般应连接在换向阀的常态位上。

表 5-1　滑阀式换向阀主体部分的结构形式

名　　　称	结构原理图	图形符号	使　用　场　合
二位二通阀			控制油路的接通与切断 (相当于一个开关)

名　称	结构原理图	图形符号	使用场合	
二位三通阀	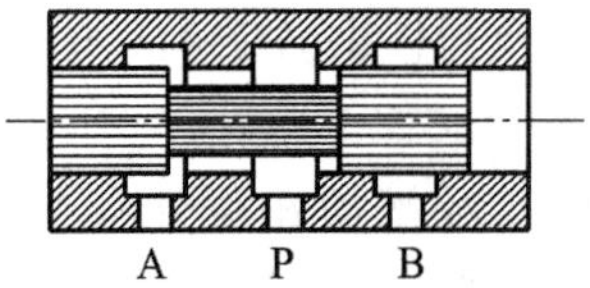	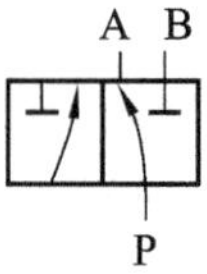	控制液流方向 （从一个方向变换为另一个方向）	
二位四通阀	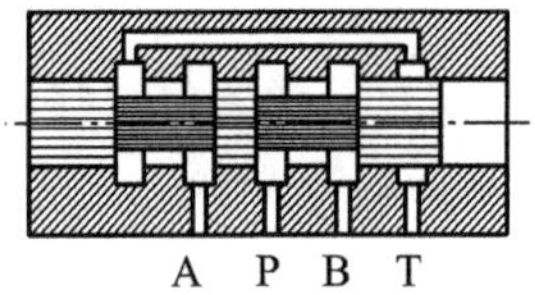	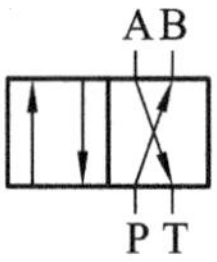	不能使执行元件在任一位置处停止运动	执行元件正反向运动时回油方式相同
三位四通阀	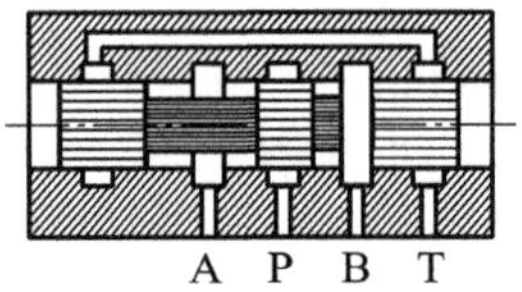	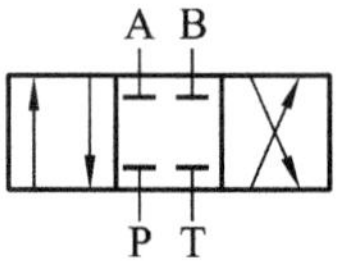	能使执行元件在任一位置处停止运动	
二位五通阀	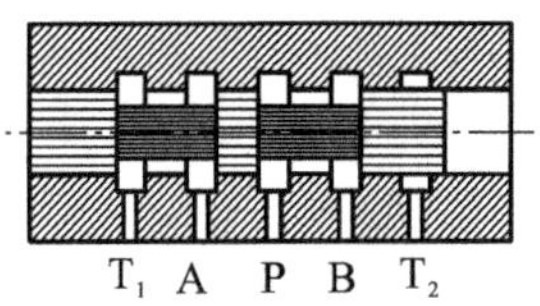	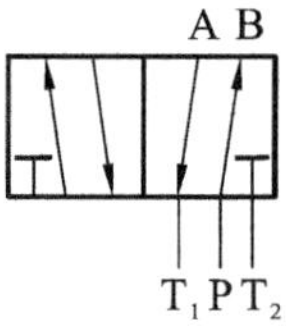	不能使执行元件在任一位置处停止运动	执行元件正反向运动时可以得到不同的回油方式
三位五通阀	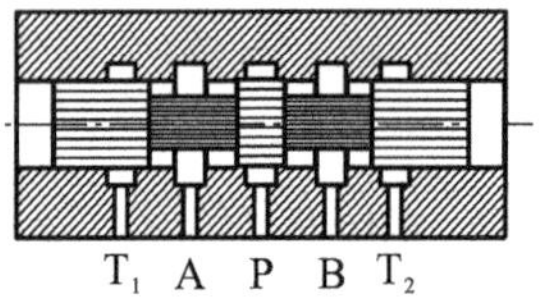	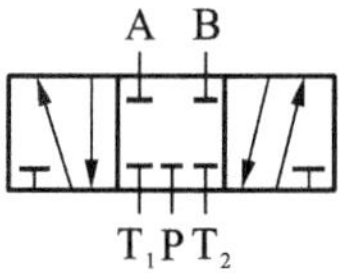	能使执行元件在任一位置处停止运动	

（第三列"控制执行元件换向"竖排文字位于图形符号列右侧）

　　二位四通滑阀式换向阀的工作原理如图 5-7 所示。它是靠阀芯在阀体内做轴向运动，从而使相应的油路接通或断开。阀体上有 4 个通口，其中 P 为进油口，T 为回油口，A 和 B 口通执行元件的两腔。阀芯在阀体中有左、右两个稳定的工作位置。当阀芯在左端时，通油口 P 和 B 相通，A 和 T 相通，液压缸有杆腔进油，活塞向左运动；当阀芯移到右端时，通油口 P 和 A 接通，B 和 T 接通，液压缸无杆腔进油，活塞右移。

　　三位换向阀的工作原理可以用表 5-1 中末行的三位五通阀为例来说明。阀体上有 P、A、B、T_1、T_2 5 个通油口，阀芯在阀体中有左、中、右 3 个工作位置。当阀芯处在图示中间（中位）位置时，5 个通油口都关闭；当阀芯移到左端时，通口 T_2 关闭，油口 P 和 B 相通，A 和 T_1 相通；当阀芯移到右端时，通口 T_1 关闭，油口 P 和 A 相通，B 和 T_2 相通。这种结构形式，由于具有使 5 个通油口都关闭的工作状态，故可使受它控制的执行元件在任意位置上停止运动。

2. 滑阀式换向阀的操纵方式

1) 手动换向阀

手动换向阀是利用手动杠杆机构来改变阀芯和阀体的相对位置，从而实现换向的换向阀。

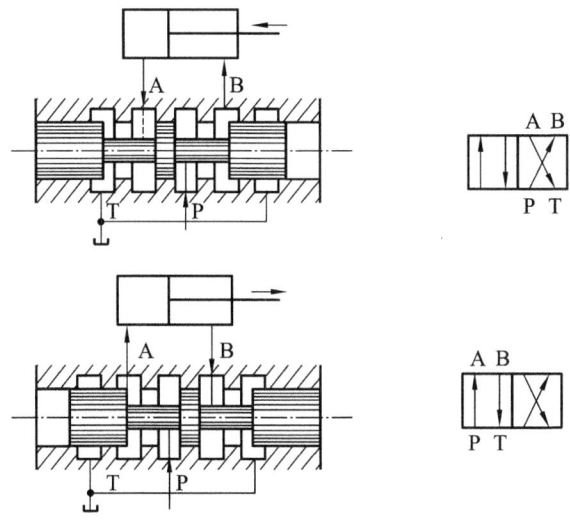

图 5-7 换向阀工作原理

图 5-8(b)所示为弹簧自动复位式三位四通手动换向阀的结构及图形符号。向左或向右操纵手柄 1,通过杠杆使阀芯 3 在阀体 2 内自图示位置向右或向左移动,以改变油路的连通形式从而改变液压油流动的方向。松开操作手柄后,阀芯在弹簧 4 的作用下恢复到中位。这种换向阀的阀芯不能在两端工作位置上定位,故称自动复位式手动换向阀。此阀操作比较安全,常用于动作频繁、工作持续时间较短的工程机械液压系统中。

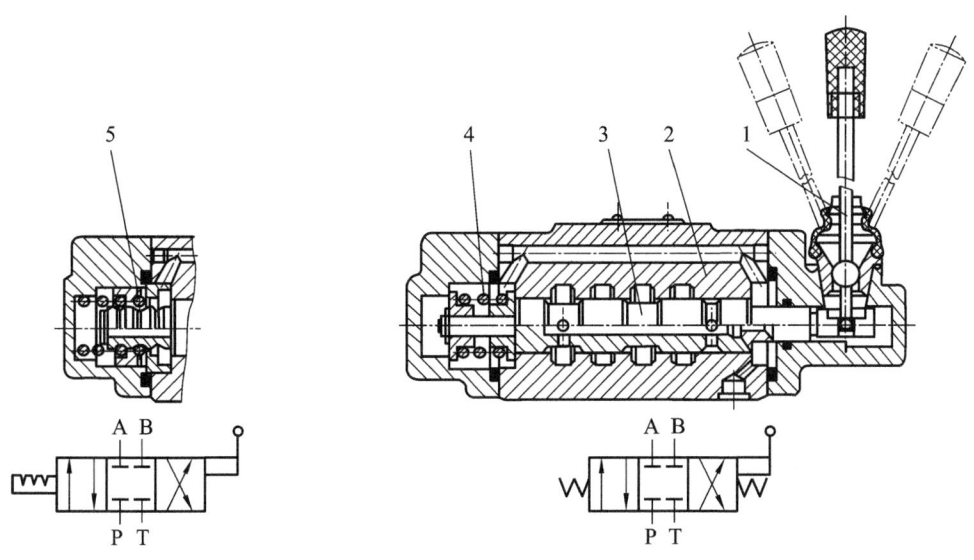

（a）弹簧钢球定位式的结构及符号　　　　　（b）弹簧自动复位式的结构及符号

图 5-8　三位四通手动换向阀

1—手柄;2—阀体;3—阀芯;4—弹簧;5—钢球

如果将图 5-8(b)所示手动换向阀的左端结构改为图 5-8(a)所示的结构,当阀芯向左或向右移动后,就可借助钢球 5 使阀芯保持在左端或右端的工作位置上,故称弹簧钢球定位式手动换向阀,适用于机床、液压机、船舶等需保持工作状态时间较长的液压系统中。

2）机动换向阀

机动换向阀是依靠安装在工作台等运动部件上的液压行程挡块或凸轮推动阀芯从而实现换向的换向阀,常用来控制机械运动部件的快速或慢速行程,故又称行程换向阀。

图5-9是二位二通机动换向阀的结构图和图形符号。阀芯2在弹簧4的推动作用下处在最上端位置,把进油口P与出油口A切断。当行程挡块将滚轮压下时,P、A口接通;当行程挡块脱开滚轮时,阀芯在其底部弹簧4的作用下又恢复原来的位置。通过改变挡块斜面的角度α,可改变阀芯移动速度,调节油液换向过程的快慢。

机动换向阀除这里介绍的二位二通外,还有二位三通、二位四通等形式。由于此类换向阀要放在其操纵件旁,因此常用于要求换向性能好、布置方便的场合。

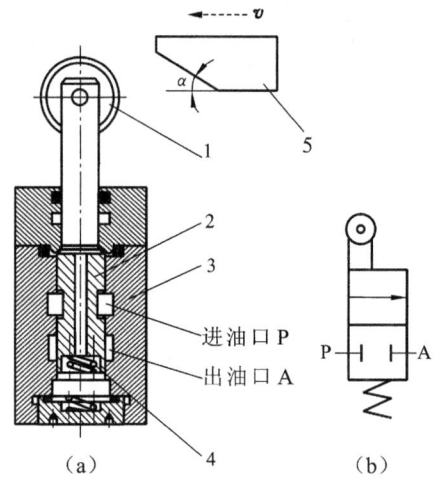

图 5-9　二位二通机动换向阀

1—滚轮;2—阀芯;3—阀体;4—弹簧;5—挡块

3）电磁换向阀

电磁换向阀是利用电磁铁通电吸合后产生的推力推动阀芯动作来改变阀的工作位置的换向阀。

电磁换向阀按电磁铁所使用电源不同可分为交流型和直流型;按衔铁工作腔是否有油液又可分为“干式”和“湿式”换向阀。

图5-10所示为直流湿式三位四通电磁换向阀。当两边电磁铁都不通电时,阀芯2在两边对中弹簧4的作用下处于中位,P、T、A、B油口都不相通;当右边电磁铁通电时,推杆将阀芯2推向左端,油口P与A相通,T与B相通;当左边电磁铁通电时,油口P与B相通,T与A相通。

电磁换向阀中的电磁铁是电气控制系统与液压系统之间的信号转换元件。电磁铁可借助按钮开关、行程开关、限位开关、压力继电器等发出的信号通过控制电路进行控制,控制布局方便、灵活,易于实现动作转换的自动化。但由于受到磁铁吸力较小的限制,所以一般用于流量小于 63 L/min 的液压系统中。

必须指出,交流电磁换向阀电源简单,使用电压一般为交流 110 V、220 V 和 380 V 三种,其特点是启动力较大,吸合、释放速度快,换向时间短(为 0.01~0.03 s),但其启动电流

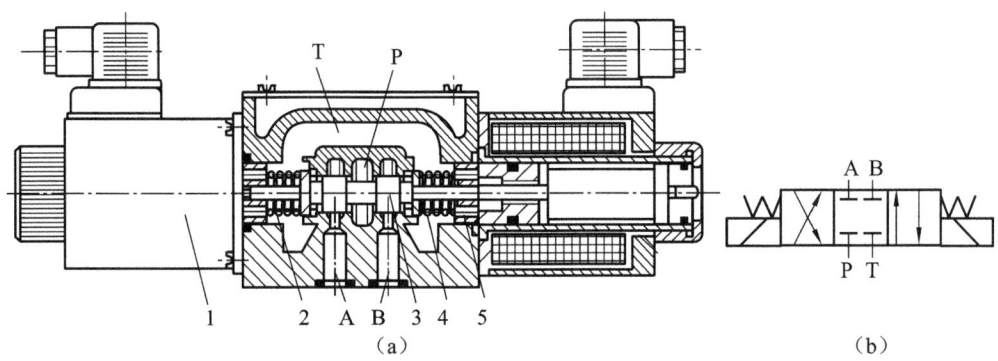

图 5-10 直流湿式三位四通电磁换向阀

1—电磁铁;2—阀芯;3—推杆;4—弹簧;5—挡圈

大,在阀芯被卡住、衔铁不动作时会使电磁铁线圈烧毁且换向冲击大、寿命低、可靠性差。交流电磁阀所允许的切换频率一般为 10 次/min。

直流电磁换向阀使用的直流电压分为 110 V 和 24 V 两种,在工作过载情况下,其电流基本不变,所以不会因阀被卡住而烧毁电磁铁线圈,工作可靠,换向冲击小,噪声小,换向频率较高,一般允许为 120 次/min,但需要专门的直流电源,且启动力小,吸合、释放速度较慢,换向时间长(为 0.05~0.08 s)。此外,还有一种交流本整型电磁铁,电磁铁带有整流器,通入的交流电经整流后直接供给直流电磁铁。

干式电磁铁的线圈、铁芯与衔铁处于空气中,不和油液接触,电磁铁与阀连接时,在推杆的外周有密封圈,避免油液进入电磁铁,装拆和更换方便,但要求换向阀的回油压力不可太高,以防止回油进入干式电磁铁中。湿式电磁铁中的推杆与阀芯连成一体,取消了推杆的动密封,摩擦力较小,复位性能好,冷却润滑好,工作寿命长。

取消三位四通电磁换向阀中的电磁铁 1 和弹簧 4,则成为二位四通电磁换向阀。在实际使用中,不使用 A、B、T 三个油口中的一个或两个油口,则可以变成二位三通或二位二通电磁换向阀。

4) 液动换向阀

液动换向阀是利用控制油路的压力在阀芯端部所产生的液压作用力来推动阀芯移动,改变阀芯位置的换向阀。对于三位换向阀而言,按其换向时间是否可调,分为可调式和不可调式两种。图 5-11(a)为不可调式三位四通弹簧对中型液动换向阀结构原理图,阀芯两端分别接通控制油口 K_1 和 K_2。在图示位置,K_1、K_2 都不通压力油时,阀芯在两端对中弹簧的作用下处于中间位置。当控制油口 K_1 通压力油、K_2 回油时,阀芯右移,油口 P 与 A 相通,T 与 B 相通;当 K_2 通压力油,K_1 回油时,阀芯左移,油口 P 与 B 相通,T 与 A 相通。

如果对运动部件有较高的换向平稳性要求,应采用可调式液动换向阀,如图 5-11(b)所示。此阀是在滑阀两端 K_1、K_2 控制油路中各装置由一个单向阀和一个节流阀并联组成的阻尼调节器。图中 1 是单向阀钢球,2 是节流阀阀芯,单向阀用于保证滑阀两端面进油通畅;而节流阀用于滑阀两端面回油的节流,起到背压阀的作用,提高了换向过程中的运动平稳性,调节节流阀的开口大小可调整阀芯运动速度。

由于油液压力可产生较大的推力,因此液动换向阀适用于高压、大流量的场合。

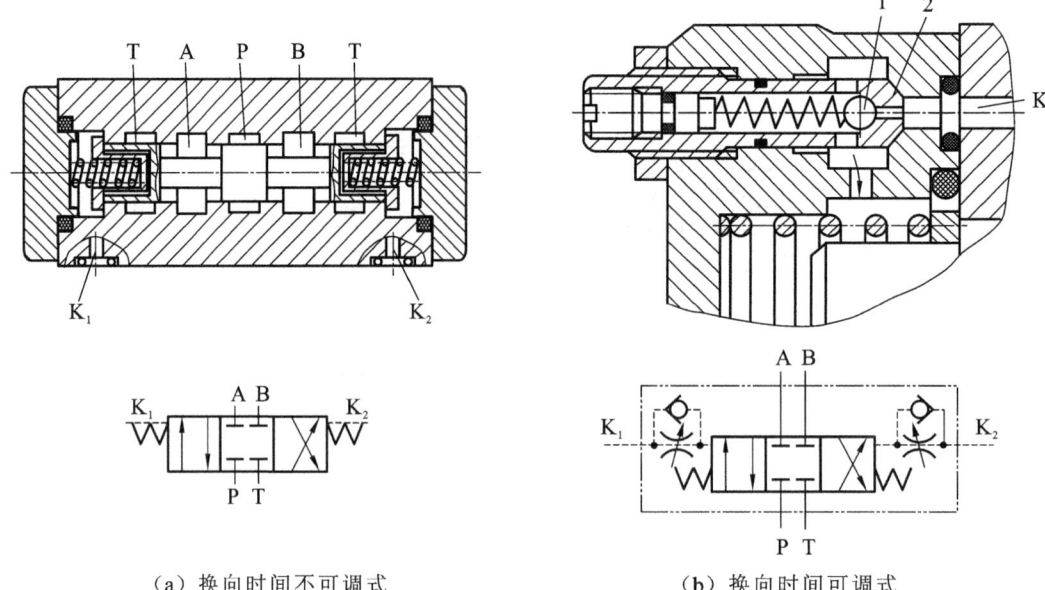

（a）换向时间不可调式　　　　　　　（b）换向时间可调式

图 5-11　三位四通液动换向阀

1—单向阀钢球；2—节流阀阀芯

5）电液换向阀

电液换向阀由电磁换向阀和液动换向阀组合而成。其中，液动换向阀实现主油路的换向，称为主阀；电磁换向阀用于改变液动换向阀的控制油路的方向，推动液动换向阀阀芯移动，称为先导阀。由于推动主阀阀芯的液压推力可以很大，所以主阀阀芯的尺寸可以做得较大，允许大流量通过。这样，用较小的电磁铁就能控制较大的流量。

电液换向阀有弹簧对中和液压对中两种形式。图 5-12 所示为弹簧对中电液换向阀的结构原理和图形符号。当两电磁铁线圈 4、6 都不通电时，先导阀阀芯 5 处于中位，主阀阀芯 1 两端都未接通控制油液，在两端对中弹簧的作用下，也处于中位。当左电磁铁线圈 4 通电时，阀芯 5 移向右端，控制压力油经左单向阀 2 流入主阀阀芯 1 的左端，推动主阀阀芯 1 移向右端，主阀阀芯 1 右端的油液则经右节流阀 7 和先导阀流回油箱。主阀阀芯 1 运动的速度由右节流阀 7 的开口大小决定。这时主油路状态是油口 P 和 A 相通，B 和 T 相通。同理，当右电磁铁线圈 6 通电时，先导阀阀芯 5 移向左端，控制压力油通过右单向阀 8，推动主阀阀芯 1 移向左端，其移动速度的快慢由左节流阀 3 的开口大小决定。这时主油路状态是油口 P 和 B 相通，A 和 T 相通。

在电液换向阀中，主阀阀芯的移动速度可由单向节流阀来调节，这使系统中的执行元件能够得到平稳无冲击的换向。这里的单向节流阀是换向时间调节器，也称为阻尼调节器，它可叠放在先导阀与主阀之间。调节节流阀开口，即可调节主阀换向时间，从而消除执行元件的换向冲击。这种操纵形式的换向性能比较好，它适用于高压、大流量的场合。

在电液换向阀上还可以设置主阀阀芯行程调节机构，它可在主阀两端盖加限位螺钉来实现。这样主阀阀芯换向移动的行程和各阀口的开度即可改变，通过主阀的流量也随之改变，因而可对执行元件起粗略的速度调节作用。

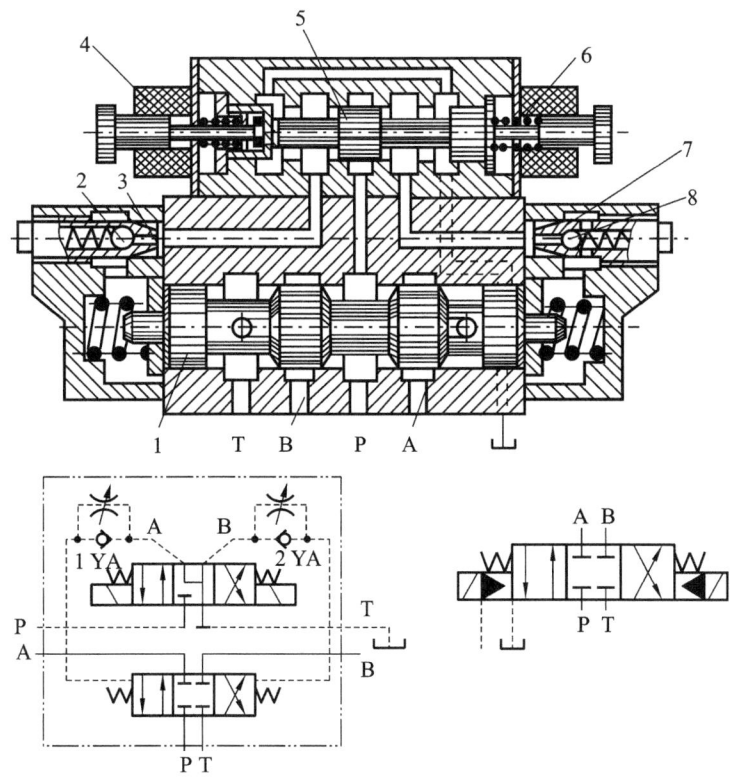

图 5-12　弹簧对中电液换向阀的结构原理

1—主阀阀芯；2—左单向阀；3—左节流阀；4—左电磁铁线圈；
5—先导阀阀芯；6—右电磁铁线圈；7—右节流阀；8—右单向阀

在电液换向阀中，先导阀的进油和回油可以有外控外回、外控内回、内控外回、内控内回4 种方式。如果进入先导阀的控制压力油来自主阀的 P 腔，这种控制油的进油方式称为内部控制，即先导阀的进油口与主阀的 P 腔是相通的，如图 5-12 所示，其优点是油路简单，但因泵的工作压力通常较高，所以控制部分能耗大，只适用于在系统中电液换向阀较少的情况。采用内控而主油路又需要卸荷时，必须在主阀的 P 口安装一预控压力阀，如开启压力为0.4 MPa 的单向阀，使在卸荷状态下仍有一定的控制油压，足以操纵主阀阀芯换向；如果进入先导阀的压力油引自主阀 P 腔以外的油路，如专用的低压泵或系统的某一部分，这种控制油的进油方式称为外部控制。采用外控时，独立油源的流量不得小于主阀最大流量的 15%，以保证换向时间要求。

如果先导阀的回油口单独接油箱，这种控制油的回油方式称为外部回油；如果先导阀的回油口与主阀的 T 腔相通，则称为内部回油。内部回油的优点是无须单设回油管路，但允许先导阀的回油背压较小，所以主油路的回油背压必须小于它才能采用，而外部回油方式不受此限制。

当主阀为弹簧对中型时，先导阀必须采用 Y 型滑阀机能，以保证主阀阀芯左右两端油室通回油箱，否则，主阀阀芯无法回到中位。

3. 滑阀机能

三位四通和三位五通换向阀,滑阀在中位时各油口的连通方式称为滑阀机能,也称中位机能。不同的滑阀机能可以满足系统的不同要求。表 5-2 中列出了三位阀常用的 10 种滑阀机能,而其左位和右位各油口的连通方式均为直通或交叉相通,所以只用一个字母来表示中位的形式。不同的滑阀机能,是在阀体尺寸不变的情况下,通过改变阀芯的台肩结构、轴向尺寸以及阀芯上径向通孔的个数得到的。

表 5-2　三位换向阀的滑阀机能

滑 阀 机 能	中位时的滑阀状态	中 位 符 号		中位时的性能特点
		三位四通	三位五通	
O	T(T₁) A P B T(T₂)	A B / P T	A B / T₁PT₂	各通油口全部关闭,系统保持压力,执行元件各通油口封闭
H	T(T₁) A P B T(T₂)	A B / P T	A B / T₁PT₂	各油口 P、T、A、B 全部连通,泵卸荷,执行元件两腔与回油口连通
Y	T(T₁) A P B T(T₂)	A B / P T	A B / T₁PT₂	A、B、T 口连通,P 口保持压力,执行元件两腔与回油口连通
J	T(T₁) A P B T(T₂)	A B / P T	A B / T₁PT₂	P 口保持压力,A 口封闭,B 口与回油口 T 连通
C	T(T₁) A P B T(T₂)	A B / P T	A B / T₁PT₂	执行元件 A 口通压力油,B 口与回油口 T 封闭
P	T(T₁) A P B T(T₂)	A B / P T	A B / T₁PT₂	P 口与 A、B 口都连通,回油口 T 封闭

续表

滑阀机能	中位时的滑阀状态	中位符号		中位时的性能特点
		三位四通	三位五通	
K	T(T_1) A P B T(T_2)	A B P T	A B T_1 P T_2	P、A、T 口连通,泵卸荷,执行元件的 B 口封闭
X	T(T_1) A P B T(T_2)	A B P T	A B T_1 P T_2	P、T、A、B 口半开启连通,P 口保持一定压力
M	T(T_1) A P B T(T_2)	A B P T	A B T_1 P T_2	P、T 口连通,泵卸荷,执行元件 A、B 两油口都封闭
U	T(T_1) A P B T(T_2)	A B P T	A B T_1 P T_2	A、B 口连通,P、T 口封闭,缸两腔连通,P 口保持压力

　　三位换向阀除了在中间位置时有各种滑阀机能外,有时也把阀芯在其一端位置时的油口连通状况设计成特殊机能,这时用第一个字母、第二个字母和第三个字母分别表示中位、右位和左位的滑阀机能,如图 5-13 所示。

　　另外,当换向阀从一个工作位置过渡到另一个工作位置,对各油口间通断关系也有要求时,还规定和设计了过渡机能。这种过渡机能在职能符号中被画在各工作位置通路符号之间,并用虚线与之区别。图 5-14(a)所示为二位四通滑阀的 H 型过渡机能,在换向时,P、A、B、T 四个油口呈连通状态,这样可避免在换向过程中由于 P 口突然完全封闭而引起系统的压力冲击。图 5-14(b)所示为 O 型三位四通换向阀的一种过渡机能。

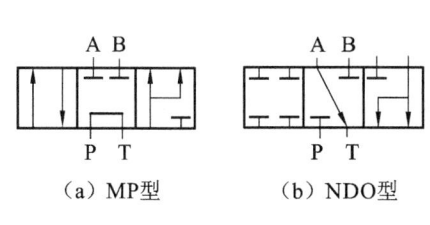

（a）MP型　　　　　（b）NDO型

图 5-13　滑阀的特殊机能

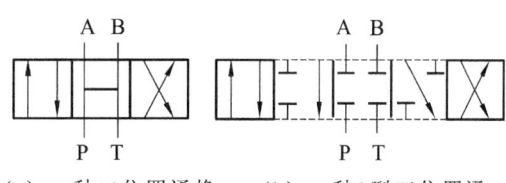

（a）一种二位四通换向阀的H型过渡机能　　（b）一种O型三位四通换向阀的过渡机能

图 5-14　滑阀式换向阀的过渡机能

4. 液压滑阀的卡紧现象

从理论上讲,滑阀式换向阀的阀芯只要能克服与阀体的摩擦力、稳态液动力以及复位弹簧的弹力就可移动。然而实际上,由于阀芯几何形状的偏差以及阀芯与阀体的不同心,在中、高压控制油路中,当阀芯停止一段时间后或者换向时,阀芯在操纵力作用下不能移动,或操纵力解除后,复位弹簧不能使阀芯复位,这种现象称为液压卡紧现象。阀芯的卡紧现象是由于阀芯与阀体的制造及相对运动误差而导致阀芯所受径向力不平衡造成的,它使阀芯在阀体内壁上产生相当大的摩擦力,使操纵费力,而致液压动作失灵。

图 5-15 所示为阀芯所受径向力的几种情况:

图 5-15(a)所示阀芯是理想的圆柱体,当它与阀体产生一个平行轴线的偏心 e 时,由于阀芯沿轴线间隙均匀,根据其压力分布规律 A_1 和 A_2 可知,阀芯上下沿轴线的压力是对应相等的,不会因阀芯的偏心而产生径向力的不平衡。

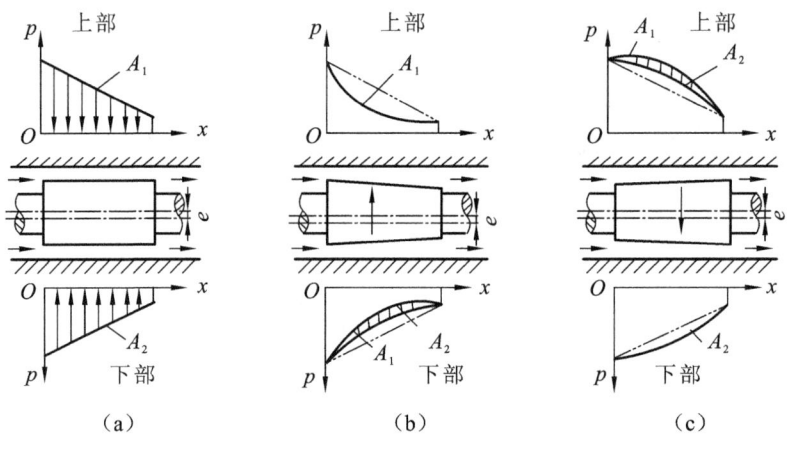

图 5-15 阀芯径向受力分析

图 5-15(b)所示是阀芯具有锥度,且大头在高压油一侧,呈倒锥状。当阀芯与阀体产生一个平行于轴线的偏心 e 时,由于上部间隙小,油液泄漏时产生的压力损失大,因此沿轴线方向压力下降梯度大;而下部间隙大,沿轴线方向压力下降梯度小,因而在阀芯对应处产生径向力的不平衡,从图中可见,这种径向不平衡力将使阀芯向较小间隙的一侧移动而趋于卡死。

图 5-15(c)所示是阀芯也具有锥度,但小头在高压油一侧,呈顺锥状。当阀芯与阀体轴线不重合产生一个平行于轴线的偏心 e 时,由于大头在低压油一边,上边间隙小,下边间隙大。根据伯努利能量方程,间隙小的地方流速低、动能小、压力能大,而间隙大的地方流速高、动能大、压力能小,因此沿轴线的压力下降梯度为上边比下边的要小。如图 5-15(c)所示,在此情况下,径向不平衡力使偏心减小,不会产生卡紧现象。

径向力不平衡问题是一个普遍存在的现象,只能设法减小,而不可能完全消除。因为几何形状以及装配精度不可能达到理想状态。从上述分析可知,如阀芯出现锥状,则希望在装配时使其按顺锥形式配置。另外,应严格控制零件的制造精度。

为减小径向不平衡力,除了在加工工艺上严格要求以外,在滑阀阀芯结构上也可采取一定措施。为了减小径向不平衡力,可在阀芯上开环形均压槽。如图 5-16 所示,没有开环形均压槽时,其径向不平衡力如虚线 A_1 和 A_2 包围的面积所示;开了环形均压槽后,其径向不平衡力如实线 B_1 和 B_2 包围的面积所示。环形均压槽的尺寸是:槽宽为 0.3~0.5 mm,槽深为 0.5~0.1 mm,槽间距离为 3~5 mm。

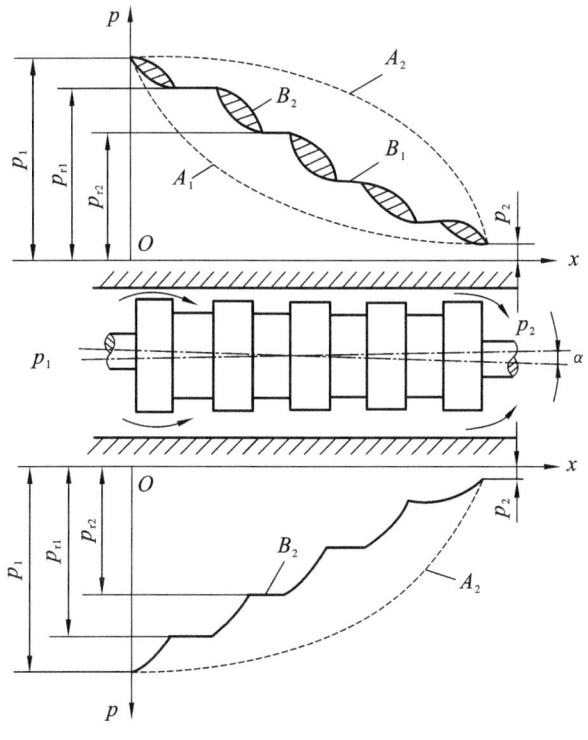

图 5-16 滑阀阀芯环形槽的结构

◀ 5.3 压力控制阀 ▶

压力控制阀用来调节和控制液压系统中油液压力,按其功能和用途分为溢流阀、减压阀、顺序阀、压力继电器等,它们的共同特点是利用作用于阀芯上的液压作用力与弹簧力相平衡的原理进行工作。

5.3.1 溢流阀

溢流阀的主要用途有两点:一是用来保持系统或回路的压力恒定,如在定量泵节流调速系统中做溢流恒压阀,用以保持泵的出口压力恒定;二是在系统中做安全阀用,在系统正常工作时,溢流阀处于关闭状态,而当系统压力大于或等于其调定压力时,溢流阀才开启溢流,对系统起过载保护作用。溢流阀分为直动型和先导型两类。

1. 溢流阀的结构和工作原理

1)直动型溢流阀

直动型溢流阀依靠系统中的压力直接作用在阀芯底面上产生的液压作用力与弹簧作用

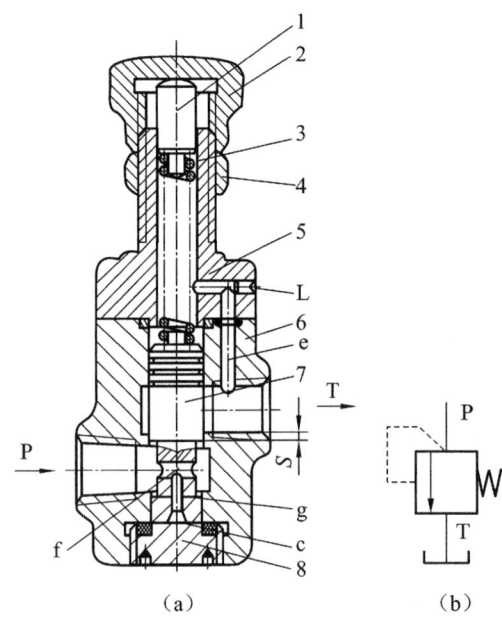

图 5-17　直动型溢流阀结构及其图形符号
1—调节杆；2—调节螺母；3—调压弹簧；
4—锁紧螺母；5—上盖；6—阀体；
7—阀芯；8—螺塞

力相平衡，以控制阀芯的启闭动作。

图 5-17 所示为低压直动型溢流阀的结构。进油口 P 到回油口 T 的油路称为主油路。压力油从进油口 P 进入溢流阀后，经阀芯 7 上的径向孔 f 和轴向阻尼孔 g 进入滑阀底部的 c 腔，对阀芯 7 产生向上的液压作用力，这是控制油路；L 为泄油路。回油口 T 与泄漏油流经的弹簧腔相通，若堵塞 L 口，这种连接方式称为内泄；若将泄漏油腔与 T 口的连接通道 e 堵塞（将上盖 5 旋转 90°），将 L 口打开，直接将泄漏油引回油箱，这种连接方式称为外泄。

直动型溢流阀的恒压原理是：当进口压力较低时，向上的液压作用力 F 小于调压弹簧作用力 F_t，阀芯在弹簧力作用下处于最下端位置，阀芯台肩的封油长度 S 将进油口 P 和回油口 T 隔断，主油路不通，阀处于关闭状态。当进口油压不断增高，c 腔内的液压作用力 F 等于或大于调压弹簧力 F_t 时，阀芯向上运动，上移行程 S 后阀口开启，P 口、T 口接通，压力油经阀口溢流回油箱。此时，阀芯处于受力平衡状态，油液的压力取决于油液流动时所需克服的阻力。因此，此时溢流阀的进口压力不再增高，且与此时的弹簧力平衡，为一确定的常值，即

$$p = \frac{K(x_0 + S + x_v)}{A_v} \approx \text{const} \tag{5-1}$$

式中，p 为溢流阀的进口压力；K 为调压弹簧刚度；x_0 为调压弹簧预压缩量；x_v 为溢流阀口开度（开口量）；A_v 为阀芯下端面面积。

当通过阀口的溢流量改变时，阀口开度 x_v 也要变化，但因为阀口开度变化很小，远小于弹簧预压缩量 x_0，作用在阀芯上的弹簧力也就变化很小。因此，可以把溢流阀的进口压力 p 近似地看成一个常数。也就是说，只要阀口打开，有油液流经溢流阀，溢流阀进口处的压力就基本保持恒定。

当然，溢流阀的溢流量变化时，因阀口开度的变化和液动力的影响，溢流阀的进口压力 p 还是有所变化的，这是溢流阀的性能——恒压精度问题。这一问题将在后面讨论。

由于惯性和外负载变化，系统压力有可能发生改变，这时溢流阀恒压的自动调节过程如下：当进口油压 p 超过预先所调定的压力时，阀芯 7 失去平衡，阀芯上移，溢流口增大，油液溢回油箱的阻力减小，使进口处油压 p 下降，直至作用在阀芯上的液压力和弹簧力重新平衡为止。同理，若进口压力 p 低于所调定的压力时，阀芯亦失去平衡，阀芯下移，溢流口关小，溢流阻力增大，进口处的油压便自动升高，直至使阀芯重新恢复平衡为止。从控制工程来看，溢流阀是一个恒值（恒压）自动控制系统。

阀芯 7 上的轴向阻尼孔 g 的作用是产生阻尼，使阀芯运动平稳，不出现振荡。

调压弹簧对阀芯的作用力可通过调节螺母 2 来调节，即调节溢流阀的进口压力。通常

是在溢流阀通过液压泵的全部流量的情况下,调节溢流阀的进口压力,此压力称为溢流阀的调整压力。

当液压系统中的液压泵的全部流量都从溢流阀溢流回油箱时,阀的进口压力就不可能再升高,这就是溢流阀的限压原理。此时,溢流阀起安全保护作用。

这种直动型溢流阀,若要求阀的压力较高、流量较大,则要求调压弹簧具有很大的刚度,这不仅使调节性能变差,而且结构上也难以实现。因此,直动型溢流阀一般只用于低压小流量系统,或作为先导阀使用。图 5-18 所示锥阀芯直动型溢流阀即常作为先导型溢流阀的先导阀用。中、高压系统常采用先导式溢流阀。

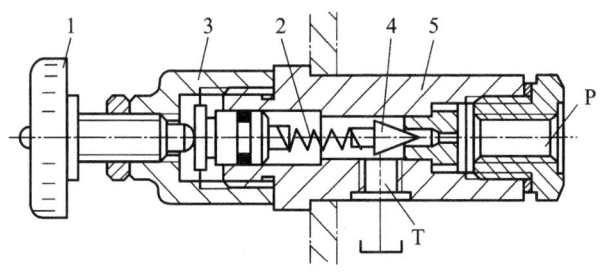

图 5-18 锥阀芯直动型溢流阀
1—调节手轮;2—弹簧;3—上盖;4—阀芯;5—阀体

2)先导型溢流阀

先导型溢流阀由先导阀和主阀两部分组成。先导阀类似于直动型溢流阀,但一般多为锥阀芯结构。主阀有一节同心结构、二节同心结构和三节同心结构。

图 5-19 所示为二节同心式溢流阀的结构图,其主阀阀芯为带有圆柱导向面的锥阀。为使主阀关闭时有良好的密封性,要求主阀阀芯 1 的圆柱导向面、圆锥面与阀套 11 配合良好,两处的同心度要求较高,故称二节同心。其结构特点是:主阀阀芯仅与阀套和主阀座有同心度要求,结构简单,加工和装配方便;主阀口通流面积大,在相同流量的情况下主阀开启高度小,或者在相同开启高度的情况下其通流能力大。因此,这种溢流阀可做得体积小、重量轻;主阀阀芯与阀套可以通用化,便于组织批量生产。二节同心式溢流阀是目前普遍使用的结构形式。

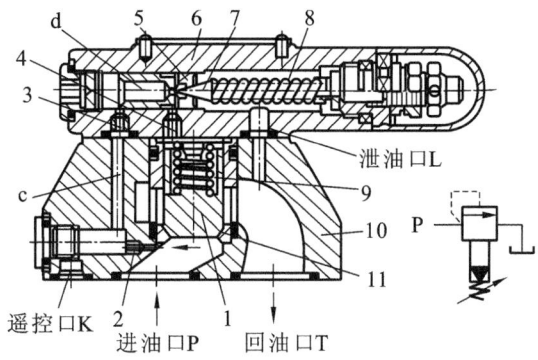

图 5-19 二节同心式溢流阀
1—主阀阀芯;2—节流孔;3,4—阻尼孔;5—先导阀阀座;6—先导阀阀体;7—先导阀阀芯;
8—调压弹簧;9—主阀弹簧;10—阀体;11—阀套

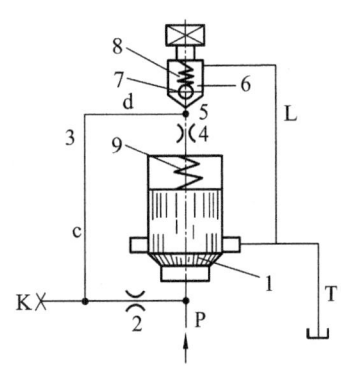

图 5-20　先导型溢流阀原理图

1—主阀阀芯；2—节流孔；3,4—阻尼孔；
5—先导阀阀座；6—先导阀阀体；
7—先导阀阀芯；8—调压弹簧；
9—主阀弹簧；

先导型溢流阀有主油路、控制油路和泄油路三条油路。主油路：从进油口 P 到出油口（溢流口）T 的油路。控制油路：压力油自进油口 P 进入，作用于主阀阀芯下端面，并通过阀体 10 上的节流孔 2、通道 c、阻尼孔 3 进入先导阀阀芯前腔，作用于锥阀上，同时，经阻尼孔 4 进入主阀上腔，作用于主阀阀芯上端面。泄油路：先导阀被打开时，从先导阀弹簧腔经泄油口 L 到出油口 T 的油路。阀体 10 上的节流孔 2 起节流作用；先导阀前和主阀上腔的两个阻尼孔 3 和 4 的作用是增加阻尼，改善主阀阀芯的动态特性，提高稳定性。图 5-20 所示为先导型溢流阀工作原理图。

先导型溢流阀的恒压工作原理是：当进油压力 p 小于先导阀调压弹簧 8 的调定值时，先导阀关闭，节流孔 2 中没有油液流动，主阀阀芯上、下两侧的油液压力相等，因此主阀弹簧力使主阀口压紧，不溢流。当进油压力 p 超过先导阀的调定压力 p_1 时，先导阀被打开，造成自进油口 P 经节流孔 2、先导阀阀口、泄油路有油液流动。节流孔 2 处的流动造成压力损失，使主阀阀芯上、下腔中的油液产生一个随先导阀流量增加而增加的压力差，当它在主阀阀芯上、下作用面上产生的液压作用力足以克服主阀弹簧力 F_s 时，主阀阀芯开启，此时进油口 P 与出油口（溢流口）T 直接相通，造成溢流以保持系统压力基本恒定。

当溢流阀起溢流恒压作用时，不计阀芯自重和摩擦力，作用于主阀阀芯上的力平衡方程为

$$pA_v = p_1 A_v + F_s$$

即

$$p = p_1 + \frac{F_s}{A_v} \tag{5-2}$$

式中，A_v 为主阀阀芯的端面积；p_1 为先导阀的调定压力，亦即主阀上腔压力；F_s 为主阀弹簧的弹簧力。

从式(5-2)可知，先导型溢流阀是利用主阀阀芯上下两端的压力差所形成的作用力和弹簧力相平衡的原理进行压力控制的，所以主阀弹簧的刚度可以较小，F_s 的变化也较小，当先导阀的调压弹簧调整好以后，p_1 基本上恒定，因此溢流阀的进口压力 p 基本恒定。

调节先导阀的调压弹簧的预紧力，就调定了系统的工作压力。更换先导阀的弹簧（刚度不同的弹簧），便可得到不同的调压范围。

先导阀的承压面积一般较小，调压弹簧的刚度也不大，因此调压比较轻便。先导型溢流阀工作时振动小、噪声低、压力稳定，但其灵敏度不如直动型溢流阀。先导型溢流阀适用于中、高压系统。

先导型溢流阀上有一遥控口（外控口）K，其作用是通过 K 口也可以达到控制主阀上腔油液压力的目的。若将与主阀上腔相通的遥控口 K 与另一个远离主阀的先导压力（远程调压阀）的入口连接，可实现遥控调压。必须注意的是，远程调压阀的调节压力应小于主阀中先导阀的调节压力；通过一个电磁换向阀使遥控口 K 分别与一个（或多个）远程调压阀的入口连通，即可实现二级（或多级）调压。若将 K 口通过二位二通阀接通油箱时，主阀上腔的压力接近于零，由于主阀弹簧很软，主阀阀芯在很低的压力作用下便可上移，主阀口开到最大，这时系统的油液在很低的压力下通过溢流阀流回油箱，实现卸荷作用。

必须指出:先导型高压溢流阀按照控制油的来源和泄油去向的不同,有内控内泄、内控外泄、外控内泄、外控外泄四种组合方式。控泄方式的四种组合方便了使用,并增加了灵活性。例如,由于泄油和主阀回油汇流,在某些情况下系统压力冲击、背压等因素直接影响先导阀的启闭,导致溢流阀稳压性能下降,并激起振动和噪声,若改用外泄就能减轻这种现象。

2. 溢流阀的主要性能

溢流阀是液压系统中最重要的控制元件,其特性对系统的工作性能影响很大。溢流阀的性能包括静态性能和动态性能。静态性能是指溢流阀在稳定工作时的性能;动态性能是指溢流阀在瞬态工况时的性能。

1)静态性能

溢流阀在液压系统中的主要作用是溢流恒压,使系统压力基本上稳定在调定值上。因此,溢流阀的溢流量发生变化而引起的进口压力的变化越小,其恒压精度就越高。一般静态性能主要有压力-流量特性、启闭特性、压力稳定性及卸荷压力等。

(1)压力-流量特性。压力-流量特性(p-q 特性)又称溢流特性,表示溢流阀在某一调定压力下工作时,溢流量的变化与阀进口实际压力的关系。

图 5-21 为直动型和先导型溢流阀的压力-流量特性曲线,横坐标为溢流量 q,纵坐标为阀进油口压力 p。溢流量为额定值 q_n 时所对应的压力 p_n 称为溢流阀的调定压力。溢流阀刚开启时(溢流量为额定溢流量的 1%时),阀进口的压力 p_k 称为开启压力。

通过 p_n 点的水平直线是溢流阀的理想溢流特性曲线,它表示溢流阀进口压力 p 低于 p_n 时不溢流,仅在 p 达到 p_n 时才溢流,而且不管溢流量的多少,其压力始终保持在 p_n 值上。

实际上,溢流阀工作时,随着溢流量 q 的增加,溢流阀进口压力 p 也会增加。当阀芯上升到最高位置,

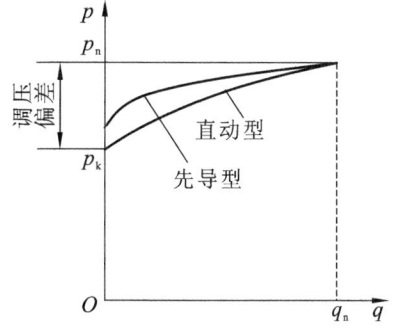

图 5-21 溢流阀的压力-流量特性

阀口最大时,通过溢流阀的流量也最大,达到额定流量 q_n,压力上升到调定压力 p_n。所以只能要求溢流阀的实际特性曲线尽可能接近于这条理想特性曲线,使"p_n-p_k"尽可能小。调定压力 p_n 与开启压力 p_k 的差值称为调压偏差,也即溢流量变化时溢流阀工作压力的变化范围。调压偏差越小,其恒压性能越好。由图 5-21 可见,先导型溢流阀的特性曲线比较平缓,调压偏差也小,故其恒压性能比直动型溢流阀好。因此,先导型溢流阀宜用于系统溢流恒压,直动型溢流阀因其灵敏性高宜用作安全阀。

(2)启闭特性。启闭特性是指溢流阀在稳态情况下,从闭合到完全开启(通过全流量),再从全开到闭合的过程中,被控压力与通过溢流阀的溢流量之间的关系。启闭特性可分为开启特性和闭合特性。

溢流阀闭合(溢流量减小为额定值的 1%以下)时的压力 p_b 称为闭合压力;溢流阀开启(溢流量达到额定值的 1%)时的压力称为开启压力 p_k。闭合压力 p_b 与调定压力 p_n 之比称为闭合比;开启压力 p_k 与调定压力 p_n 之比称为开启比。由于阀开启时阀芯所受的摩擦力与进油压力方向相反,而闭合时阀芯所受的摩擦力与进油压力方向相同,因此在相同的溢流

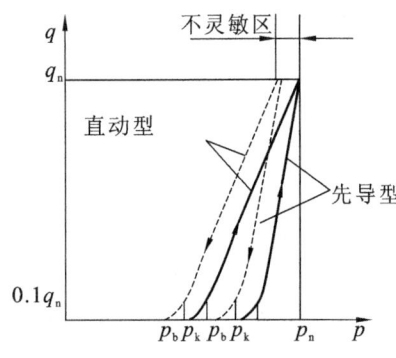

图 5-22　溢流阀的启闭特性

量下,开启压力大于闭合压力。图 5-22 所示为溢流阀的启闭特性。图中实线为开启曲线,虚线为闭合曲线。由此图可见,这两条曲线不重合,通常称为黏滞现象(滞环)。在某溢流量下,两曲线压力坐标的差值称为不灵敏区。因压力在此范围内变化时,阀的开度无变化,它的存在相当于加大了调压偏差,且加剧了压力波动。因此,该差值越小,阀的启闭特性越好。由图中的两组曲线可知,先导型溢流阀的不灵敏区比直动型溢流阀的不灵敏区小一些。

溢流阀的启闭特性是衡量溢流阀恒压精度和制造装配质量的一个重要指标。一般用溢流阀处于额定流量 q_n、调定压力 p_n 下的开启比和闭合比来衡量,这两个比值越大,启闭特性越好。为保证溢流阀有良好的静态特性,一般要求 $p_k/p_n \geqslant 90\%$,$p_b/p_n \geqslant 85\%$。

(3)压力稳定性。溢流阀工作压力的稳定性由两个指标来衡量:一是在额定流量 q_n 和额定压力 p_n 下,进口压力在一定时间(一般为 3 min)内的偏移值;二是在整个调压范围内,通过额定流量 q_n 时进口压力的振摆值。对中压溢流阀,这两项指标均不应大于 ± 0.2 MPa。如果溢流阀的压力稳定性不好,就会出现剧烈的振动和噪声。

(4)卸荷压力。在调定压力 p_n 下,通过额定流量 q_n 时,将溢流阀的外控口 K 与油箱连通,使主阀阀口开度最大,液压泵卸荷时溢流阀进出油口的压力差,称为卸荷压力。该值与通道阻力和主阀弹簧预紧力有关,一般规定卸荷压力不大于 0.3 MPa。卸荷压力越小,油液通过阀口时的能量损失就越小,发热也越少,阀的性能越好。

(5)内泄漏量。内泄漏量指调压螺栓处于全闭位置,进口压力调至调压范围的最高值时,从溢流口所测得的泄漏量。泄漏量越小,阀的密封性能越好。

(6)最大允许流量和最小稳定流量。溢流阀的最大允许流量为其额定流量 q_n。溢流阀的最小流量取决于它对压力平稳性的要求,一般规定为额定流量的 15%。

2)动态性能

溢流阀的动态性能通常是指,溢流阀由一个稳定工作状态过渡到另一个稳定工作状态时,溢流阀所控制的压力随时间变化的过渡过程性能。

有两种方法可测得溢流阀的动态特性,一种是将与溢流阀并联的电液(或电磁)换向阀突然通电或断电(溢流流量由零阶跃变化至额定流量),另一种是将连接溢流阀遥控口的电磁换向阀突然通电或断电(卸荷状态阶跃变化为溢流恒压工作状态)。

图 5-23 所示为溢流阀升压与卸荷时的动态特性曲线,溢流阀由卸荷到恒压工作,再到卸荷状态的突然变化,反映了溢流阀的动态特性。图中 t_1 为升压时间,t_3 为卸荷时间。主要动态性能指标有:升压过渡过程时间 t_2 和压力超调量 Δp。

升压过渡过程时间 t_2 表示溢流阀所控制

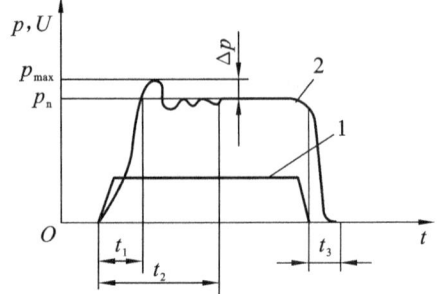

图 5-23　溢流阀升压与卸荷时的动态特性曲线

1—电压信号;2—压力响应曲线

的压力从零压开始上升到调定值,并最后进入稳定溢流状态所需要的时间。t_2 越小,动态特性越好。先导式溢流阀的过渡过程时间一般为 0.2~0.3 s。

压力超调量 Δp 是最大瞬时压力峰值 p_{max} 与调定压力 p_n 之差。溢流阀开始工作时,在阀口将要打开瞬间,出现系统油液压力高于调定压力的现象,称为压力超调现象。由图 5-23 可见,在升压过程中,当系统压力升高到调定值时,由于溢流阀阀芯动作较迟缓,阀门来不及打开,引起阀的进口压力迅速升高到某一峰值时阀门才打开,溢流开始,接着压力逐渐衰减、振荡,并经过一段时间后才稳定在调定压力上。因此,Δp 越小,说明阀的动作灵敏度越高。若 Δp 太大,则会发生元件损坏、管道破裂或使一些元件产生误动作。一般溢流阀允许的超调量为公称压力 p 的 10%~30%。

3. 溢流阀的应用

溢流阀在液压系统中能分别起到调压溢流、安全保护、远程调压,以及使泵卸荷及使液压缸回油腔形成背压等多种作用,如图 5-24 所示。

1)调压溢流

如图 5-24(a)所示,系统采用定量泵供油,在其进油路(或回油路)上设置节流阀或调速阀,使泵油的一部分进入液压缸工作,而多余的油经溢流阀流回油箱。这时,溢流阀处于其调定压力下的常开状态,溢流阀的作用即为溢流调压。调节弹簧的预紧力,可以调节系统的工作压力。

2)安全保护

系统采用变量泵供油时,系统内没有多余的油需溢流,其工作压力由负载决定。这时与泵并联的溢流阀只有在过载时才需打开,以保障系统的安全。因此,这种系统中的溢流阀又称为安全阀,是常闭的,如图 5-24(b)所示。

3)使泵卸荷

采用先导型溢流阀调压的定量泵系统,当阀的外控口 K 与油箱连通时,其主阀阀芯在进口压力很低时即可迅速抬起,使泵卸荷,以减少能量损耗。如图 5-24(c)所示,当电磁铁通电时,溢流阀外控口通油箱,因而能使泵卸荷。

4)远程调压

如图 5-24(d)所示,当先导型溢流阀的外控口(远程控制口)与调压较低的溢流阀(或远程调压阀)连通时,其主阀阀芯上腔的油压只要达到低压阀的调整压力,主阀阀芯即可抬起溢流(其导阀不再起调压作用),从而实现远程调压。当电磁阀通电左位工作时,将先导型溢流阀的外控口与低压调压阀断开,相当于堵塞外控口 K,则由主阀上的导阀调压。利用电磁

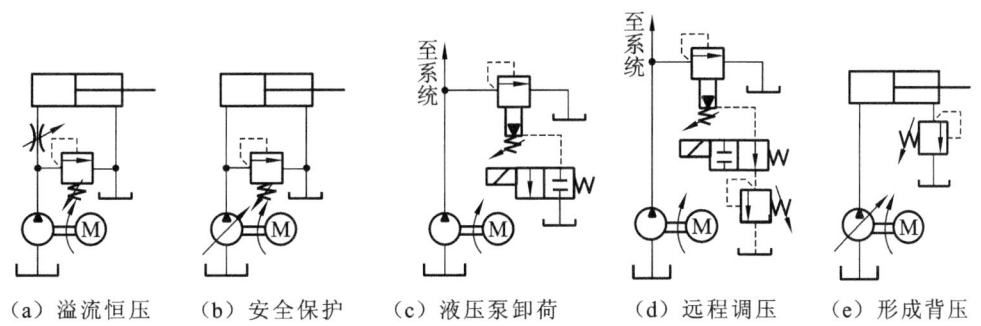

(a)溢流恒压　　(b)安全保护　　(c)液压泵卸荷　　(d)远程调压　　(e)形成背压

图 5-24　溢流阀的功用

阀还可以实现两级调压,但远程调压阀的调定压力必须低于导阀调定的压力。

5）形成背压

如图 5-24(e)所示,将溢流阀设置在液压缸的回油路上,可使缸的回油腔形成背压,用以消除负载突然减小或变为零时液压缸产生的前冲现象,提高运动部件运动的平稳性。因此这种用途的阀也称背压阀。

5.3.2　减压阀

在液压系统中,减压阀是一种利用液流流过阀口产生压力损失,使其出口压力低于进口压力的压力控制阀。按调节要求不同,减压阀可分为用于保证出口压力为定值的定值减压阀,用于保证进出口压力差不变的定差减压阀,以及用于保证进出口压力成比例的定比减压阀。

1. 先导式定值输出减压阀

1）结构和工作原理

图 5-25 所示为目前广泛使用的先导型定值减压阀的结构。该阀由导阀调压,主阀减压。先导型定值减压阀的工作原理与先导型溢流阀的工作原理类似,其减压、减压后稳压的工作原理是:来自泵(或其他油路)的压力为 p_1 的油液从 P_1 口进入减压阀,经减压阀口降低为 p_2,从出口 P_2 流出。同时压力为 p_2 的控制油液通过管道 b、阻尼孔 2、管道 c 进入先导阀 6 的阀座前腔,作用在锥阀 7 上,并通过管道 d、阻尼孔 3 与主阀弹簧腔相通,作用在主阀阀芯 1 的上端面。阻尼孔 3 的作用是增加主阀阀芯上下移动的阻尼,保证主阀阀芯的运动稳定性。当出口压力 p_2 小于先导阀的调整压力时,锥阀 7 关闭,阻尼孔 2 中无油液流动,主阀阀芯 1 两端液压力相等,主阀阀芯在弹簧 5 的作用下处于最下端位置,减压阀口全开,不起减压作用,$p_2 \approx p_1$。当出口压力 p_2 大于先导阀的调定压力时,锥阀 7 打开,油液经阻尼孔 2、管道 c、先导阀弹簧腔 8、泄油管道 a、泄油口 L 流回油箱。由于阻尼孔 2 有油液通过,使主阀阀芯 1 弹簧腔的压力 p_3 低于 p_2,造成主阀阀芯 1 两端的压力不平衡,当此压差所产生的作用力大于主阀弹簧力时,主阀阀芯上移,因而减压阀口减小,使压力油液通过阀口时压降

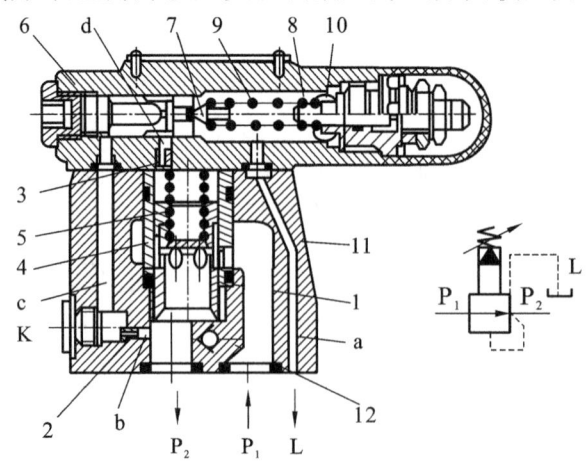

图 5-25　先导型减压阀（出口压力控制式）

1—主阀阀芯；2,3—阻尼孔；4—阀套；5—主阀弹簧；6—先导阀；7—锥阀；8—先导阀弹簧腔；
9—调压弹簧；10—外泄油口；11—阀体；12—内装单向阀

加大,减压作用增强,直至出口压力 p_2 稳定在先导阀所调定的压力值。出口处保持调定压力时,主阀阀芯 1 处于某一平衡位置上,此时阀口保持一定的开度,减压阀处于工作状态。图 5-26 所示为减压阀工作原理图。

调节调压弹簧 9 的预压缩量,即可调节减压阀出口压力 p_2。

减压阀的稳压过程是:如果减压阀的出口压力 p_2 突然升高(或降低),主阀阀芯弹簧腔的压力也同时等值升高(或降低),破坏了主阀的平衡状态,使主阀阀芯上移(或下移)至一新的平衡位置,阀口开度减小(或增大),减压作用增大(或减小),以保持 p_2 的稳定。反之,如果因某种原因使进口压力 p_1 发生变化,当减压阀口还没有来得及变化时,p_2 则相应发生变化,造成主阀阀芯 1 两端的受力状况发生变化,破坏了原来的平衡状态,使主阀阀芯上移(或下降)至一新平衡

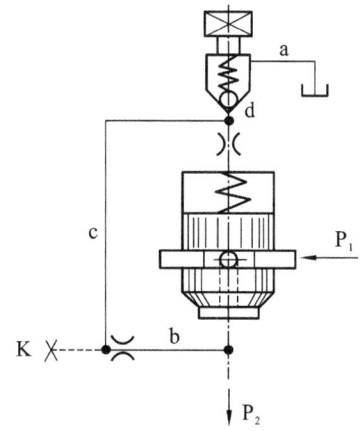

图 5-26 减压阀工作原理图

位置,阀口开度减小(或增大),减压作用增大(或减小),以保持 p_2 的稳定。

必须指出,减压阀的出口压力与出口的负载有关,若因负载建立的压力低于调定压力,则出口压力由负载决定,此时减压阀不起减压作用,进、出口压力相等;只有当由负载建立的压力高于调定压力时,减压阀出口压力才能保持在调定压力上,即减压阀保证出口压力恒定的条件是先导阀开启。此外,当减压阀出口负载很大,以至于使减压阀出口油液不流动时,此时仍有少量油液通过减压阀阀口经先导阀至外泄口 L 流回油箱,阀处于工作状态,减压阀出口压力保持在调定压力值。

2)先导式减压阀与先导式溢流阀的主要区别

将先导式减压阀与先导式溢流阀进行比较,可以发现两者的差别,其不同点归纳如下。

(1)主阀阀芯结构不同。溢流阀主阀阀芯是实心的,而减压阀主阀阀芯中间有通孔。

(2)控制阀芯移动的油液来源不同:溢流阀来自进口油压,保持进口压力为定值;减压阀来自出口油压,保持出口压力恒定。

(3)在常态下,溢流阀阀口常闭,进、出油口不通;减压阀阀口常开,进、出油口互通。

(4)溢流阀的先导阀弹簧腔的油液可以在阀体内引至回油口(即采用内泄式);减压阀其出口油液通执行元件,因此泄漏油必须单独引回油箱(即外泄式)。

(5)溢流阀一般并联于系统,而减压阀一般串联于系统。

与溢流阀相同的是:减压阀亦可以在先导阀的远程调压口接远程调压阀实现远控或多级调压。

3)减压阀的应用

在液压系统中,一个油泵供应多个支路工作时,利用减压阀可以组成不同压力级别的液压回路,如夹紧回路、控制回路和润滑回路等。图 5-27 所示是一种常用的减压回路。液压泵的供油压力根据主系统的负载要求由溢流阀 1 调定,回路中串联一个减压阀 2,使夹紧缸能获得较低而又稳定的夹紧力。减压阀的出口压力可以在 0.5 MPa 至溢流阀的调定压力范围内调节,当系统压力有波动时,减压阀出口压力可稳定不变。

图示减压回路中单向阀 3 的作用:当主油路压力低于减压阀的调定值时,使夹紧油路和主油路隔开,防止油液倒流,起到短时保压作用,使夹紧缸的夹紧力在短时间内保持不变。

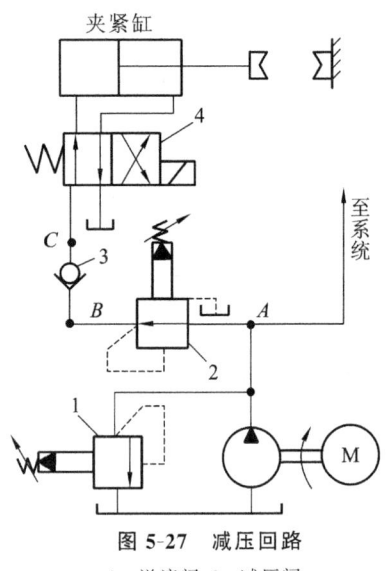

图 5-27　减压回路

1—溢流阀；2—减压阀；
3—单向阀；4—换向阀

为了确保安全,夹紧回路中常采用带定位的二位四通电磁换向阀 4,或采用失电夹紧的二位四通电磁换向阀换向,防止在电路出现故障时松开工件出事故。为使减压回路工作可靠,减压阀的最低调整压力不应小于 0.5 MPa,一般减压阀调整的最高值,要比系统中控制主回路压力的溢流阀调定值低 0.5～1 MPa。

当减压回路中的执行元件需要调速时,调速元件应放在减压阀出口的油路上,以免从减压阀的泄油口流回油箱的油液对执行元件的速度产生影响。

2. 定差减压阀

定差减压阀可使进出口压力差保持为定值。如图 5-28 所示,高压油 p_1 经节流口(减压口)x 减压后以低压 p_2 输出,同时低压油经阀芯中心孔将压力 p_2 引至阀芯上腔,其进出油压在阀芯上、下两端有效作用面积上产生的液压力之差与弹簧力相平衡。阀芯受力平衡方程式为

$$p_1 \frac{\pi}{4}(D^2 - d^2) = p_2 \frac{\pi}{4}(D^2 - d^2) + K(x_0 + x) \tag{5-3}$$

式中,D、d 分别为阀芯大端外径和小端外径;K 为弹簧刚度;x_0、x 分别为弹簧预压缩量和阀芯开口量。

由式(5-3)可求出定差减压阀进、出口压差 Δp 为

$$\Delta p = p_1 - p_2 = \frac{K(x_0 + x)}{\pi(D^2 - d^2)/4} \tag{5-4}$$

由式(5-4)可知,只要尽量减小弹簧刚度 K,并使 $x \ll x_0$,就可使压力差 Δp 近似保持为常值。定差减压阀主要用来和其他阀一起构成组合阀,如定差减压阀和节流阀串联组成调速阀。

3. 定比减压阀

定比减压阀可使进出口压力的比值保持恒定。如图 5-29 所示,在稳定状态工作时,忽略阀芯所受到的稳态液动力、阀芯自重和摩擦力可得到阀芯力平衡方程式为

$$p_1 A_1 + K(x_0 + x) = p_2 A_2 \tag{5-5}$$

式中,K 为弹簧刚度;x_0、x 为弹簧预压缩量和阀口开度。

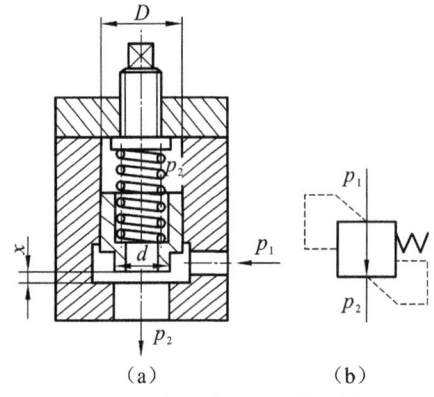

图 5-28　定差减压阀结构及符号

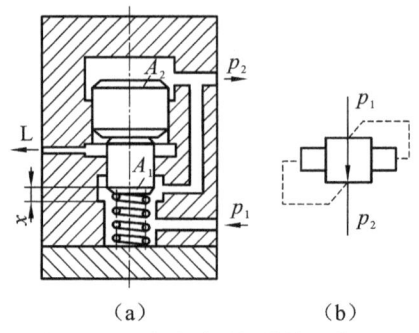

图 5-29　定比减压阀结构及符号

由于弹簧的刚度较小,弹簧力可忽略不计,则式(5-5)可写成

$$\frac{p_2}{p_1} = \frac{A_1}{A_2} \tag{5-6}$$

由式(5-6)可见,只要适当选择阀芯的作用面积 A_1 和 A_2,就可得到所要求的压力比,且比值近似恒定。

5.3.3 顺序阀

顺序阀是利用油液压力作为控制信号实现油路的通断,以控制执行元件顺序动作的压力阀,它类似一个压力开关。按控制压力来源的不同,顺序阀可分为内控式和外控(液控)式。内控式是直接利用阀进口处的油压力来控制阀口的启闭;液控式是利用外来的控制油压控制阀口的启闭。按结构的不同,顺序阀也有直动式和先导式之分。直动式顺序阀与直动式溢流阀类似,但性能不如溢流阀,这里不再介绍。

1. 结构和工作原理

图 5-30 所示为 DZ 型先导式顺序阀,P_1 为进油口,P_2 为出油口,其工作原理与先导式溢流阀相似。这种阀的主阀形似单向阀,先导阀为滑阀式。主阀阀芯 3 在原始位置时将进、出油口 P_1 和 P_2 切断,进油口的压力油通过两条油路:一路经主阀阀芯 3 上的阻尼孔 2 进入主阀阀芯 3 上腔并到达先导阀阀芯 6 中部环形腔 a,另一路通过油道 4 直接作用在先导阀阀芯 6 的左端。当进口压力 p_1 低于先导阀调压弹簧 7 的调定压力时,先导阀在弹簧力的作用下处于图示位置。当进口压力 p_1 大于先导阀调定压力时,先导阀阀芯 6 在左端液压力作用下右移,将先导阀中部环形腔 a 与通顺序阀出口 P_2 的油路连通,于是顺序阀进口压力 p_1 经阻尼孔 2、主阀上腔、先导阀流往出油口 P_2。由于阻尼孔 2 的作用,主阀上腔的压力低于下端(即进油口)压力 p_1,主阀阀芯开启,顺序阀进、出油口连通(此时 $p_1 \approx p_2$)。由于流经主阀阀芯上阻尼孔 2 的控制油液不流向泄油口 L(该泄油口 L 要单独接回油箱),而是流向出油口 P_2,又因主阀上腔油压与先导阀所调压力无关,仅仅通过刚度很弱的主阀弹簧与主阀阀芯下端液压力保持主阀阀芯的受力平衡,故出口压力 p_2 近似等于进口压力 p_1,压力损失小。

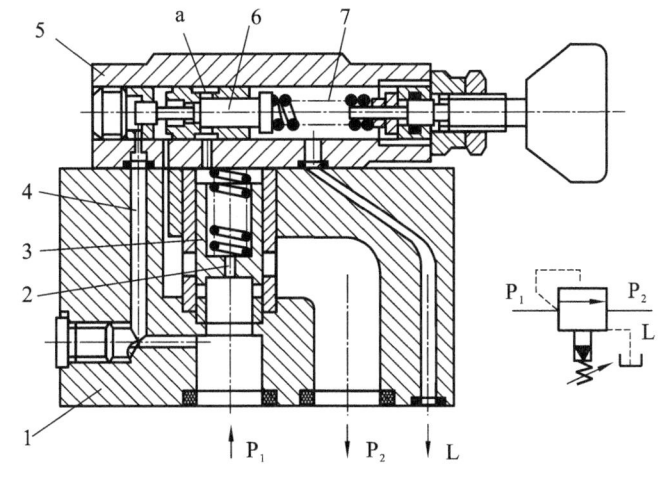

图 5-30 DZ 型先导式顺序阀

1—主阀体;2—阻尼孔;3—主阀阀芯;4—先导级测压孔道;5—先导阀阀体;6—先导阀阀芯;7—调压弹簧

在顺序阀的阀体内并联装设单向阀,可构成单向顺序阀。单向顺序阀也有内控式和外控式之分。顺序阀可用作背压阀、平衡阀、卸荷阀,但控制油路和泄油路有变化,使用时请参阅有关手册。各种顺序阀的图形符号见表 5-3。

表 5-3　顺序阀的图形符号

控制与泄油方式	内控外泄	外控外泄	内控内泄	外控内泄	内控外泄加单向阀	外控外泄加单向阀	内控内泄加单向阀	外控内泄加单向阀
名称	顺序阀	外控顺序阀	背压阀	卸荷阀	内控单向顺序阀	外控单向顺序阀	内控平衡阀	外控平衡阀
图形符号								

从以上分析可知,顺序阀的结构及工作原理与溢流阀相似。它们的主要差别如下。

（1）顺序阀的出油口与负载油路相连接,而溢流阀的出油口直接接回油箱。

（2）顺序阀的泄油口单独接回油箱,而溢流阀的泄漏油则可以通过阀体内部孔道与阀的出口相通流回油箱。

（3）顺序阀的进口压力由液压系统工况来决定,当进口压力低于调压弹簧的调定压力时,阀口关闭;当进口压力超过弹簧的调定压力时,阀口开启,接通油路,出口压力油对下游负载做功。溢流阀的进口最高压力由调压弹簧来限定,且由于液流溢回油箱,所以损失了液体的全部能量。

2. 顺序阀的应用

1）用以实现多缸的顺序动作

图 5-31 是采用两个普通单向顺序阀的压力控制顺序动作回路,两个普通单向顺序阀 2 和 3 与电磁换向阀配合动作,使 A、B 两液压缸实现①②③④的顺序动作。在图示状态下,换向阀处于中位,A、B 两缸活塞处于左端位置。当电磁铁 1YA 通电时,换向阀左位工作,压力油先进入 A 缸左腔,其右腔经单向顺序阀 2 中的单向阀回油,此时由于压力较低,单向顺序阀 3 中的顺序阀关闭,A 缸的活塞先动,右移实现动作①;当 A 缸活塞行至终点停止时,系统压力升高,当压力升高到单向顺序阀 3 中顺序阀的调定压力时,其顺序阀开启,压力油进入 B 缸左腔,B 缸右腔直接回油,活塞右移实现动作②。当 B 缸的活塞右移达到终点后,电磁换向阀的电磁铁 1YA 断电,电磁铁 2YA 通电,换向阀右位工作,压力油先进入 B 缸右腔,B 缸左腔经单向顺序阀 3 中的单向阀回油,其活塞左移实现动作③;当 B 缸活塞左移至终点停止时,系统压力升高,当压力升高到单向顺序阀 2 中顺序阀的调定压力时,其顺序阀开启,压力油进入 A 缸右腔,A 缸左腔回油,活塞返回实现动作④。当 A 缸活塞返回至终点时,可用行程开关控制电磁换向阀断电切换为中位停止。

2）做背压阀用

图 5-24(e)所示回油路上的溢流阀更换为顺序阀,同样能形成恒定的背压。

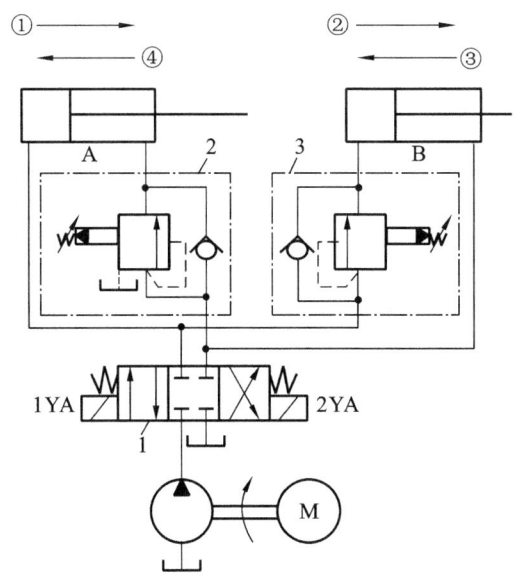

图 5-31 用压力控制的顺序动作回路
1—换向阀;2,3—单向顺序阀

3）做平衡阀用

为防止立式液压缸的工作部件在上位停止时因自重而自行下滑,或在下行时因自重而失控超速,造成运动不平稳,常采用平衡回路。即在其下行的回油路上设置单向顺序阀,使液压缸的回油腔产生一定的背压,以平衡其自重。回路要求结构简单、闭锁性能好、工作可靠。

图 5-32(a)为采用单向顺序阀的平衡回路。顺序阀的调定压力应稍大于工作部件的自重在液压缸下腔形成的压力。这样,当换向阀处于中位,液压缸不工作时,顺序阀关闭,工作部件不会自行下滑。当换向阀左边电磁铁得电时,其左位工作,液压缸上腔通压力油,下腔的背压大于顺序阀的调定压力时,顺序阀开启,活塞与运动部件下行,由于其自重得到平衡,故不会产生超速现象。当换向阀右边电磁铁得电,其右位工作时,压力油经单向阀进入液压缸下腔,上腔回油,活塞及工作部件上行。这种回路采用 M 形中位机能换向阀,可使液压缸停止工作时缸上下腔油被封闭,从而有助于锁住工作部件,另外还可使泵卸荷,以减少能耗。

这种回路,当自重较大时,顺序阀调定压力较高,下行时回油腔背压大,必须提高进油腔工作压力,故功率损失较大。这种回路只用于工作部件重量较小的场合,如插床的液压系统中。

图 5-32(b)为采用液控单向顺序阀的平衡回路。它适用于工作部件的重量变化较大的场合,如起重机立式液压缸的油路。

换向阀右位工作时,压力油进入缸下腔,缸上腔回油,使活塞上升吊起重物。当换向阀处于中位时,缸上腔卸压,液控顺序阀关闭,缸下腔油被封闭,因而不论其重量大小,活塞及工作部件均能停止运动并被锁住。当换向阀左位工作时,压力油进入缸上腔,同时进入液控顺序阀的外控口,使顺序阀开启,液压缸下腔可顺利回油,于是活塞下行,放下重物。由于背压较小,因而功率损失较小。下行时,若速度过快,必然使缸上腔油压降低,顺序阀控制油压也降低,因而液控顺序阀在弹簧力的作用下关小阀口,使背压增加,阻止活塞下降,故能保证工作安全可靠。但由于下行时液控顺序阀处于不稳定状态,其开口量有变化,故运动的平稳

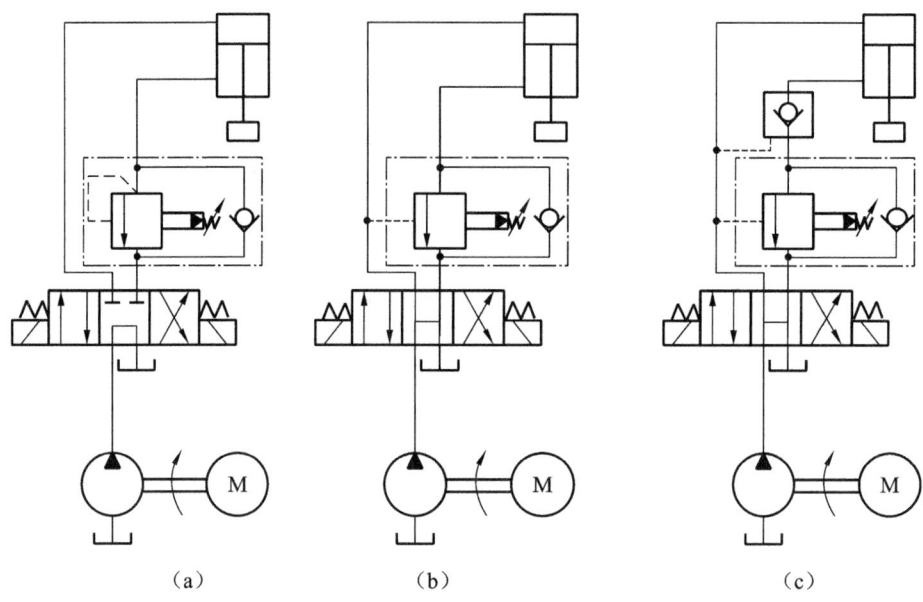

（a）　　　　　　　（b）　　　　　　　（c）

图 5-32　用顺序阀的平衡回路

性较差。

以上两种平衡回路中,在液压缸长时间停止工作时,由于滑阀本身的泄漏,工作部件仍会有缓慢的下移。为此,若要使工作部件长时间被锁在任意位置,可在液压缸与顺序阀之间加一个密封性能较好的液控单向阀,如图 5-32(c)所示。当泵突然停转或换向阀处于中位时,液控单向阀将回路锁紧,并且重物的重量越大,液压缸下腔的油压越高,液控单向阀关得越紧,其密封性越好。因此,这种回路能将重物较长时间地停留在空中某一位置而不下滑,平衡效果较好。

4)做卸荷阀用

图 5-33 为用液控顺序阀的卸荷回路。液压泵 1 为高压小流量泵,其流量应略大于最大工进速度所需要的流量,泵 2 为低压大流量泵,泵 2 流量与泵 1 流量之和应等于液压系统快速运动所需要的流量。

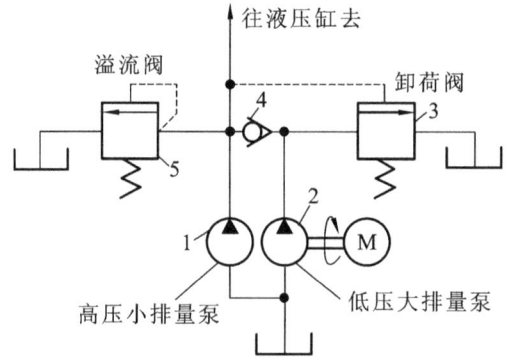

图 5-33　用液控顺序阀的卸荷回路
1,2—液压泵;3—液控顺序阀;4—单向阀;5—溢流阀

快速运动时,液压系统的压力低于液控顺序阀 3 的调定压力,阀 3 关闭,泵 1 与泵 2 一起向液压缸供油,实现快速运动。当系统工作进给承受负载时,系统压力升高至大于阀 3 的调定压力,阀 3 打开,阀 4 关闭,泵 2 的油经阀 3 流回油箱,大流量泵 2 处于卸荷状态。此时系统仅由小流量泵 1 供油,实现慢速工作进给,其工作压力由阀 5 调节。这种回路功率利用合理,效率较高,常用在快慢速差值较大的组合机床、注塑机等设备的液压系统中。

5.3.4　压力继电器

压力继电器是一种将油液的压力信号转换成电信号的液-电转换元件。当油液压力达到压力继电器的调定压力时,即发出电信号接通或断开电路,使电磁铁、继电器、电动机等电气元件通电运转或断电停止工作,以实现对液压系统工作程序的控制、安全保护或元件动作的联锁等。

图 5-34 所示为常用柱塞式压力继电器的结构简图和职能符号。其主要零件包括柱塞 1、顶杆 2、调节螺钉 3 和微动开关 4。压力油从继电器下端油口通入后作用在柱塞 1 的底部,若其压力已达到弹簧的调定值,它便克服弹簧的阻力和柱塞表面的摩擦力推动柱塞上升,通过顶杆 2 使微动开关 4 的触点闭合,发出电信号。

拧动调节螺钉 3,改变弹簧的预压缩量,可以调节压力继电器的设定压力。L 为泄油口。

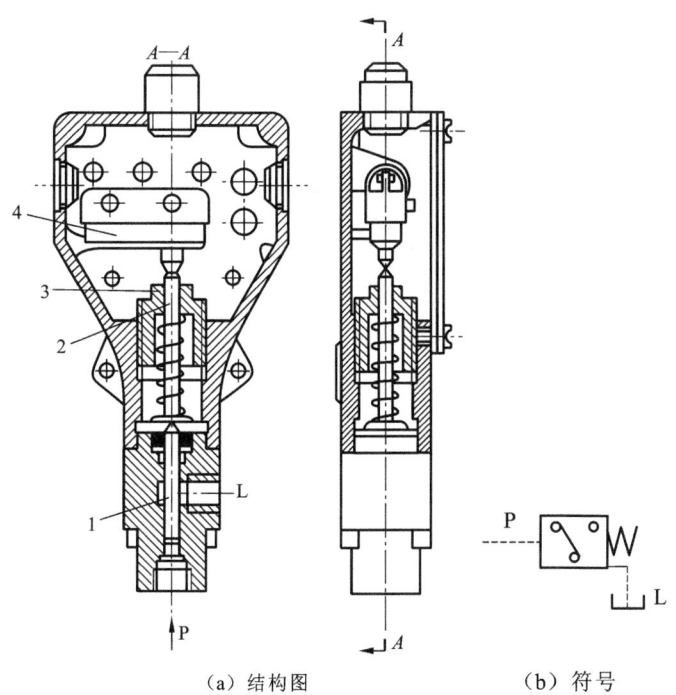

（a）结构图　　　　（b）符号

图 5-34　柱塞式压力继电器

1—柱塞;2—顶杆;3—调节螺钉;4—微动开关

◀ 5.4 流量控制阀 ▶

流量控制阀是通过改变节流口通流面积或通流通道的长短来改变局部阻力的大小,从而实现对流量的控制。流量控制阀是节流调速系统中的基本调节元件。在定量泵供油的节流调速系统中,必须将流量控制阀与溢流阀配合使用,以便将多余的油液排回油箱。

流量控制阀包括节流阀、调速阀、溢流节流阀和分流集流阀等。

5.4.1 节流阀

节流阀是结构最简单、应用最普遍的一种流量控制阀。它借助于控制机构使阀芯相对于阀体孔运动,以改变阀口的通流面积,从而调节输出流量。

1. 结构与工作原理

图 5-35 所示为一种典型的节流阀结构图。压力油从进油口 P_1 流入,经节流口后从 P_2 流出,节流口的形状为轴向三角槽式。节流阀芯 5 在弹簧 6 的推力作用下,始终紧靠在推杆 2 上。调节顶盖上的手轮,借助推杆 2 可推动阀芯 5 上下移动。通过阀芯的上下移动,改变了节流口的开口量大小,实现流量的调节。由于作用在阀芯 5 上的压力是平衡的,因而调节力较小,便于在高压下进行调节。

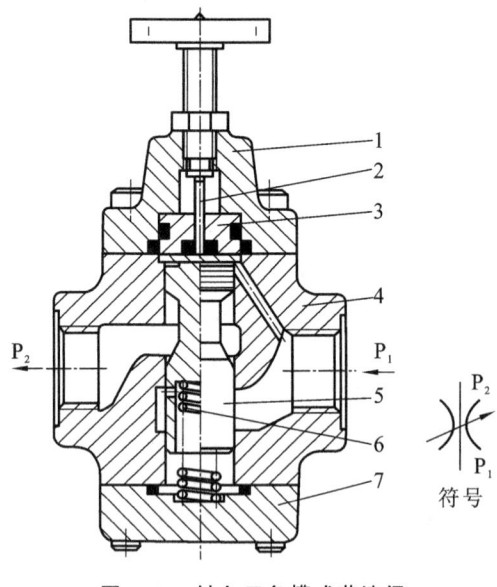

图 5-35 轴向三角槽式节流阀

1—顶盖;2—推杆;3—导套;4—阀体;
5—阀芯;6—弹簧;7—底盖

2. 流量特性

通过节流口的流量 q 及其前后压差 Δp 的关系可表示为

$$q = K A_{\mathrm{T}} \Delta p^{\mathrm{m}}$$

(5-7)

式中,Δp 为孔口或缝隙的前后压力差;K 为节流系数,由节流口形式、液体流态、油液性质等因素决定。

该式表明,节流阀的流量不仅受其通流面积 A_T 的影响,也受其前后压差 Δp 的影响。在一定压差 Δp 下,改变节流阀的通流面积 A_T,可改变通过阀的流量 q;当节流阀通流面积 A_T 一定时,外界负载的变化将引起节流阀前后压差的变化,即负载压力将直接影响节流阀流量的稳定性,从而影响液压系统中执行元件的运动速度稳定性。节流阀不同通流面积 A_T 下的流量特性曲线如图 5-36 所示。

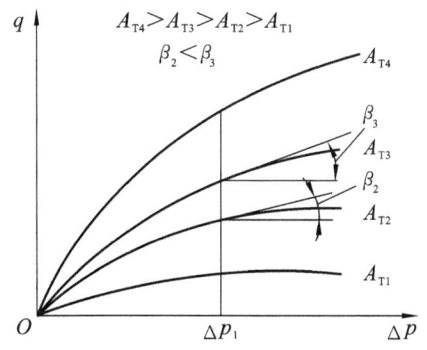

图 5-36 不同开口时节流阀的流量特性曲线

3. 节流阀的刚度

为了进一步分析压差变化对流量的影响,人们引入了节流刚度的概念。节流刚度反映了节流阀在负载压力变动时保持流量稳定的能力,其大小等于节流阀前后压差 Δp 的变化量与流量 q 的变化量的比值,即

$$k_T = \frac{\mathrm{d}\Delta p}{\mathrm{d}q} \tag{5-8}$$

将式(5-7)求导后代入式(5-8),整理得

$$k_T = \frac{\Delta p^{1-m}}{KA_T m} \tag{5-9}$$

由式(5-9)和图 5-36 可以看出,节流阀的刚度 k_T 等于其流量特性曲线上某点的切线与横坐标夹角 β 的余切。节流刚度 k_T 越大,负载压力的变化 Δp 对节流阀流量变化的影响越小。阀前后压力差 Δp 相同时,节流通流面积 A_T 小时,刚度 k_T 大。节流通流面积 A_T 一定时,其前后压差 Δp 越小,则刚度越低。所以节流阀只能在大于某一最小压差 Δp(一般为 0.15~0.4 MPa)的条件下才能正常工作。但提高 Δp,将引起压力损失增加。减小 m 值,可提高刚度,因此,目前使用的节流阀多采用 $m=0.5$ 的薄壁小孔式节流口。当节流口为细长孔时,油温越高,液体动力黏度 μ 越小,阀的刚度就越小,流量的增量越大。当采用 $m=0.5$ 的薄壁小孔式节流口时,油温的变化对流量稳定性没有影响。

4. 节流阀的应用

节流阀常与定量泵、溢流阀一起组成节流调速回路。由于节流阀的流量不仅取决于节流口面积的大小,还与节流口前后压差有关,阀的刚度小,故只适用于执行元件负载变化较小、速度稳定性要求不高的场合。

此外,利用节流阀能够产生较大压力损失的特点,可用作液压加载器。

对于执行元件负载变化大、对速度稳定性要求高的节流调速系统,必须对节流阀进行压力补偿来保持节流阀前后压差不变,从而保证流量稳定。

5.4.2 调速阀

调速阀是进行了压力补偿的节流阀,它由定差减压阀和节流阀串联而成,利用定差减压阀保证节流阀的前后压差稳定,以保持流量稳定。

1.结构和工作原理

图 5-37 为调速阀的工作原理图。若减压阀进口压力为 p_1、出口压力为 p_2,节流阀出口压力为 p_3,则减压阀 a 腔、b 腔油压为 p_2,c 腔油压为 p_3。若减压阀 a、b、c 腔有效工作面积分别为 A_1、A_2、A,则 $A = A_1 + A_2$。

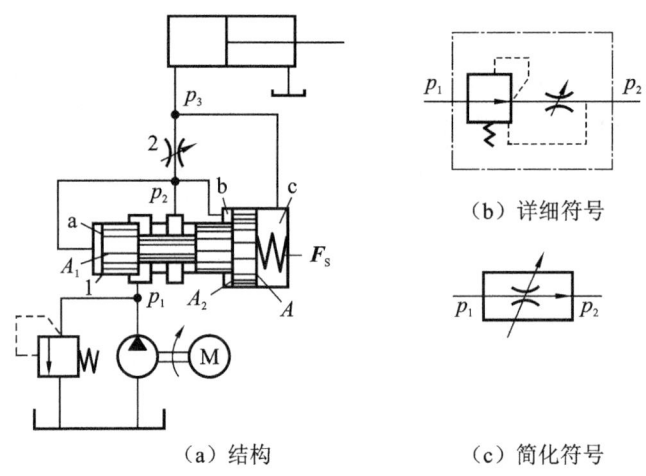

（a）结构　　　　　　　　（c）简化符号

图 5-37　调速阀的工作原理图及图形符号

1—减压阀芯;2—节流阀

节流阀出口的压力 p_3 由液压缸的负载决定。当负载使压力 p_3 增大,定差减压阀阀芯左移,减压阀阀口开大,压力损失减小,使压力 p_2 也增大;反之,p_3 减小,p_2 也就减小。也就是说,压力 p_2 会跟随负载压力 p_3 的变化而变化。当减压阀阀芯在其弹簧力 F_s、油液压力 p_2 和 p_3 的作用下处于某一平衡位置时,则有

$$p_2(A_1 + A_2) = p_3 A + F_s \tag{5-10}$$

即

$$\Delta p = p_2 - p_3 = \frac{F_s}{A} \tag{5-11}$$

由于减压阀弹簧刚度较小,且工作过程中减压阀阀芯位移很小,故弹簧压缩量的变化所附加的弹簧作用力的变化也很小,即 F_s 近似为常数,故 $\Delta p = p_2 - p_3$ 基本不变。因此,当节流阀通流面积 A_T 不变时,则通过节流阀的流量也不变,即通过调速阀的流量恒为定值。也就是说,无论负载如何变化,只要节流阀通流面积不变,液压缸的运动速度亦会保持恒定值。因此,调速阀适用于负载变化较大、速度平稳性要求较高的液压系统,例如各类组合机床、车床、铣床等设备的液压系统。

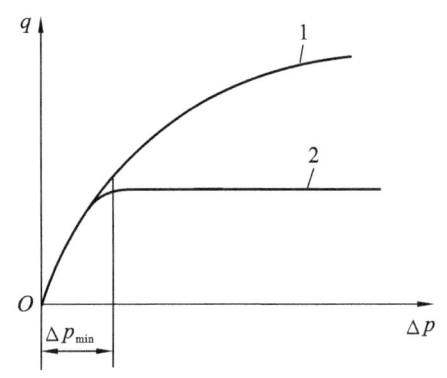

图 5-38　节流阀和调速阀的特性曲线

1,2—节流阀、调速阀的特性曲线

2. 调速阀的静态特性及应用

图 5-38 所示为调速阀的 Δp 与通过流量 q 的静态特性曲线。由此图可知,当压差 Δp 较小时,调速阀与节流阀的特性曲线重合,即两者性能相同。这是因为压差过小,即小于弹簧的预紧力时,在弹簧力作用下,减压阀阀芯处于最底端,阀口全

部打开,减压阀不起作用。要保证调速阀正常工作,阀两端必须保持一定的压差,其最小压差为 0.5～1 MPa。

调速阀的应用与前述节流阀相似之处是:可与定量泵、溢流阀配合,组成节流调速回路;与变量泵配合,组成容积节流调速回路等。与节流阀不同的是,调速阀应用于有较高速度稳定性要求的液压系统中。

3. 温度补偿调速阀

调速阀对温度和堵塞也是敏感的。为了补偿温度对流量稳定性的影响,可以采用带温度补偿装置的调速阀。这种阀也是由减压阀和节流阀两部分组成,且工作原理与调速阀相同。图 5-39 所示为温度补偿调速阀的节流阀部分。温度补偿装置的工作原理是:采用一种温度膨胀系数较大的材料附加控制节流口的大小。即在手柄 1 和节流阀阀芯 4 之间采用了温度补偿杆 2,温度补偿杆由热膨胀系数较大的材料(如聚氯乙烯塑料)制成。当节流口 3 调整好后,节流阀正常工作。此时,若温度增高,油的黏度降低,通过节流口的流量势必增大,但由于温度升高使温度补偿杆 2 变长而推动节流阀阀芯,节流口随之减小,限制流量的增大。节流口减小正好能消除由于温度增高使流量变大的影响,使流量基本上能保持在原来的调定值上。反之,若温度降低,黏度增加,流量将减小,此时温度补偿杆缩短,使节流口增大,流量仍然维持原来的调定值。

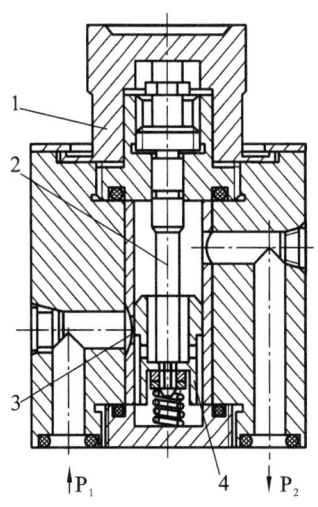

图 5-39　温度补偿调速阀原理图
1—手柄;2—温度补偿杆;
3—节流口;4—节流阀阀芯

如果要从根本上解决流量受温度变化影响的问题,还必须控制温度的变化。温度补偿调速阀多采用薄壁缝隙式节流口。

5.4.3　溢流节流阀

溢流节流阀是由定差溢流阀与节流阀并联而成。在进油路上设置溢流节流阀,通过溢流阀的压力补偿作用达到稳定流量的效果。溢流节流阀也称为旁通调速阀、恒流阀。

图 5-40 所示为溢流节流阀的工作原理。从液压泵输出压力为 p_1 的油液从进油口流入,一部分通过节流阀 4 的阀口 y,由出油口处流出,压力降为 p_2,进入液压缸 1 使活塞克服负载 F 以速度 v 运动;另一部分则通过溢流阀 3 的阀口 x 溢流回油箱。溢流阀阀芯上端的弹簧腔与节流阀 4 的出口(压力 p_2)相通,其肩部的油腔和下端的油腔与入口(压力 p_1)相通。在稳定工况下,当负载力 F 增加,即出口压力 p_2(负载压力)增大时,溢流阀阀芯上端压力增加,阀芯 3 下移,溢流口 x 减小,液阻加大,使液压泵供油压力 p_1 增加,因而使节流阀前后的压差 $\Delta p_j = p_1 - p_2$ 可基本保持不变。当 p_2 减少时,溢流阀溢流口 x 加大,液阻减少,使液压泵供油压力 p_1 相应减小,同样使 $\Delta p_j = p_1 - p_2$ 保持基本不变。另外,当负载压力 p_2 超过安全阀调定压力时,安全阀 2 将开启。不考虑阀芯自重和阀芯摩擦力的影响,溢流阀阀芯受力平衡方程为

$$p_1 A = p_2 A + F_s \qquad (5\text{-}12)$$

式中,p_1 为节流阀入口压力,即液压泵供油压力;p_2 为节流阀出口压力,即由外载荷决定的

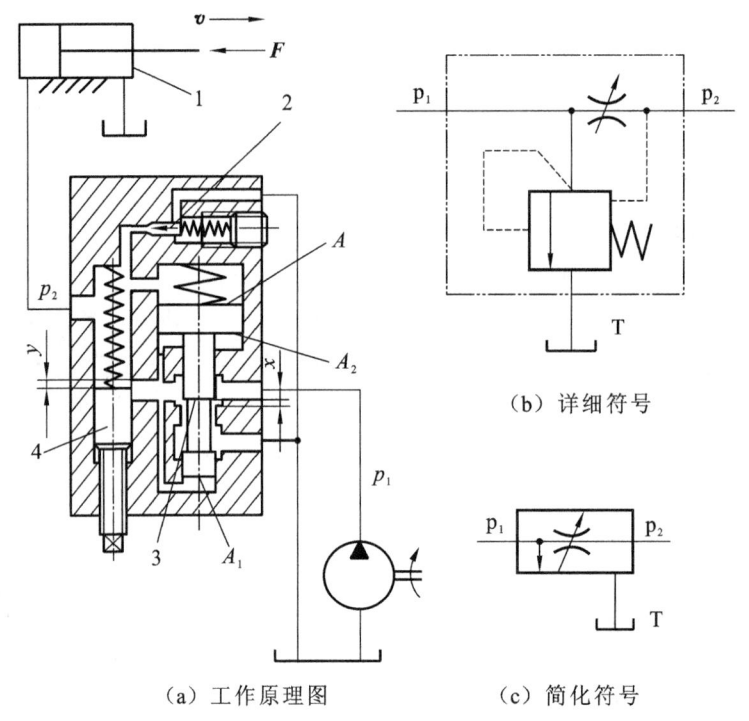

（a）工作原理图　　　　　（c）简化符号

图 5-40　溢流节流阀

1—液压缸；2—安全阀；3—溢流阀；4—节流阀

压力，负载压力；A 为溢流阀阀芯大端面积，即阀芯肩部面积 A_2 与下端的有效面积 A_1 之和；F_s 为溢流阀阀芯大端的弹簧作用力。

于是有

$$p_1 - p_2 = \frac{F_s}{A} \qquad (5\text{-}13)$$

从式（5-13）可知，溢流阀弹簧的预压缩量很大，而阀芯开口量 x 的变化较小，因此 F_s 可近似为常数，即节流阀前后压差 $\Delta p_j = p_1 - p_2$ 基本为一常数，因此，保证了通过节流阀的流量的稳定。

调速阀和溢流节流阀虽然都是通过压力补偿来保持节流阀前后压差不变，稳定流过节流阀的流量，但在性能和应用上不完全相同。调速阀常用于液压泵和溢流阀组成的定压系统的节流调速回路中，可安装在执行元件的进油路、回油路和旁油路上，系统压力要满足执行元件的最大载荷，因此功率消耗较大，系统发热量大。而溢流节流阀只能安装在节流调速回路的进油路上，这时溢流节流阀的供油压力 p_1 随负载压力 p_2 的变化而变化，属变压系统，其功率利用比较合理，系统发热量小。但溢流节流阀中流过的流量是液压泵的全流量，阀芯运动时的阻力较大，因此溢流阀上的弹簧一般比调速阀的硬一些，这样加大了节流阀前后的压差波动。如果考虑稳态液动力的影响，溢流节流阀入口压力的波动也影响节流阀前后压差的稳定，所以溢流节流阀的速度稳定性稍差，在小流量时尤其如此，故不宜用于有较低稳定流量要求的场合，一般用于对速度稳定性要求不高、功率较大的节流调速系统中，如拉床、插床和刨床中的进给液压系统。汽车使用的转向泵就是串联了一个恒流阀而成为一个恒流泵，从而使输出流量不受发动机转速的影响。

5.4.4　综合例题

例 5.1　如图 5-41 所示液压回路,两液压缸结构完全相同,$A_1 = 20$ cm²,$A_2 = 10$ cm²,Ⅰ缸、Ⅱ缸负载分别为 $F_1 = 8 \times 10^3$ N,$F_2 = 3 \times 10^3$ N,顺序阀、减压阀和溢流阀的调定压力分别为 3.5 MPa、1.5 MPa 和 5 MPa,不考虑压力损失,求:

(1) 电磁铁 1YA、2YA 通电,两缸向前运动中,A、B、C 三点的压力各是多少?

(2) 两缸向前运动到达终点后,A、B、C 三点的压力又各是多少?

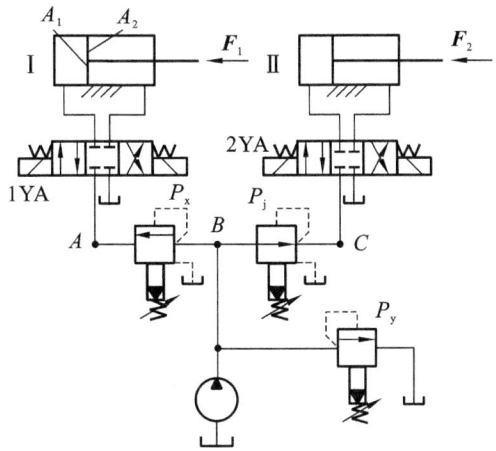

图 5-41　例 5.1 的液压回路

解　(1) 缸Ⅰ右移所需压力为

$$p_A = \frac{F_1}{A_1} = \frac{8 \times 10^3}{20 \times 10^{-4}} \text{ Pa} = 4 \times 10^6 \text{ Pa}$$
$$= 4 \text{ MPa}$$

溢流阀调定压力大于顺序阀调定压力,顺序阀开启时进出口两侧压力相等,其值由负载决定,故 A、B 两点的压力均为 4 MPa;此时,溢流阀关闭。

缸Ⅱ右移所需压力为

$$p_C = \frac{F_2}{A_1} = \frac{3 \times 10^3}{20 \times 10^{-4}} \text{ Pa} = 1.5 \times 10^6 \text{ Pa}$$
$$= 1.5 \text{ MPa}$$

因 $p_C = p_j$,减压阀始终处于减压、减压后稳压的工作状态,所以 C 点的压力均为 1.5 MPa。

(2) 两缸运动到终点后,负载相当于无穷大,两缸不能进油,迫使压力上升。当压力上升到溢流阀调定压力时,溢流阀开启,液压泵输出的流量通过溢流阀溢流回油箱,因此 A、B 两点的压力均为 5 MPa;而减压阀是出油口控制,当缸Ⅱ压力上升到其调定压力,减压阀工作,就恒定其出口压力不变,故 C 点的压力仍为 1.5 MPa。

例 5.2　如图 5-42 所示的液压回路。图中给出了阀 A、C、E、F 的压力调定值,工作液压缸 G 的有效工作面积为 $A = 50$ cm²,向右运动时,其负载为 $F_L = 5 \times 10^3$ N,试分析:

(1) 液压缸 G 向右运动时,夹紧液压缸 D 的工作压力是多少? 为什么?

(2) 液压缸 G 向右运动到顶上死挡铁时,夹紧缸 D 的工作压力是多少? 为什么?

(3) 液压缸 G 无负载地返回时,夹紧缸 D 的工作压力又是多少? 为什么?

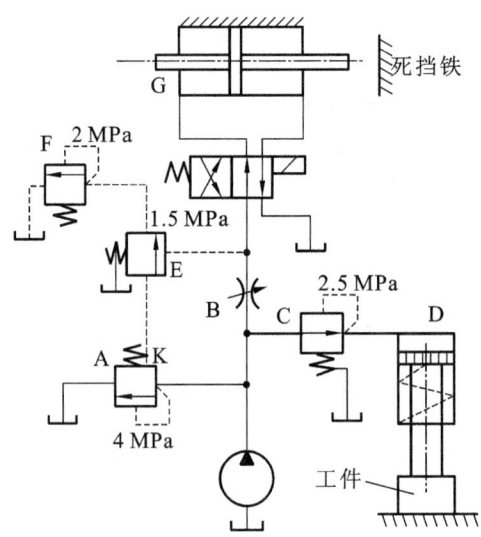

图 5-42　例 5.2 的液压回路图

解　（1）液压缸 G 向右运动时,其工作压力由负载决定,为

$$p = \frac{5 \text{ kN}}{50 \text{ cm}^2} = 1 \text{ MPa}$$

该工作压力 p 小于液控顺序阀 E 的调定压力 1.5 MPa,E 阀不工作,先导式溢流阀 A 的外控口处于关闭状态。由于节流阀的作用,定量泵多余的油由阀 A 溢流回油箱,泵出口压力由溢流阀 A 调定为 4 MPa,大于减压阀 C 的调定压力 2.5 MPa,故减压阀工作,使夹紧缸 D 的工作压力是减压阀的调定压力 2.5 MPa。

（2）液压缸 G 向右运动顶上死挡铁时,相当于负载无穷大,此时无油液流过节流阀 B,因而液压缸 G 工作压力与泵出口压力相同,该压力大于顺序阀 E 的调定压力 1.5 MPa,该阀开启,先导式溢流阀的远程控制口起作用,其进口压力受调压阀 F 控制,为 2 MPa,即泵出口压力为 2 MPa,低于减压阀 C 的调定压力 2.5 MPa,减压阀不起作用,所以夹紧缸 D 的工作压力为 2 MPa。

（3）液压缸 G 无负载向左运行时,其工作压力为 0,因而液控顺序阀 E 不工作,液压泵出口压力由溢流阀调定为 4 MPa,大于减压阀的调定压力 2.5 MPa,故减压阀工作,D 缸工作压力是减压阀的调定压力 2.5 MPa。

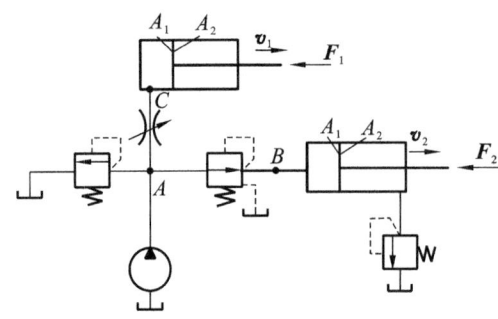

图 5-43　例 5.3 的夹紧回路

例 5.3　如图 5-43 所示的夹紧回路,已知液压缸的有效工作面积分别 $A_1 = 100 \text{ cm}^2$,$A_2 = 50 \text{ cm}^2$,负载 $F_1 = 14 \times 10^3 \text{ N}$,负载 $F_2 = 4\,250 \text{ N}$,背压 $p = 0.15 \text{ MPa}$,节流阀的压差 $\Delta p = 0.2 \text{ MPa}$,不计管路损失,试求:

（1）A、B、C 各点的压力各是多少?

（2）各阀最小应选用多大的额定压力?

（3）设进给速度 $v_1 = 3.5 \text{ cm/s}$,快速进给速度 $v_2 = 4 \text{ cm/s}$ 时,各阀应选用多大的额定流量?

解 （1）A、B、C 各点的压力。

$$p_C = \frac{F_1}{A_1} = \frac{14 \times 10^3}{100 \times 10^{-4}} \text{Pa} = 14 \times 10^5 \text{ Pa} = 1.4 \text{ MPa}$$

$$P_A = P_C + \Delta p = 14 \times 10^5 + 2 \times 10^5 \text{ Pa} = 16 \times 10^5 \text{ Pa} = 1.6 \text{ MPa}$$

$$p_B = \frac{F_2 + A_2 \times p}{A_1} = \frac{4\,250 + 50 \times 10^{-4} \times 1.5 \times 10^5}{100 \times 10^{-4}} \text{ Pa} = 5 \times 10^5 \text{ Pa} = 0.5 \text{ MPa}$$

夹紧缸运动时，进给缸应不动，这时 A、B、C 各点的压力均为 0.5 MPa。

当进给缸工作时，夹紧缸必须将工件夹紧，这时 B 点的压力为减压阀的调整压力，显然，减压阀的调整压力应大于，或等于 0.5 MPa。

（2）各阀的额定压力。

系统的最高工作压力为 1.6 MPa，根据压力系列，应选用额定压力为 2.5 MPa 系列的阀。

（3）计算流量 q。

通过节流阀的流量为

$$q_1 = v_1 A_1 = 3.5 \times 100 \times 10^{-3} \times 60 \text{ L/min} = 21 \text{ L/min}$$

夹紧缸运动时所需流量，即通过减压阀的流量为

$$q_2 = v_2 A_1 = 4.0 \times 100 \times 10^{-3} \times 60 \text{ L/min} = 24 \text{ L/min}$$

通过背压阀流回油箱的流量为

$$q_3 = v_2 A_2 = 4.0 \times 50 \times 10^{-3} \times 60 \text{ L/min} = 12 \text{ L/min}$$

选用的液压泵、溢流阀、减压阀和节流阀的额定流量应大于 q_2（24 L/min），根据液压元件产品样本，它们可选额定流量为 25 L/min 的规格。背压阀的额定流量应大于 q_3（12 L/min），可选额定流量为 16 L/min 的规格。

◀ 5.5　叠加式液压阀 ▶

叠加式液压阀简称叠加阀，是近三十年内发展起来的集成式液压元件，采用这种阀组成液压系统时，不需要另外的连接块，它以自身的阀体作为连接体直接叠合而成所需的液压传动系统。

叠加阀的工作原理与一般液压阀基本相同，但在具体结构和连接尺寸上则不相同，它自成系列，每个叠加阀既有一般液压元件的控制功能，又起到通道体的作用，每一种通径系列的叠加阀其主油路通道和螺栓连接孔的位置都与所选用的相应通径的换向阀相同，因此同一通径的叠加阀都能按要求叠加起来组成各种不同控制功能的系统。叠加阀组成的液压系统具有以下特点。

（1）结构紧凑，体积和质量小。

（2）安装简便，装配周期短。

（3）液压系统如有变化，改变工况，需要增减元件时，组装方便迅速。

（4）元件之间实现无管连接，消除了因油管、管接头等引起的泄漏、振动和噪声。

（5）整个系统配置灵活，外观整齐，维护保养容易。

（6）标准化、通用化和集成化程度较高。

通常使用的叠加阀有 $\phi 6$ mm、$\phi 10$ mm、$\phi 16$ mm、$\phi 20$ mm 和 $\phi 32$ mm 五个通径系列，额定工作压力为 20 MPa，额定流量为 $10\sim 200$ L/min。

叠加阀的分类与一般液压阀相同，可分为压力控制阀、流量控制阀和方向控制阀三大类，其中方向控制阀仅有单向阀类，换向阀不属于叠加阀。下面介绍几个常用的叠加阀。

5.5.1　叠加式溢流阀

先导型叠加式溢流阀由主阀和导阀两部分组成，如图 5-44 所示，主阀阀芯 6 为单向阀二级同心结构，先导阀即为锥阀式结构。图 5-44(a)所示为 Y_1-F10D-P/T 型溢流阀的结构原理图，其中 Y 表示溢流阀，F 表示压力等级($p=20$ MPa)，10 表示为 $\phi 10$ mm 通径系列，D 表示叠加阀，P/T 表示该元件进油口为 P，出油口为 T。图 5-44(b)所示为其图形符号。据使用情况不同，还有 P_1/T 型，其图形符号如图 5-44(c)所示，这种阀主要用于双泵供油系统的高压泵的调压和溢流。

叠加式溢流阀的工作原理同一般的先导式溢流阀，它利用主阀阀芯两端的压力差来移动主阀阀芯，以改变阀口的开度，油腔 e 和进油口 P 相通，孔 c 和回油口 T 相通，压力油作用于主阀阀芯 6 的右端，同时经阻尼小孔 d 流入阀芯左端，并经小孔 a 作用于锥阀 3 上，当系统压力低于溢流阀的调定压力时，锥阀 3 关闭，阻尼孔 d 没有液流流过，主阀阀芯两端液压力相等，主阀阀芯 6 在弹簧 5 作用下处于关闭位置。当系统压力升高并达到溢流阀的调定值时，锥阀 3 在液压力作用下压缩导阀弹簧 2 并使阀口打开。于是主阀腔 e 的油液经锥阀阀口和孔 c 流入 T 口，当油液通过主阀阀芯上的阻尼孔 d 时，便产生压差，使主阀阀芯两端产生压力差，在这个压力差的作用下，主阀阀芯克服弹簧力和摩擦力向左移动，使阀口打开，溢流阀便实现在一定压力下溢流。调节弹簧 2 的预压缩量便可改变该叠加式溢流阀的调整压力。

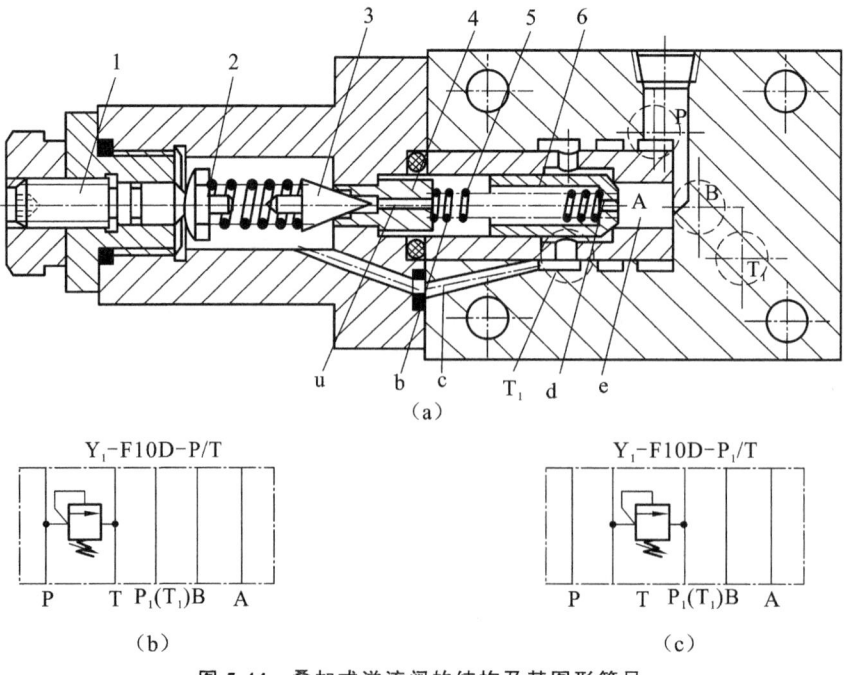

(a)

Y_1-F10D-P/T

P　　T　P_1(T_1)B　A

(b)

Y_1-F10D-P_1/T

P　　T　P_1(T_1)B　A

(c)

图 5-44　叠加式溢流阀的结构及其图形符号

1—推杆；2—弹簧；3—锥阀；4—阀座；5—弹簧；6—主阀阀芯

5.5.2 叠加式调速阀

图 5-45(a)所示为 QA-F6/10D-BU 型单向调速阀的结构原理。QA 表示流量阀,F 表示压力等级(20 MPa),6/10D 表示该阀阀芯通径为 φ6 mm,而其接口尺寸属于 φ10 mm 系列的叠加式液压阀,BU 表示该阀适用于出口节流调速的液压缸 B 腔油路上,其工作原理与一般调速阀基本相同。当压力为 p 的油液经 B 口进入阀体后,经小孔 f 流至单向阀 1 左侧的弹簧腔,液压力使锥阀式单向阀关闭,压力油经另一孔道进入减压阀 5(分离式阀芯),油液经控制口后,压力降为 p_1,压力为 p_1 的油液经阀芯中心小孔 a 流入阀芯左侧弹簧腔,同时作用于大阀芯左侧的环形面积上,当油液经节流阀 3 的阀口流入 e 腔并经出油口 B′引出的同时,油液又经油槽 d 进入油腔 c,再经孔道 b 进入减压阀大阀芯右侧的弹簧腔。这时通过节流阀的油液压力为 p_2,减压阀阀芯上受到压力 p_1 和弹簧力 p_2 的作用而处于平衡,从而保证了节流阀两端压力差(p_1-p_2)为常数,也就保证了通过节流阀的流量基本不变。图 5-45(b)所示为其图形符号。

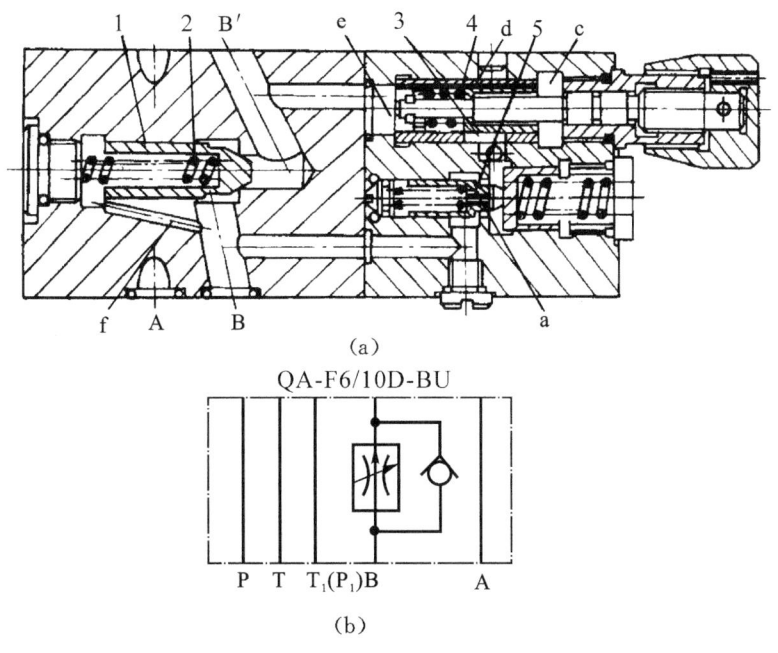

(a)

QA-F6/10D-BU

(b)

图 5-45 叠加式调速阀的结构及其图形符号
1—单向阀;2—弹簧;3—节流阀;4—弹簧;5—减压阀

◀ 5.6 二通式插装阀 ▶

插装式锥阀又称插装式二位二通阀,在高压大流量的液压系统中应用很广,由于插装式元件已标准化,将几个插装式元件组合一下便可组成复合阀。按功能可分为插装压力控制阀、插装流量控制阀和插装方向控制阀;按控制方式可分为通断式和比例式插装阀;按安装方式可分为盖板插装阀和螺纹插装阀。它和普通液压阀相比较,具有通流能力大、密封性好、泄漏小、功率损失小、阀芯动作灵敏、抗污染能力强、结构简单、易于实现集成等优点,特别适用于大流量液压系统。

5.6.1　二通插装阀的基本结构和工作原理

1.二通插装阀的基本结构

二通插装阀由插装元件、控制盖板、先导控制元件和插装块体四部分组成。图 5-46 是二通插装阀的典型结构。插装阀单元(又称主阀组件)为插装式结构,由阀芯、阀套、弹簧和密封件等组成,它插装在插装阀体中,通过它的开启、关闭动作和开启量的大小来控制主油路的液流方向、压力和流量。

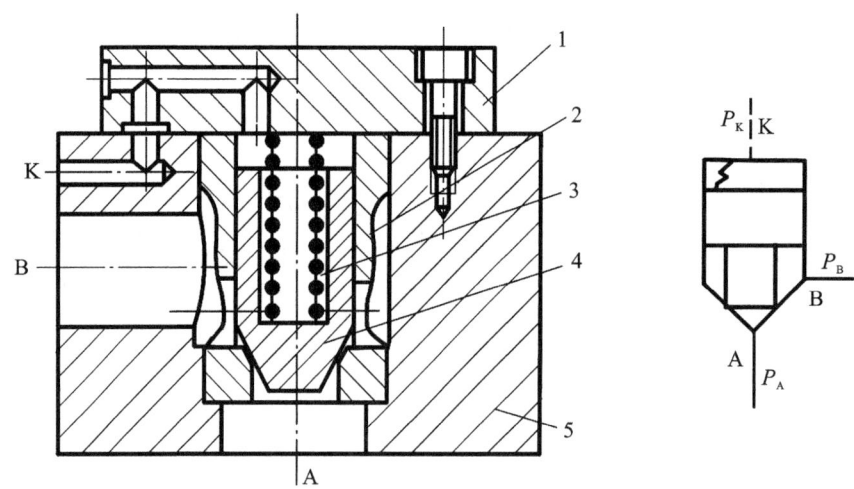

图 5-46　二通插装阀的结构及其图形符号
1—控制盖板;2—阀套;3—弹簧;4—阀芯;5—插装块体

控制盖板用来固定和密封插装阀单元,盖板可以内嵌具有各种控制机能的微型先导控制元件,如节流螺塞、梭阀、单向阀、流量控制器等;安装先导控制阀、位移传感器、行程开关等电器附件;建立或改变控制油路与主阀控制腔的连接关系。

先导阀安装在控制盖板上,是用来控制逻辑阀单元的工作状态的小通径液压阀。先导控制阀也可以安装在阀体上。

插装阀体用来安装插装件、控制盖板和其他控制阀,连接主油路和控制油路。由于插装阀主要采用集成式连接形式,一般没有独立的阀体,在一个阀体中往往插装有多个插装阀,所以也称之为集成块体。

2.二通插装阀的工作原理

二通插装阀原理和液控单向阀相同,如图 5-46 所示,A、B 为主油路通口,K 为控制油路通口。设 A、B、K 油口的压力及其作用面积分别为 p_A、p_B、p_K 和 A_1、A_2、A_3,$A_3 = A_1 + A_2$,F 为弹簧作用力,如不考虑阀芯的重量和液流的液动力,则当 $p_A + p_B > p_K + F$ 时,阀芯开启,油路 A、B 接通;当控制口 K 接油箱时,则 A、B 接通;如果控制口 K 的控制压力增加,且 $p_K + F > p_A + p_B$ 时,阀芯关闭,A、B 不通。

5.6.2　插装阀主要组合与功能

二通插装阀通过不同的盖板和各种先导阀组合,便可构成方向控制阀、压力控制阀和流量控制阀。

1. 插装方向控制阀

插装阀可以组合成各式方向控制阀。

1)做单向阀

如图 5-47(a)和图 5-47(b)所示,将 X 腔和 A 或 B 腔连通,即成为单向阀。连接方法不同,其导通方式也不同。若在控制盖板上如图 5-47(c)所示连接一个二位三通液动换向阀,即可组成液控单向阀。

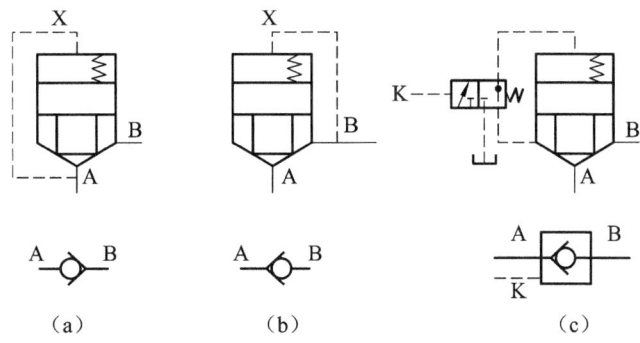

图 5-47　插装式单向阀及液控单向阀

2)做二位二通阀

如图 5-48(a)和图 5-48(b)所示连接二位三通阀,即可组成二位二通电液阀。

用一个二位三通电磁阀来转换 X 腔压力,就成为一个二位二通阀,如图 5-48 所示。在图 5-48(a)中,当二位三通电磁阀断电时,阀芯开启,A、B 口接通;电磁铁通电时,阀芯关闭,A 到 B 不通。如果要使两个方向都起切断作用,可在控制油路中加一个梭阀[见图 5-48(b)],梭阀的作用相当于两个单向阀,只要图中的二位三通电磁阀通电,不管油口 A、B 哪个压力高,锥阀始终可靠地关闭。

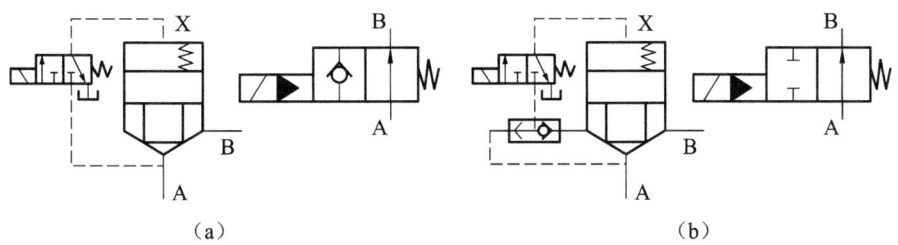

图 5-48　插装式二位二通阀

3)做二位三通阀

将两个锥阀单元再加上一个电磁先导阀就组成一个三通阀。如图 5-49 所示,用一个二位四通阀来转换两个锥阀控制腔中的压力,在图示电磁阀断电状态,左面的锥阀打开,右面的锥阀关闭,即 A 通 T,P 与 A 不通;当电磁阀通电时,P 通 A,A 与 T 不通。

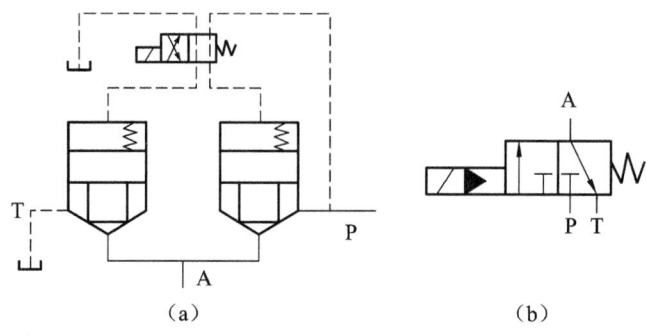

（a）　　　　　　　　　　　（b）

图 5-49　插装式二位三通阀

4）做二位四通阀

用四个锥阀单元及相应的先导阀就组成一个四通阀。如图 5-50 所示，用一个二位四通电磁先导阀来对四个锥阀进行控制，即可组成一个相应于二位四通的电液换向阀。

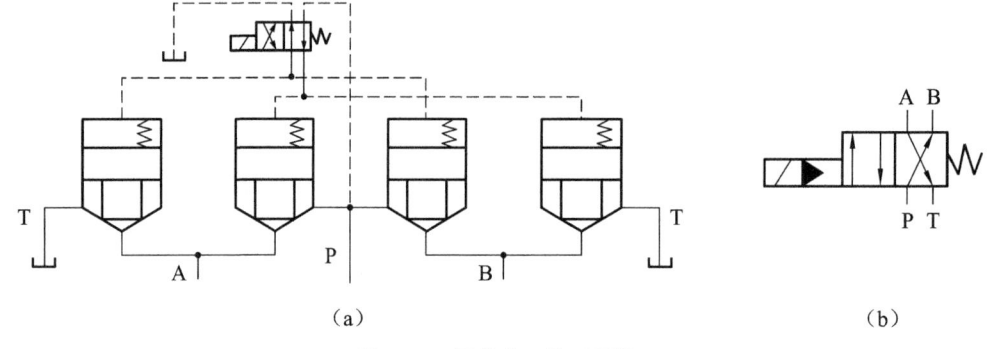

（a）　　　　　　　　　　　　　　　（b）

图 5-50　插装式二位四通阀

5）做三位四通 O 形换向阀

如图 5-51 所示连接三位四通换向阀和单向阀，即可组成三位四通中位为 O 形的电液换向阀。

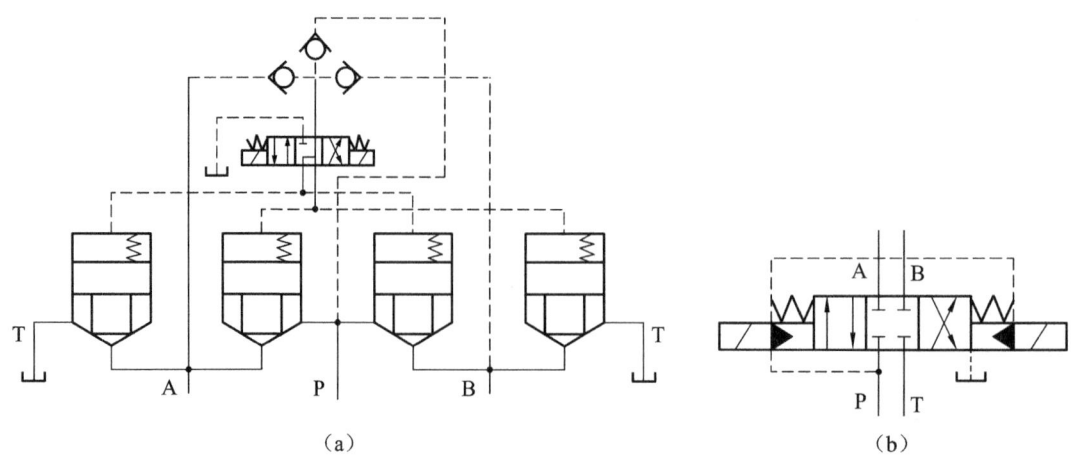

（a）　　　　　　　　　　　　　　（b）

图 5-51　插装式三位四通 O 形换向阀

6）做多机能四通阀

如图 5-52 所示连接换向阀,利用对电磁换向阀的控制实现多机能功能。先导阀控制状态下的机能如表 5-4 所示。电磁铁的带电状态用符号"＋"表示;断电状态用"－"表示。

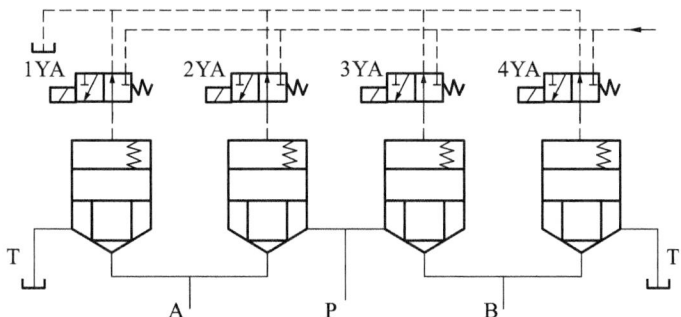

图 5-52　插装式多机能三位四通阀

表 5-4　先导阀控制的滑阀机能

1YA	2YA	3YA	4YA	中 位 机 能	1YA	2YA	3YA	4YA	中 位 机 能
＋	＋	＋	＋		＋	－	＋	－	
＋	＋	＋	－		＋	－	＋	＋	
＋	＋	－	＋		－	＋	＋	＋	
＋	＋	－	－		－	＋	＋	＋	
＋	－	＋	＋						

续表

1YA	2YA	3YA	4YA	中 位 机 能	1YA	2YA	3YA	4YA	中 位 机 能
−	−	+	+		−	−	+	−	
+	−	−	−		−	−	−	+	
−	+	−	−		−	−	−	−	

2. 插装压力控制阀

对插装阀的 X 腔进行压力控制,便可构成压力控制阀。

1) 做溢流阀或顺序阀

如图 5-53(a)所示,在压力型插装阀芯的控制盖板上连接先导调压阀(溢流阀),当出油口接油箱,此阀起溢流阀作用;当出油口接另一工作油路,则为顺序阀。

2) 做卸荷阀

如图 5-53(b)所示连接二位二通换向阀,当电磁铁通电时,出口接油箱,则构成卸荷阀。

3) 做减压阀

采用插装阀芯和溢流阀如图 5-53(c)所示连接,则构成减压阀。液压油从 P_1 流入 P_2 流出,出口油液通过阀芯上的中心阻尼孔、盖板和先导阀接通。当减压阀出口的压力较小,不足以顶开先导阀阀芯时,主阀阀芯上的阻尼孔只起通油作用,使主阀阀芯上、下两腔的液压力相等,而上腔又有一个小弹簧作用,必使主阀阀芯处在下端极限位置,减压阀阀芯大开,不

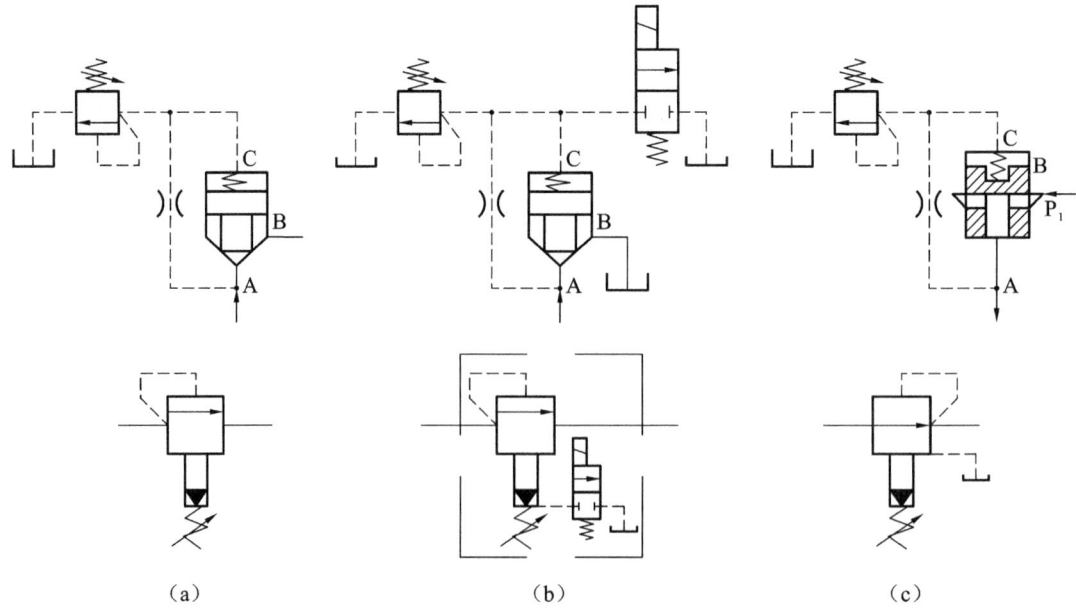

(a)　　　　　　　　　(b)　　　　　　　　　(c)

图 5-53　插装式压力控制阀

起减压作用;当压力增大到先导阀的开启压力时,先导阀打开,泄漏油液单独流回油箱,实行外泄。减压阀在调定压力下正常工作时,由于出口压力与先导阀溢流压力和主阀阀芯弹簧力的平衡作用,维持节流降压口为某定值。当出口压力增大,由于阻尼孔液流阻力的作用产生压力降,主阀阀芯所受的力不平衡,使阀芯上移,减小节流降压口,使节流降压作用增强;反之,出口的压力减小时,阀芯下移,增大节流降压口,使节流降压作用减弱,控制出口的压力维持在调定值。

3. 插装流量控制阀

插装流量阀同样有节流阀和调速阀等形式。

1)做节流阀

在方向控制插装阀的盖板上安装阀芯行程调节器,调节阀芯和阀体间节流口的开度便可控制阀口的通流面积,起节流阀的作用,如图 5-54(a)所示。实际应用时,起节流阀作用的插装阀芯一般采用滑阀结构,并在阀芯上开节流沟槽。

2)做调速阀

插装式节流阀同样具有随负载变化流量不稳定的问题。如果采取措施保证节流阀的进、出口压力差恒定,则可实现调速阀功能。如图 5-54(b)所示连接的减压阀和节流阀就起到这样的作用。

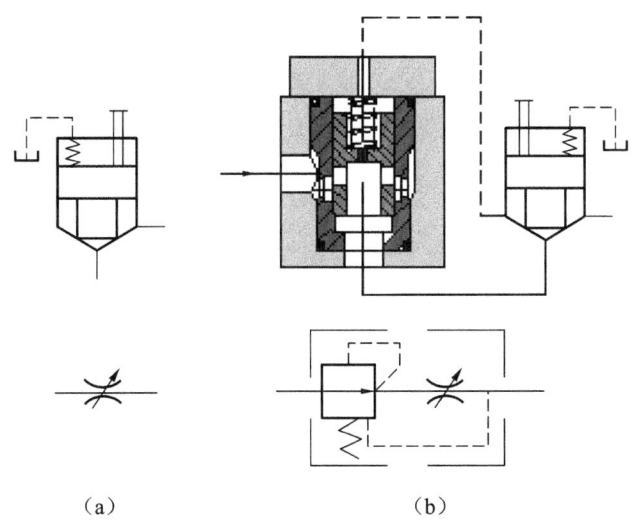

（a） （b）

图 5-54 插装式流量控制阀

本 章 小 结

方向控制阀分单向阀和换向阀。滑阀式换向阀使用最广泛,滑阀阀芯的工作位置称作"位",一般常用"二位"和"三位"阀;阀体上主通油口称作"通",一般常用"四通"和"五通"阀;使用时堵塞其中的一个油口或两个油口,可获得"三通"或"二通"阀。"四通"和"五通"阀的区别在于五通阀有两个回油口。

所谓中位机能是指,三位换向阀的阀芯处于中位时,各油口之间的连通方式。中位机能具有不同的作用,以满足各种系统的需要。

溢流阀的功用是:溢流恒压、安全限压、调节压力。液体能克服阻力流动时,其压力不会再上升,这样就能恒定压力基本不变。从流体力学来看,溢流阀阀口产生局部压力损失,这个压力损失就是溢流阀恒定的压力,而从机械力学来说,阀口是液体压力克服阀芯上的弹簧预紧力,阀芯移动形成的。液体压力产生的液压作用力与弹簧力相平衡,由于弹簧力变化微小,因此液体压力基本恒定。溢流阀的应用有:做调压阀、恒压阀、安全阀、背压阀,先导式溢流阀利用其外控口 K 还可实现多级调压,或者实现液压泵卸荷。

减压阀的作用是减压、减压后恒压。先导式减压阀的工作原理与先导式溢流阀的工作原理基本相同,差别在于前者是出口压力控制,恒定出口压力,后者是进口压力控制,恒定进口压力。顺序阀的结构与溢流阀的结构基本相同,工作原理基本相同。顺序阀就是一个压力开关,液体压力达到(可以高于)顺序阀调定压力,顺序阀立即开启,开放通道,否则截止。压力继电器是一个信号转换器,它将压力信号转换为电信号,用于控制。

流量控制阀中,普通节流阀的流量随阀进出口压差增大而变大,随油液温度增加而增大,流量不稳定。采用对温度敏感的材料做阀芯推杆,当油温上升,推杆变长,减小节流口开口量,保持流量基本不变。这就是带温度补偿的节流阀。为获得稳定流量,调速阀采用压力补偿。压力补偿的目的是随时保持节流阀阀口两端的压差恒定,压力补偿的方法是使节流阀进口压力随出口压力的变化而变化,但始终保持其差值恒定。溢流节流阀也叫恒流阀,它的原理是采用并联的压差溢流阀将多余的流量溢流回油箱,从而保证流经节流阀的流量恒定不变。

插装阀、叠加阀等类型的液压控制阀,其工作原理与传统控制阀完全相同,不同之处仅仅在于为适应大流量,在结构、安装方式等方面有较大的改变。

思考题与习题

5.1　什么是换向阀的"位"和"通"?换向阀有几种控制方式?其职能符号如何表示?

5.2　何谓三位阀的中位机能?哪些中位机能具有能使泵卸荷的功能?

5.3　哪些阀在系统中可以做背压阀使用?单向阀做背压阀使用时,需采用什么措施?

5.4　溢流阀、顺序阀、减压阀各有什么作用?它们在原理上和图形符号上有何异同?顺序阀能否当溢流阀用?顺序阀是稳压阀还是液控开关?顺序阀工作时阀口是全开还是微开?溢流阀和减压阀呢?

5.5　现有三个压力阀,由于铭牌脱落,分不清哪个是溢流阀,哪个是减压阀,哪个是顺序阀,又不希望把阀拆开,如何根据其特点作出正确判断?

5.6　什么叫压力继电器的开启压力和闭合压力?压力继电器的通断调节区间如何调整?

5.7　先导式溢流阀的阻尼孔起什么作用?如果它被堵塞将会出现什么现象?如果弹簧腔不与回油腔相接,会出现什么现象?

5.8　什么是溢流阀的启闭特性?它表征溢流阀的什么性能?溢流阀的动态特性指标有哪些?各说明什么问题?为什么溢流阀的开启压力要稍高于闭合压力?

5.9　为什么减压阀的调压弹簧腔要接油箱?如果把这个油口堵死,会出现什么问题?

5.10　节流阀的最小稳定流量的物理意义是什么?影响其稳定性的因素主要有哪些?

5.11 图 5-55 所示为中压先导式溢流阀工作原理图。回答下列问题:

(1) 写出先导式溢流阀的控制油路;

(2) 写出主阀阀芯的受力平衡方程式(符号自行设定);

(3) 叙述此溢流阀的恒压原理。

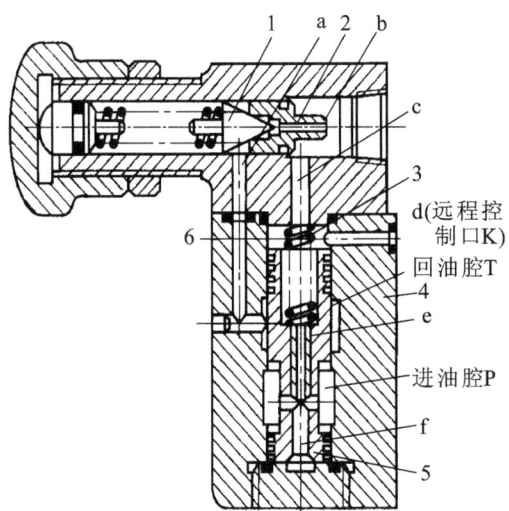

图 5-55　中压先导式溢流阀

1—先导锥阀芯;2—先导阀座;3—先导阀体;4—主阀体;5—主阀阀芯;6—主阀弹簧;

e—阻尼器;f—油道

5.12 图 5-56 所示夹紧回路中,若溢流阀的调定压力为 5 MPa,减压阀的调定压力为 2.5 MPa,试分析下列情况:

(1) 活塞快速运动时,A、B 两点的压力各为多少? 减压阀阀芯处于什么状态?

(2) 工件夹紧后,A、B 两点的压力各为多少? 此时减压阀阀口有无流量通过? 为什么?

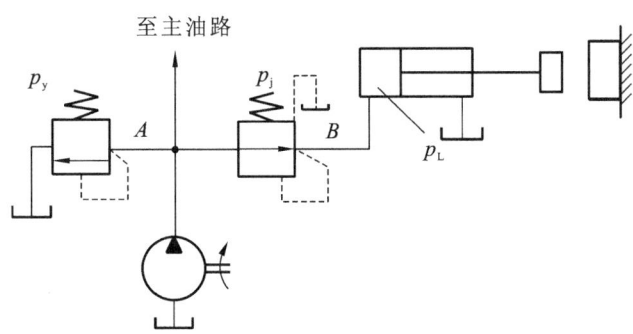

图 5-56　题 5.12 图

5.13 图 5-57 所示回路中,顺序阀调定压力为 3 MPa,溢流阀的调定压力为 5 MPa,求在下列情况下,A、B 点的压力等于多少?

(1) 液压缸运动时,负载压力 $p_L = 4$ MPa;

(2) 负载压力变为 1 MPa;

(3) 活塞运动到右端位不动时。

5.14 图 5-58 所示回路中，顺序阀和溢流阀串联，其调整压力分别为 p_x 和 p_y。求：

(1) 当系统负载趋向无穷大时，泵的出口压力 p_p 是多少？

(2) 若将两阀的位置互换一下，泵的出口压力 p_p 又是多少？

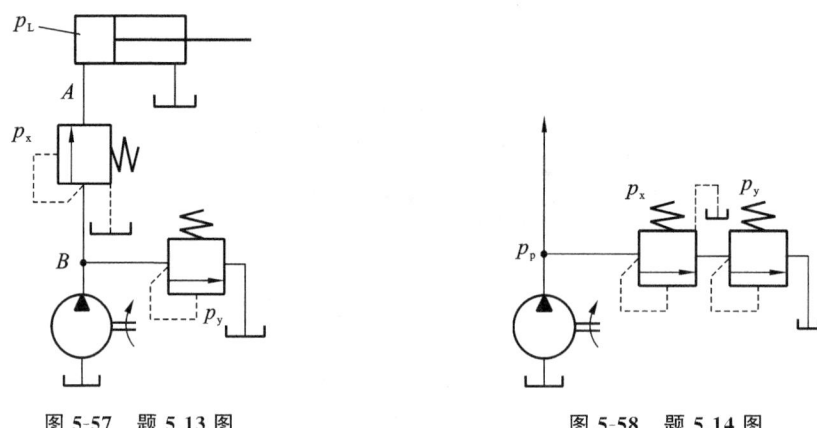

图 5-57　题 5.13 图　　　　　　　　　图 5-58　题 5.14 图

5.15 试说明电液换向阀的组成特点及使用特点。如何调节其换向时间？

5.16 图 5-59 所示两个调压回路中，各溢流阀的调整压力分别为 $p_A = 4$ MPa，$p_B = 3$ MPa，$p_C = 2$ MPa，若系统的外负载趋于无限大时，泵出口的压力各为多少？

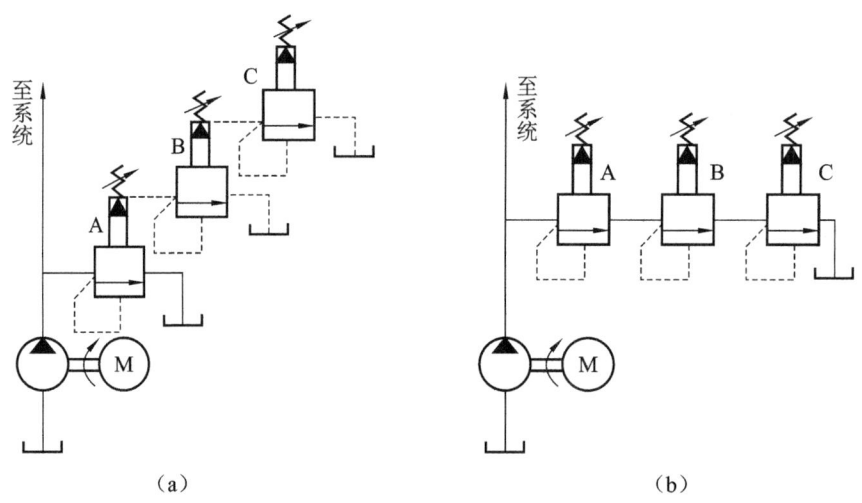

（a）　　　　　　　　　　　　　　　（b）

图 5-59　题 5.16 图

5.17 如图 5-60 所示，试确定下列各种情况下系统的调定压力各为多少？

(1) 1YA、2YA 和 3YA 都断电；

(2) 2YA 通电，IYA 和 3YA 断电；

(3) 2YA 断电，1YA 和 3YA 通电。

5.18 在图 5-27 所示的减压回路中，若溢流阀的调整压力为 5 MPa，减压阀的调定压力为 2.5 MPa，试分析下列各种情况，并说明减压阀的阀口处于什么状态：

(1) 夹紧缸在夹紧工件前作空载运动时，不计摩擦力和压力损失，A、B、C 三点的压力

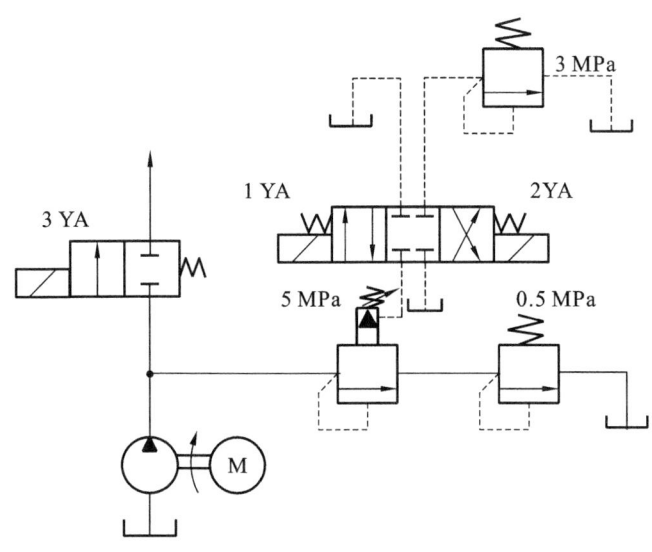

图 5-60　题 5.17 图

各为多少？

（2）夹紧缸夹紧工件其运动停止后，主油路截止时，A、B、C 三点的压力各为多少？

（3）工件夹紧后，当主系统工作缸快进，主油路压力降到 1.5 MPa 时，A、B、C 三点的压力各为多少？

5.19　图 5-61 所示为调速阀工作原理示意图。图中 x_v 为减压阀阀口开口量，k_s 为弹簧刚度。

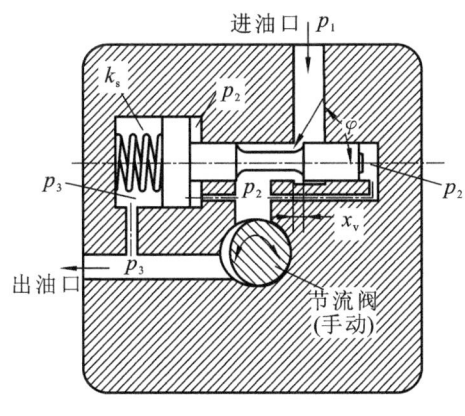

图 5-61　题 5.19 图

（1）自行设定面积符号，写出压差式减压阀阀芯的受力平衡方程式。

（2）如果进油口由液压泵供油，且 p_1 恒定；出油口接液压缸，p_3 随液压缸工作负载变化。请说明压力 p_2 能随压力 p_3 的变化而变化的压力补偿原理，以及压差不变的理由。

（3）如果进油口接液压缸的回油腔，出油口直通油箱，写出减压阀阀芯的受力平衡方程式；说明 p_1 变化时，压差 $p_2 - p_3$ 基本不变的原理。

第6章
液压辅助元件

【学习要点】

　　液压辅助元件对液压系统工作的稳定极为重要,必须熟悉它们。液压辅助元件的种类、规格、型号很多,并且都已经系列化、标准化、市场化。主要需要了解它们的结构、性能、安装方式、选用原则。

　　液压系统的辅助元件主要有蓄能器、液压油箱、过滤器、热交换器、油管和管接头、密封件以及压力表装置等。液压系统的辅助元件对系统的工作稳定性、可靠性、使用寿命、噪声、温升等性能都有直接影响,因此它们是液压系统不可缺少的部分,必须予以足够的重视。

◀ 6.1 蓄 能 器 ▶

6.1.1 蓄能器的功用

蓄能器是用来储存和释放液体压力能的装置。当系统的压力高于蓄能器内液体的压力时,系统中的液体充进蓄能器中,直到蓄能器内外压力相等,这是蓄能器的储能过程;反之,当蓄能器内液体的压力高于系统的压力时,蓄能器内的液体流出到系统中去,直到蓄能器内外压力相等,这是它的释能过程。蓄能器在液压传动系统中的主要功能是储存能量、吸收脉动压力、吸收冲击压力以及短时大量供油。它的主要用途表现在以下几个方面。

1. 作辅助动力源,短期大量供油

在执行元件有间歇动作且工作时间较短的液压系统中,当执行元件不工作或运动速度很低、系统不需要大量油液时,蓄能器将液压泵输出的压力油储存起来;当执行元件工作或运动速度较高时,蓄能器再将储存的能量快速释放出来,可与液压泵一起向执行元件供油,以实现系统动作循环。这样,系统可采用一个功率较小的液压泵,既能减少功率损耗,又能降低系统温升,这是蓄能器最常见的用途。

2. 补偿泄漏,维持系统压力

当执行元件长时间不动作并要求系统压力恒定,而液压泵卸荷时,由蓄能器释放储存的压力油来补偿系统泄漏,维持系统压力。此外,蓄能器还可用作应急液压源,在一段时间内维持系统压力,避免因原动机或液压泵出现故障时,液压源突然中断造成机件损坏等事故。

3. 吸收冲击压力和脉动压力

蓄能器能吸收冲击和脉动压力,是因为它除有储能作用外,还有缓冲作用。常用蓄能器吸收系统中因液压泵、液压缸突然启动或停止,液压阀突然关闭或换向引起的液压冲击及液压泵因流量脉动而引起的压力脉动。

6.1.2 蓄能器的类型

蓄能器按其储能方式可以分为重锤式、弹簧式和充气式三种,其中充气式蓄能器又分为气瓶式、活塞式、气囊式等类型。目前常用的是活塞式和气囊式蓄能器。

1. 重锤式蓄能器

重锤式蓄能器的结构、原理如图 6-1 所示,它是利用重锤的位能变化来储存和释放能量的。重物通过柱塞作用在液压油液上,使之产生压力。当储存能量时,油源供给的油液进入蓄能器内,通过柱塞推动重物上升;当释放能量时,柱塞同重物一起下降,油液进入到系统中去,所以蓄能器产生的压力取决于重锤的质量和柱塞的大小。这种蓄能器的特点是结构简单,压力稳定,能提供大容量、压力高的油液,最高工作压力可达 45 MPa。但它的体积大,运动惯性大,反应不灵敏,易产生泄漏。主要用于大型固定设备的液压系统中。

2. 弹簧式蓄能器

弹簧式蓄能器的结构、原理如图 6-2 所示,它是利用弹簧的伸缩来释放和储存能量的。弹簧力通过活塞作用于液压油上,产生的压力取决于弹簧的预紧力和活塞的面积。它的特点是结构简单、反应较灵敏。但容量小,有噪声,一般弹簧的刚度不能太大,使用寿命取决于弹簧的寿命。这种蓄能器不宜用于高压和循环频率较高的场合,一般用在低压、小容量的液压系统中。

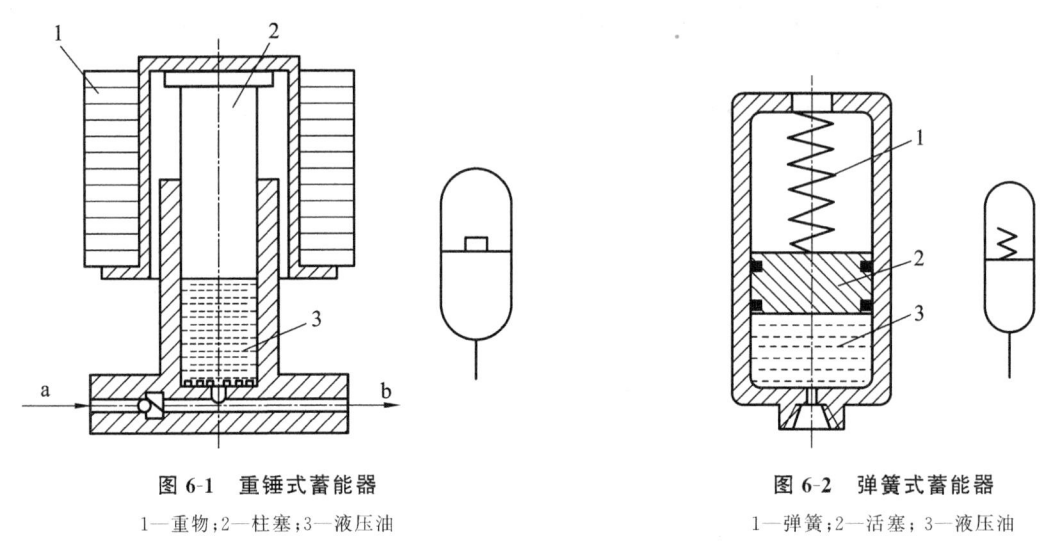

图 6-1　重锤式蓄能器　　　　　　　　　图 6-2　弹簧式蓄能器

1—重物;2—柱塞;3—液压油　　　　　　　1—弹簧;2—活塞;3—液压油

3. 充气式蓄能器

充气式蓄能器的工作原理是利用压缩的氮气来储存和释放能量的。这种蓄能器一般有气瓶式、活塞式、气囊式等几种结构形式,如图 6-3 所示。

图 6-3(a)为气瓶式蓄能器的结构原理图,气体 2 和油液 1 在蓄能器中直接接触。这种蓄能器容量大、惯性小、反应灵敏、外形尺寸小,没有摩擦损失;但气体易混入(高压时溶入)油液中,影响系统的工作平稳性,而且耗气量大,必须经常补充,只适用于中、低压大流量系统。

图 6-3(b)为活塞式蓄能器的结构原理图,活塞 3 将气体 2 和油液 1 隔开,其特点是气液隔离,油液不易氧化,结构简单、工作可靠、寿命长、安装和维护方便。但由于活塞惯性和摩擦阻力的影响,反应不灵敏,容量较小,对缸筒加工和活塞密封性能要求较高。一般用于中、高压液压系统中,但已被性能更完善的气囊式蓄能器所代替。

图 6-3(c)为气囊式蓄能器的结构原理图。这种蓄能器主要由壳体 5、皮囊 6、进油阀 7 和充气阀 4 等组成,气体和液体由皮囊隔开。壳体是一个无缝耐高压的外壳,皮囊用特殊耐油橡胶做原料与充气阀一起压制而成。进油阀是一个由弹簧加载的菌形提动阀,它的作用是防止油液全部排出时气囊挤出壳体之外。充气阀只在蓄能器工作前,用来为皮囊充气,蓄能器工作时则始终关闭。这种蓄能器允许承受的最高工作压力可达 32 MPa,具有惯性小、反应灵敏、尺寸小、质量轻、安装容易、维护方便等优点。缺点是皮囊和壳体制造工艺要求较

高,压力的允许波动值受到限制,只能在 $-20 \sim 70$ ℃的温度范围内工作。

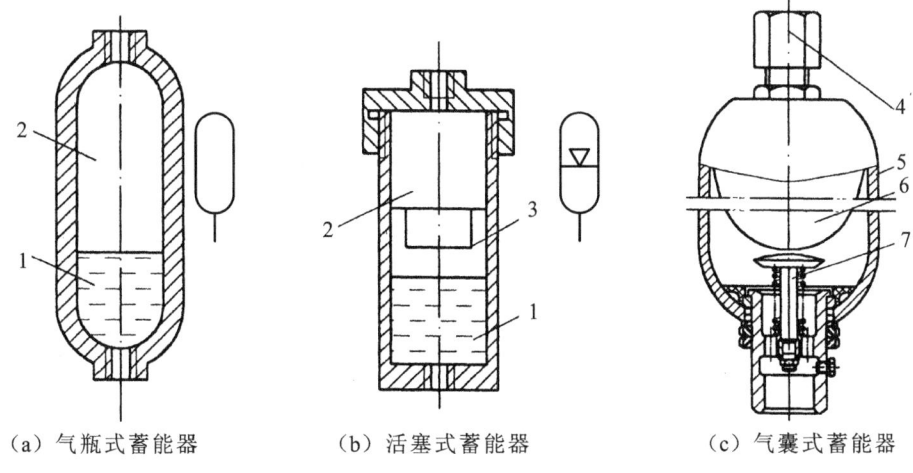

（a）气瓶式蓄能器　　　　　（b）活塞式蓄能器　　　　　（c）气囊式蓄能器

图 6-3　充气式蓄能器

1—油液；2—气体；3—活塞；4—充气阀；5—壳体；6—皮囊；7—进油阀

6.1.3　蓄能器的容量计算

蓄能器的容量是选择蓄能器的一个重要参数。蓄能器容量的大小与其用途有关,不同的蓄能器,其容量的计算方法也不同。这里以气囊式蓄能器为例,说明其容量的计算方法。

若设蓄能器的容量（即皮囊的充气容积）为 V_0,皮囊的充气压力为 p_0,工作中要求输出的油液体积为 ΔV,系统的最高工作压力和最低工作压力分别为 p_1 和 p_2,则在蓄能器的工作过程中,气体状态的变化规律符合理想气体状态方程：

$$p_0 V_0^n = p_1 V_1^n = p_2 V_2^n = 常数 \tag{6-1}$$

式中,V_1、V_2 为最高、最低压力 p_1、p_2 下的气体体积；n 为多变指数。当蓄能器用于补偿泄漏、维持系统压力时,它释放能量的速度很缓慢,可认为是在等温条件下工作,这时取 $n=1$；蓄能器用于短期大量供油时,它释放能量的速度很快,可认为是在绝热条件下工作,这时取 $n=1.4$。

当压力从 p_1 降到 p_2 时,蓄能器释放的油液体积就是气体体积的变化量 ΔV,即为：

$$\Delta V = V_2 - V_1$$

由式(6-1)可得：

$$V_0 = \frac{\Delta V}{p_0^{1/n}\left[(1/p_2)^{1/n} - (1/p_1)^{1/n}\right]} \tag{6-2}$$

充气压力 p_0 在理论上可与 p_2 相等,但由于系统存在泄漏,为保证系统压力为 p_2 时,蓄能器还有补偿能力,所以 p_0 应小于 p_2 值。根据经验,对气囊式蓄能器取 $p_0=(0.6 \sim 0.65)p_2$,以提高其使用寿命。

6.1.4　蓄能器的安装和使用

蓄能器的安装和使用应注意以下几点。

（1）皮囊式蓄能器应垂直安装，使油口向下，充气阀朝上，否则会影响气囊的正常伸缩。

（2）用于吸收冲击压力和脉动压力的蓄能器应尽可能安装在靠近振源处；用于补充泄漏、使执行元件保压时，应尽量靠近该执行元件。

（3）安装在管路中的蓄能器，必须用支撑板或支架加以固定。

（4）蓄能器与管路系统之间应安装截止阀，便于充气、检修；蓄能器与液压泵之间应安装单向阀，防止液压泵停转或卸荷时蓄能器储存的压力油倒流。

6.2 过 滤 器

在液压系统中，液压油中难免会存在杂质和污染物，当油液中混有杂质微粒时，它们会卡住阀芯，堵塞小孔，加剧零件的磨损，缩短元件的使用寿命。油液污染是液压系统发生故障、液压元件过早磨损、损坏的重要原因，因此，保持液压油清洁是系统正常工作的必要条件。过滤器的作用是过滤掉油液中的杂质，降低液压系统中油液污染度，保证系统正常工作。

过滤器的主要性能指标是过滤精度，过滤精度是指通过滤芯的最大尖硬颗粒的大小，以其直径 d 的公称尺寸（单位 μm）表示。其颗粒越小，精度越高。精度分粗（$d \geqslant 100$ μm）、普通（$d \geqslant 10 \sim 100$ μm）、精（$d \geqslant 5 \sim 10$ μm）和特精（$d \geqslant 1 \sim 5$ μm）四个等级。

一般来说，对过滤器有以下基本要求。

（1）能满足液压系统对过滤精度的要求。

（2）滤芯应有足够的强度，不会因受压而损坏。

（3）通流能力大，压力损失小。

（4）易于清洗或更换滤芯。

6.2.1 过滤器的类型和结构

过滤器种类很多。按滤芯形式分，有网式、线隙式、纸芯式、烧结式等；按连接方式又可分为管式、板式、法兰式和进油口用四种，这里重点介绍常用的几种过滤器。

1. 网式过滤器

网式过滤器结构如图 6-4 所示，它由上端盖 1、下端盖 4，以及在上端盖 1 和下端盖 4 之间连接的开有若干孔的筒形塑料骨架 3（或金属骨架）组成，在骨架外面包裹一层或几层过滤铜丝网 2。过滤器工作时，液压油从过滤器外通过过滤网进入过滤器内部，再从上端管口进入系统。此过滤器属于粗过滤器，其过滤精度为 0.13～0.04 mm，压力损失不超过 0.025 MPa。这种过滤器的过滤精度与铜丝网的网孔大小、铜网的层数有关。网式过滤器的特点是结构简单、通流能力强、压力损失小、清洗方便，但是过滤精度低，一般安装在液压泵的吸油管口上用以保护液压泵。

2. 线隙式过滤器

线隙式过滤器结构如图 6-5 所示，它由端盖 1、壳体 2、带有孔眼的筒形芯架 3 和绕在芯架外部的铜线或铝线 4 组成。过滤杂质的线隙是由每隔一定距离压扁一段的圆形截面铜线或铝线绕在芯架外部时形成的。这种过滤器工作时,油液从孔 a 进入过滤器,经线隙过滤后进入芯架内部,再由孔 b 流出。这种过滤器利用金属绕线间的间隙过滤,其过滤精度取决于间隙的大小。过滤精度有 30 μm、50 μm 和 80 μm 三种精度等级,其额定流量为 6～25 L/min,在额定流量下的压力损失为 0.03～0.06 MPa。线隙式过滤器分为吸油管用和压油路用两种。前者安装在液压泵的吸油管道上,其过滤精度为 0.05～0.1 mm,通过额定流量时压力损失小于 0.02 MPa;后者用于液压系统的压力管道上,过滤精度为 0.03～0.08 mm,压力损失小于 0.06 MPa。这种过滤器的特点是,结构简单,通油性能好,过滤精度较高,所以应用较普遍;缺点是不易清洗,滤芯强度低。多用于中、低压系统。

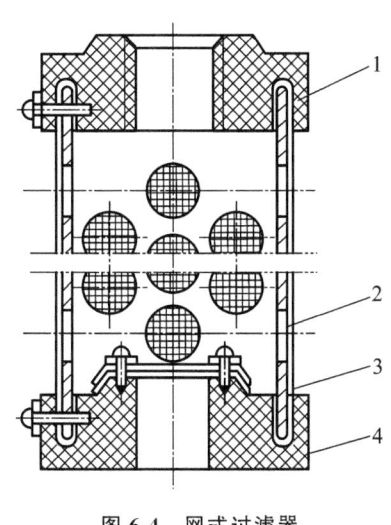

图 6-4　网式过滤器

1—上端盖;2—过滤铜丝网;3—骨架;4—下端盖

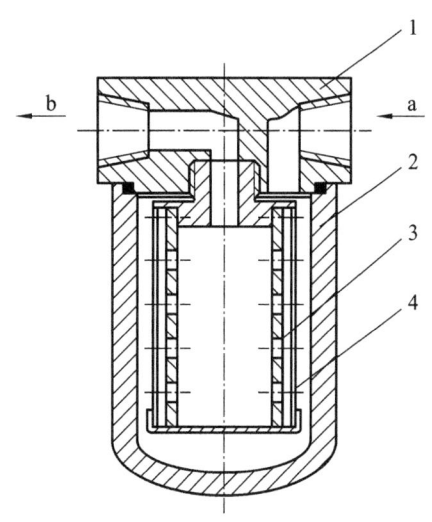

图 6-5　线隙式过滤器

1—端盖;2—壳体;3—芯架;4—金属绕线

3. 纸芯式过滤器

这种过滤器与线隙式过滤器的区别只在于用纸质滤芯代替了线隙式滤芯,图 6-6 所示为其结构。纸芯部分是把厚度为 0.25～0.7 mm 的平纹或波纹的酚醛树脂或木浆微孔滤纸,环绕在带孔的用镀锡铁片做成的骨架上。为了增大过滤面积,滤纸成折叠形状。这种过滤器的压力损失为 0.01～0.12 MPa,过滤精度高,其过滤精度有 0.01 mm 和 0.02 mm 等规格,但纸质滤芯易堵塞,无法清洗,经常需要更换,一般用于需要精过滤的场合。

4. 烧结式过滤器

图 6-7 所示为烧结式过滤器结构图,它由端盖 1、壳体 2、滤芯 3 等组成。其过滤过程是,压力油从 a 孔进入,经铜颗粒之间的微孔进入滤芯内部,从 b 孔流出。烧结式过滤器的过滤精度与滤芯上铜颗粒之间的微孔的尺寸有关,选择不同的颗粒的粉末,制成厚度不同的滤芯,就可获得不同的过滤精度。烧结式过滤器的过滤精度在 0.01～0.001 mm 之间,压力损失为 0.03～0.2 MPa。这种过滤器的特点是强度大,可制成各种形状,制造简单,过滤精度高;缺点是难清洗,金属颗粒易脱落。常用于需要精过滤的场合。

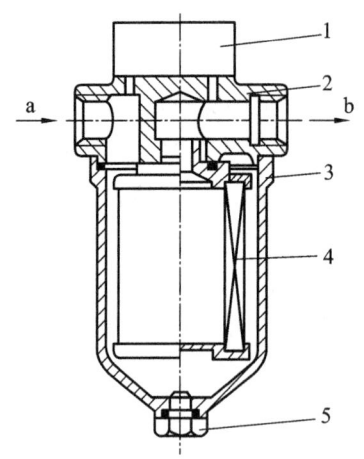

图 6-6 纸芯式过滤器

1—发讯装置；2—上盖；3—壳体；
4—滤芯；5—排污螺栓

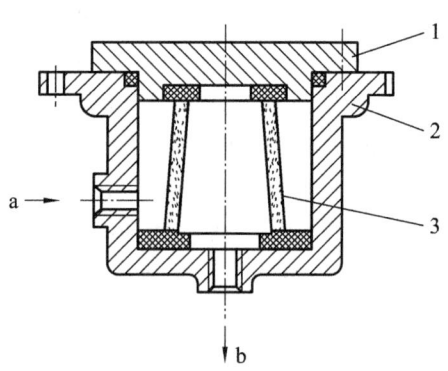

图 6-7 烧结式过滤器

1—端盖；2—壳体；3—滤芯

6.2.2 过滤器的选用

选用过滤器时，主要根据液压系统的技术要求及过滤器的特点来综合考虑，一般应考虑以下几点。

1. 过滤精度应满足系统提出的要求

系统的工作压力是选择过滤器精度的主要依据之一。系统的压力越高，液压元件的配合精度越高，所需要的过滤精度也就越高。

2. 具有足够大的通油能力

过滤器的通流能力是根据系统的最大流量而确定的。一般过滤器的额定流量不能小于系统流量的 4 倍，否则过滤器的压力损失会增加，过滤器易堵塞，寿命也缩短。

3. 滤芯应具有足够的强度，不因压力油的作用而损坏

结构不同的过滤器强度不同，在高压或冲击大的液压回路，应选用强度高的过滤器。

必须指出，过滤器制造商已经开发出各种新型过滤器结构，使用更为便利了。读者设计液压系统时，可参阅机械设计手册、液压工程手册选用。

6.2.3 过滤器的安装

一般是根据系统的需要确定过滤器的安装方式，在液压系统中有下列几种安装方式。

1. 安装在泵的吸油管路上

如图 6-8(a)所示，这种安装方式主要是用来保护液压泵，防止泵遭受较大杂质颗粒的直接伤害。为了不影响泵的吸油性能，只能选用压力损失小的网式滤油器。这种滤油器过滤精度低，泵磨损所产生的颗粒将进入系统，对系统其他液压元件无法完全保护，还需其他滤油器串联在油路上使用。

2. 安装在泵的出油口上

如图 6-8(b)所示,这种安装方式可以保护除泵以外的所有液压元件。由于其在高压下工作,要求滤油器能够承受系统的工作压力和冲击压力,同时要能够通过压油管路的全部流量。为了防止滤油器堵塞而引起液压泵过载或滤油器损坏,常在滤油器旁并联一个单向阀或污染指示器,单向阀的开启压力等于滤油器允许的最大压降。

3. 安装在回油管路上

如图 6-8(c)所示,将滤油器安装在系统的回油管路上。这种方式可以滤除油液流入油箱前的污染物,虽不能直接防止污染物进入系统,但可以间接地保护系统。由于安装在低压回路上,故可使用承压能力低的滤油器。为了防止滤油器堵塞,也可并联一个单向阀或污染指示器。

4. 安装在支路上

当泵的流量较大时,全部过滤将使滤油器过大,为此可将滤油器安装在系统的支路上,如图 6-8(d)所示。采用这种方式滤油时,不会增加主油路的压力损失,滤油器的流量也可小于泵的流量。这种方式比较经济,但不能过滤全部油液,也不能保证杂质不进入系统。一般要求通过滤油器的流量不应小于总流量的 20%。

5. 单独过滤

如图 6-8(e)所示,这种方式是用辅助泵和滤油器单独组成过滤回路。这样可以连续清除系统内的杂质,保证系统内油液的清洁。此种方式特别适用于大型的液压系统。一个独立于系统之外的过滤系统只需增加一套液压泵和滤油器。安装滤油器时应注意一般的滤油器只能单向使用,所以应安装在液流单向通过的地方,最好不要装在液流方向经常改变的油路上。若必须这样设置时,应适当增设单向阀和滤油器,以保证双向过滤,如图 6-8(f)所示。

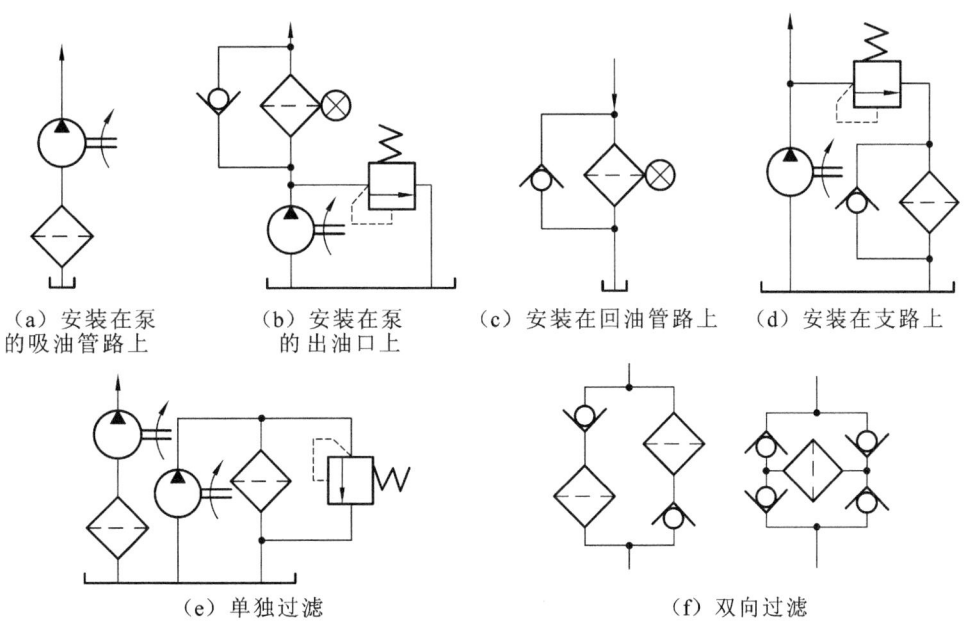

| (a) 安装在泵的吸油管路上 | (b) 安装在泵的出油口上 | (c) 安装在回油管路上 | (d) 安装在支路上 |

(e) 单独过滤　　　　　　　　　　(f) 双向过滤

图 6-8　过滤器的安装

◀ 6.3 液压油箱及热交换器 ▶

6.3.1 油箱

1. 油箱的功用和结构

油箱在液压系统中的主要功用是储存液压系统所需的足够油液,逸散油液中的热量,分离油液中的气体及沉淀物。

根据油箱液面是否与大气相通,分为开式油箱和闭式油箱两种。

开式油箱中的油液与大气相通,是应用最广的油箱。开式油箱有总体式和分离式两种。总体式油箱是利用机械设备机体的空腔设计而成,如利用机床床身、工程机械的机体作为油箱。这种油箱结构紧凑,易于回收各种漏油,但散热性差,易使邻近构件发生热变形,影响机械设备工作性能,而且维修不方便。分离式油箱是一个独立于机械设备之外的、或与机械设备分离的油箱。这种油箱布置灵活、维修方便,便于设计成通用化、系列化的产品,因而得到广泛的应用。对一些小型液压设备,或为了节省占地面积或为了批量生产,常将液压泵、电动机装置及液压控制阀安装在分离式油箱的顶部组成一体,称为液压站。对大中型液压设备一般采用分离式油箱。

图 6-9 所示是分离式典型油箱的结构示意图。箱体一般用厚度 2.5～4 mm 的钢板焊接而成,油箱顶部的安装板用较厚的钢板制造,用来安装液压泵、电动机、集成块、空气过滤器 3 等部件。箱体内装有隔板,将泵的吸油管(装有过滤器)和系统的回油管隔开。油箱侧面装有液位计 6 用以指示液位高度。油箱底部安装有放油螺塞 8 用以换油时排出污油。

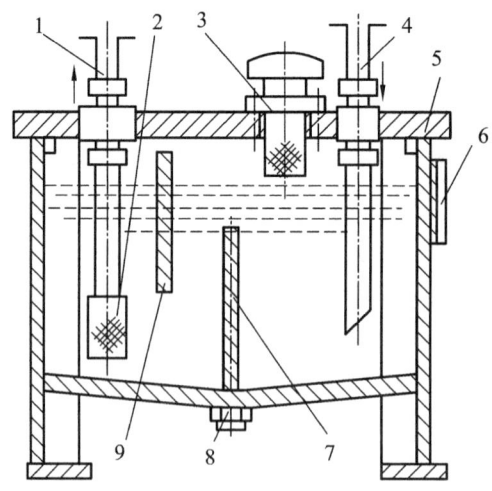

图 6-9　分离式油箱的结构
1—吸油管;2—过滤器;3—空气过滤器;4—回油管;5—上盖;6—液位计;7,9—隔板;8—放油螺塞

闭式油箱中液压油的液面与大气隔绝,分隔离式和充气式两种。

2. 油箱的设计

一般设计油箱时,主要考虑油箱的容量、结构、散热等问题,一般应注意以下问题。

(1) 油箱要有足够的容量。通常油箱的容量取液压泵额定流量的 3～8 倍进行估算。此外,还要考虑液压系统回油到油箱不致溢出,油面高度一般不超过油箱高度的 80%。

(2) 油箱中应设有吸油过滤器。为便于清洗,在油箱结构上要考虑拆卸方便。

(3) 油箱底部要有适当斜度,并安放油塞。大油箱为清洗方便应在侧面设计清洗窗孔。油箱箱盖上应安装空气过滤器,其通气流量不小于泵流量的 1.5 倍,并保证具有较好的抗污能力。

(4) 在油箱侧壁安装液位计,以指示最低和最高油位。为了防锈、防凝水,新油箱内壁经喷丸、酸洗和表面清洗后,可涂一层与工作油液相容的塑料薄膜或耐油清漆。

(5) 吸油管及回油管要用隔板分开,增加油液循环的距离,使油液有足够时间分离气泡、沉淀杂质。隔板高度一般取油面高度的 3/4。吸油管离油箱底面距离 $H \geqslant 2D$(D 为吸管内径),距离油箱壁不小于 $3D$,以利于吸油通畅。回油管插入最低油面以下,防止回油时带入空气,管端切成 45° 并面向箱壁,以利于散热;泄漏油管则应在油面以上。

(6) 油箱散热条件要好,必要时安装温度计、温控器等。

6.3.2　热交换器

在液压系统中,热交换器包括冷却器和加热器。液压系统工作时,液压油的工作温度一般在 20～65 ℃为宜,油温过高(>80 ℃)易使油液变质污染,降低油液的黏性和润滑性,液压泵的容积效率下降;油温过低,则会使油液黏度增大,设备难以启动,压力损失加大并引起较大的振动。当需要控制油温时,油箱上需要安装冷却器和加热器。

1. 冷却器的结构与选用

液压系统中的能量损失基本上变成热量,使油液温度升高,如果油箱散热面积不够,则必须采用冷却器进行降温,使油液温度保持在合理的范围内,维持热平衡。

根据冷却介质不同,冷却器有水冷式、风冷式和冷媒式三种。水冷式是一般的液压系统常采用的冷却方式。风冷式利用自然通风来冷却,常用在行走设备上。冷媒式是利用冷媒介质如氟利昂在压缩机中作绝热压缩,散热器放热,蒸发器吸热的原理,把热油的热量带走,使油冷却。此种冷却方式冷却效果最好,但是价格昂贵,常用于精密机床等设备上。

水冷式分为板式、多管式和翅片式。最简单的水冷式冷却器是蛇形管式,如图 6-10 所示,它以一组或几组蛇形管的形式,直接装在液压油箱内。冷却水从管内流过时,就将油液中的热量带走。这种冷却器的散热面积小,且因油液流动速度很低,因此冷却效率很低。

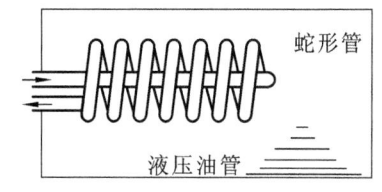

图 6-10　蛇形管冷却器

大功率液压系统,一般采用多管式冷却器,其结构如图 6-11 所示,它是一种强制对流式冷却器。油从壳体左端进油口进入,由于挡板 2 的作用,使热油循环路线加长,这样有利于与水管进行热量交换,最后从右端出油口排出。水从右端盖的进水口进入,经上部水管流到左端后,再经下部水管从右端盖出水口流出,由水将油液中热量带走。水管通常采用壁厚为 1～1.5 mm 的黄铜管,不易生锈,且便于清洗。

在水源不方便的地方,如在行走设备上,采用风冷式冷却器。图 6-12 所示为板翅式二次表面换热器的结构示意图。油液从带有板翅散热片的盘管中通过,正面用风扇送风冷却。

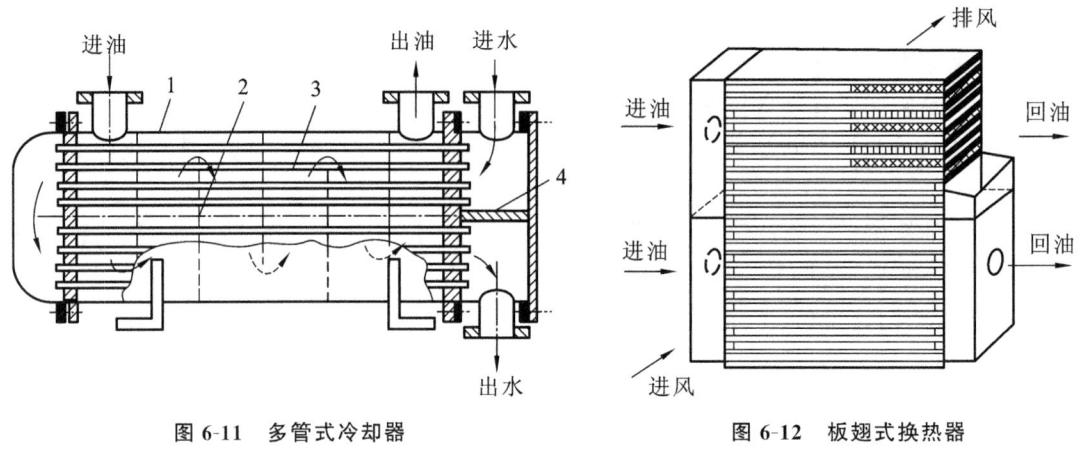

图 6-11 多管式冷却器
1—外壳;2—挡板;3—铜管;4—隔板

图 6-12 板翅式换热器

这种冷却器结构简单紧凑,散热面积大,散热效率高,适应性好,运转费用较低。

对冷却器的基本要求是,在保证散热面积足够大,散热效率高和压力损失小的前提下,要求结构紧凑、坚固、体积小和重量轻,最好有自动控温装置以保证油温控制的准确性。

冷却器有多种安装形式。一般安装在回油路或溢流阀的溢流管路上,因为这时油温较高,冷却效果好。冷却器的压力损失一般为 0.1 MPa 左右。

在选择冷却器时,一般根据系统的工作环境、技术要求、经济性、可靠性和寿命等方面的要求进行选择,以适应系统的工作要求。系统的工作环境包括环境温度和安装条件,如可提供的冷却介质的种类及温度(即冷却器冷却介质的入口温度),若用水冷却,要了解水质情况以及可供冷却器占用的空间等;技术要求包括液压系统的工作液体进入冷却器的温度,冷却器必须带走的热量,通过冷却器的油液的流量和压力;经济性包括购置费用和维护费用等。

2. 加热器的结构和选用

在严寒地区使用液压设备,开始工作时油温低,启动困难,效率也低,所以必须将油箱中的液压油加热。油液加热的方法有用热水或蒸汽加热和电加热两种方式。由于电加热器使用方便,易于自动控制温度,故应用较广泛。如图 6-13 所示,电加热器用法兰固定在油箱的侧壁上,发热部分全浸在油液的流动处,便于热量交换。电加热器表面功率密度不超过 3 W/cm² ,以避免油液局部温度过高而变质。为此,应设置联锁保护装置,在没有足够的油液经过加热循环时,或者在加热元件没有被系统油液完全包围时,阻止加热器工作。由于油液是热的不良导体,所以应注意油的对流。加热器最好设置在油箱回油管一侧,以便加速热量的扩散,必要时可设置搅拌装置。

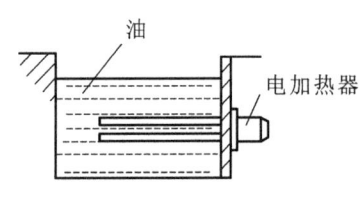

图 6-13 电加热器加热

◀ 6.4 管道和管接头 ▶

液压管道和管接头是连接液压元件、输送压力油的装置。设计液压系统时要认真选择管道和管接头。管径过大,会使液压装置结构庞大,增加不必要的成本费用;管径太小,又会使管内液体流速过高,不但会增大压力损失、降低系统效率,而且易引起振动和噪声,影响系统的正常工作。

6.4.1 油管的种类和选用

液压系统中使用的油管有钢管、铜管、橡胶软管、塑料管和尼龙管等几种,一般是根据液压系统的工作压力、工作环境和液压元件的安装位置等因素来选用。现代液压系统一般使用钢管和橡胶软管,很少使用铜管、塑料管和尼龙管。

液压系统用钢管通常为无缝钢管,分为冷拔精密无缝钢管和热轧普通无缝钢管,材料为10号或15号钢。高、中压和大通径情况下用15号钢。精密无缝钢管内壁光滑,通油能力好,而且外径尺寸较精确,适宜于采用卡套式管接头连接;普通无缝钢管适宜于采用焊接式管接头连接。钢管壁厚与承压能力有关。无缝钢管的弯曲半径一般取钢管外径的5~8倍,外径大时取大值。

铜管有紫铜管和黄铜管。紫铜管的最大优点是装配时易弯曲成各种需要的形状,但承压能力较低,一般不超过10 MPa,抗振能力较差,易使油液氧化,且价格昂贵。黄铜管可承受25 MPa的压力,但不如紫铜管那样容易弯曲成形。现代液压系统已经很少使用铜管。

耐油橡胶软管安装连接方便,适用于有相对运动部件之间的管道连接,或弯曲形状复杂的地方。橡胶软管分高压和低压两种:高压软管是以钢丝编织或钢丝缠绕为骨架的软管,钢丝层数越多、管径越小,耐压能力越大;低压软管是以麻线或棉纱编织体为骨架的胶管。使用高压软管时,要特别注意其弯曲半径的大小,一般取外径的7~10倍。

尼龙管是一种新型的乳白色半透明管,承压能力因材料而异,为2.5~8 MPa。一般只在低压管道中使用。尼龙管加热后可以随意弯曲、变形,冷却后就固定成形,因此便于安装。它兼有铜管和橡胶软管的优点。

耐油塑料管价格便宜、装配方便,但耐压能力低,只适用于工作压力小于0.5 MPa的回油、泄油油路。塑料管使用时间较长后会变质老化。

6.4.2 管接头的种类和选用

管接头是油管与油管、油管与液压元件之间的可拆式连接件,它应满足装拆方便、连接牢靠、密封可靠、外形尺寸小、通油能力大、压力损失小、加工工艺性好等要求。

按油管与管接头的连接方式,管接头主要有焊接式、卡套式、扩口式、扣压式等形式。每种形式的管接头中,按接头的通路数量和方向分有直通、直角、三通等类型;与机体的连接方式有螺纹连接、法兰连接等方式。此外,还有一些满足特殊用途的管接头。

1. 扩口式管接头

图 6-14 所示是扩口式管接头结构。这种管接头用于铜管和薄壁钢管,也可用来连接尼龙管和塑料管。先将管的端部用扩口工具扩成 74°～90° 的喇叭口,拧紧螺母 3,通过导套 4 压紧接管 2 扩口和接头体 1 相应锥面连接与密封。扩口式管接头结构简单、性能良好、加工和使用方便,重复使用性好,适用于薄壁管件连接一般不超过 8 MPa 的中低压系统。

2. 焊接式管接头

图 6-15 所示为焊接式直通管接头,主要由接头体 4、螺母 2 和接管 1 组成,在接头体和接管之间用 O 形密封圈 3 密封。当接头体拧入机体时,采用金属垫圈或组合垫圈 5 实现端面密封,接管与管路系统中的钢管采用焊接方式连接。焊接式管接头连接牢固、密封可靠、装拆方便、耐压能力高,是目前应用较多的一种管接头;缺点是装配时需焊接,因而必须采用厚壁钢管,且焊接工作量大。

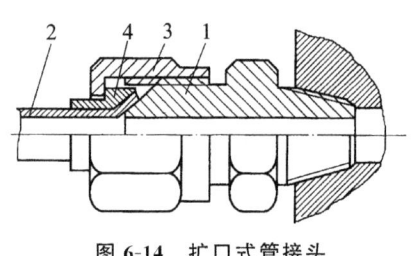

图 6-14 扩口式管接头

1—接头体;2—接管;3—螺母;4—导套

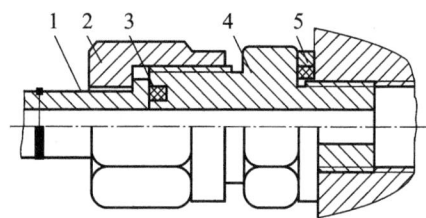

图 6-15 焊接式管接头

1—接管;2—螺母;3—O 形密封圈;4—接头体;5—组合垫圈

3. 卡套式管接头

图 6-16 所示为卡套式管接头结构。这种管接头主要包括具有 24° 锥形孔的接头体 4,带有尖锐内刃的卡套 2,起压紧作用的压紧螺母 3 三个元件。旋紧螺母 3 时,卡套 2 被推进 24° 锥孔,并随之变形,使卡套与接头体内锥面形成球面接触密封;同时,卡套的内刃口嵌入油管 1 的外壁,在外壁上压出一个环形凹槽,从而起到可靠的密封作用。卡套式管接头具有结构简单、性能良好、质量轻、体积小、使用方便、不用焊接、钢管轴向尺寸要求不严等优点,且抗振性能好,工作压力可达 31.5 MPa,是液压系统中较为理想的管路连接件。

4. 锥密封焊接式管接头

图 6-17 所示为锥密封焊接式管接头结构。这种管接头主要由接头体 2、螺母 4 和接管 5 组成,除具有焊接式管接头的优点外,由于它的 O 形密封圈装在接管 5 的 24° 锥体上,使密封有调节的可能,密封更可靠。工作压力为 34.5 MPa,工作温度为 −25～+80 ℃。这种管接头的使用越来越多。

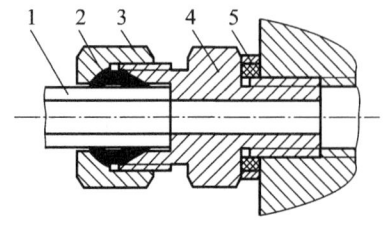

图 6-16 卡套式管接头

1—油管;2—卡套;3—螺母;4—接头体;5—组合垫圈

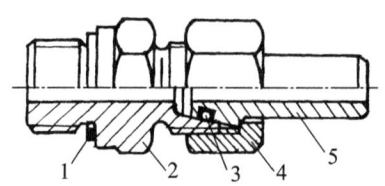

图 6-17 锥密封焊接式管接头

1—组合垫圈;2—接头体 3—O 形密封圈;4—螺母;5—接管

5. 快速接头

快速接头是一种不需要使用工具，就能够实现管路迅速连通或断开的接头，它用橡胶软管连接，适用于经常接通或断开处。快速接头有两种结构形式：两端开闭式和两端开放式。图 6-18 所示为两端开闭式快速接头的结构图。接头体 2、10 的内腔各有一个单向阀阀芯 4，当两个接头体分离时，单向阀阀芯由弹簧 3 推动，使阀芯紧压在接头体的锥形孔上，关闭两端通路，使介质不能流出。当两个接头体连接时，两个单向阀阀芯前端的顶杆相碰，迫使阀芯后退并压缩弹簧，使通路打开。两个接头体之间的连接，是利用接头体 2 上的 6 个（或 8 个）钢球落在接头体 10 上的 V 形槽内而实现的。工作时，钢珠由外套 6 压住而无法退出，外套由弹簧 7 顶住，保持在右端位置。

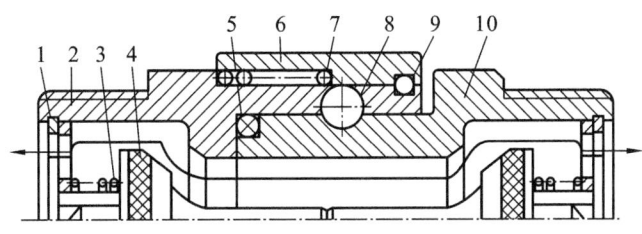

图 6-18 快速接头结构图

1—挡圈；2，10—接头体；3—弹簧；4—单向阀阀芯；5—O 形圈；6—外套；7—弹簧；8—钢球；9—弹簧圈

6. 铰接式管接头

铰接式管接头用于液流方向成直角的连接，与普通直角管接头相比，优点是可以随意调整布管方向，安装方便，占用空间小。铰接式管接头安装之后，按成直角的两油管是否需要摆动分为固定和活动两种形式。图 6-19 为铰接式管接头的结构图，铰接式管接头与管道的连接可以是卡套式或焊接式，使用压力可达 32 MPa。

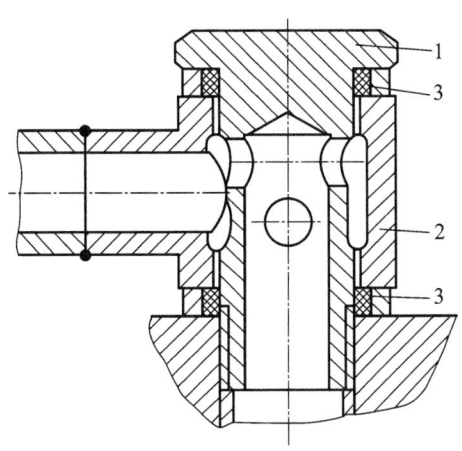

图 6-19 铰接式管接头

1—连接螺栓；2—接头体；3—组合密封圈

◀ 6.5 密封装置 ▶

在液压系统中,密封件的作用是防止工作介质的内、外泄漏,以及防止灰尘、金属屑等异物侵入液压系统。液压传动是以液体为工作介质,依靠密封容积的变化来实现能量转换和传递的。在能量转换时,由于液压泵、液压缸、液压马达内的相对运动零件之间存在间隙,间隙两端又存在压力差,势必导致元件的内泄漏,必须采取有效的密封措施减小内泄漏,以提高容积效率。系统的内、外泄漏均会使液压系统容积效率下降,或达不到要求的工作压力,甚至使液压系统不能正常工作。外泄漏还会造成工作介质的浪费,污染环境。异物的侵入会加剧液压元件的磨损,或使液压元件堵塞、卡死甚至损坏,造成系统失灵。在液压系统里,防漏、防尘功能是依靠密封装置来完成的。

6.5.1 对密封装置的要求

(1) 在一定的压力、温度范围内具有良好的密封性能。
(2) 有相对运动时,由密封件所引起的摩擦力应尽量小,摩擦系数应尽量稳定。
(3) 耐腐蚀性、耐磨性好,不易老化,工作寿命长,磨损后能在一定程度上自动补偿。
(4) 结构简单,装拆方便,价格低廉。

6.5.2 密封装置的种类及特点

密封分为间隙密封和非间隙密封,前者必须保证一定的配合间隙,后者则是利用密封件的变形达到完全消除两个配合面的间隙或使间隙控制在需要密封的液体能通过的最小间隙以下;最小间隙由工作介质的压力、黏度、工作温度、配合面相对运动速度等决定。

液压系统中的密封装置有各种形式,如活塞环密封、机械密封、组合密封垫圈、金属密封垫圈、橡胶垫片、橡胶密封圈等。

1. 间隙密封

间隙密封(见图 6-20)是利用相对运动零件之间微小间隙 δ 起密封作用,这是最简单的一种密封形式,广泛应用于液压阀、泵和液压马达中。常见的结构形式有圆柱面配合(如滑阀与阀套之间)和平面配合(如液压泵的配流盘与转子端面之间)两种。

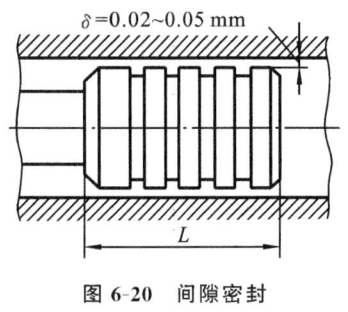

图 6-20 间隙密封

间隙密封的密封性能与间隙大小、压力差、配合表面长度、直径和加工质量等因素有关。其中以间隙大小和均匀性对密封的性能影响最大(泄漏量与间隙的立方成正比),设计时可按有关手册给定的推荐值选用液压元件的间隙值。

间隙密封的特点是结构简单,摩擦力小,经久耐用,但对于零件的加工精度要求较高,且难以完全消除泄漏。

2. 密封圈密封

密封圈密封是使用广泛的一种密封方法,密封圈材料要求具有较好的弹性,适当的机械强度,良好的耐热耐磨性,摩擦系数小,不易与液压油起化学作用等,目前多用耐油橡胶、尼龙等材料。

常用的密封圈按其断面形状可分为 O 形、Y 形、V 形及组合密封圈等数种。

1)O 形密封圈

O 形密封圈是一种断面形状为圆形的耐油橡胶环,如图 6-21(a)所示。它是液压设备中使用得最多、最广泛的一种密封件,可用于静密封和动密封。为减少或避免运动时 O 形圈发生扭曲和变形,用于动密封的 O 形圈的断面直径较用于静密封的断面直径大。它既可以用于外径或内径密封也可以用于端面密封。O 形密封圈的特点是结构简单,单圈即可对两个方向起密封作用,动摩擦阻力较小,对油液种类、压力和温度的适应性好。其缺点是用作动密封时,启动摩擦阻力较大,磨损后不能自动补偿,使用寿命短。

当静密封压力大于 32 MPa 或动密封压力大于 10 MPa 时,O 形密封圈有可能被压力油挤入间隙而破坏,如图 6-21(c)所示。为此在 O 形密封圈低压侧安置聚四氟乙烯挡圈,如图 6-21(d)所示,当双向受压力油作用时,两侧都要加挡圈,如图 6-21(e)所示。

由于 O 形密封圈结构简单、密封性好、成本低,安装方便,高低压均可使用,所以应用比较广泛。

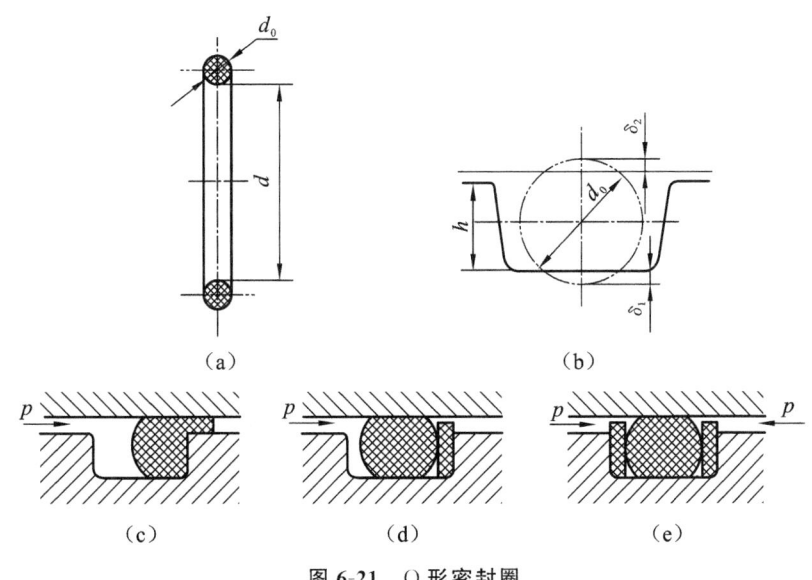

图 6-21 O 形密封圈

2)Y 形密封圈

Y 形密封圈一般用聚氨酯橡胶和丁腈橡胶制成,其截面形状呈 Y 形,如图 6-22 所示。这种密封圈有一对与密封面接触的唇边,安装时唇口对着压力高的一边。油压低时,靠预压缩密封;高压时,受油压作用而两唇张开,贴紧密封面,能主动补偿磨损量,油压越高,唇边贴得越紧。双向受力时要成对使用。这种密封圈摩擦力较小,启动阻力与停车时间长短和油压大小关系不大,运动平稳,适用于高速(0.5 m/s)、高压(可达 32 MPa)的动密封。

图 6-23 所示是 Yx 形密封圈,它是由 Y 形密封圈改进设计而成的,通常是用聚氨酯材料压制而成。它的内、外密封唇根据轴用、孔用的不同而制成不等高,是为了防止被运动部件切伤。这种密封圈结构紧凑,在密封性、耐油性、耐磨性等方面都比 Y 形密封圈优越,因而应用广泛。

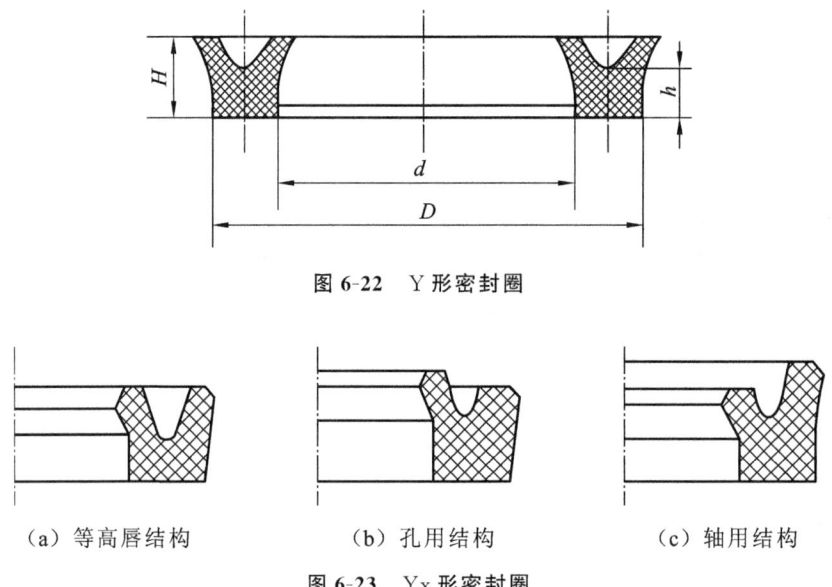

图 6-22　Y 形密封圈

（a）等高唇结构　　　（b）孔用结构　　　（c）轴用结构

图 6-23　Yx 形密封圈

3）V 形密封圈

如图 6-24 所示为 V 形密封圈，它是由多层涂胶织物压制而成，由支承环、密封环和压环三部分组成一套使用。当工作压力大于 10 MPa 时，可以根据压力大小，适当增加密封环的数量，以满足密封要求。安装时，V 形密封圈的 V 形口一定要面向压力高的一侧。V 形密封圈适宜在工作压力小于 50 MPa，温度在－40～80 ℃条件下工作。

V 形密封圈的接触面较长，密封性好，耐高压，寿命长，通过调节压紧力，可获得最佳的密封效果，但 V 形密封装置的摩擦阻力及结构尺寸较大，主要用于活塞及活塞杆的往复运动密封。

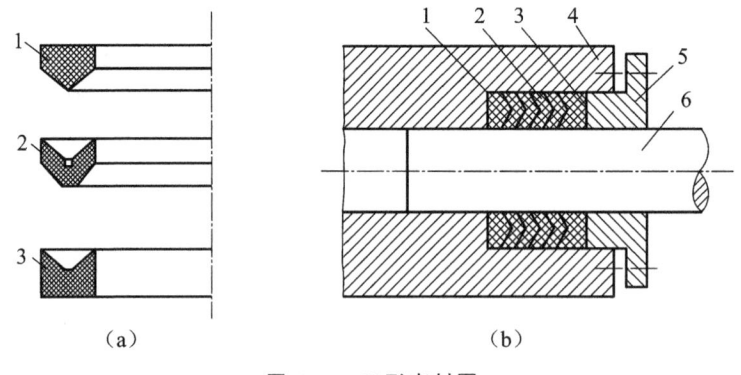

（a）　　　　　　　　　　（b）

图 6-24　V 形密封圈

1—支承环；2—V 形圈；3—压环；4—缸体；5—压盖；6—柱塞

4）密封垫圈

密封垫圈用于管接头与液压元件连接处的端面密封。

图 6-25 所示为组合密封垫圈的结构，它由软质密封环和金属环胶合而成，前部分起密封作用，后部分起支承作用。组合密封垫圈的特点是密封性能好，连接时压紧力小，承压高，适用于工作压力≤40 MPa，温度为－20～＋80 ℃情况下的静密封。

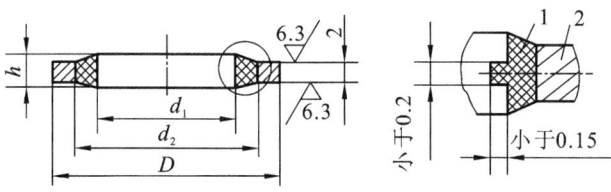

图 6-25 组合密封垫圈
1—橡胶环;2—金属环

金属密封垫圈是用纯铜或纯铝等硬度较低的材料制成的密封圈。它在紧固力作用下产生变形,充填接触面的凹凸不平处,从而实现密封。金属密封垫圈适于在高温下长期使用。

本 章 小 结

卡套式管接头装配方便,应用广泛,管道为冷拔无缝钢管;焊接式管接头在配管时焊接工作量大,管道为热轧无缝钢管。管接头品种繁多,建议读者认真查阅设计手册,熟悉它们。

自行设计液压油箱时,必须考虑油箱的容量、结构、散热等问题,合理设置液压空气过滤器、液位液温计、放油螺塞的位置,为了将吸油管、回油管隔开,必须设置隔板,使液流循环、分离、沉淀油液中的气泡、杂质。

为了保证液压泵吸油性能,过滤器流量规格一般应为液压泵流量规格的 5 倍。只有在必要时才考虑冷却器和加热器的选用。

思考题与习题

6.1 简述蓄能器的主要类型及在系统中的作用。

6.2 简述过滤器的类型、特点及选用过滤器的主要原则。

6.3 简述油箱的功用及主要类型。

6.4 系统在什么情况下需要设置冷却器或加热器?

6.5 在液压系统中常用的管接头有哪几类?

6.6 在液压系统中常用的密封装置有哪几类? 各有什么特点?

第7章
液压基本回路

【学习要点】

掌握各种典型液压基本回路的组成、工作原理、性能特点和应用场合。调速回路是液压传动系统的核心,必须掌握调速回路的速度-负载特性及其速度刚度概念、物理本质;调速回路的功率特性和调速特性。

所谓基本回路,就是由有关的液压元件组成,用来完成特定功能的典型油路。按基本回路在系统中的功用可分为压力控制回路、调速回路、速度换接和快速运动回路、方向控制回路、多执行元件控制回路。

本章讨论最常见的液压基本回路,熟悉并掌握它们的组成、工作原理、性能及其应用,这是分析、设计、使用和维护液压系统的基础。

◀◀ 7.1 压力控制回路 ▶▶

压力控制回路是利用压力控制阀来控制系统中液体的压力,为执行元件提供所需要的力或转矩。这类回路包括调压、减压、卸荷、保压、平衡、增压等回路。

7.1.1 调压回路

调压回路的功能在于调定或限制液压系统的最高工作压力,或者使执行机构在工作过程的不同阶段实现多级压力变换。一般是由溢流阀来实现这一功能。

1. 单级调压回路

图 7-1 所示为单级调压回路,这是液压系统中最为常见的回路。调速阀调节进入液压缸的流量,定量泵提供的多余的油经溢流阀流回油箱,溢流阀起溢流恒压作用,保持系统压力恒定,且不受液压缸负载变化的影响。调节溢流阀可调整系统的工作压力。当取消系统中的调速阀时,系统压力随液压缸所受负载而变,溢流阀起安全阀作用,限定系统的最高工作压力。系统过载时,安全阀开启,定量泵泵出的压力油经安全阀流回油箱。

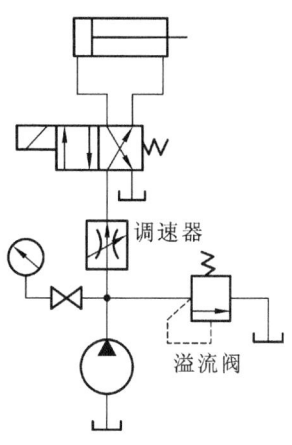

图 7-1 单级调压回路

2. 多级调压回路

图 7-2 所示为二级调压回路。先导式溢流阀 1 的外控口串接二位二通换向阀 2 和远程调压阀 3,构成二级调压回路。当两个压力阀的调定压力为 $p_3 < p_1$ 时,系统可通过换向阀的左位和右位分别获得 p_3 和 p_1 两种压力。

如果在溢流阀的外控口,通过多位换向阀的不同通油口,并联多个调压阀,即可构成多级调压回路。图 7-3 为三级调压回路。溢流阀 1 的遥控口通过三位四通换向阀 4 分别接具有不同调定压力的远程调压阀 2 和 3,当换向阀在左位时,压力由调压阀 2 调定;当换向阀在右位时,压力由调压阀 3 调定;当换向阀在中位时,由溢流阀 1 来调定系统最高的压力。各调压阀的调定压力值必须小于溢流阀 1 的调定压力值。

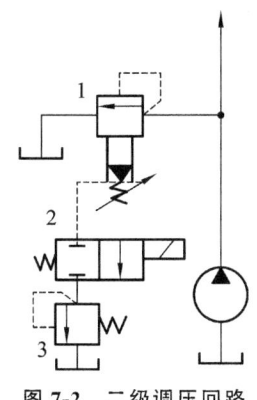

图 7-2 二级调压回路

1—溢流阀;2—换向阀;3—调压阀

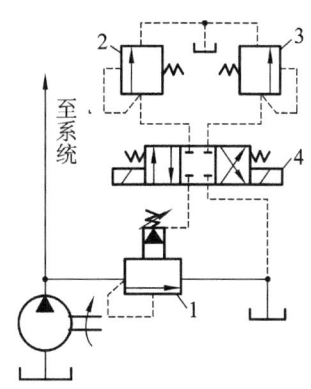

图 7-3 三级调压回路

1—溢流阀;2,3—调压阀;4—换向阀

7.1.2 卸荷回路

卸荷回路是在系统执行元件短时间不工作时,不频繁启停驱动泵的原动机,而使泵在很小的输出功率下运转的回路。因为泵的输出功率等于压力和流量的乘积,因此卸荷的方法有两种:一种是将泵的出口直接接回油箱,泵在零压或接近零压下工作;另一种是使泵在零流量或接近零流量下工作。前者称为压力卸荷,后者称为流量卸荷。流量卸荷仅适用于变量泵。一般来说,所谓卸荷是指使液压泵在输出压力接近为零的状态下工作。

1. 利用换向阀中位机能的卸荷回路

利用三位换向阀的 M 型、H 型、K 型等中位机能,可构成定量泵卸荷回路。图 7-4(a)为采用 M 型中位机能电磁换向阀的卸荷回路。当换向阀处于中位时,执行元件停止工作,液压泵与油箱连通实现卸荷。这种卸荷回路的卸荷效果较好,一般用于液压泵流量小于 63 L/min 的系统。选用的换向阀规格应与泵的额定流量相适应。图 7-4(b)为采用 M 型中位机能电液换向阀的卸荷回路。该回路中,在泵的出口处设置了一个单向阀,其作用是在泵卸荷时仍能提供一定的控制油压(0.5 MPa 左右),以保证电液换向阀能够正常进行换向。

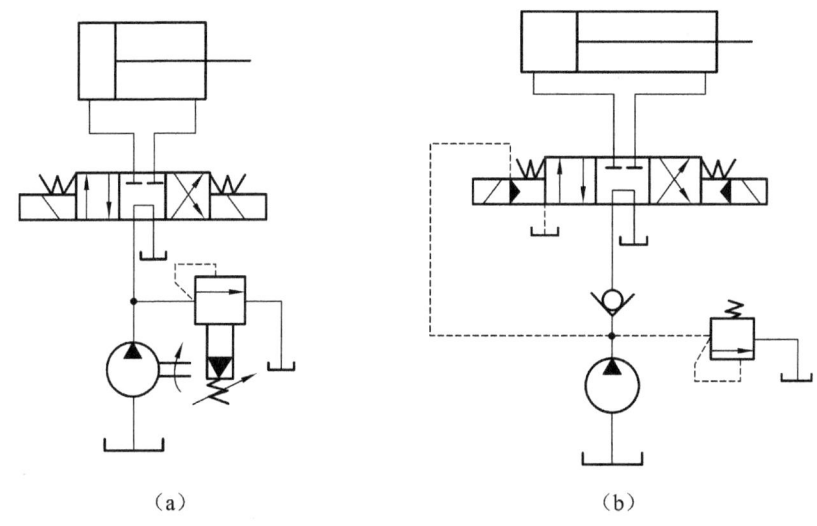

(a)　　　　　　　　　　　　　　(b)

图 7-4　采用换向阀的卸荷回路

2. 采用先导式溢流阀的卸荷回路

图 7-5 为常用的采用先导式溢流阀的卸荷回路。图中,在先导式溢流阀的外控口处接一个二位二通常闭型电磁换向阀(用二位四通阀封闭两个油口构成)。当电磁阀通电时,溢流阀的外控口与油箱相通,即先导式溢流阀主阀上腔直通油箱,液压泵输出的液压油将以很低的压力开启溢流阀的溢流口而流回油箱,实现卸荷,此时溢流阀处于全开状态(也可以采用二位二通常通阀实现失电卸荷)。卸荷时能量损失取决于溢流阀的卸荷压力。通过换向阀的流量只是溢流阀控制油路中的流量,

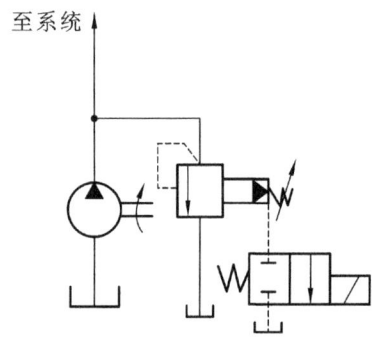

至系统

图 7-5　采用先导式溢流阀的卸荷回路

只需采用小流量阀来进行控制。因此,当停止卸荷,系统重新开始工作时,不会产生压力冲击现象。这种卸荷方式适用于高压大流量系统。但电磁阀连接溢流阀的外控口后,溢流阀上腔的控制容积增大,使溢流阀的动态性能下降,易出现不稳定现象。为此,需要在两阀间的连接油路上设置阻尼装置,以改善溢流阀的动态性能。选用这种卸荷回路时,可以直接选用电磁溢流阀。

7.1.3　减压回路

减压回路的作用是使系统中的某一部分油路或某个执行元件获得比系统压力低的稳定压力。机床的工件夹紧、导轨润滑及液压系统的控制油路等常采用减压回路。常见的减压回路是在所需低压的支路上串接定值减压阀,如图 7-6(a)所示。回路中,单向阀 3 的作用是:当主油路压力低于减压阀 2 的调定值时,能瞬时保压,防止液压缸 4 的压力受其干扰。

图 7-6(b)是二级减压回路。在先导型减压阀 2 的遥控口上接入远程调压阀 5,当二位二通换向阀处于图示位置时,液压缸 4 的压力由减压阀 2 的调定压力决定;当二位二通换向阀处于右位时,液压缸 4 的压力由远程调压阀 5 的调定压力决定,阀 5 的调定压力必须低于阀 2。液压泵的最大工作压力由溢流阀 1 调定。

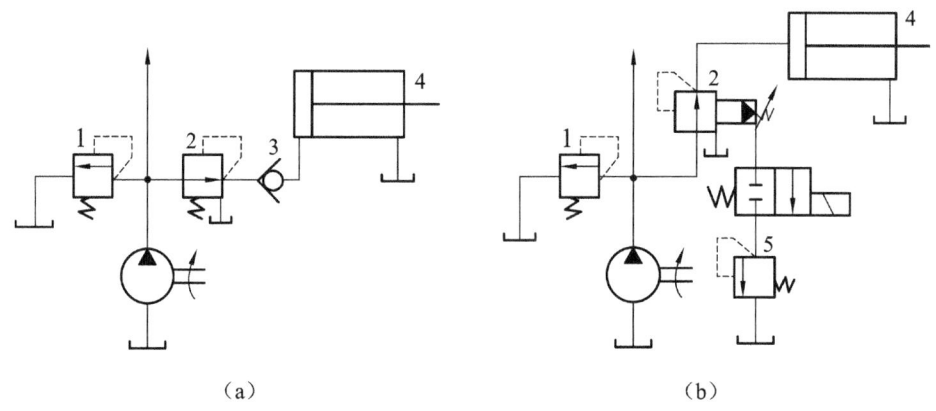

（a）　　　　　　　　　　　　　　（b）

图 7-6　减压回路

1—溢流阀;2—先导型减压阀;3—单向阀;4—液压缸;5—远程调压阀

为了保证减压回路的工作可靠性,减压阀的最低调整压力应大于 0.5 MPa,最高调整压力至少比系统调整压力小 0.5 MPa。由于减压阀工作时存在阀口压力损失和泄漏口泄漏造成的容积损失,故这种回路不宜用在压力降或流量较大的场合。

必须指出的是,负载在减压阀出口处所产生的压力应不低于减压阀的调定压力,否则减压阀不可能起到减压、减压后稳压的作用。

7.1.4　增压回路

增压回路用来使系统中某一支路获得较系统压力高且流量不大的油液供应。利用增压回路,液压系统可以采用压力较低的液压泵。增压回路中实现油液压力放大的元件是增压器。

1. 单作用增压器的增压回路

图 7-7(a)所示为单作用增压器的增压回路,它适用于单向作用力大、行程小、作业时间短的场合,如制动器、离合器等。当压力为 p_1 的油液进入增压器的大活塞腔时,在小活塞腔即可得到压力为 p_2 的高压油液,增压的倍数等于增压器大小活塞的工作面积之比。当二位四通电磁换向阀右位接入系统时,增压器的活塞返回,补油箱中的油液经单向阀补入小活塞腔。这种回路只能间断增压。

2. 双作用增压器的增压回路

图 7-7(b)所示为采用双作用增压器的增压回路,它能连续输出高压油,适用于增压行程要求较长的场合。泵输出的压力油经换向阀 5 左位和单向阀 1 进入增压器左端大、小活塞腔,右端大活塞腔的回油通油箱,右端小活塞腔增压后的高压油经单向阀 4 输出,此时单向阀 2、3 被关闭;当活塞移到右端时,换向阀 5 得电换向,活塞向左移动,左端小活塞腔输出的高压液体经单向阀 3 输出。这样增压缸的活塞不断往复运动,两端便交替输出高压液体,实现了连续增压。

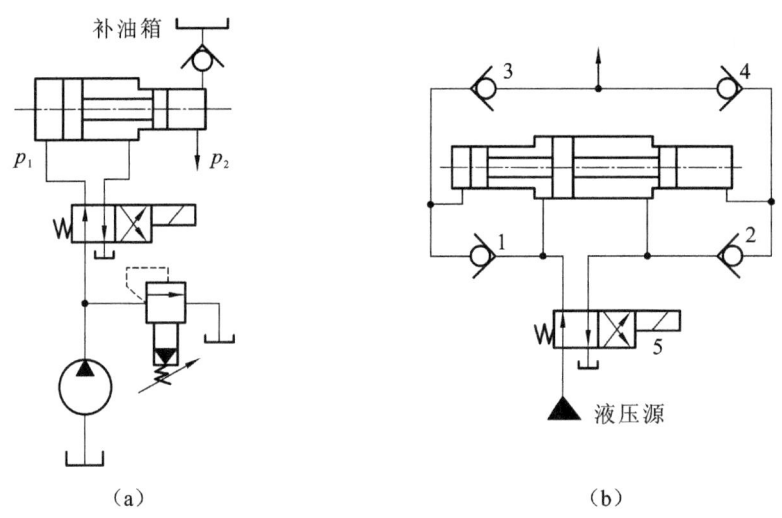

（a）　　　　　　　　　　　　　　（b）

图 7-7　增压回路

1,2,3,4—单向阀;5—换向阀

7.1.5　保压回路

保压回路的功用是,在执行元件工作循环中的某一阶段,保持系统中规定的压力。

1. 利用蓄能器的保压回路

图 7-8(a)所示为利用蓄能器的保压回路。系统工作时,电磁换向阀 6 的左位通电,主换向阀左位接入系统,液压泵 1 向蓄能器 5 和液压缸 7 左腔供油,并推动活塞右移,压紧工件后,进油路压力升高,当升至蓄能器进口压力时,向蓄能器供油;当压力升至压力继电器 4 调定值时,压力继电器发出信号使二位二通电磁阀 3 通电,通过先导型溢流阀 2 使泵卸荷,单向阀自动关闭,液压缸则由蓄能器保压。蓄能器的压力不足时,压力继电器复位使泵重新工作。保压时间的长短取决于蓄能器的容量,调节压力继电器的通断区间即可调节液压缸中

压力的最大值和最小值。这种回路既能满足保压工作需要,又能节省功率、减少系统发热。

图 7-8(b)所示为多缸系统一缸保压回路。进给缸快进时,泵压下降,但单向阀 8 关闭,把夹紧油路和进给油路隔开。蓄能器 5 用来给夹紧缸保压并补充泄漏,压力继电器 4 的作用是夹紧缸压力达到预定值时发出信号,使进给缸动作。

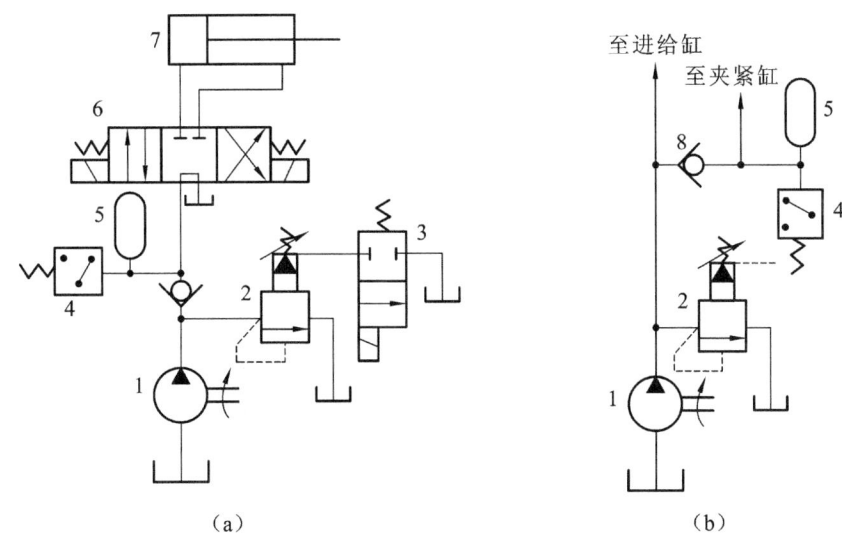

（a）　　　　　　　　　　　　（b）

图 7-8　利用蓄能器的保压回路

1—液压泵;2—先导型溢流阀;3—二位二通电磁阀;4—压力继电器;
5—蓄能器;6—三位四通电磁换向阀;7—液压缸;8—单向阀

2. 利用液压泵的保压回路

如图 7-9 所示,在回路中增设一台小流量高压补油泵 5,组成双泵供油系统。当液压缸加压完毕要求保压时,由压力继电器 4 发出信号,换向阀 2 处于中位,主泵 1 卸载,同时二位二通换向阀 8 处于左位,由高压补油泵 5 向封闭的保压系统 a 点供油,维持系统压力稳定。由于高压补油泵只需补偿系统的泄漏量,可选用小流量泵,功率损失小。压力稳定性取决于溢流阀 7 的稳压精度。

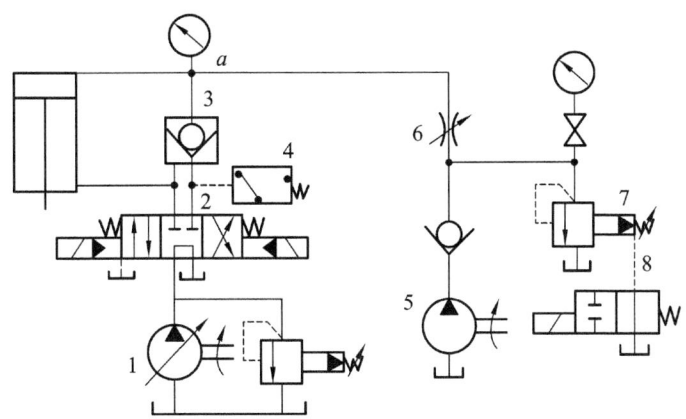

图 7-9　用高压补油泵的保压回路

1—主泵;2—换向阀;3—液控单向阀;4—压力继电器;5—补油泵;6—节流阀;
7—溢流阀;8—二位二通换向阀

3. 利用液控单向阀的保压回路

图 7-10 所示为采用液控单向阀和电接触式压力表的自动补油式保压回路,当 1YA 通电时,换向阀右位接入回路,液压缸上腔压力升至电接触式压力表上触点调定的压力值时,上触点接通,1YA 断电,换向阀切换成中位,泵卸荷,液压缸由液控单向阀保压。当缸上腔压力下降至下触头调定的压力值时,压力表又发出信号,使 1YA 通电,换向阀右位接入回路,泵向液压缸上腔补油使压力上升,直至上触点调定值。这种回路用于保压精度要求不高的场合。

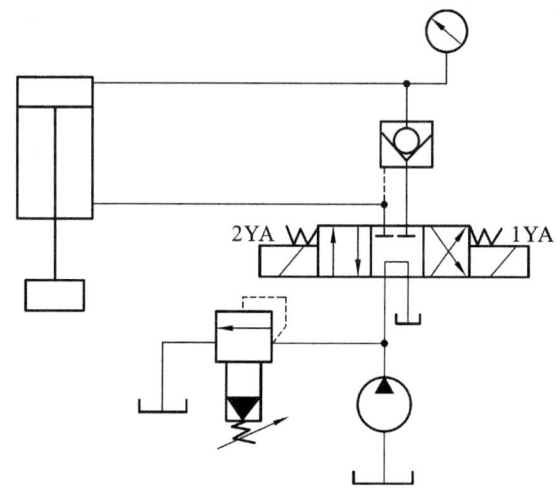

图 7-10 采用液控单向阀的保压回路

7.1.6 平衡回路

平衡回路的功能在于使执行元件的回油路上保持一定的背压值,以平衡重力负载,使之不会因自重而自行下落。

1. 采用单向顺序阀的平衡回路

图 7-11(a)是采用单向顺序阀的平衡回路。调整顺序阀的开启压力,使液压缸向上的液压作用力稍大于垂直运动部件的重力,即可防止活塞部件因自重而下滑。活塞下行时,由于回油路上存在背压支撑重力负载,因此运动平稳。由于顺序阀存在泄漏,液压缸不能长时间停留在某一位置上,活塞会缓慢下降。若在单向顺序阀和液压缸之间增加一个液控单向阀,由于液控单向阀密封性很好,可防止活塞因单向顺序阀泄漏而下降。

2. 采用液控单向阀的平衡回路

图 7-11(b)是采用液控单向阀的平衡回路。由于液控单向阀是锥面密封,泄漏量小,故其闭锁性能好,活塞能够较长时间停止不动。回油路上串联单向节流阀,可保证下行运动的平稳。

3. 采用遥控平衡阀的平衡回路

图 7-11 (c)是采用遥控平衡阀的平衡回路。在背压不太高的情况下,活塞因自重而加速下降,活塞上腔因供油不足,压力下降,平衡阀的控制压力下降,阀口就关小,回油的背压

相应上升,起支撑和平衡重力负载的作用增强,从而使阀口的大小能自动适应不同负载对背压的要求,保证了活塞下降速度的稳定性。当换向阀处于中位时,泵卸荷,平衡阀遥控口压力为零,阀口自动关闭。由于这种平衡阀的阀芯有很好的密封性,故能起到长时间对活塞进行闭锁和定位的作用。这种遥控平衡阀又称为限速阀。

必须指出,无论是平衡回路,还是背压回路,在回油管路上都存在背压力,故都需要提高供油压力。但这两种基本回路也有区别,主要表现在功用和背压力的大小上。背压回路主要用于提高进给系统的运动平稳性,提高加工精度,所具有的背压力不大。平衡回路通常是在立式液压缸情况下用以平衡运动部件的自重,以防下滑发生事故,其背压力应根据运动部件的重力而定。

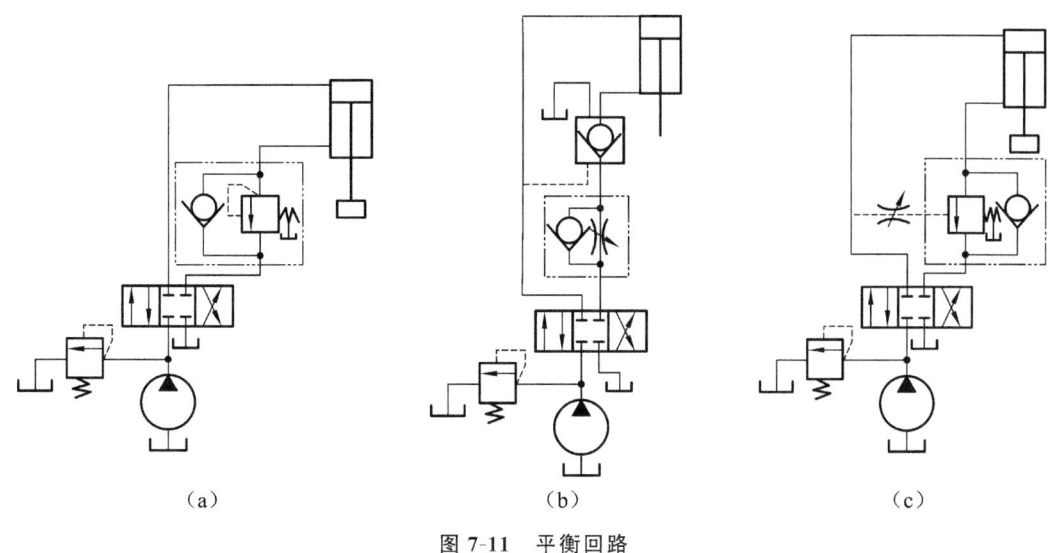

图 7-11　平衡回路

◀ 7.2　调 速 回 路 ▶

在液压传动系统中,调速是为了满足执行元件对工作速度的要求,因此是系统的核心问题。调速回路不仅对系统的工作性能起着决定性的影响,而且对其他基本回路的选择也起着决定性的作用,因此在液压系统中占有极其重要的地位。

7.2.1　液压系统基本调速方式

在液压传动系统中,执行元件主要是液压缸和液压马达。在不考虑液压油的压缩性和元件泄漏的情况下,液压缸的运动速度 v 取决于流入或流出液压缸的流量及相应的有效工作面积,即

$$v=\frac{q}{A} \tag{7-1}$$

式中,q 为流入(或流出)液压缸的流量;A 为液压缸进油腔(或回油腔)的有效工作面积。

由上式可知,要调节液压缸的工作速度,可以改变输入执行元件的流量,也可以改变执

行元件的有效工作面积。对于确定的液压缸来说,改变其有效工作面积是比较困难的,因此,通常用改变液压缸的输入流量 q 来调节液压缸的速度。

液压马达的转速 n_M 由进入马达的流量 q 和马达的排量 V_M 决定,即

$$n_M = \frac{q}{V_M} \tag{7-2}$$

由上式可知,可以改变输入液压马达的流量,或改变变量马达的排量 V_M 来控制液压马达的转速。

为了改变进入执行元件的流量,可采用定量泵和溢流阀构成的恒压源与流量控制阀的方法,也可以采用变量泵供油的方法。目前,液压传动系统主要采用以下三种调速方式。

1. 节流调速

采用定量泵供油,通过改变流量控制阀通流面积的大小,来调节流入或流出执行元件的流量实现调速,多余的流量由溢流阀溢流回油箱。

2. 容积调速

通过改变变量泵或改变变量马达的排量来实现调速。

3. 容积节流调速

综合利用流量阀及变量泵来共同调节执行机构的速度。

7.2.2 调速回路的基本特性

调速回路的调速特性、机械特性和功率特性,实际上就是系统的静态特性,它们基本上决定了系统的性能、特点和用途。

1. 调速特性

回路的调速特性用回路的调速范围来表征。所谓调速范围是指执行元件在某负载下可能得到的最高工作速度与最低工作速度之比:

$$R = \frac{v_{max}}{v_{min}} \tag{7-3}$$

各种调速回路可能的调速范围是不同的,人们希望能在较大的范围内调节执行元件的速度,在调速范围内能灵敏、平稳地实现无级调速。

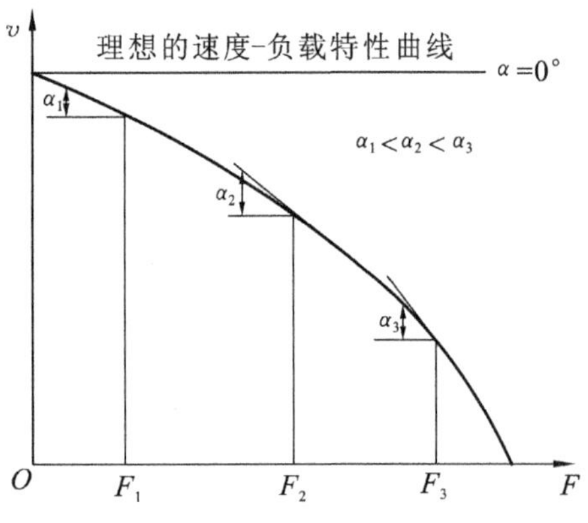

2. 机械特性

机械特性即速度-负载特性,它是调速回路中执行元件运动速度随负载而变化的性能。一般来说,执行元件运动速度随负载增大而降低。图 7-12 所示为某调速回路中执行元件的速度-负载特性曲线。速度受负载影响的程度,常用速度刚度来描述。

速度刚度定义为负载对速度的变化率。即

图 7-12 速度-负载特性曲线

$$k_v = -\frac{\partial F}{\partial v} = -\frac{1}{\tan \alpha} \tag{7-4}$$

速度随负载增加是下降的,为使速度刚度为正故冠一负号。速度刚度的物理意义是:负载变化时,调速回路抵抗速度变化的能力,亦即引起单位速度变化时负载力的变化量。从图7-12 可知,速度刚度是速度-负载特性曲线上某点处斜率的倒数。在特性曲线上某处的斜率越小,速度刚度就越大,亦即机械特性就硬,执行元件工作速度受负载变化的影响就越小,运动平稳性越好。

3. 功率特性

调速回路的功率特性包括回路的输入、输出功率,功率损失和回路效率,一般不考虑执行元件和管路中的功率损失。这样,便于从理论上对各种调速回路进行比较。调速回路要求功率特性好,即能量损失小,效率高,油液发热少。

7.2.3 节流调速回路

节流调速回路是通过在液压回路上采用流量控制阀(节流阀或调速阀)来实现调速的一种回路,一般根据流量控制阀在回路中的位置不同分为进油节流调速回路、回油节流调速回路和旁路节流调速回路三种。

1. 进油节流调速回路

图 7-13 所示为节流阀进油节流调速回路。将节流阀串联在液压缸的进油路上,用定量泵供油,且在泵的出口处并联一个溢流阀。泵输出的油液一部分经节流阀进入液压缸的工作腔,推动活塞运动,多余的油液经溢流阀流回油箱。由于溢流阀处于溢流状态,因此泵的出口压力保持恒定。调节节流阀的通流面积,即可调节通过节流阀的流量,从而调节液压缸的工作速度。

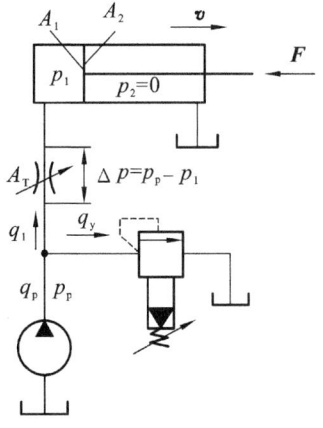

图 7-13 进油节流调速回路

1)速度负载特性

进油节流调速回路的工作原理如下:

(1) 液压缸要克服负载 F 而运动,其工作腔的油液必须具有一定的工作压力,即稳定工作时活塞的受力平衡方程为

$$p_1 A_1 = p_2 A_2 + F \tag{7-5}$$

式中,F 为液压缸的负载;A_1、A_2 分别为液压缸无杆腔和有杆腔的有效面积;p_1、p_2 分别为液压缸进油腔、回油腔的压力。

当回油腔直接通油箱时,可设 $p_2 \approx 0$,故液压缸无杆腔压力为

$$p_1 = \frac{F}{A_1} \tag{7-6}$$

这说明液压缸工作压力 p_1 取决于负载,随负载变化。

(2) 为了保证油液通过节流阀进入执行元件,节流阀上必须存在一个压力差 Δp,即泵的出口压力 p_p 必须大于液压缸工作压力 p_1,即

$$p_p = p_1 + \Delta p$$

(3) 调节通过节流阀的流量 q_1,才能调节液压缸的工作速度。因此定量泵多余的油液 q_y 必须经溢流阀流回油箱。必须指出,溢流阀溢流是该回路能调速的必要充分条件。注意,如果溢流阀不能溢流,定量泵的流量 q_p 只能全部进入液压缸,而不能实现调速功能。根据

连续性方程,有

$$q_p = q_1 + q_y = 常数$$

进入液压缸的流量 q_1 越小,液压缸的工作速度就越低,溢流量 q_y 也就越大。

(4) 溢流阀工作在溢流状态,因此泵的出口压力 p_p 保持恒定。

(5) 经节流阀进入液压缸的流量 q_1 为

$$q_1 = KA_T \Delta p^m = KA_T \left(p_p - \frac{F}{A_1} \right)^m \tag{7-7}$$

式中,A_T 为节流阀的通流面积;Δp 为节流阀两端的压力差,$\Delta p = p_p - p_1$;K 为节流阀的流量系数,对薄壁孔 $K = C_d \sqrt{2/\rho}$,对细长孔 $K = d^2/(32\mu L)$,其中,C_d 为流量系数,ρ、μ 分别为液体密度和动力黏度,d、L 为细长孔直径和长度;m 为节流指数,$0.5 < m < 1$,对薄壁孔 $m = 0.5$,对细长孔 $m = 1$。

调节节流阀通流面积 A_T,即可改变通过节流阀的流量 q_1,从而调节液压缸的工作速度。

根据上述讨论,液压缸的运动速度为

$$v = \frac{q_1}{A_1} = \frac{KA_T}{A_1} \left(p_p - \frac{F}{A_1} \right)^m \tag{7-8}$$

式(7-8)称为进油节流调速回路的速度-负载特性方程。由此式可知,液压缸的工作速度是节流阀通流面积 A_T 和液压缸负载 F 的函数,当 A_T 不变时,活塞的运动速度 v 受负载 F 变化影响;液压缸的运动速度 v 与节流阀的通流面积 A_T 成正比,调节 A_T 就可调节液压缸的速度。这种回路调速范围比较大,最高速度比可达 100 左右。

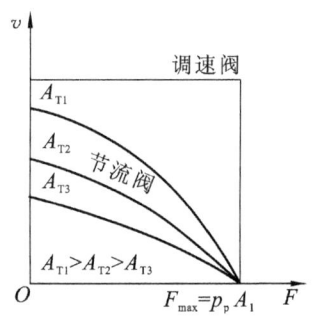

图 7-14 进油节流调速回路的速度-负载特性曲线

图 7-14 所示为进油节流调速回路的速度-负载特性曲线,它是根据进油节流调速回路在节流阀的不同开口情况下绘制出来的。这组曲线表示液压缸运动速度随负载变化的规律,曲线越陡,说明负载变化对速度的影响越大,即速度刚度越差。从图中可以看出:当节流阀通流面积 A_T 一定时,负载 F 大的区域,曲线陡,速度刚度差,而负载 F 越小,曲线越平缓,速度刚度越好;在相同负载下工作时,A_T 越大,速度刚度越小,即速度高时速度刚度差;特性曲线交汇于横坐标轴上的一点,该点对应的 F 值为最大负载,这说明速度调节不会改变回路的最大承载能力 F_{max}。因最大负载时缸停止运动($\Delta p = 0$,$v = 0$),由式(7-8)可知,该回路的最大承载能力为 $F_{max} = p_p A_1$。

进油节流调速回路的速度刚性为

$$k_v = -\frac{\partial F}{\partial v} = \frac{A_1^{1+m}}{mKA_T(p_pA_1 - F)^{m-1}} = \frac{p_pA_1 - F}{vm} \tag{7-9}$$

由式(7-9)可知,提高系统压力、增大液压缸工作面积均可提高速度刚度。由式(7-9)还可知,小负载、低速时,速度刚性大,速度稳定性好。

2) 功率特性

进油节流调速回路中,泵的供油压力 p_p 由溢流阀确定,所以液压泵的输出功率,即回路输入功率为一常值,即

$$P_p = p_p q_p = \text{const} \tag{7-10}$$

回路输出功率,即液压缸输出的有效功率为

$$P_1 = Fv = F\frac{q_1}{A_1} = p_1 q_1 \qquad (7\text{-}11)$$

回路的功率损失 ΔP 为

$$\Delta P = P_p - P_1 = p_p q_p - p_1 q_1 = p_p(q_1 + q_y) - (p_p - \Delta p)q_1 = p_p q_y + \Delta p q_1 \qquad (7\text{-}12)$$

这种调速回路的功率损失由溢流损失 $p_p q_y$ 和节流损失 $\Delta p q_1$ 两部分组成。溢流损失是在泵的输出压力 p_p 下,流量 q_y 流经溢流阀产生的功率损失,而节流损失是流量 q_1 在压差 Δp 下流经节流阀产生的功率损失。

回路效率为

$$\eta_c = \frac{P_1}{P_p} = \frac{Fv}{p_p q_p} = \frac{p_1 q_1}{p_p q_p} \qquad (7\text{-}13)$$

由于回路中存在溢流损失和节流损失这两种功率损失,所以回路效率比较低,特别是在低速、轻载场合下,效率更低。为了提高效率,实际工作中应尽量使液压泵的流量 q_p 接近液压缸的流量 q_1。特别是当液压缸需要快速和慢速两种运动时,应采用双泵供油。

进油节流调速回路适用于轻载、低速、负载变化不大和对速度稳定性要求不高的小功率场合。

2. 回油节流调速回路

图 7-15 所示为回油节流调速回路,这种调速回路是将节流阀串接在液压缸的回油路上,定量泵的供油压力由溢流阀调定并基本上保持恒定不变。该回路的调节原理是:借助节流阀控制液压缸的回油量 q_2,实现速度的调节。

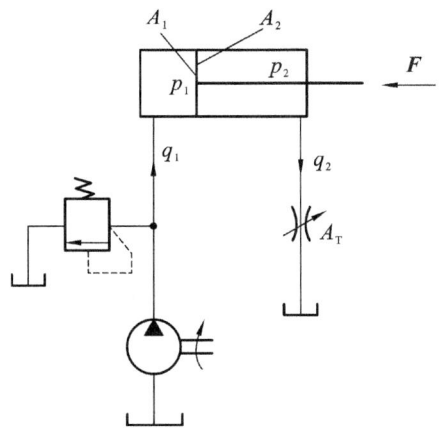

图 7-15 回油节流调速回路

$$\frac{q_1}{A_1} = v = \frac{q_2}{A_2} \quad \text{或} \quad q_1 = \frac{A_1}{A_2}q_2 \qquad (7\text{-}14)$$

由上式可知,用节流阀调节流出液压缸的流量 q_2,也就调节了流入液压缸的流量 q_1。定量泵多余的油液经溢流阀流回油箱。溢流阀处于溢流状态,泵的出口压力 p_p 保持恒定,且 $p_1 = p_p$。

稳定工作时,活塞的受力平衡方程为

$$p_p A_1 = p_2 A_2 + F \qquad (7\text{-}15)$$

由于节流阀两端存在压差,因此在液压缸有杆腔中形成背压 p_2,由式(7-15)可知,负载 F 越小,背压 p_2 越大,当负载 $F=0$ 时,有

$$p_2 = \frac{A_1}{A_2} p_p \qquad (7\text{-}16)$$

液压缸的运动速度,亦即速度-负载特性方程为

$$v = \frac{q_2}{A_2} = \frac{KA_T}{A_2} \left(p_p \frac{A_1}{A_2} - \frac{F}{A_2} \right)^m \qquad (7\text{-}17)$$

式中,A_2 为液压缸有杆腔的有效面积;q_2 为通过节流阀的流量;其他符号意义与式(7-5)相同。

比较式(7-8)和式(7-17)可以发现,回油节流阀调速与进油节流阀调速的速度-负载特性基本相同,若缸两腔有效面积相同,则两种节流阀调速回路的速度-负载特性就完全一样了。因此,前面对进油节流阀调速回路的分析和结论都适用于本回路。

进油节流调速回路与回油节流调速回路虽然流量特性与功率特性基本相同,但也在某些方面有不同之处,主要有以下几点。

(1)承受负值负载的能力不同。回油节流调速回路的节流阀使液压缸的回油腔形成一定的背压($p_2 \neq 0$),因而能承受负值负载(负值负载是与活塞运动方向相同的负载),并提高了液压缸的速度平稳性。而进油节流调速回路则要在回油路上设置背压阀后,才能承受负值负载,但是需要提高调定压力,功率损失大。

(2)实现压力控制的难易程度不同。进油节流调速回路容易实现压力控制。当工作部件在行程终点碰到死挡铁后,缸的进油腔压力会上升到等于泵的供油压力,利用这个压力变化,可使并联于此处的压力继电器发出信号,实现对系统的动作控制。回油节流调速时,液压缸进油腔压力没有变化,难以实现压力控制。虽然工作部件碰到死挡铁后,缸的回油腔压力下降为零,可利用这个变化值使压力继电器失压复位,对系统的下步动作实现控制,但可靠性差,一般不采用。

(3)调速性能不同。若回路使用单杆缸,无杆腔进油流量大于有杆腔回油流量。故在缸径、缸速相同的情况下,进油节流调速回路的节流阀开口较大,低速时不易堵塞。因此,进油节流调速回路能获得更低的稳定速度。

(4)停车后的启动性能不同。长期停车后液压缸内的油液会流回油箱,当液压泵重新向缸供油时,在回油节流调速回路中,由于进油路上没有节流阀控制流量,活塞会出现前冲现象;而在进油节流调速回路中,活塞前冲很小,甚至没有前冲。

为了提高回路的综合性能,一般常采用进油节流阀调速,并在回油路上加背压阀,使其兼有两者的优点。

3. 旁路节流调速回路

如图 7-16 所示,这种回路把节流阀接在与执行元件并联的旁油路上。定量泵输出的流量一部分通过节流阀溢回油箱,一部分进入液压缸,使活塞获得一定的运动速度。通过调节节流阀的通流面积 A_T,就可调节进入液压缸的流量,即可实现调速。溢流阀做安全阀用,正常工作时关闭,过载时才打开,其调定压力为最大工作压力的 1.1~1.2 倍。在工作过程中,定量泵的压力随负载而变化。设泵的理论流量为 q_t,泵的泄漏系数为 k_1,其他符号意义同前,则缸的运动速度为

$$v=\frac{q_1}{A_1}=\frac{q_t-k_1\dfrac{F}{A_1}-KA_T\left(\dfrac{F}{A_1}\right)^m}{A_1} \tag{7-18}$$

按式(7-18)选取不同的 A_T 值可作出一组速度-负载特性曲线,如图 7-16(b)所示。由曲线可知,当节流阀通流面积一定而负载增加时,速度下降较前两种回路更为严重,即特性很软,速度稳定性很差;在重载高速时,速度刚度较好,这与前两种回路恰好相反。其最大承载能力随节流口 A_T 的增加而减小,即旁路节流调速回路的低速承载能力很差,调速范围也小。这种回路只有节流损失而无溢流损失;泵压随负载的变化而变化,节流损失和输入功率也随负载变化而变化。因此,本回路比前两种回路效率高。

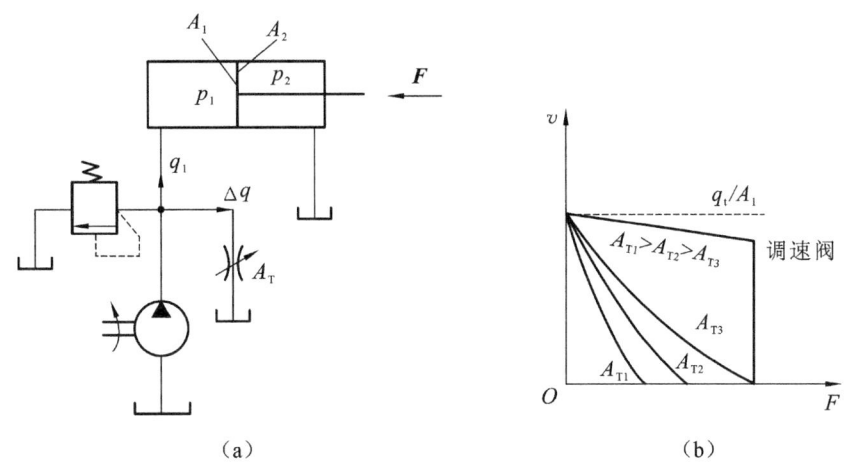

（a）   （b）

图 7-16　旁路节流调速回路

由于本回路的速度-负载特性很软,低速承载能力差,故其应用比前两种回路少,只用于高速、重载、对速度平稳性要求不高的较大功率的系统,如牛头刨床主运动系统、输送机械液压系统等。

7.2.4　容积调速回路

节流调速回路由于有节流损失和溢流损失,所以只适用于小功率系统。容积调速回路主要是利用改变变量泵的排量或改变变量马达的排量来实现调速的,其主要优点是没有节流损失和溢流损失,因而效率高,系统温升小,适用于大功率系统。

容积调速回路根据油液的循环方式有开式回路和闭式回路两种。在开式回路中,液压泵从油箱吸油,执行元件的回油直接回油箱,油液能得到较好的冷却,便于沉淀杂质和析出气体,但油箱体积大,空气和污染物侵入油液的机会增加,侵入后影响系统正常工作。在闭式回路中,执行元件的回油直接与泵的吸油腔相连,结构紧凑,只需较小的补油箱,空气和脏物不易混入回路,但油液的散热条件差,为了补偿回路中的泄漏并进行换油冷却,需附设补油泵。

容积调速回路按照动力元件与执行元件的不同组合可以分为变量泵和定量执行元件组成的容积调速回路、定量泵和变量马达组成的容积调速回路以及变量泵和变量马达组成的容积调速回路三种基本形式。

1. 变量泵和定量执行元件组成的容积调速回路

图 7-17 所示是变量泵和定量执行元件组成的容积调速回路。图 7-17(a)所示为变量泵和液压缸组成的开式回路;图 7-17(b)所示为变量泵和定量马达组成的闭式回路。显然,改变变量泵的排量即可调节液压缸的运动速度和液压马达的转速。两图中的溢流阀 2 均起安全阀作用,用于防止系统过载;单向阀 3 用来防止停机时油液倒流入油箱和空气进入系统。

这里重点讨论变量泵和定量马达组成的容积调速回路。在图 7-17(b)中,为了补偿变量泵 1 和定量马达 7 的泄漏,增加了补油泵 8。补油泵 8 将冷油送入回路,而从溢流阀 9 溢出回路中多余的热油,进入油箱冷却。补油泵的工作压力由溢流阀 9 来调节。补油泵的流量为主泵的 10%~15%,工作压力为 0.5~1.4 MPa。

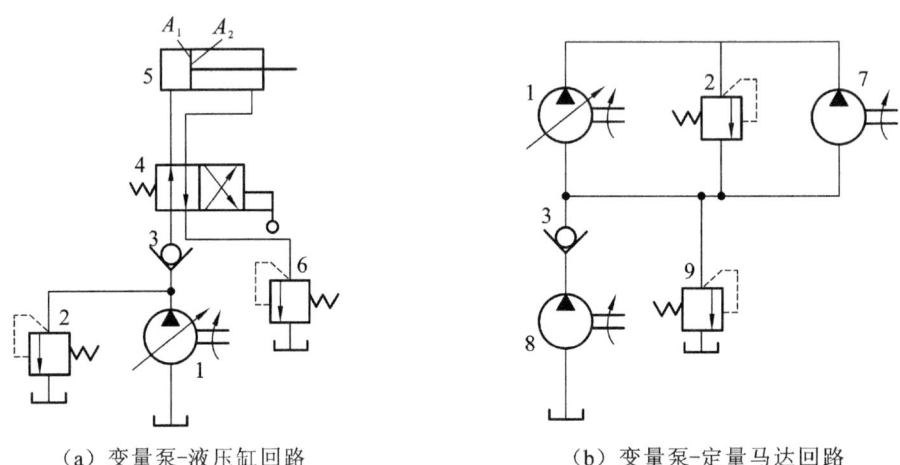

(a) 变量泵-液压缸回路　　　　　　(b) 变量泵-定量马达回路

图 7-17　变量泵和定量执行元件组成的容积调速回路
1—变量泵;2,9—溢流阀;3—单向阀;4—换向阀;5—液压缸;6—背压阀;7—定量马达;8—补油泵;9—溢流阀

1) 速度-负载特性

在图 7-17(b)所示回路中,引入泵和马达的泄漏系数,不考虑管道的泄漏和压力损失时,可得此回路的速度-负载特性方程为

$$n_M = \frac{q_p}{V_M} = \frac{V_p n_p - k_1 p_p}{V_M} = \frac{V_p n_p - k_1 \dfrac{2\pi T_M}{V_M}}{V_M} \tag{7-19}$$

相应的速度刚度为

$$k_v = -\frac{\partial T_M}{\partial n_M} = \frac{V_M^2}{2\pi k_1} \tag{7-20}$$

式中,k_1 为泵和马达的泄漏系数之和;n_p 为变量泵的转速;p_p 为泵的工作压力,亦即液压马达的工作压力;V_p、V_M 为变量泵、马达的排量;n_M、T_M 为马达的输出转速、输出转矩。

此回路的速度-负载特性曲线如图 7-18(a)所示。由此图可见,由于变量泵、马达有泄漏,马达的输出转速 n_M 会随负载 T_M 的加大而减小,即速度刚性要受负载变化的影响。负载增大到某值时,马达停止运动,见图 7-18(a)中的 T_M',表明这种回路在低速下的承载能力很差。所以在确定回路的最低速度时,应将这一速度排除在调速范围之外。

2) 转速特性

在图 7-17(b)中,若采用容积效率、机械效率表示液压泵和马达的损失和泄漏,则马达的

输出转速 n_M 与变量泵排量 V_p 的关系为

$$n_M = \frac{q_p}{V_M} = \frac{V_p}{V_M} n_p \eta_{PV} \eta_{MV} \quad\quad (7\text{-}21)$$

式中，η_{PV}、η_{MV} 为泵、马达的容积效率。

马达的排量是定值，因此改变泵的排量，即可改变泵的输出流量，马达的转速也就随之改变。式(7-21)也称为容积调速公式，此式表明，或改变泵的排量 V_p，或改变马达的排量 V_M，或既改变泵的排量 V_p 又改变马达的排量 V_M 都可以调节马达的输出转速 n_M。

3）转矩特性

马达的输出转矩 T_M 与马达排量 V_M 的关系为

$$T_M = \frac{\Delta p_M V_M}{2\pi} \eta_{Mm} \quad\quad (7\text{-}22)$$

式中，Δp_M 为液压马达进出口的压差；η_{Mm} 为马达的机械效率。

上式表明，马达的输出转矩 T_M 与泵的排量 V_p 无关，不会因调速而发生变化。若系统的负载转矩恒定，则回路的工作压力 p 恒定不变（即 Δp_M 不变），此时马达的输出转矩 T_M 恒定，故此回路又称为"等转矩调速回路"。

4）功率特性

马达的输出功率 P_M 与变量泵排量 V_p 的关系为

$$P_M = T_M 2\pi n_M = \Delta p_M V_M n_M \quad\quad (7\text{-}23)$$

或者

$$P_M = \Delta p_M V_p n_p \eta_{PV} \eta_{MV} \eta_{Mm} \quad\quad (7\text{-}24)$$

上式表明，马达的输出功率 P_M 与马达的转速成正比，亦即与泵的排量 V_p 成正比。

上述的三个特性曲线如图 7-18(b)所示。必须指出，由于泵和马达存在泄漏，所以当 V_p 还未调到零值时，n_M、T_M 和 P_M 已都为零值。这种回路调速范围大，可持续实现无级调速，一般用于工程机械和汽车专用车中；在刨床、拉床等机床液压系统中实现直线运动的主运动。

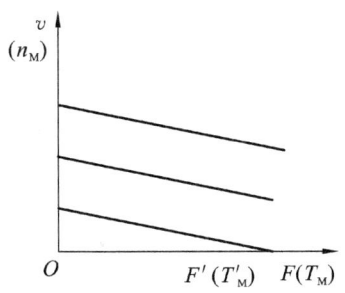 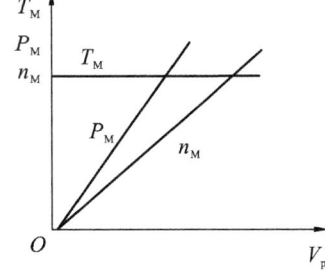

（a）速度-负载特性曲线　　　　　（b）调速回路特性曲线

图 7-18　变量泵-定量马达调速回路特性

2. 定量泵和变量马达组成的容积调速回路

图 7-19 所示为定量泵和变量马达组成的容积调速回路，在这种容积调速回路中，泵的排量 V_p 和转速 n_p 均为常数，输出流量不变，补油泵 4、溢流阀 3、5 的作用同变量泵-定量马达调速回路中的相同。该回路通过改变变量马达的排量 V_M 来改变马达的输出转速 n_M。当负载恒定时，回路的工作压力 p 和马达输出功率 P_M 都恒定不变，而马达的输出转矩 T_M

与马达的排量 V_M 成正比变化,马达的转速 n_M 与其排量 V_M 成反比(按双曲线规律)变化,其调速特性如图 7-19(b)所示。从图中可知,输出功率 P_M 不变,故此回路又称"恒功率调速回路"。

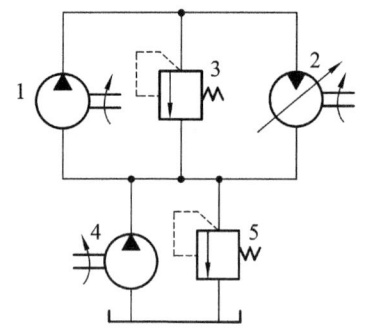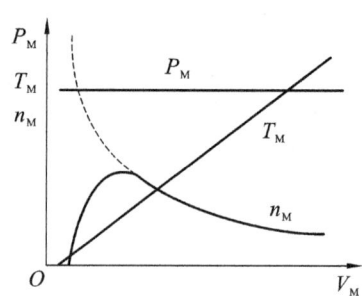

（a）定量泵-变量马达容积调速回路图　　　　（b）调速回路特性曲线

图 7-19　定量泵-变量马达调速回路

1—定量泵;2—变量马达;3—安全阀;4—辅助泵;5—溢流阀

当马达排量 V_M 减小到一定程度,输出转矩 T_M 不足以克服负载时,马达便停止转动,这样不仅不能在运转过程中使马达通过 $V_M=0$ 点的方法来实现平稳的反向,而且其调速范围也很小,这种回路很少单独使用。

3. 变量泵和变量马达组成的容积调速回路

图 7-20 所示为采用双向变量泵和双向变量马达组成的容积调速回路。改变双向变量泵 1 的供油方向,可使双向变量马达 2 正转或反转。在图 7-20(a)中,回路左侧的两个单向阀 6 和 8 用于使辅助泵 4 能双向补油,补油压力由溢流阀 5 调定。右侧两个单向阀 7 和 9 使安全阀 3 在双向变量马达 2 的正反两个方向都能起过载保护作用。

这种调速回路实际上是上述两种容积调速回路的组合。由于泵和马达的排量均可改变,故增大了调速范围,其调速特性曲线如图 7-20(b)所示。在工程中,一般都要求执行元件

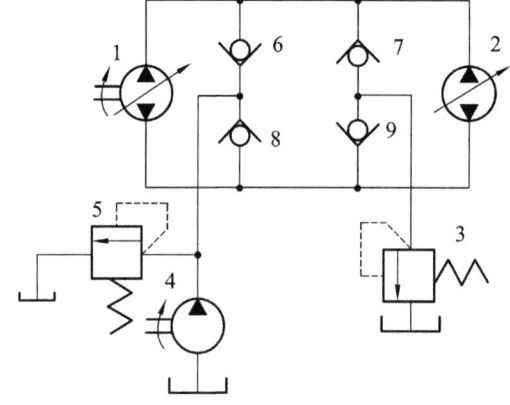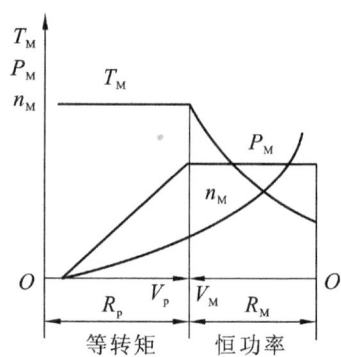

（a）变量泵-变量马达容积调速回路　　　　（b）调速回路的特性曲线

图 7-20　变量泵-变量马达容积调速回路

1—双向变量泵;2—双向变量马达;3—安全阀;4—辅助泵;5—溢流阀;6,7,8,9—单向阀

在启动时有低转速和大的输出转矩,而在正常工作时都希望有较高的转速和较小的输出转矩。因此,这种回路在使用时,在低速段,将双向变量马达的排量调到最大,使双向变量马达能够获得最大的输出转矩,然后通过调节双向变量泵的输出流量来调节双向变量马达的转速。随着转速升高,双向变量马达的输出功率也随之增加。在此过程中,双向变量马达的转矩不变,这一段是变量泵和定量马达容积调速方式。在高速段,使双向变量泵处于最大排量状态,然后通过调节双向变量马达的排量来调节双向变量马达转速,随着双向变量马达转速的升高,输出转矩随之降低,双向变量马达的输出功率保持不变,这一段是定量泵和变量马达容积调速方式。

7.2.5 容积节流调速回路

容积节流调速回路的工作原理是用压力补偿变量泵供油,用流量控制阀调定进入或流出液压缸的流量来调节液压缸的运动速度,并使变量泵的输出流量自动与液压缸所需流量相适应。这种调速回路,没有溢流损失,效率较高,速度稳定性也比单纯的容积调速回路好。常见的容积节流调速回路主要有以下两种。

1. 限压式变量泵和调速阀组成的容积节流调速回路

图 7-21 所示为限压式变量泵和调速阀组成的容积调速回路。在这种回路中,由限压式变量泵 1 供油,为获得更低的稳定速度,一般将调速阀 2 安装在进油路中,回油路中装有背压阀 6。空载时泵以最大流量进入液压缸使其快进,进入工作进给(简称工进)时,电磁阀 3 通电使其所在油路断开,压力油经调速阀 2 流入缸内。工进结束后,压力继电器 5 发出信号,使阀 3 和阀 4 换向,调速阀被短接,液压缸快退,油液经背压阀 6 返回油箱,调速阀 2 也可放在回油路上,但对单杆缸,为获得更低的稳定速度,应放在进油路上。

当回路处于工进阶段时,液压缸的运动速度由调速阀中节流阀的通流面积 A_T 来控制。变量泵的输出流量 q_p 和供油压力 p_p 自动保持相应的恒定值。由于这种回路中泵的供油压力基本恒定,因此也称之为定压式容积节流调速回路。

图 7-21(b)为回路的调速特性曲线。由此图可见,限压式变量泵压力-流量特性曲线上的点 a 是泵的工作点,泵的供油压力为 p_p,流量为 q_1。调速阀在某一开度下的压力-流量特性曲线上的点 b 是调速阀(液压缸)的工作点,压力为 p_1,流量为 q_1。当改变调速阀的开口量,使调速阀压力-流量特性曲线上下移动时,回路的工作状态便相应改变。限压式变量泵的供油压力应调节为

$$p_p \geqslant p_1 + \Delta p_{Tmin}$$

其中,Δp_{Tmin} 是保证调速阀正常工作的最小压差,一般应在 0.5 MPa 左右。系统最大工作压力应为

$$p_{1max} \leqslant p_p - \Delta p_{Tmin} \tag{7-25}$$

一般来说,限压式变量泵的压力-流量曲线在调定后是不会改变的,因此,当负载 F 变化,使 p_1 发生变化时,调速阀的自动调节作用使调速阀内节流阀上的压差 Δp 保持不变,流过此节流阀的流量 q_1 也不变,从而使泵的输出压力 p_p 和流量 q_p 也不变,回路就能保持在原工作状态下工作,速度稳定性好。

如果不考虑泵、缸和管路的损失,回路效率为

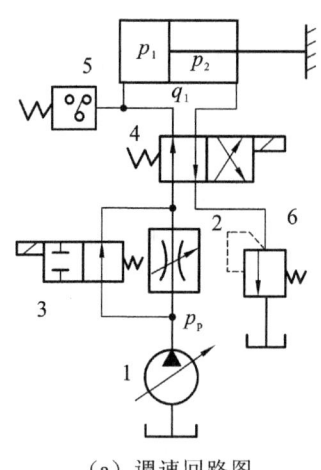 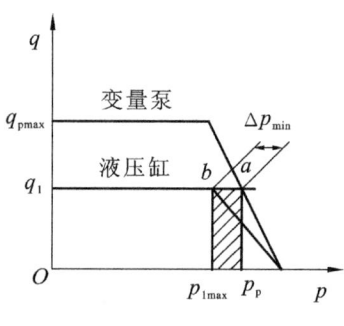

（a）调速回路图 （b）特性曲线

图 7-21 限压式变量泵和调速阀组成的容积节流调速回路

1—限压式变量泵；2—调速阀；3、4—电磁阀；5—压力继电器；6—背压阀

$$\eta=\frac{\left(p_1-p_2\dfrac{A_2}{A_1}\right)q_1}{p_pq_1}=\frac{p_1-p_2\left(\dfrac{A_2}{A_1}\right)}{p_p} \tag{7-26}$$

如果背压 $p_2=0$，则

$$\eta=\frac{p_1}{p_p}=\frac{p_p-\Delta p_T}{p_p}=1-\frac{\Delta p_T}{p_p} \tag{7-27}$$

从上式可知，如果负载较小时，p_1 减小，使调速阀的压差 Δp_T 增大，造成节流损失增大。低速时，泵的供油流量较小，而对应的供油压力很大，泄漏增加，回路效率严重下降。因此，这种回路不宜用在低速、变载且轻载的场合，适用于负载变化不大的中、小功率场合，如组合机床的进给系统等。

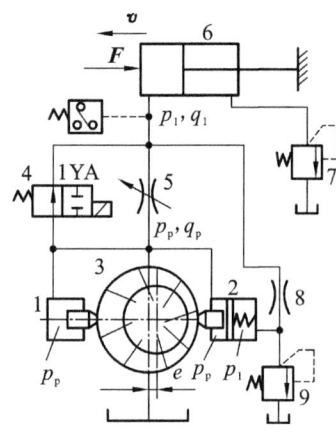

图 7-22 差压式变量泵和节流阀组成的容积节流调速回路

1、2—控制缸；3—变量泵；4—电磁阀；
5—节流阀；6—液压缸；7—背压阀；
8—阻尼孔；9—安全阀

2. 差压式变量泵和节流阀组成的容积节流调速回路

这种调速回路采用压差式变量泵供油，用节流阀控制进入液压缸或从液压缸流出的流量。图 7-22 所示是节流阀安装在进油路上的调速回路，其中阀 7 为背压阀，阀 9 为安全阀。泵的配油盘上的吸排油窗口对称于垂直轴，变量机构由定子两侧的控制缸 1、2 组成，节流阀前的压力 p_p 反馈作用在控制缸 2 的有杆腔和控制缸 1 的柱塞上，节流阀后的压力 p_1 反馈作用在控制缸 2 的无杆腔，控制缸 1 的柱塞直径与缸 2 的活塞杆直径相等，亦即节流阀两端压差作用在定子两侧的作用面积相等。定子的移动（即偏心量的调节）靠控制缸两腔的液压作用力之差与弹簧力 F_s 的平衡来实现。压力差增大时，偏心量减小，供油量减小。压力差一定时，供油量也一定。调节节流阀的开口量，即改变其两端压力差，也改变了泵的偏心量，使其输油量与通过节流阀进入液压缸的流量相适应。阻尼孔 8 用以增加变量泵定子移动阻尼,改善动态特性,避免定子发生振荡。

系统在图 7-22 所示位置时,泵排出的油液经阀 4 进入缸 6,故 $p_p = p_1$,泵的定子两侧的液压作用力相等,定子仅受 F_s 的作用,从而使定子与转子间的偏心距 e 为最大,泵的流量最大,缸 5 实现快进。快进结束,1YA 通电,阀 4 关闭,泵的油液经节流阀 5 进入缸 6,故 $p_p > p_1$,定子右移,使 e 减小,泵的流量就自动减小至与节流阀 5 调定的开度相适应为止,液压缸 6 实现慢速工进。

设 A 为控制缸 2 活塞右端面积,A_1 为控制缸 1 柱塞和缸 2 活塞杆的面积,则作用在泵定子上的力平衡方程式为

$$p_p A_1 + p_p (A - A_1) = p_1 A + F_s \tag{7-28}$$

故得节流阀前后压差为

$$\Delta p_T = p_p - p_1 = \frac{F_s}{A} \tag{7-29}$$

由式(7-29)可知,节流阀的工作压差由作用在变量泵机构控制柱塞上的弹簧的推力 F_s 决定。由于弹簧刚度小,工作中伸缩量也很小($\leqslant e$),F_s 基本恒定,则节流阀前后压差 Δp 基本上不随外负载而变化,所以通过节流阀进入液压缸的流量也近似等于常数。

当外负载 F 增大(或减小)时,缸 6 工作压力 p_1 就增大(或减小),则泵的工作压力 p_p 也相应增大(或减小)。故又称此回路为变压式容积节流调速回路。由于泵的供油压力随负载而变化,回路中又只有节流损失,没有溢流损失,因而其效率比限压式变量泵和调速阀组成的调速回路要高。这种回路适用于负载变化大,速度较低的中、小功率场合,如某些组合机床进给系统。

7.2.6　三种调速回路的比较

三种调速回路的主要性能比较见表 7-1。

表 7-1　三种调速回路的主要性能比较

主要性能 \ 回路类型		节流调速回路				容积调速回路	容积节流调速回路	
		用节流阀调节		用调速阀调节			限压式	差压式
		进、回路	旁路	进、回路	旁路			
机械特性	速度稳定性	较差	差	好		较好	好	
	承载能力	较好	较差	好		较好	好	
调速特性（调速范围）		较大	小	较大		大	较大	
功率特性	效率	低	较高	低	较高	最高	较高	高
	发热	大	较小	大	较小	最小	较小	小
适用范围		小功率,轻载或低速的中、低压系统				大功率,重载高速的中、高压系统	中、小功率的中压系统	

7.3 速度换接和快速运动回路

7.3.1 速度换接回路

速度换接回路的功用是使液压执行元件在一个工作循环中,从一种运动速度换成另一种运动速度。有快速—慢速、慢速—慢速的换接,这种回路应该具有较高的换接平稳性和换接精度。

1. 快、慢速换接回路

图 7-23 为用行程阀实现的速度换接回路。该回路可使执行元件完成"快进—工进—快退—停止"这一自动工作循环。在图示位置,电磁换向阀 2 处在右位,液压缸 7 快进。此时,溢流阀处于关闭状态。当活塞所连接的液压挡块压下行程阀 6 时,行程阀上位工作,液压缸右腔的油液只能经过节流阀 5 回油,构成回油节流调速回路,活塞运动速度转变为慢速工进,此时,溢流阀处于溢流恒压状态。当电磁换向阀 2 通电处于左位时,压力油经单向阀 4 进入液压缸右腔,液压缸左腔的油液直接流回油箱,活塞快速退回。这种回路的快速与慢速的换接过程比较平稳,换接点的位置比较准确。缺点是行程阀必须安装在装备上,管路连接较复杂。

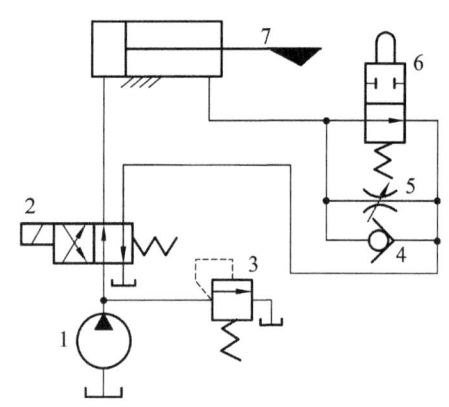

图 7-23 采用行程阀实现的速度换接回路
1—变量泵;2—电磁换向阀;3—溢流阀;
4—单向阀;5—节流阀;6—行程阀;7—液压缸

若将行程阀改为电磁换向阀,则安装比较方便,除行程开关需装在机械设备上,其他液压元件可集中安装在液压站中,但速度换接时平稳性以及换向精度较差。

2. 两种慢速的换接回路

某些机床要求工作行程有两种进给速度,一般第一进给速度大于第二进给速度,为实现两次工作进给速度,常用两个调速阀串联或并联在油路中,用换向阀进行切换。

1) 两个调速阀并联式速度换接回路

图 7-24 为两个调速阀并联实现两种工作进给速度的换接回路。液压泵输出的压力油经三位电磁阀 D 左位、调速阀 A 和电磁阀 C 进入液压缸,液压缸得到由阀 A 所控制的第一种工作速度。当需要第二种工作速度时,电磁阀 C 通电切换,使调速阀 B 接入回路,压力油经阀 B 和阀 C 的右位进入液压缸,这时活塞就得到阀 B 所控制的工作速度。这种回路中,调速阀 A、B 各自独立调节流量,互不影响,一个工作时,另一个没有油液通过。没有工作的调速阀中的减压阀开口处于最大位置。阀 C 换向,由于减压阀瞬时来不及响应,会使调速阀瞬时通过过大的流量,造成执行元件出现突然前冲的现象,速度换接不平稳。

2）两个调速阀串联式速度换接回路

图 7-25 为两个调速阀串联的速度换接回路。在图示位置，压力油经电磁换向阀 D、调速阀 A 和电磁换向阀 C 进入液压缸，执行元件的运动速度由调速阀 A 控制。当电磁换向阀 C 通电切换时，调速阀 B 接入回路，由于阀 B 的开口量调得比阀 A 小，压力油经电磁换向阀 D、调速阀 A 和调速阀 B 进入液压缸，执行元件的运动速度由调速阀 B 控制。这种回路在调速阀 B 没起作用之前，调速阀 A 一直处于工作状态，在速度换接的瞬间，它可限制进入调速阀 B 的流量突然增加，所以速度换接比较平稳。但由于油液经过两个调速阀，因此能量损失比两调速阀并联时大。

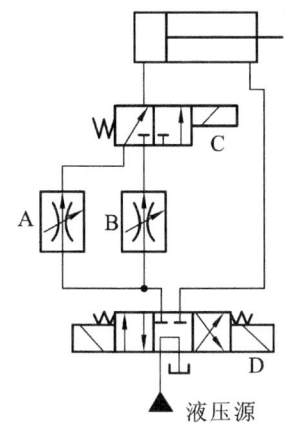
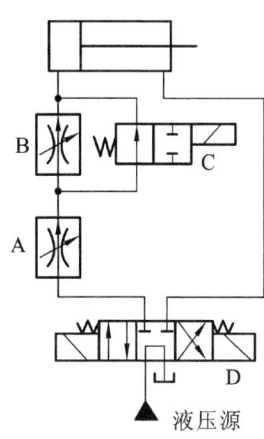

图 7-24　调速阀并联的速度换接回路　　　图 7-25　调速阀串联的速度换接回路

7.3.2　快速运动回路

快速运动回路的功用在于使执行元件获得尽可能大的工作速度，以提高系统的工作效率。常见的快速运动回路有以下几种。

1. 液压缸差动连接的快速运动回路

液压缸差动连接的快速运动回路如图 7-26 所示，当换向阀处于图示位置时，液压缸有杆腔的回油和液压泵供给的油液合在一起进入液压缸无杆腔，使活塞快速向右运动。这种回路结构简单，应用较多，但液压缸的速度加快有限，差动连接与非差动连接的速度之比为 $v_1'/v_1 = A_1/(A_1 - A_2)$，有时仍不能满足快速运动的要求，常常需要和其他方式联合使用。在差动连接回路中，泵的流量和液压缸有杆腔排出的流量合在一起流过的阀和管路应按合成流量来选择其规格，否则压力损失过大，导致系统快速运动时，泵的供油压力升高。

2. 采用蓄能器的快速运动回路

图 7-27 所示为采用蓄能器的快速运动回路。对某些间歇工作且停留时间较长的液压设备，如冶金机械；对某些工作速度存在快、慢两种速度的液压设备，如组合机床，常采用蓄能器和定量泵共同组成的油源。其中定量泵可选较小的流量规格，在系统不需要流量或工作速度很低时，泵的全部流量或大部分流量进入蓄能器储存待用，在系统工作或要求快速运动时，由泵和蓄能器同时向系统供油。

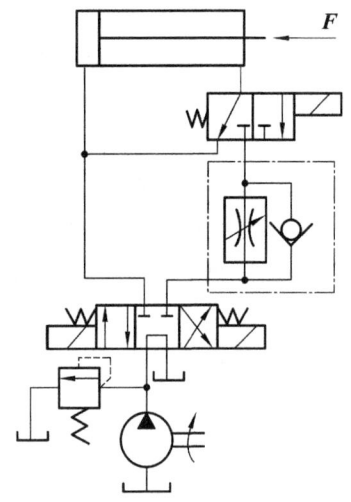

图 7-26　液压缸差动连接的快速运动回路

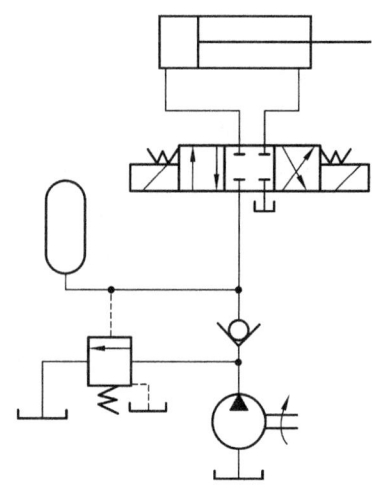

图 7-27　采用蓄能器的快速运动回路

3. 采用双泵供油系统的快速运动回路

图 7-28 所示为采用双泵供油系统的快速运动回路。低压大流量泵 1 和高压小流量泵 2 组成的双联泵向系统供油,外控顺序阀 3(卸荷阀)和溢流阀 5 分别设定双泵供油和小流量泵 2 供油时系统的工作压力。系统压力低于卸荷阀 3 的调定压力时,两个泵同时向系统供油,活塞快速向右运动;当系统压力达到或超过卸荷阀 3 的调定压力,大流量泵 1 通过阀 3 卸荷,单向阀 4 自动关闭,只有小流量泵 2 向系统供油,活塞慢速向右运动。卸荷阀 3 的调定压力应高于快速运动时的系统压力,而低于慢速运动时的系统压力,至少比溢流阀 5 的调定压力低 $10\% \sim 20\%$,大流量泵 1 卸荷减少了功率损耗,回路效率较高,常用于执行元件快进和工进速度相差较大的场合。

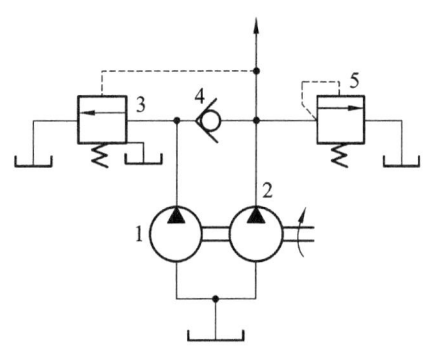

图 7-28　采用双泵供油系统的快速运动回路

1,2—流量泵;3—卸荷阀;4—单向阀;5—溢流阀

◀ 7.4　方向控制回路 ▶

方向控制回路的作用是利用各种方向控制阀来控制液压系统中各油路油液的通、断及变向,实现执行元件的启动、停止或改变运动方向。常用的方向控制回路有换向回路、锁紧回路和制动回路等。

7.4.1　换向回路

换向回路的作用是变换执行元件的运动方向。系统对换向回路的基本要求是:换向可靠、灵敏、平稳、换向精度合适。执行元件的换向过程一般包括执行元件的制动、停留和启动三个阶段。

1. 简单换向回路

采用普通二位或三位换向阀均可使执行元件换向。三位换向阀除了能使执行元件正反两个方向运动外,还有不同的中位滑阀机能,可使系统得到不同的性能。一般液压缸在换向过程中的制动和启动,由缸的缓冲装置来调节;液压马达在换向过程中的制动则需要设置制动阀等。换向过程中的停留时间的长短,取决于换向阀的切换时间,也可以通过电路来控制。

在闭式系统中,可采用双向变量泵控制液流的方向来实现执行元件的换向,如图 7-29 所示。液压缸 5 的活塞向右运动时,其进油流量大于排油流量,双向变量泵 1 的吸油侧流量不足,辅助泵 2 通过单向阀 3 来补充;改变双向变量泵 1 的供油方向,活塞向左运动,排油流量大于进油流量,泵 1 吸油侧多余的油液通过由缸 5 进油侧压力控制的二位四通阀 4 和背压阀 6 排回油箱。溢流阀 8 限定补油压力,使泵吸油侧有一定的吸入压力。溢流阀 7 是防止系统过载的安全阀。这种回路适用压力较高、流量较大的场合。

2. 复杂换向回路

当需要频繁、连续自动作往复运动,并对换向过程有很多附加要求时,则需采用复杂的连续换向回路。

对于换向要求高的主机(如各类磨床),若用手动换向阀就不能实现自动往复运动。采用机动换向阀,利用

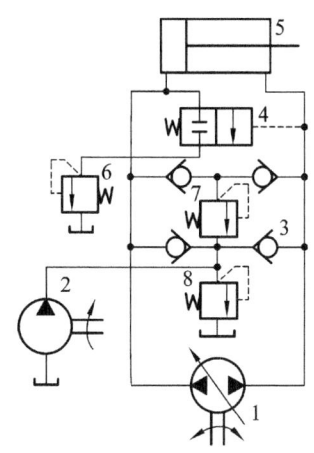

图 7-29 采用双向变量泵的换向回路
1—变量泵;2—辅助泵;3,7—单向阀;
4—二位四通阀;5—液压缸;
6—背压阀;7,8—溢流阀

工作台上的行程挡块推动连接在换向阀杆上的拨杆来实现自动换向,但工作台慢速运动时,当换向阀移至中间位置时,工作台会因失去动力而停止运动,出现"换向死点",不能实现自动换向;当工作台高速运动时,又会因换向阀芯移动过快而引起换向冲击。若采用电磁换向阀由行程挡块推动行程开关发出换向信号,使电磁阀动作推动换向,可避免"死点",但电磁阀动作一般较快,存在换向冲击,而且电磁阀还有换向频率不高、寿命低、易出故障等缺陷。为了解决上述矛盾,采用特殊设计的机动换向阀,以行程挡块推动机动先导阀,由它控制一个可调式液动换向阀来实现工作台的换向,既可避免"换向死点",又可消除换向冲击。这种换向回路,按换向要求不同分为时间控制制动式和行程控制制动式。

1)时间控制制动式连续换向回路

如图 7-30 所示,这种回路中的主油路只受液动换向阀 3 控制。在换向过程中,例如,当先导阀 2 在左端位置时,控制油路中的压力油经单向阀 I_2 通向换向阀 3 右端,换向阀左端的油经节流阀 J_1 流回油箱,换向阀阀芯向左移动,阀芯上的制动锥面逐渐关小回油通道,活塞速度逐渐减慢,并在换向阀 3 的阀芯移过 l 距离后将通道闭死,使活塞停止运动。换向阀阀芯上的制动锥半锥角一般取 $\alpha = 1.5° \sim 3.5°$,在换向要求不高的地方还可以取大一些。制动锥长度可根据试验确定,一般取 $l = 3 \sim 12$ mm。当节流阀 J_1 和 J_2 的开口大小调定之后,换

向阀阀芯移过距离 l 所需的时间(即活塞制动所经历的时间)也就确定不变(不考虑油液黏度变化的影响)。因此,这种制动方式称为时间控制制动式。

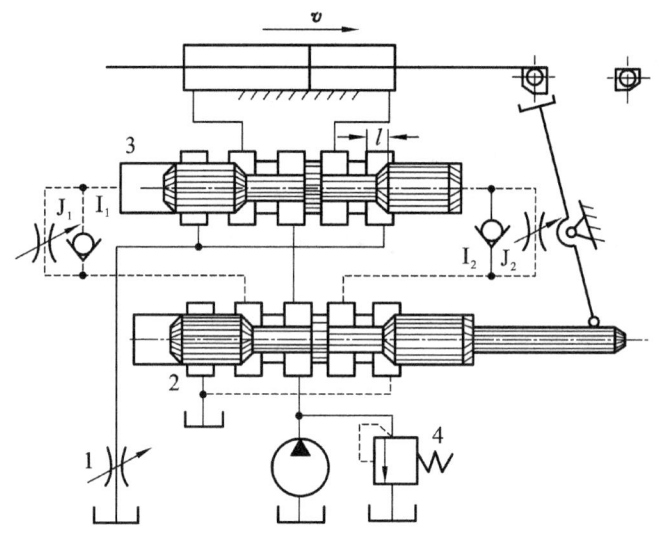

图 7-30   时间控制制动式连续换向回路

1—节流阀;2—先导阀;3—换向阀;4—溢流阀

这种换向回路的主要优点是:其制动时间可根据主机部件运动速度的快慢、惯性的大小,通过节流阀 J_1 和 J_2 进行调节,以便控制换向冲击,提高工作效率;换向阀中位机能采用 H 型,对减小冲击量和提高换向平稳性都有利。其主要缺点是:换向过程中的冲击量受运动部件的速度和其他一些因素的影响,换向精度不高。这种换向回路主要用于工作部件运动速度较高,要求换向平稳,无冲击,但换向精度要求不高的场合,如用于平面磨床、插床、拉床和刨床液压系统中。

2) 行程控制制动式连续换向回路

行程控制制动式连续换向回路如图 7-31 所示,主油路除受液动换向阀 3 控制外,还受先导阀 2 控制。当先导阀 2 在换向过程中向左移动时,先导阀阀芯的右制动锥将液压缸右腔的回油通道逐渐关小,使活塞速度逐渐减慢,对活塞进行预制动。当回油通道被关得很小(轴向开口量留 $0.2 \sim 0.5$ mm),活塞速度变得很慢时,换向阀 3 的控制油路才开始切换,换向阀阀芯向左移动,切断主油路通道,使活塞停止运动,并随即使它在相反的方向启动。不论运动部件原来的速度快慢如何,先导阀总是要先移动一段固定的行程 1,将工作部件先进行预制动后,再由换向阀来使它换向。因此,这种制动方式称为行程控制制动式。先导阀制动锥半锥角一般取 $\alpha = 1.5° \sim 3.5°$,长度 $l = 5 \sim 12$ mm,合理选择制动锥度能使制动平稳(而换向阀上没有必要采用较长的制动锥,一般制动锥长度只有 2 mm,半锥角也较大,$\alpha = 5°$)。

这种换向回路的换向精度较高,冲击量较小;但由于先导阀的制动行程恒定不变,制动时间的长短和换向冲击的大小将受运动部件速度的影响。这种换向回路主要用在主机工作部件运动速度不大,但换向精度要求较高的场合,如内、外圆磨床的液压系统中。

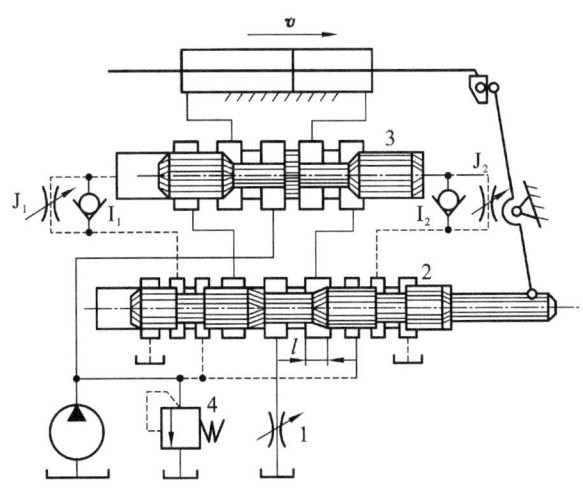

图 7-31 行程控制制动式连续换向回路

1—节流阀；2—先导阀；3—换向阀；4—溢流阀

7.4.2 锁紧回路

锁紧回路的功能是通过切断执行元件的进油、出油通道来使它停在任意位置，并防止停止运动后因外界因素而发生窜动。使液压缸锁紧最简单的方法是利用三位换向阀的 O 型或 M 型中位机能来封闭缸的两腔，使活塞在行程范围内任意位置停止。但由于滑阀的泄漏，不能长时间保持停止位置不动，所以锁紧精度不高。最常用的方法是采用液控单向阀作锁紧元件。

图 7-32 为用液控单向阀构成的锁紧回路。在液压缸的两油路上串接液控单向阀，它能在液压缸不工作时，使活塞在两个方向的任意位置上迅速、平稳、可靠且长时间地锁紧。其锁紧精度主要取决于液压缸的泄漏，而液控单向阀本身的密封性很好。两个液控单向阀做成一体时，称为双向液压锁。

采用液控单向阀锁紧的回路，必须注意换向阀中位机能的选择。如图 7-32 所示，采用 H 型中位机能时能使两控制油口 K 直接通油箱，液控单向阀立即关闭，活塞停止运动。如采用 O 型或 M 型中位机能，由于液控单向阀控制腔的压力油被封住，液控单向阀不能立即关闭，直到控制腔的压力油卸压后，才能关闭，因而影响其锁紧的位置精度。

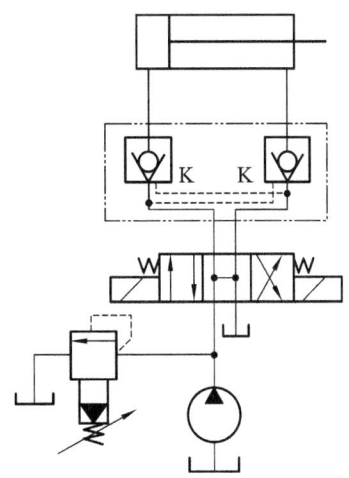

图 7-32 液控单向阀锁紧回路

这种回路广泛应用于工程机械、起重运输机械等有较高锁紧要求的场合。

7.4.3 制动回路

在用液压马达作执行元件的场合，利用制动器锁紧可解决因执行元件内泄漏影响锁紧精度的问题，实现安全可靠的锁紧目的。为防止突然断电发生事故，制动器一般都采用弹簧上闸制动,液压松闸的结构。如图 7-33 所示,有三种制动器回路连接方式。

在图 7-33(a)中,制动液压缸 4 为单作用缸,它与起升液压马达 3 的进油路相连接。当系统有压力油时,制动器松开;当系统无压力油时,制动器在弹簧力作用下上闸锁紧。起升回路需放在串联油路的末端,即起升马达的回油直接通回油箱。若将该回路置于其他回路之前,则当其他回路工作而起升回路不工作时,起升马达的制动器也会被打开而容易发生事故。制动回路中单向节流阀的作用是:制动时快速,松闸时滞后,以防止开始起升时,负载因松闸过快而造成负载先下滑,再上升的现象。

在图 7-33(b)中,制动液压缸为双作用缸,其两腔分别与起升马达的进、出油路相连接。起升马达在串联油路中的布置不受限制,因为只有在起升马达工作时,制动器才会松闸。

在图 7-33(c)中,制动液压缸通过梭阀 1 与起升马达的进出油路相连接。当起升马达工作时,不论负载起升或下降,压力油都会经梭阀与制动器液压缸相通,使制动器松闸。为了使起升马达不工作时制动器油缸的油与油箱相通而使制动器上闸锁紧,回路中的换向阀必须选用 H 型中位机能的换向阀。因此,制动回路也必须置于串联油路的末端。

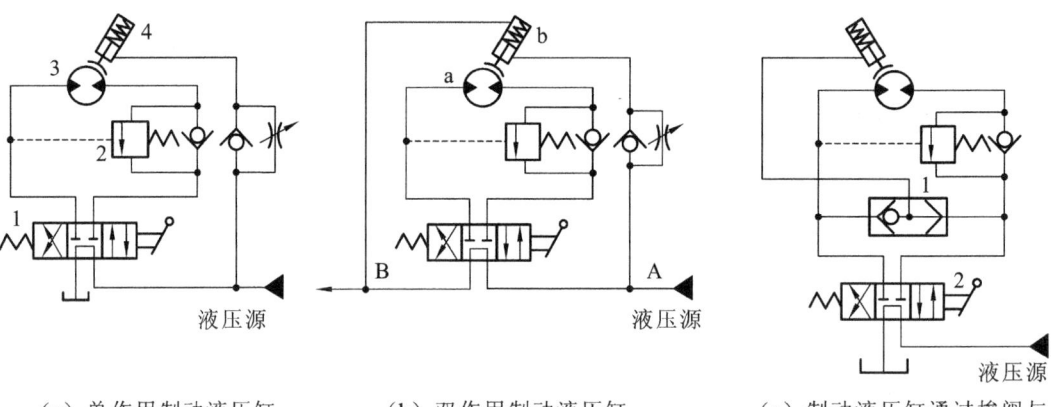

(a) 单作用制动液压缸　　(b) 双作用制动液压缸　　(c) 制动液压缸通过梭阀与
　　　　　　　　　　　　　　　　　　　　　　　　　　马达的进出油路连通

图 7-33　采用制动器的制动回路

1,2—梭阀;3—液压马达;4—制动液压缸

7.5　多执行元件控制回路

在液压系统中,用一个油源向多个执行元件(缸或马达)提供液压油,并能按各执行元件之间的运动关系要求进行控制,完成规定动作顺序的回路,称为多执行元件控制回路。

7.5.1　顺序动作回路

顺序动作回路的功用是保证各执行元件严格按照给定的动作顺序运动,按控制方式可分为行程控制式、压力控制式和时间控制式三种。

1. 行程控制式顺序动作回路

1) 用行程阀的行程控制顺序动作回路

如图 7-34 所示,在图示状态下,A、B 两缸的活塞均在右端。推动手柄,使阀 C 左位工作,缸 A 左行,完成动作①;挡块压下行程阀 D 后,缸 B 左行,完成动作②;手动换向阀 C 复位后,缸 A 先复位,完成动作③;随着挡块后移,阀 D 复位后,缸 B 退回实现动作④,完成一个工作循环。

2)用行程开关的行程控制顺序动作回路

如图 7-35 所示,当阀 C 通电换向时,缸 A 左行完成动作①;缸 A 触动行程开关 S_1,使阀 D 通电换向,控制缸 B 左行完成动作②;当缸 B 左行至触动行程开关 S_2,使阀 C 断电时,缸 A 返回,实现动作③;缸 A 触动 S_3,使阀 D 断电,缸 B 完成动作④;缸 B 触动开关 S_4,使泵卸荷或引起其他动作,完成一个工作循环。

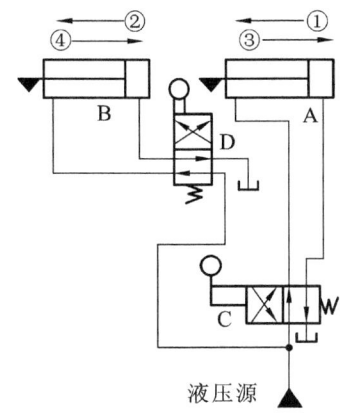

图 7-34 用行程阀的行程控制顺序动作回路

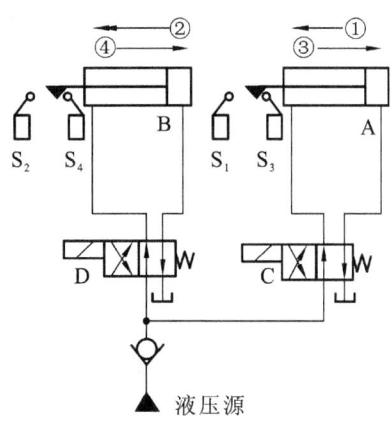

图 7-35 用行程开关的行程控制顺序动作回路

2. 压力控制式顺序动作回路

1)采用顺序阀的压力控制顺序动作回路

如图 7-36 所示,图中液压缸 A 可看作夹紧液压缸,液压缸 B 可看作钻孔液压缸,它们按①→②→③→④的顺序动作。当三位换向阀切换到左位工作且顺序阀 D 的调定压力大于缸 A 的最大前进工作压力时,压力油先进入缸 A 的无杆腔,回油则经单向顺序阀 C 的单向阀、换向阀左位流回油箱,缸 A 向右运动,实现动作①(夹紧工件)。当工件夹紧后,缸 A 活塞不再运动,油液压力升高,打开顺序阀 D 进入液压缸 B 的无杆腔,回油直接流回油箱,缸 B 向右运动,实现动作②(进行钻孔);三位换向

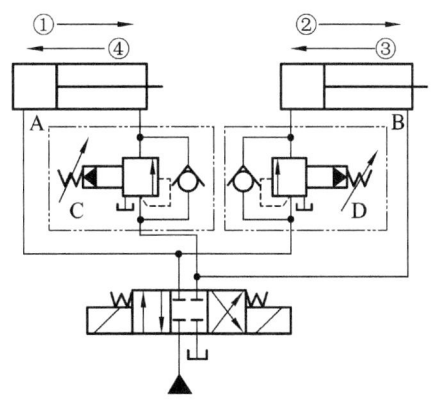

图 7-36 采用顺序阀的压力控制顺序动作回路

阀切换到右位工作且顺序阀 C 的调定压力大于液压缸 B 的最大返回工作压力时,两液压缸按③和④的顺序返回,完成退刀和松开夹具的动作。

这种顺序动作回路的可靠性主要取决于顺序阀的性能及其压力的调定值。为保证动作顺序可靠,顺序阀的调定压力应比先动作的液压缸的最高工作压力高出 0.8～1 MPa,避免系统压力波动造成顺序阀产生误动作。

2）采用压力继电器的压力控制顺序动作回路

图7-37为使用压力继电器的压力控制顺序动作回路。当电磁铁1YA通电时，压力油进入液压缸A左腔，实现运动①。液压缸A的活塞运动到预定位置，碰上死挡铁后，回路压力升高。压力继电器1DP发出信号，控制电磁铁3YA通电。此时压力油进入液压缸B左腔，实现运动②。液压缸B的活塞运动到预定位置时，控制电磁铁3YA断电，4YA通电，压力油进入液压缸B的右腔，使缸B活塞向左退回，实现运动③。当它到达终点后，回路压力又升高，压力继电器2DP发出信号，使电磁铁1YA断电，2YA通电，压力油进入液压缸A的右腔，推动活塞向左退回，实现运动④。如此，完成①→②→③→④的动作循环。当运动④到终点时，压下行程开关，使2YA、4YA断电，所有运动停止。在这种顺序动作回路中，为了防止压力继电器误发信号，压力继电器的调定压力也应比先动作的液压缸的最高工作压力高0.3～0.5 MPa。为了避免压力继电器失灵造成动作失误，往往采用压力继电器配合行程开关构成"与门"控制电路，要求压力达到调定值，同时行程也到达终点才进入下一个顺序动作。表7-2列出图7-37所示回路中各电磁铁动作顺序，其中"＋"表示电磁铁通电；"－"表示电磁铁断电。

表7-2　电磁铁动作顺序

元件 / 动作	1YA	2YA	3YA	4YA	1DP	2DP
①	＋	－	－	－	－	－
②	＋	－	＋	－	＋	－
③	＋	－	－	＋	－	－
④	－	＋	－	＋	－	＋
复位	－	－	－	－	－	－

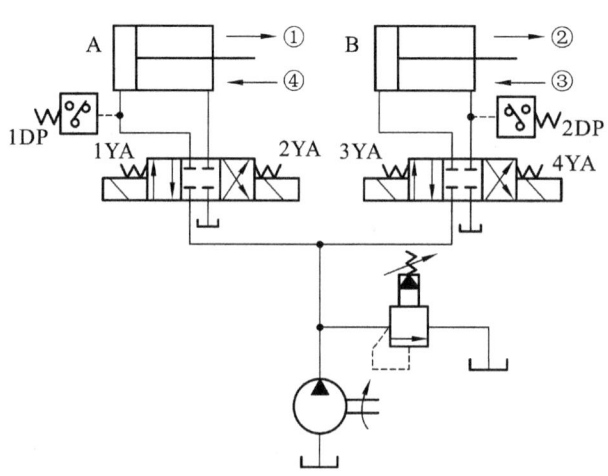

图7-37　采用压力继电器的压力控制顺序动作回路

3. 时间控制式顺序动作回路

图 7-38 所示为用延时阀来实现缸 3 和缸 4 工作行程的顺序动作回路。当阀 1 电磁铁通电,左位接入回路后,缸 3 实现动作①;同时压力油进入延时阀 2 中的节流阀 B,推动液动阀 A 缓慢左移,延续一定时间后,接通油路 a、b,油液才进入缸 4,实现动作②。通过调节节流阀开度,可以调节缸 3 和缸 4 先后动作的时间差。当阀 1 电磁铁断电时,压力油同时进入缸 3 和缸 4 右腔,使两缸反向,实现动作③。由于通过节流阀的流量受负载和温度的影响,所以延时不易准确,一般要与行程控制方式配合使用。

7.5.2　同步回路

同步回路的功用是使系统中多个执行元件,克服负载、摩擦阻力、泄漏、制造质量和结构变形上的差异,而保证在运动上的同步。同步运动分为速度同步和位置同步两类,速度同步是指各执行元件的运动速度相等,而位置同步是指各执行元件在运动中或停止时都保持相同的位移量。严格做到每瞬间速度同步,也就能保持位置同步。实际上,同步回路多数采用速度同步。

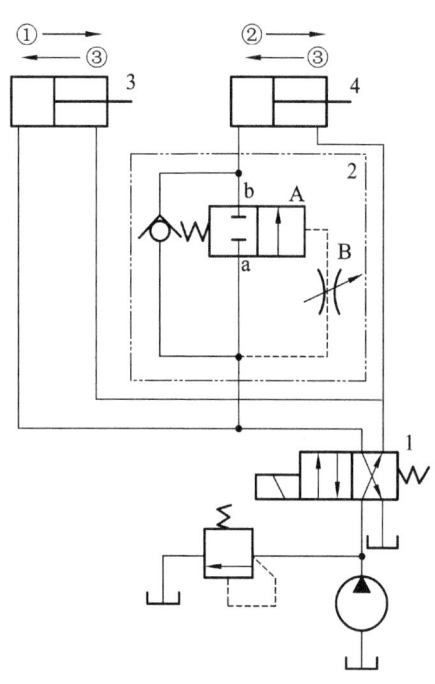

图 7-38　采用延时阀的时间控制
顺序动作回路
1—电磁阀;2—延时阀;3、4—液压缸

1. 用流量阀控制阀的同步回路

1) 用调速阀的同步回路

图 7-39 为采用并联调速阀的同步回路。液压缸 5、6 并联,调速阀 1、3 分别串联在两液压缸的回油路上(也可安装在进油路上)。两个调速阀分别调节两液压缸活塞的运动速度。由于调速阀具有当外负载变化时仍然能够保持流量稳定这一特点,所以只要仔细调整两个调速阀开口的大小,就能使两个液压缸保持同步。换向阀 7 处于右位时,压力油可通过单向阀 2、4 使两液压缸的活塞快速退回。这种同步回路的优点是结构简单,易于实现多缸同步,同步速度可以调整,而且调整好的速度不会因负载变化而变化,但是这种同步回路只是单方向的速度同步,同步精度也不理想,效率低,且调整比较麻烦。

2) 用分流集流阀控制的同步回路

图 7-40 是采用分流集流阀控制的速度同步回路。这种同步回路较好地解决了同步效果不能调整或不易调整的问题。

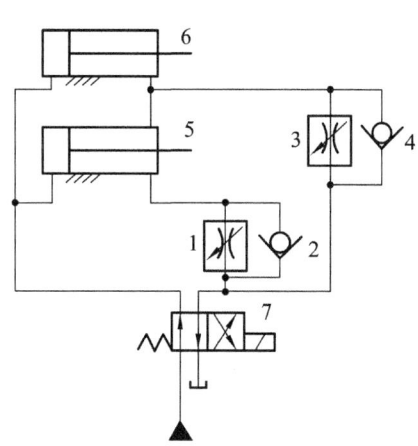

图 7-39　采用并联调速阀的同步回路
1、3—调速阀;2、4—单向阀;
5、6—液压缸;7—换向阀

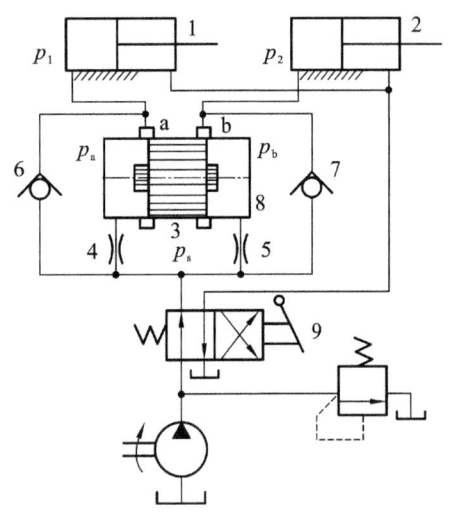

图 7-40 采用分流集流阀控制的同步回路

1,2—液压缸;3—平衡阀芯;4,5—固定节流器;
6,7—单向阀;8—分流阀;9—二位四通阀

图 7-40 中,液压缸 1、2 的有效工作面积相同。分流阀阀口的入口处有两个尺寸相同的固定节流器 4 和 5,分流阀的出口 a 和 b 分别接在两个液压缸的入口处,固定节流器与油源连接,分流阀阀体内并联了单向阀 6 和 7。阀口 a 和 b 是调节压力的可变节流口。

当二位四通阀 9 处于左位时,压力为 p_s 的压力油经过固定节流器,再经过分流阀上的 a 和 b 两个可变节流口,进入液压缸 1 和 2 的无杆腔,两缸的活塞向右运动。当作用在两缸的负载相等时,分流阀 8 的平衡阀芯 3 处于某一平衡位置不动,阀芯两端压力相等,即 $p_a = p_b$,固定节流器上的压力降保持相等,进入液压缸 1 和 2 的流量相等,所以液压缸 1、2 以相同的速度向右运动。如果液压缸 1 上的负载增大,分流阀左端的压力 p_a 上升,阀芯 3 右移,a 口加大,b 口减小,使压力 p_a

下降,p_b 上升,直到达到一个新的平衡位置时,再次达到 $p_a = p_b$,阀芯不再运动,此时固定节流器 4、5 上的压力降保持相等,液压缸速度仍然相等,保持速度同步。当换向阀 9 复位时,液压缸 1 和 2 的活塞反向运动,回油经单向阀 6 和 7 排回油箱。

分流集流阀只能实现速度同步。若某缸先到达行程终点,则可经阀内节流孔窜油,使各缸都能到达终点,从而消除积累误差。分流集流阀的同步回路简单、经济,纠偏能力大,同步精度可达 1%～3%。但分流集流阀的压力损失大,效率低,不适用于低压系统,而且其流量范围较窄。当流量低于阀的公称流量过多时,分流精度显著降低。

2. 用同步缸和同步马达的容积式同步回路

容积式同步回路是将两相等容积的油液分配到尺寸相同的两执行元件,实现两执行元件的同步。这种回路允许较大偏载,由偏载造成的压差不影响流量的改变,而只有因油液压缩和泄漏造成的微量偏差。因而同步精度高,系统效率高。

图 7-41 所示为采用同步液压马达(分流器)的同步回路。两个等排量的双向马达同轴刚性连接作配流装置(分流器),它们输出相同流量的油液分别送入两个有效工作面积相同的液压缸中,实现两缸同步运动。图中,与马达并联的节流阀用于修正同步误差。该回路常用于重载、大功率同步系统。

图 7-42 所示为采用同步缸的同步回路。同步缸 3 由两个尺寸相同的双杆缸连接而成,当同步缸的活塞左移时,油腔 a 与 b 中的油液使缸 1 与缸 2 同步上升。若缸 1 的活塞先到达终点,则油腔 a 的余油经单向阀 4 和安全阀 5 排回油箱,油腔 b 的油继续进入缸 2 下腔,使之到达终点。同理,若缸 2 的活塞先到达终点,也可使缸 1 的活塞相继到达终点。

这种同步回路的同步精度取决于液压缸的加工精度和密封性,一般可达到 1%～2%。由于同步缸一般不宜做得过大,所以这种回路仅适用于小容量的场合。

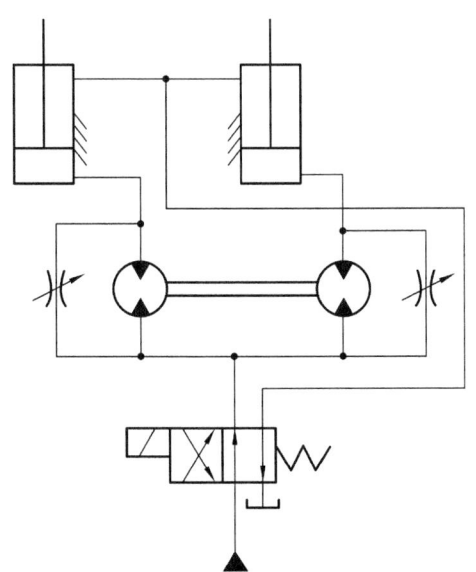

图 7-41　采用同步液压马达的同步回路

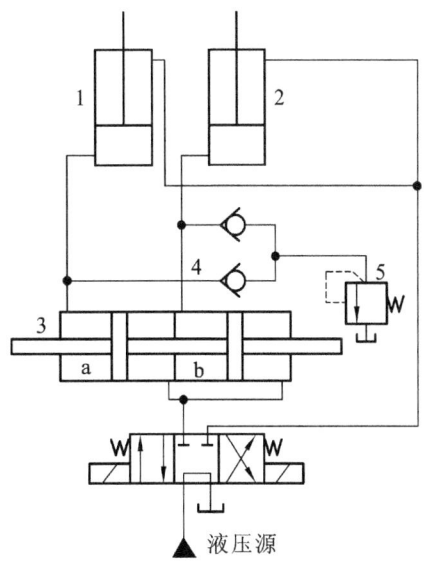

图 7-42　采用同步缸的同步回路

1,2—液压缸;3—同步缸;4—单向阀;5—安全阀

3. 用串联液压缸的同步回路

如图 7-43 所示,缸 1 的有杆腔 A 的有效面积与缸 2 的无杆腔 B 的面积相等,因此从 A 腔排出的油液进入 B 腔后,两液压缸便同步下降。由于执行元件的制造误差、内泄漏以及气体混入等因素的影响,在多次行程后,将使同步失调累积为显著的位置上的差异。为此,回路中设有补偿措施,使同步误差在每一次下行运动中都得到消除。其补偿原理是:当三位四通换向阀 6 在右位工作时,两液压缸活塞同时下行,若缸 1 活塞先下行到终点,将触动行程开关a,使阀 5 的电磁铁 3YA 通电,阀 5 处于右位,压力油经阀 5 和液控单向阀 3 向液压缸 2 的 B 腔补油,推动缸 2 活塞继续下行到终点。反之,若缸 2 活塞先运动到终点,则触动行程

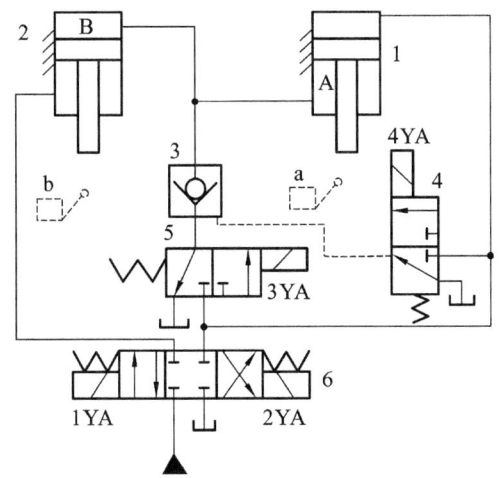

图 7-43　带补偿装置的串联缸同步回路

1,2—液压缸;3—单向阀;4,5—电磁阀;6—换向阀

开关 b,使阀 4 的电磁铁 4YA 通电,阀 4 处于上位,控制压力油经阀 4,打开液控单向阀 3,缸 1 下腔油液经液控单向阀 3 及阀 5 回油箱,使缸 1 活塞继续下行至终点。这样两缸活塞位置上的误差即被消除。这种同步回路结构简单、效率高,但需要提高泵的供油压力,一般只适用于负载较小的液压系统中。

4. 用电液比例调速阀或电液伺服阀的同步回路

如图 7-44 所示,回路中使用一个普通调速阀和一个电液比例调速阀(它们各自装在由单向阀组成的桥式节流油路中),分别控制着缸 3 和缸 4 的运动,当两活塞出现位置误差时,检测装置就会发出信号,调节比例调速阀的开度,实现同步。

如图 7-45 所示,伺服阀 5 根据两个位移传感器 3 和 4 的反馈信号持续不断地控制其阀口的开度,使通过的流量与通过换向阀 2 阀口的流量相同,使两缸同步运动。此回路可使两缸活塞任何时候的位置误差都不超过 0.05～0.2 mm,但因伺服阀必须通过与换向阀同样大的流量,因此规格尺寸大,价格贵。此回路适用于两缸相距较远而同步精度要求很高的场合。

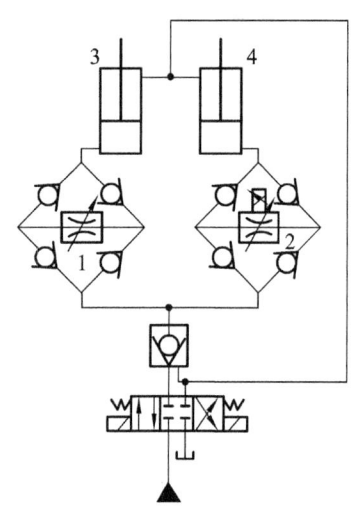

图 7-44　用电液比例调速阀的同步回路

1,2—节流阀;3,4—液压缸

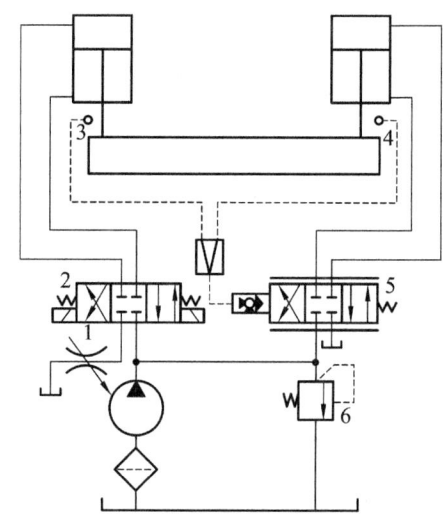

图 7-45　用电液伺服阀的同步回路

1—节流阀;2,5—换向阀;3,4—位移传感器;6—溢流阀

7.5.3　多缸互不干涉回路

这种回路的功能是使系统中几个液压执行元件在完成各自工作循环时,彼此互不影响。图 7-46 所示回路中,液压缸 11、12 分别要完成快速前进、工作进给和快速退回的自动工作循环。液压泵 1 为高压小流量泵,液压泵 2 为低压大流量泵,它们的压力分别由溢流阀 3 和 4 调节(调定压力 $p_{y3} > p_{y4}$)。开始工作时,电磁换向阀 9、10 的电磁铁 1YA、2YA 同时通电,泵 2 输出的压力油经单向阀 6、8 进入液压缸 11、12 的左腔,使两缸活塞快速向右运动。这时如果某一缸(例如缸 11)的活塞先到达要求位置,其挡铁压下行程阀 15,缸 11 右腔的工作压力上升,单向阀 6 关闭,泵 1 提供的油液经调速阀 5 进入缸 11,液压缸的运动速度下降,转换为工作进给,液压缸 12 仍可以继续快速前进。当两缸都转换为工作进给后,可使泵 2 卸荷(图 7-46 中未表示卸荷方式),仅泵 1 向两缸供油。如果某一缸(例如缸 11)先完成工作进

给,其挡铁压下行程开关 16,使电磁线圈 1YA 断电,此时泵 2 输出的油液可经单向阀 6、电磁阀 9 和单向阀 13 进入缸 11 右腔,使活塞快速向左退回(双泵供油),缸 12 仍单独由泵 1 供油继续进行工作进给,不受缸 11 运动的影响。

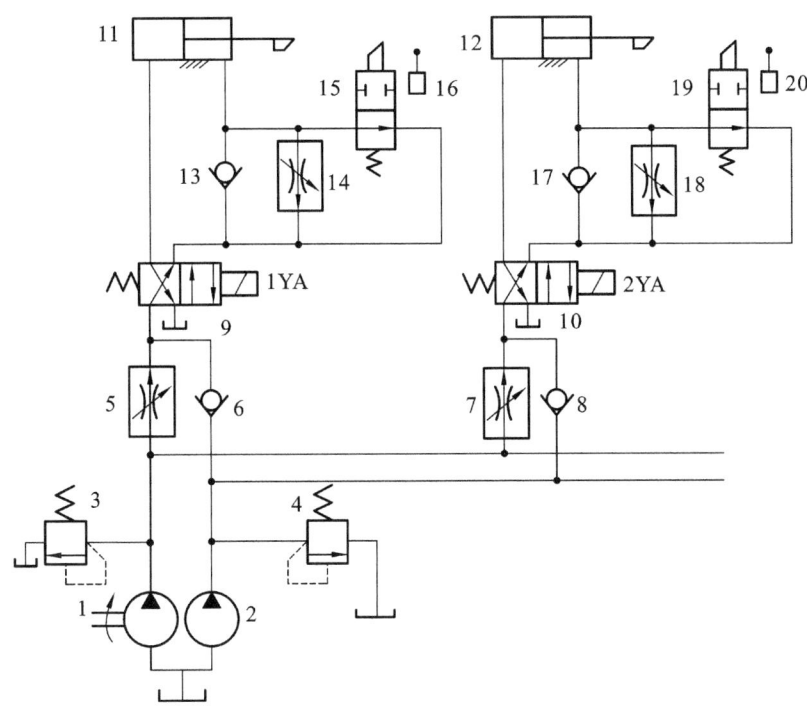

图 7-46   双泵供油的多缸快慢速互不干扰回路

1,2—液压泵;3,4—溢流阀;5,7,14,18—调速阀;6,8,13,17—单向阀;

9,10—电磁换向阀;11,12—液压缸;15,19—行程阀;16,20—行程开关

7.5.4   综合例题

例 7.1   在图 7-47 中,已知 $A_1 = 20 \text{ cm}^2$,$A_2 = 10 \text{ cm}^2$,$F = 5 \text{ kN}$,液压泵流量 $q_p = 16 \text{ L/min}$,节流阀流量 $q_T = 0.5 \text{ L/min}$,溢流阀调定压力 $p_y = 5 \text{ MPa}$,不计管路损失,回答下列问题:

(1)电磁铁断电时,活塞在运动中,试问:p_1、p_2、v 和溢流量 Δq 是多少?

(2)电磁铁通电时,活塞在运动中,试问:p_1、p_2、v 和溢流量 Δq 又是多少?

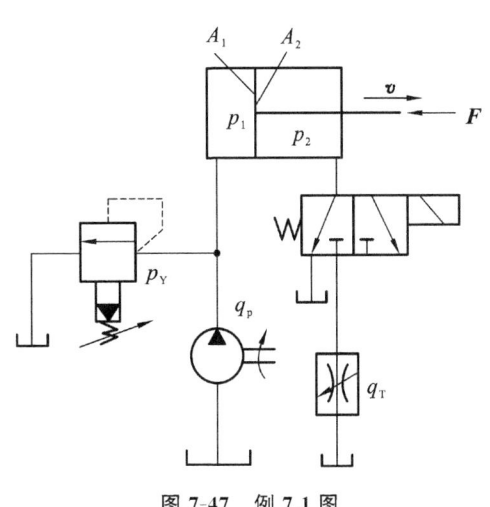

图 7-47   例 7.1 图

解   本题考查出口节流回路原理、溢流阀在不同工况下的工作状态。

(1)电磁铁断电时,由于回油路直接与油箱相通,活塞在快速运动中,溢流阀处于关闭状态,溢流量 $\Delta q_y = 0$。液压缸有杆腔压力 $p_2 = 0$,无杆腔工作压力由负载决定:

$$p_1 = \frac{F}{A_1} = \frac{5 \times 10^3}{20 \times 10^{-4}} \ \text{Pa} = 25 \times 10^5 \ \text{Pa} = 2.5 \ \text{MPa}$$

$$v = \frac{q_p}{A_1} = \frac{16 \times 10^3}{20} \ \text{cm/min} = 800 \ \text{cm/min} = 8 \ \text{m/min}$$

（2）电磁铁通电时，构成出口节流回路，所以

$$p_1 = p_y = 5 \ \text{MPa}$$

$$p_2 = \frac{p_1 A_1 - F}{A_2} = \frac{50 \times 10^5 \times 20 \times 10^{-4} - 5 \times 10^3}{10 \times 10^{-4}} \ \text{Pa} = 5 \ \text{MPa}$$

$$v = \frac{q_T}{A_2} = \frac{0.5 \times 10^3}{10} \ \text{cm/min} = 50 \ \text{cm/min}$$

溢流量为

$$\Delta q = q_p - q_1 = q_p - A_1 v = (16 - 50 \times 20 \times 10^{-3}) \ \text{L/min} = 15 \ \text{L/min}$$

例 7.2　在图 7-48 中，A、B 两液压缸的有杆腔面积和无杆腔的面积均相等，负载 $F_A >$ F_B，如不考虑泄漏和摩擦等因素，试问：

（1）两液压缸如何动作？

（2）运动速度是否相等？

（3）如节流阀开度最大，压降为零，两液压缸又如何动作？运动速度有何变化？

（4）节流阀换成调速阀，两液压缸的运动速度是否相等？

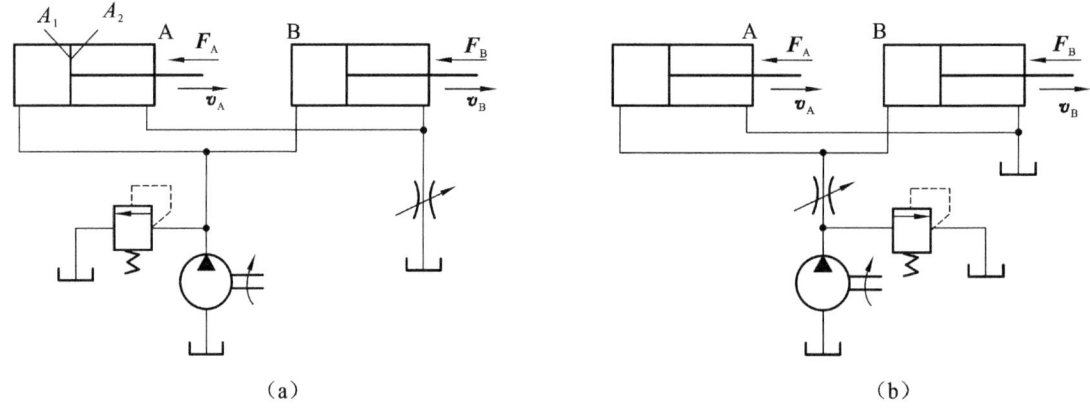

图 7-48　例 7.2 图

解　本题考查压力形成概念与节流调速原理。

（1）图 7-48(a)、(b)所示回路均是 B 缸先动，B 缸运动到终点后，A 缸开始运动。理由如下：

图 7-48(a)所示为两缸出口节流调速回路。进油腔压力，即无杆腔压力始终保持为溢流阀的调整压力值 p_Y，有杆腔压力则随负载变化。

根据液压缸力平衡方程式，有

$$p_Y A_1 = F_A + \Delta p_A A_2 \quad \text{和} \quad p_Y A_1 = F_B + \Delta p_B A_2$$

因 $F_A > F_B$，所以 $\Delta p_B > \Delta p_A$，负载小的活塞运动产生的背压高；这个背压（即 Δp_B）又加在 A 缸的有杆腔，这样使 A 缸的力平衡方程变为

$$p_Y A_1 F_A + \Delta p_B A_2$$

因此 A 缸不能运动,B 缸先动。直至 B 缸运动到终点后,背压 Δp_B 减小到 Δp_A 值,A 缸才能运动。

图 7-48(b)所示为两缸进口节流调速回路,负载大小决定了无杆腔压力:

A 缸的工作压力为
$$p_A = \frac{F_A}{A_1}$$

B 缸的工作压力为
$$p_B = \frac{F_B}{A_1}$$

由于 $F_A > F_B$,所以 $p_A > p_B$,工作压力达到 p_B,即可推动 B 缸克服负载运动,此时压力不可能继续升高,正是由于这个原因,B 缸先动,待它到达终点停止运动后,工作压力升高到 p_A,A 缸才能运动。

(2)通过节流阀的流量受节流阀进出口压力差的影响,因为 $\Delta p_B > \Delta p_A$,所以 B 缸运动时,通过节流阀的流量大,B 缸运动速度高。

更详细的分析,可用通过节流阀的流量方程来说明:由流压公式,有

B 缸运动速度
$$v_B = \frac{q_{TB}}{A_2} = \frac{KA_T \Delta p_B^{0.5}}{A_2}$$

A 缸运动速度
$$v_A = \frac{q_{TA}}{A_2} = \frac{KA_T \Delta p_A^{0.5}}{A_2}$$

因为
$$\Delta p_B > \Delta p_A$$

所以
$$v_B > v_A$$

亦可以用节流调速回路的速度负载特性来进行分析。

(3)节流阀开度最大,压降为零,回路不再是节流调速回路。由于 $F_A > F_B$,B 缸所需压力低于 A 缸所需压力,所以 B 缸先动,运动到终点后,待压力升到 A 缸所需压力时,A 缸动作。由于采用的是定量泵,A 缸和 B 缸的 A_1 相等,所以两液压缸的运动速度相等。

(4)将节流阀换成调速阀时,因调速阀中的定差减压阀有压力补偿作用,负载变化时仍能使调速阀输出流量稳定,所以两液压缸的运动速度相等。

本 章 小 结

调速回路最重要的性能是速度-负载特性,即执行元件工作速度随负载变化而变化的特性,它反映速度稳定性的好坏。一般来说,随着负载的增加,工作速度下降。速度-负载特性用速度刚度来描述,速度刚度的物理意义是调速回路抵抗负载变化的能力,负载变化引起的速度变化越小,速度刚度越大,速度稳定性越好。

液压传动系统有三种调速方式:节流调速、容积调速和容积节流调速。节流调速方式有进油路调速、出油路调速和旁路调速三种形式,较好的形式是采用调速阀的进油路调速加回油路有背压阀的形式。节流调速主要应用在小功率系统中,如组合机床、小型液压设备。容积调速方式也有变量泵-定量马达、定量泵-变量马达、变量泵-变量马达三种形式,定量泵-变量马达形式调速范围小,一般不单独使用。容积调速主要应用于大功率系统,在专用汽车、工程机械中广泛采用。

其他重要的液压基本回路有:调压回路、卸荷回路、减压回路、制动回路、顺序动作、

速度换接回路、快速运动回路等。

典型液压基本回路很多，在液压系统设计中应查阅液压工程手册，详细掌握它们的性能特点，并认真学习已有的实际系统使用的经验。

思考题与习题

7.1　简述节流调速、容积调速和容积节流调速各有什么特点？

7.2　如何用行程阀来实现两种不同速度的换接？

7.3　快速运动回路有哪几种，各有什么特点？

7.4　在什么情况下需要使用保压回路，请举例。

7.5　在什么情况下需要使用制动回路，请举例。

7.6　在回油节流调速回路中，在液压缸的回油路上，用减压阀在前、节流阀在后相互串联的方法，能否起到调速阀稳定速度的作用？如果将它们装在缸的进路或旁油路上，液压缸运动速度能否稳定？

7.7　图7-49所示回路可以实现快进→慢进→快退→卸荷工作循环，试列出其电磁铁动作表。

7.8　在图7-50所示液压系统中，已知活塞直径 $D=100$ mm，活塞杆直径 $d=70$ mm，活塞及负载总重 $F=1\,600$ N，提升时要求在 0.1 s 时间内达到稳定速度 $v=6$ m/min，下降时，活塞不会超速下落，若不计损失，试说明：

（1）阀 A、B、C、D 在系统中各起什么作用；

（2）阀 A、B、D 的调整压力各为多少？

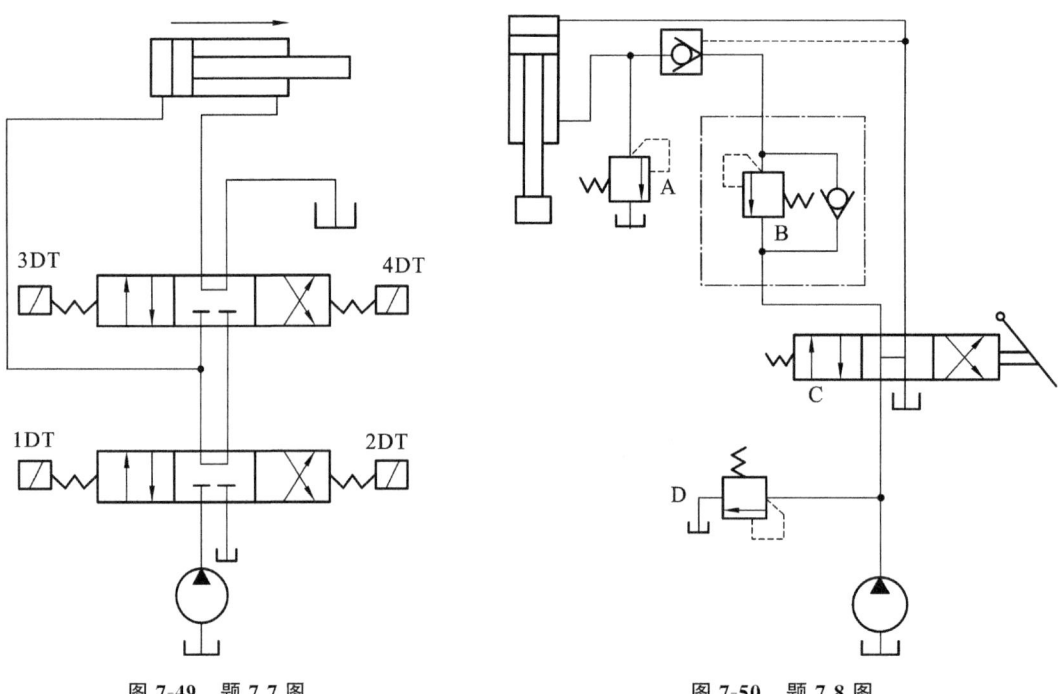

图 7-49　题 7.7 图　　　　图 7-50　题 7.8 图

7.9　读懂图7-51所示回路，指出它是哪一种基本回路，简要说明其动作原理，并列出电磁铁动作表（包括行程阀）。

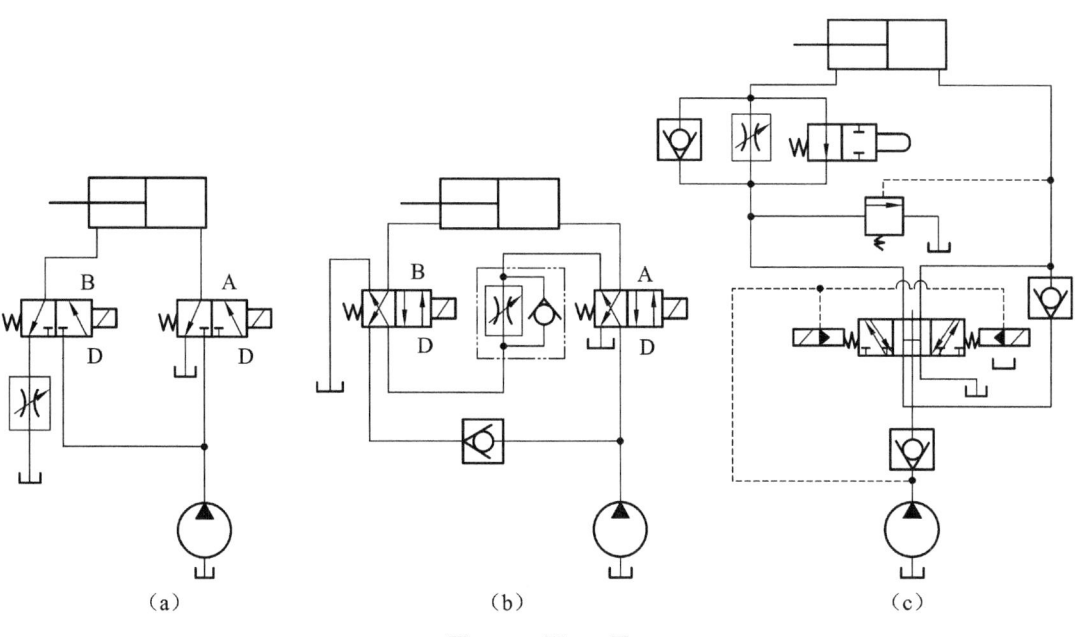

图 7-51　题 7.9 图

7.10　试分析图 7-52 所示液压系统包含哪些基本回路，并填写表 7-3。

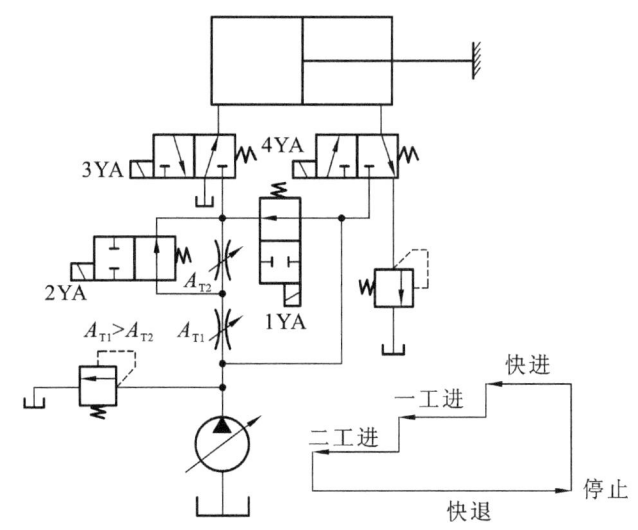

图 7-52　题 7.10 图

表 7-3　电磁铁动作顺序表

电磁铁	1YA	2YA	3YA	4YA
快进				
一工进				
二工进				
快退				
停止				

第 8 章
典型液压传动系统

【学习要点】

掌握典型液压传动系统的分析方法和分析内容,特别是压力控制阀之间的调压关系。学会阅读液压系统原理图,了解组成该系统的基本回路,总结该液压系统的特点。

任何一个液压系统的分析都必须从其主机的工作特点、动作循环和性能要求出发,才能正确分析、了解系统的组成、元件作用和各部分之间的相互联系。分析液压系统要掌握分析方法和分析内容。系统分析的要点是:系统实现的动作循环、各液压元件在系统中的作用和组成系统的基本回路。分析内容主要有:系统的性能和特点;各工况下系统的油路情况;压力控制阀调整压力的确定依据及调压关系。

一般来说,复杂液压传动系统的分析步骤如下。

(1)了解设备的动作循环对液压传动系统的动作要求。

(2)了解系统的组成元件,并以各个执行元件为核心将系统分为若干子系统。

(3)分析子系统,含有哪些基本回路,根据执行元件动作循环读懂子系统。

(4)分析子系统之间的联系以及执行元件间实现互锁、同步、防干扰等要求的方法。

(5)总结归纳系统的特点,加深理解。

◀ 8.1 组合机床动力滑台液压系统 ▶

动力滑台是组合机床上实现进给运动的一种通用部件,配上动力箱和多轴箱后可以对工件完成各类孔的钻、镗、铰加工等工序。液压动力滑台用液压缸驱动,在电气和机械装置的配合下可以实现一定的工作循环。

8.1.1 1HY40 型液压滑台

1HY 系列液压滑台的工作进给速度范围为 12.5～500 mm/min,最大快进速度为 8 m/min,最大推力为 45 kN。1HY40 型动力滑台液压系统原理图如图 8-1 所示,其电磁铁动作顺序见表 8-1。该系统采用限压式变量叶片泵供油,电液换向阀换向,行程阀实现快慢速度转换,串联调速阀实现两种工作进给速度的转换,其最高工作压力不大于 6.3 MPa。液压滑台的工作循环,是由固定在移动工作台侧面上的挡铁直接压行程阀换位或压行程开关控制电磁换向阀的通、断电顺序实现的。

由图 8-1 和表 8-1 可知,该系统可实现的典型工作循环是:快进→一工进→二工进→止挡块停留→快退→原位停止,其工作情况分析如下。

表 8-1 电磁铁动作顺序表

动作名称	电磁铁、压力继电器				
	1YA	2YA	3YA	PS	行程阀 7
快进(差动)	+	-	-	-	下位工作
一工进	+	-	-	-	上位工作
二工进	+	-	+	-	上位工作
止挡块停留	+	-	-	+	上位工作
快退	-	+	-	-	上位→下位
原位停止	-	-	-	-	下位

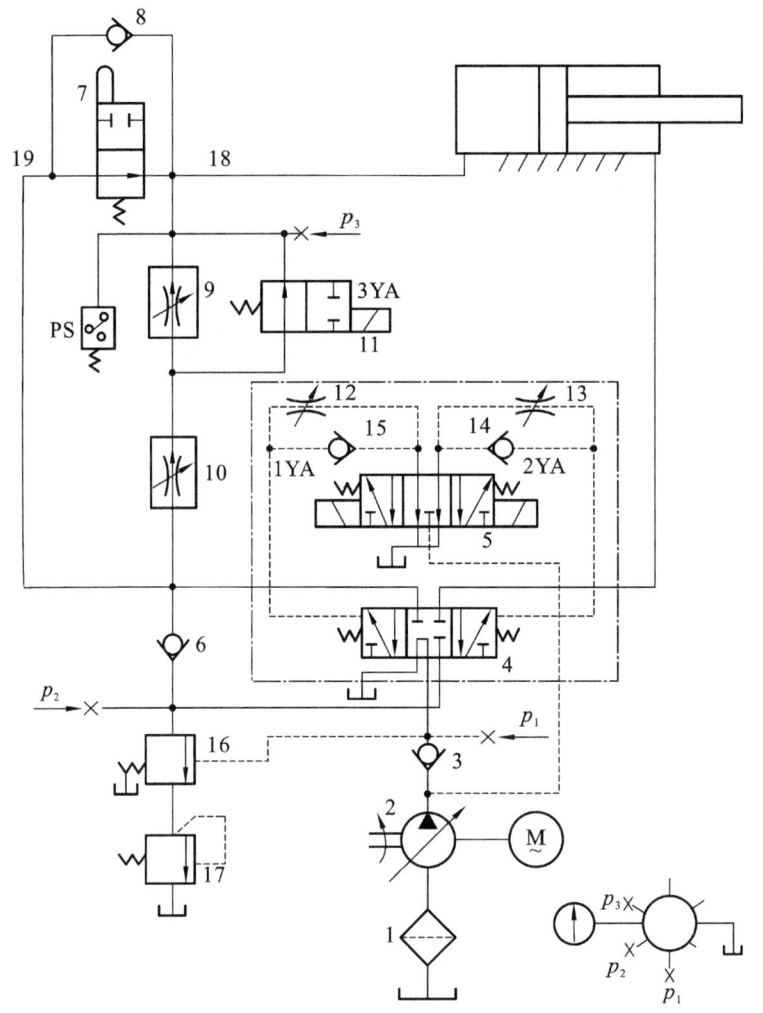

图 8-1 1HY40 型动力滑台液压系统原理图

1—过滤器;2—限压式变量泵;3,6,8—单向阀;4—液动换向阀;5—先导电磁阀;7—行程阀;9,10—调速阀;

11—电磁阀;12,13—节流装置;14,15—单向阀;16—液控顺序阀;17—背压阀;18,19—油路管道;PS—压力继电器

1. 快速进给

按下启动按钮,电磁铁 1YA 通电,先导电磁阀 5 的左位接入系统,由泵 2 输出的压力油经先导电磁阀 5 进入液动换向阀 4 的左侧,使液动换向阀 4 换至左位,液动换向阀 4 右侧的控制油经阀 5 回油箱。这时主油路的情况如下。

进油路:变量泵 2→单向阀 3→液动换向阀 4 左位→行程阀 7→液压缸左腔(无杆腔);

回油路:液压缸右腔→液动换向阀 4 左位→单向阀 6→行程阀 7→液压缸左腔(无杆腔),这时形成差动回路。因为快进时滑台液压缸负载小,系统压力低,液控顺序阀 16 关闭,液压缸为差动连接。变量泵 2 在低压下输出流量大,所以滑台快速进给。

2. 第一次工作进给

当快进到预定位置时,滑台上的液压挡块压下行程阀 7,使油路管道 18、19 断开,即切断快进油路。此时,电磁铁 1YA 继续通电,其控制油路未变,液动换向阀 4 仍是左位接入系统;电磁阀 11 的电磁铁 3YA 处于断电状态,这时主油路必须经过调速阀 10,使阀前系统压力升高,液控顺序阀 16 被打开,单向阀 6 关闭,液压缸右腔的油液经阀 4、阀 16 和背压阀 17 流回油箱,这时主油路的情况如下:

进油路:变量泵 2→单向阀 3→液动换向阀 4 左位→调速阀 10→电磁阀 11 左位→液压缸左腔;

回油路:液压缸右腔→液动换向阀 4 左位→液控顺序阀 16→背压阀 17→油箱。

因工作进给压力升高,变量泵 2 的流量会自动减少,以便与调速阀 10 的开口相适应,动力滑台作第一次工作进给。

3. 第二次工作进给

一工进结束时,电气挡块压下电气行程开关,使电磁铁 3YA 通电,电磁阀 11 右位接入系统,油路断开,这时进油路必须经过阀 10 和阀 9 两个调速阀,实现第二次工作进给,进给速度由调速阀 9 调定,而调速阀 9 调定的工作进给速度应小于调速阀 10 调定的工作进给速度。这时主油路的情况如下:

进油路:变量泵 2→单向阀 3→液动换向阀 4 左位→调速阀 10→调速阀 9→液压缸左腔;

回油路:与一工进时的回油路相同。

4. 止挡块停留

动力滑台第二次工作进给终了碰到止挡块时,不再前进,其系统压力进一步升高,一方面变量泵保压卸荷,另一方面使压力继电器 PS 动作而发出信号接通控制电路中的延时继电器,调整延时继电器可调整希望停留的时间。

5. 快速退回

延时继电器停留时间到时后,给出动力滑台快速退回的信号,电磁铁 1YA、3YA 断电,2YA 通电,先导电磁阀 5 的右位接入控制油路,使液动换向阀 4 右位接入主油路。这时主油路的情况如下:

进油路:变量泵 2→单向阀 3→液动换向阀 4 右位→液压缸右腔。

回油路:液压缸左腔→单向阀 8→液动换向阀 4→油箱。

这时系统压力较低,变量泵 2 输出流量大,动力滑台快速退回。

6. 原位停止

当动力滑台快速退回到原始位置时,原位电气挡块压下原位行程开关,使电磁铁 2YA 断电,阀 5 和阀 4 都处于中间位置,液压缸失去动力来源,液压滑台停止运动。这时,变量泵输出油液经单向阀 3 和液动换向阀 4 流回油箱,液压泵卸荷。

由上述分析可知,液控顺序阀 16 在动力滑台快进时必须关闭,而工进时必须打开,因此,液控顺序阀 16 的调定压力应低于工进时的系统压力而高于快进时的系统压力。

系统中有 3、6、8 三个单向阀,其中,单向阀 3 除有保护液压泵免受液压冲击的作用外,主要是在系统卸荷时使电液换向阀的控制油路有一定的控制压力,确保实现换向动作。单向阀 6 的作用是:在工进时隔离进油路和回油路。单向阀 8 的作用则是确保实现快退。

8.1.2 1HY40型动力滑台液压系统的特点

由上述分析可知,1HY40型动力滑台的液压系统主要由下列基本回路组成:

(1) 由限压式变量泵、调速阀、背压阀组成的容积节流调速回路;

(2) 单杆液压缸差动连接的快速运动回路;

(3) 由电液换向阀(阀5、阀4)组成的换向回路;

(4) 由行程阀和电磁阀组成的速度换接回路;

(5) 串联调速阀的二次进给回路;

(6) 采用三位换向阀M型中位机能的卸荷回路。

这些基本回路就决定了系统的主要性能,该系统具有以下特点。

(1) 采用限压式变量泵和调速阀组成的容积节流进油路调速回路,并在回油路上设置了背压阀,使动力滑台能获得稳定的低速运动、较好的速度刚性和较大的工作速度调节范围。

(2) 采用限压式变量泵和差动连接回路,快进时能量利用比较合理,工进时只输出与调速阀相适应的流量;止挡块停留时,变量泵只输出补偿系统内泄漏所需要的流量,处于流量卸荷状态,系统无溢流损失,效率高。

(3) 采用行程阀和顺序阀实现快进与工进的速度切换,动作平稳可靠、无冲击,速度换接的位置精度高。

(4) 在第二次工作进给结束时,采用止挡块停留,动力滑台的停留位置精度高,适用于镗端面、镗阶梯孔、锪孔和锪端面等工序使用。

(5) 采用调速阀串联的二次进给速度换接方式,速度转换时的前冲量较小,并有利于利用压力继电器发出信号进行停留时间控制或快速退回控制。

◀ 8.2 压力机液压系统 ▶

液压压力机是锻压、冲压、冷挤、翻边、拉深、校直、弯曲、粉末冶金、成型等压力加工工艺中广泛应用的机械设备。压力机的类型很多,其中四柱式液压机最为典型,应用也最广泛。这里简略介绍YB32-200型液压机液压系统的工作原理。该液压机主液压缸最大压制力为2000 kN。该液压机在它的四个导柱之间安置着上、下两个液压缸,上液压缸(主缸)驱动上滑块,可以实现"快速下行→慢速加压→保压延时→快速返回→原位停止"的典型动作循环;下液压缸(顶出缸)驱动下滑块,实现"向上顶出→向下退回→原位停止"的动作循环。图8-2所示为该液压机的动作循环图。

8.2.1 YB32-200型液压机的液压系统

图8-3所示为这种液压机的液压系统图,表8-2为YB32-200型液压机液压系统的动作循环表。

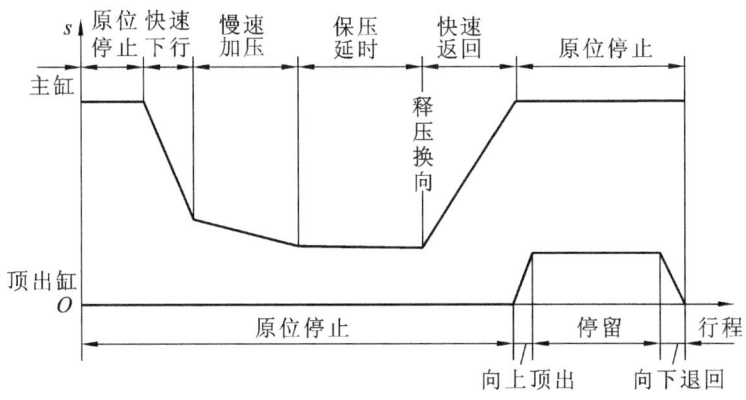

图 8-2 YB32-200 型液压机动作循环图

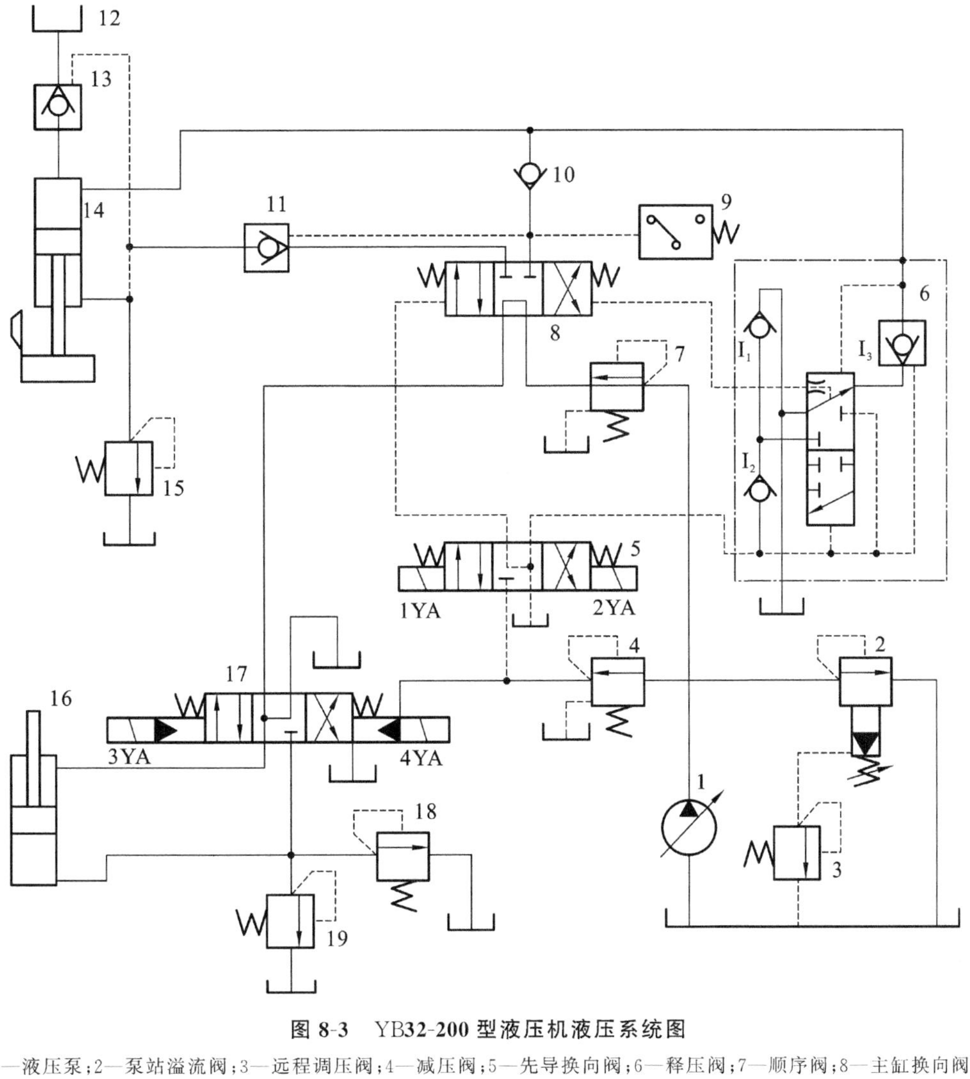

图 8-3 YB32-200 型液压机液压系统图

1—液压泵;2—泵站溢流阀;3—远程调压阀;4—减压阀;5—先导换向阀;6—释压阀;7—顺序阀;8—主缸换向阀;
9—压力继电器;10—单向阀;11—液控单向阀;12—副油箱;13—液控单向阀;14—主液压缸;15—主缸安全阀;
16—顶出缸;17—顶出缸换向阀;18—顶出缸背压阀;19—安全阀

表 8-2　YB32-200 型液压机液压系统的动作循环表

动作名称		信号来源	液压元件工作状态			
			先导换向阀 5	主缸换向阀 8	顶出缸换向阀 17	释压阀 6
上滑块	快速下行	1YA 通电	左位	左位	中位	上位
	慢速加压	上滑块接触工件				
	保压延时	压力继电器使 1YA 断电	中位	中位		
	释压换向	时间继电器使 2YA 通电	右位			下位
	快速返回			右位		
	原位停止	行程开关使 2YA 断电				
下滑块	向上顶出	4YA 通电	中位	中位	右位	上位
	停留	下活塞触及缸盖				
	向下返回	4YA 断电、3YA 通电			左位	
	原位停止	3YA 断电			中位	

1. 液压机上滑块液压系统的工作原理

1）快速下行

电磁铁 1YA 通电，先导换向阀 5 和主缸换向阀 8 左位接入系统，液控单向阀 11 被打开，主液压缸 14 快速下行。这时，系统中油液流动的情况如下：

进油路：液压泵 1→顺序阀 7→主缸换向阀 8 左位→单向阀 10→主液压缸 14 上腔；

回油路：主液压缸 14 下腔→液控单向阀 11→主缸换向阀 8 左位→顶出缸换向阀 17 中位 →油箱。

上滑块在自重作用下迅速下降。由于液压泵的流量较小，这时液压机顶部副油箱 12 中的油经液控单向阀 13（称补油阀）也流入主液压缸 14 上腔。

2）慢速加压

从上滑块接触工件时开始，主液压缸 14 上腔压力升高，液控单向阀 13 关闭，加压速度便由变量泵流量来决定，油液流动情况与快速下行时相同。

3）保压延时

当系统中压力升高达到压力继电器 9 的调定压力，发出电信号，控制电磁铁 1YA 断电，先导换向阀 5 和主缸换向阀 8 都处于中位，主液压缸 14 上、下油腔封闭，系统进入保压工况。保压时间由电气控制系统中的时间继电器（图 8-3 中未画出）控制。保压时除了液压泵在较低压力下卸荷外，系统并没有油液流动。液压泵卸荷的油路如下：

液压泵 1→顺序阀 7→主缸换向阀 8（中位）→顶出缸换向阀 17（中位）→油箱。

4）快速返回

时间继电器延时到时后，控制电磁铁 2YA 通电，先导换向阀 5 右位接入系统，释压阀 6 使主缸换向阀 8 也以右位接入系统（下面说明）。这时，液控单向阀 13 被打开，主液压缸 14 快速返回。油液流动情况如下：

进油路：液压泵 1→顺序阀 7→主缸换向阀 8 右位→液控单向阀 11→主液压缸 14 下腔；

回油路:主液压缸 14 上腔→液控单向阀 13→副油箱 12。

副油箱 12 内的液面超过预定位置时,多余油液由溢流管流回主油箱(图 8-3 中未画出)。

5)原位停止

在上滑块上升至挡块撞上原位行程开关,控制电磁铁 2YA 断电,先导换向阀 5 和主缸换向阀 8 都处于中位。这时上滑块停止不动,液压泵在较低压力下卸荷。

液压系统中的释压阀 6 是为了防止保压状态向快速返回状态转变过快,在系统中产生压力冲击,引起上滑块动作不平稳而设置的,它的主要功用是:使主液压缸 14 上腔释压后,压力油才能通入该缸下腔。其工作原理如下:在保压阶段,这个阀以上位接入系统;当电磁铁 2YA 通电,先导换向阀 5 右位接入系统时,操纵油路中的压力油虽到达释压阀 6 阀芯的下端,但由于其上端的高压未曾释放,阀芯不动。由于液控单向阀 I_3 是可以在控制压力低于其主油路压力下打开的,因此有:主液压缸 14 上腔→液控单向阀 I_3→释压阀 6(上位)→油箱。

于是主液压缸 14 上腔的油压便被卸除,释压阀向上移动,以其下位接入系统,它一方面切断主液压缸 14 上腔通向油箱的通道,另一方面使操纵油路中的压力油输到主缸换向阀 8 阀芯右端,使该阀右位接入系统,以便实现上滑块的快速返回。由图 8-3 可见,主缸换向阀 8 在由左位转换到中位时,阀芯右端由油箱经单向阀 I_1 补油;在由右位转换到中位时,阀芯右端的油经单向阀 I_2 流回油箱。

2.液压机下滑块液压系统的工作原理

1)向上顶出

电磁铁 4YA 通电,这时有:

进油路:液压泵 1→顺序阀 7→主缸换向阀 8 中位→顶出缸换向阀 17 右位→顶出缸 16 下腔;

回油路:顶出缸 16 上腔→顶出缸换向阀 17 右位→油箱。

下滑块上移至顶出缸中的活塞碰上缸盖时,便停在该位置上。

2)向下返回

电磁铁 4YA 断电、3YA 通电。这时有:

进油路:液压泵 1→顺序阀 7→主缸换向阀 8 中位→顶出缸换向阀 17 左位→顶出缸 16 上腔;

回油路:顶出缸 16 下腔→顶出缸换向阀 17 左位→油箱。

3)原位停止

电磁铁 3YA、4YA 都断电,顶出缸换向阀 17 处于中位。

8.2.2 YB32-200 型液压机液压系统的特点

(1)系统使用一个高压轴向柱塞式变量泵供油,系统压力由远程调压阀 3 调定。

(2)系统中的顺序阀 7 规定了液压泵必须在 2.5 MPa 的压力下卸荷,从而使控制油路能确保具有 2 MPa 左右的控制压力。

(3)系统中采用了专用的 QF1 型释压阀来实现上滑块快速返回时上缸换向阀的换向,保证液压机动作平稳,不会在换向时产生液压冲击和噪声。

(4)系统利用管道和油液的弹性变形来实现保压,方法简单,但对液控单向阀和液压缸等元件的密封性能要求高。

（5）系统中上、下两缸的动作协调是由两个换向阀互锁来保证的。一个缸必须在另一个缸静止不动时才能动作。但是，在拉伸操作中，为了实现"压边"这个工步，上液压缸活塞必须推着下液压缸活塞移动，这时上液压缸下腔的油进入下液压缸的上腔，而下液压缸下腔的油则经过下缸溢流阀排回油箱，这样两缸能同时工作，不存在动作不协调的问题。

（6）系统中的两个液压缸各设有一个安全阀进行过载保护。

◀ 8.3 汽车起重机液压系统 ▶

汽车起重机是将起重机安装在汽车底盘上的一种起重运输设备。它主要由起升、回转、变幅、伸缩和支腿等工作机构组成，这些工作机构动作的完成由液压系统来实现。对于汽车起重机的液压系统，一般要求输出力大，动作要平稳，耐冲击，操作要灵活、方便、可靠、安全。

8.3.1 QY20B 型汽车起重机液压系统

QY20B 型汽车起重机为动臂式全回转液压汽车起重机，图 8-4 是它的外观结构示意图。图中 1 为伸缩吊臂，它为三节套箱式结构，伸缩吊臂由安装在其中的伸缩液压缸及钢丝绳实现同步伸缩，用以改变吊臂长度。2 为吊臂变幅缸，变幅缸的伸缩可实现伸缩吊臂的俯仰。4 为起升机构，由斜轴式柱塞马达驱动主、副两个卷扬机，通过钢丝绳和起吊钩使重物升降；主、副卷扬机可以单独作业或同时作业，也可实现自由下放，它们由液压控制的常闭式制动器及常开式离合器来控制。7、5 为前后液压支腿，四个液压支腿用于起重作业时承受整车负载，使轮胎不接触地面，而变成刚性支承。6 为回转机构，由 ZBD40 型轴向柱塞马达驱动；回转机构可使伸缩吊臂、操作室 3、起升机构 4 回转 360°。

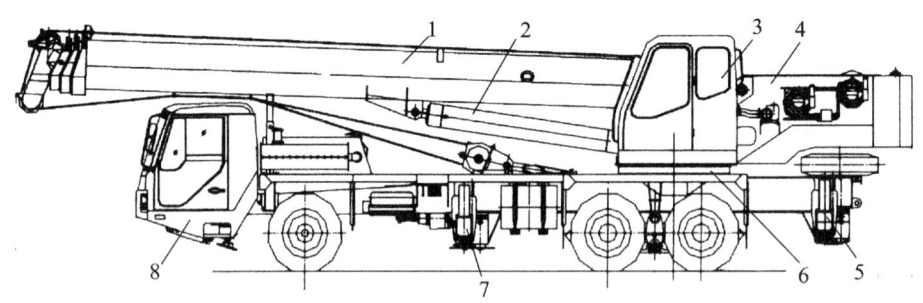

图 8-4 QY20B 型汽车起重机外形简图

1—伸缩吊臂；2—吊臂变幅缸；3—操作室；4—起升机构；5—后液压支腿；6—回转机构；7—前液压支腿；8—载重汽车

图 8-5 为 QY20B 型汽车起重机液压系统原理图。整个液压系统由三联齿轮泵供油，通过控制阀控制支腿收放，吊臂变幅，吊臂伸缩、起升、回转等液压执行机构动作。三联齿轮泵 1 中的 1.1 号泵向支腿、回转回路和离合器液压缸供油，1.2 号泵向起升回路供油；1.3 号泵向变幅回路、伸缩臂回路供油，或与 1.2 号泵合流，实现快速起升与下降。下面简单介绍各执行机构的工作原理。

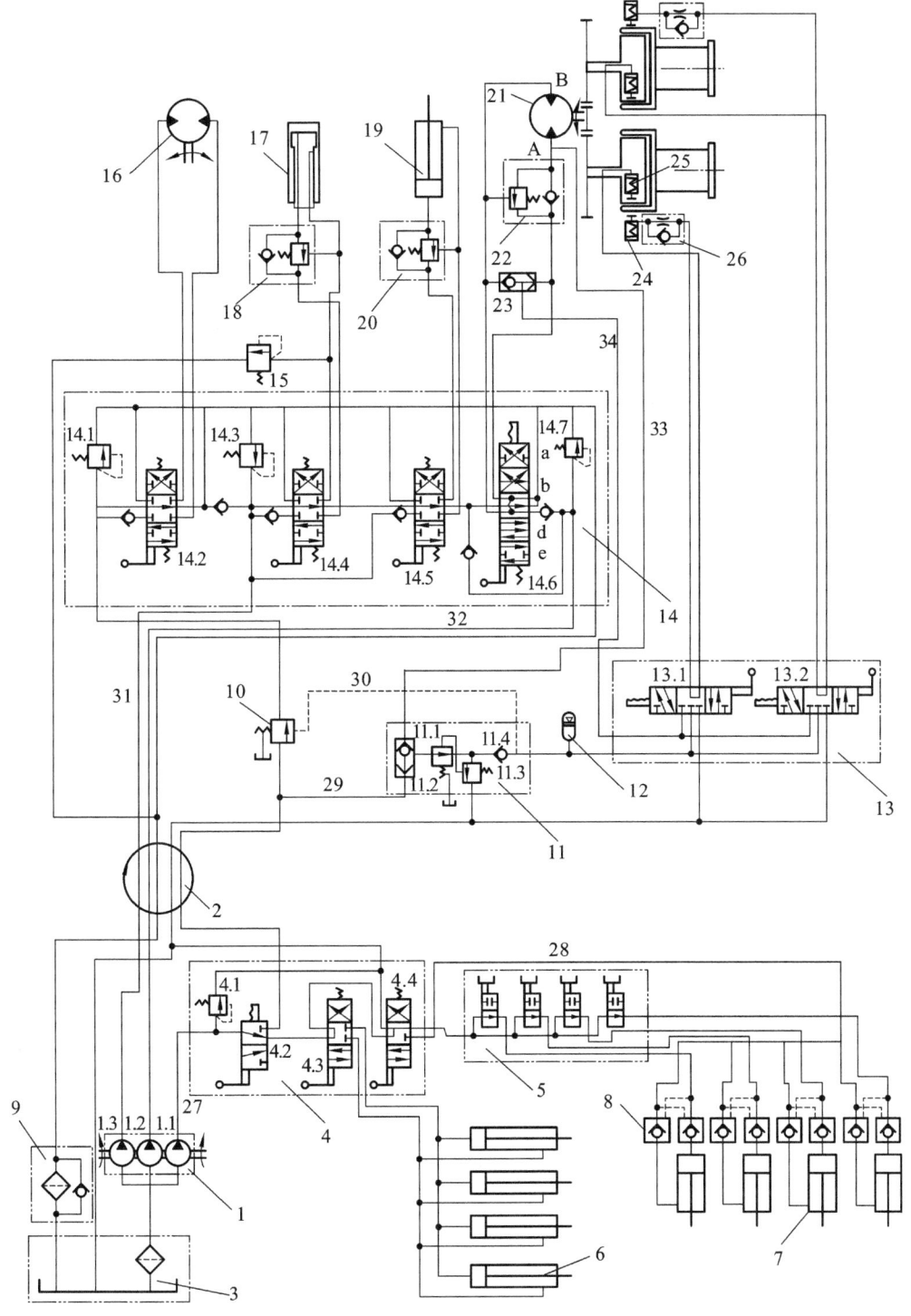

图 8-5 QY20B 型汽车起重机液压系统原理图

1—三联齿轮泵；2—中心回转接头；3—油箱；4—支腿控制阀块；5—转阀；6—支腿水平缸；7—支腿垂直缸；8—液压锁；
9—回油过滤器；10—液控顺序阀；11—组合阀；12—蓄能器；13—操纵阀块；14—多路换向阀；15—溢流阀；16—回转马达；
17—伸缩臂液压缸；18—平衡阀；19—变幅液压缸；20,22—平衡阀；21—起升马达；23—梭阀；
24—制动器液压缸；25—离合器液压缸；26—单向阻尼阀；27～34—管道

1. 支腿收放回路

由于汽车轮胎的支承能力有限,在起重作业时必须放下支腿,使车轮架空,形成一个刚性的工作基础平台,汽车行驶时则必须收起支腿。前后各有两条支腿,每一条支腿配有一个水平液压缸和一个垂直液压缸,垂直液压缸配有双向液压锁,以保证支腿可靠地锁住,防止在起重作业过程中发生"软腿"现象(液压缸上腔油路泄漏引起)或行车过程中液压支腿自行下落(液压缸下腔油路泄漏引起)。

支腿控制阀块 4 由溢流阀 4.1、选择阀 4.2、水平液压缸换向阀 4.3、垂直液压缸换向阀 4.4 组成。溢流阀 4.1 控制 1.1 号泵和支腿液压系统的最大工作压力,其调定压力为 16 MPa。

当选择阀 4.2 处在上位工作时,1.1 号泵输出的液压油经选择阀 4.2 上位、换向阀 4.3 至支腿水平缸 6。操纵手动换向阀 4.3 可以控制四个并联的水平液压缸伸、缩。

当换向阀 4.4 置于上位时,压力油经转阀 5、液压锁 8,分别进入四个支腿垂直缸 7 的无杆腔,支腿伸出。当换向阀 4.4 置于下位时,压力油经液压锁 8 分别进入四个支腿垂直缸的有杆腔,支腿缩回。

换向阀 4.3 和 4.4 是串联结构。放支腿时支腿水平缸 6 先伸出后,支腿垂直缸 7 才能向下动作;收支腿时支腿垂直缸 7 先向上运动后,支腿水平缸 6 才能缩回。

转阀 5 为四个并联的两位开关阀,当需要单独调整某一个支腿垂直缸的伸出长度时,将相应的开关阀置于连通位置,其余三个关闭,再扳动换向阀 4.4 即可。

支腿垂直缸上的液压锁 8 是为了保证支腿在起重负载时不会缩回;在车辆行驶或停放时支腿也不会在重力作用下自动伸落。即使油管破裂或液压泵发生故障时,液压缸的活塞杆也不会突然缩回,防止因"软腿"发生翻车事故。

2. 回转回路

回转机构可以让吊臂能在任意方位起吊。本机采用 ZMD40 柱塞液压马达,回转速度为 1~3 r/min。由于惯性小,一般不设缓冲装置。

当选择阀 4.2 处于下位工作时,1.1 号泵输出的液压油经管道 27、选择阀 4.2 下位、中心回转接头 2 通至上车部分。回路中液控顺序阀 10 的调压范围为 5~9 MPa。当其控制压力小于 5 MPa 时,液控顺序阀 10 打不开,压力油经管道 29、组合阀 11(梭阀 11.1、减压阀 11.2、单向阀 11.4)向蓄能器 12 充液。当蓄能器的压力达到 9 MPa 时,压力油经管道 30 打开液控顺序阀 10,泵 1.1 的液压油通过换向阀 14.2 供给回转马达 16。

换向阀 14.2 为三位六通阀,置于中位时,泵 1.1 的油经回油管和回油过滤器 9 返回油箱;置于上位或下位时,压力油驱动回转马达 16 回转。溢流阀 14.1 起过载保护的作用,其限定压力为 17.5 MPa。

3. 吊臂伸缩回路

液压泵 1.3 排出的压力油,经中心回转接头 2 至伸缩臂换向阀 14.4。在换向阀 14.4 与伸缩臂液压缸 17 之间装有平衡阀 18,提高了收缩运动的可靠性。

当换向阀 14.4 置于下位时,压力油经平衡阀 18 中的单向阀进入伸缩臂液压缸 17 的无杆腔,吊臂伸出;当换向阀 14.4 置于上位时,压力油进入伸缩臂液压缸 17 的有杆腔,同时,压力油经控制油路将平衡阀的主阀阀芯推开,液压缸无杆腔通回油,吊臂缩回。如果吊臂在负值负荷作用下,以超过供油速度缩回时,进油腔的压力降低,控制油管中压力相应降低,平衡阀 18 的主阀阀芯开度变小,液压缸缩回速度被控制。平衡阀 18 的另一个作用是当平衡阀与换向阀 14.4 之间的管路破裂或油泵机组发生故障时,防止伸缩臂液压缸 17 在负载作用下突然缩回。伸缩臂伸出时的最大工作压力由溢流阀 15 限定为 17 MPa。

4. 变幅回路

吊臂变幅机构用于改变作业高度,要求能带载变幅,动作要平稳。本机采用两个液压缸并联,提高了变幅机构的承载能力。其要求以及油路与吊臂伸缩回路相同。

变幅回路也由泵 1.3 供油,与伸缩臂回路并联,可单独动作,也可同时动作。变幅液压缸 19 和三位六通换向阀 14.5 之间装有平衡阀 20。换向阀 14.5 控制变幅液压缸的伸缩,实现吊臂的俯仰。平衡阀 20 的作用同吊臂伸缩回路平衡阀 18。变幅回路的最大工作压力由溢流阀 14.3 限定为 20 MPa。

5. 起升回路

起升回路中换向阀 14.6 为五位六通阀,操纵此阀可得到快、慢两挡起升或下降速度。当换向阀 14.6 置于 a 位工作时,泵 1.2 的压力油经中心回转接头 2、换向阀 14.6a 位、平衡阀 22 的单向阀进入液压马达油口 A,使重物起升。换向阀 14.6 置于 e 工位时,泵 1.2 的压力油进入液压马达油口 B,同时控制油液推开平衡阀 22 的主阀阀芯,重物限速下降。

当换向阀 14.6 置于 b 工位时,泵 1.2 与泵 1.3 的液压油合流进入起升马达 21 的油口 A,重物快速起升。换向阀 14.6 置于 d 位时,泵 1.2 与泵 1.3 的液压油合流进入起升马达的油口 B,重物快速下降。

起升回路中平衡阀 22 的作用是:当使重物下降时,重物的自重成为超越负载,欲使马达增速旋转,一旦油口 B 的压力低于油口 A 的压力,起升液压马达将呈现泵工况。此时,平衡阀开度减小,马达转速受到限制,从而防止负载超速下降。另外,在平衡阀 22 与换向阀 14.6 之间管路破裂时,可防止负载突然落下。起升回路的最大工作压力由溢流阀 14.7 限定为 21 MPa。

操纵阀块 13 用来控制主、副起升卷扬机的制动器液压缸 24 与离合器液压缸 25。离合器液压缸的压力油由蓄能器 12 供给。如前所述,在回转回路中,泵 1.1 的压力油在供给回转机构前,向蓄能器充油蓄能。为保证离合器结合绝对可靠,蓄能器还利用起升回路管道 33 中的压力蓄能,当管道 33 中压力较高时,组合阀 11 中的减压阀 11.2 保证供给蓄能器的压力在 9.5 MPa 左右,溢流阀 11.3 起安全保护作用,其调定压力为 10.5 MPa。单向阀 11.4 防止蓄能器的压力油倒流。

开启常闭式制动器的液压油由起升回路经梭阀 23、管道 34 供给。当阀 13.1、13.2 置于中位时,制动器液压缸 24、离合器液压缸 25 都通回油路,制动器处于抱闸制动状态,而离合器脱开。当阀 13.1、13.2 处在右位时,蓄能器的压力油进入离合器液压缸 25,使离合器结合,经管道 34 的压力油进入制动器液压缸 24,使制动器张开,卷扬机卷筒旋转,重物起升或下降。当阀 13.1、13.2 置于左位时,在制动器松闸的同时,离合器也脱开,此时重物可以实现自由下放,工作效率得到提高。

单向阻尼阀 26 使制动器延时张开,迅速闭紧,以避免卷筒启动或停止时产生溜车下滑现象。

8.3.2　汽车起重机液压系统的特点

（1）重物在下降时，以及吊臂收缩和变幅时，负载与液压力方向相同，执行元件会失控，为此，在其回油路上必须设置平衡阀。

（2）因作业工况的随机性较大，且动作频繁，所以大多采用手动弹簧复位的多路换向阀来控制各动作。换向阀常用 M 型中位机能。当换向阀处于中位时，各执行元件的进油路均被切断，液压泵出口通油箱使泵卸荷，减少了功率损失。

◀ 8.4　SZ-250A 型塑料注射成型机液压系统 ▶

塑料注射成型机简称注塑机。它是将颗粒的塑料加热熔化到流动状态后，快速高压注入模腔，并保压一定时间，经冷却后成型为塑料制品。

8.4.1　SZ-250A 型塑料注射成型机液压系统

SZ-250A 型注塑机属中小型注塑机，每次最大注射容量为 250 mL。该机要求液压系统完成的主要动作有：合模和开模、注射座整体前移和后退、注射、保压及顶出等。根据塑料注射成型工艺，注塑机的工作循环如图 8-6 所示。

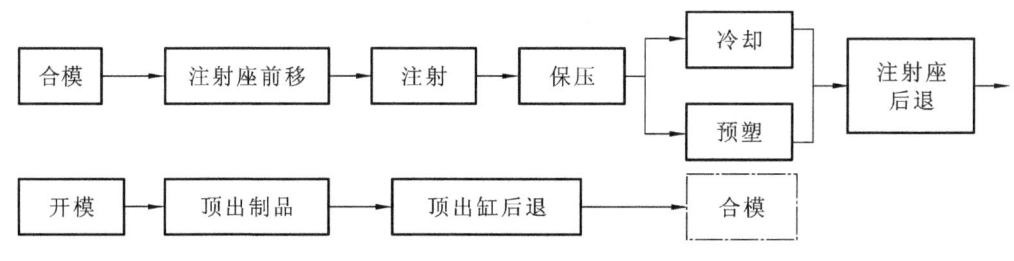

图 8-6　注塑机的工作循环

图 8-7 所示为 SZ-250A 型注塑机液压系统原理图。表 8-3 是 SZ-250A 型注塑机动作循环及电磁铁动作顺序表。现将其液压系统原理说明如下。

1. 合模

合模过程按"慢—快—慢"三种速度进行。合模时首先应将安全门关上，如图 8-7 所示，此时行程阀 V_4 恢复常位，控制油可以进入液动换向阀 V_2 阀芯右腔。

1）慢速合模

小流量泵 2 的工作压力由高压溢流阀 V_{20} 调整；3YA 通电，液动换向阀 V_2 处于右位。由于 1YA 断电，大流量泵 1 通过溢流阀 V_1 卸荷，小流量泵 2 的压力油经阀 V_2 至合模缸左腔，推动活塞带动连杆进行慢速合模。合模缸右腔油液经单向节流阀 V_3、阀 V_2 和冷却器回油箱（系统所有回油都接冷却器）。

2）快速合模

电磁铁 1YA、2YA 和 3YA 通电。大流量泵 1 不再卸荷，其压力油通过单向阀 V_{21} 而与小流量泵 2 的供油汇合,共同向合模液压缸供油,实现快速合模。此时压力由 V_1 调整。

表 8-3 SZ-250A 型注塑机动作循环及电磁铁动作顺序表

动作循环	电磁铁	1YA	2YA	3YA	4YA	5YA	6YA	7YA	8YA	9YA	10YA	11YA	12YA	13YA	14YA
合模	慢速	−	+	+	−	−	−	−	−	−	−	−	−	−	−
	快速	+	+	+	−	−	−	−	−	−	−	−	−	−	−
	慢速	−	+	+	−	−	−	−	−	−	−	−	−	−	−
	低压	−	+	+	−	−	−	−	−	−	−	−	−	+	−
	高压	−	+	+	−	−	−	−	−	−	−	−	−	−	−
注射座前移		−	+	−	−	−	−	−	+	−	−	−	−	−	−
注射	慢速	−	+	−	−	−	−	+	−	−	−	−	−	−	−
	快速	+	+	−	−	−	−	+	+	+	−	−	−	−	−
保压		−	+	−	−	−	−	−	+	−	+	−	−	−	+
预塑		+	+	−	−	−	−	−	−	−	−	−	+	−	−
防流涎		−	+	−	−	−	−	−	−	−	−	+	−	−	−
注射座后退		−	+	−	−	−	−	+	−	−	−	−	−	−	−
开模	慢速	−	+	−	+	−	−	−	−	−	−	−	−	−	−
	快速	+	+	−	+	−	−	−	−	−	−	−	−	−	−
	慢速	−	+	−	+	−	−	−	−	−	−	−	−	−	−
顶出	前进	−	+	−	−	+	−	−	−	−	−	−	−	−	−
	后退	−	+	−	−	−	−	−	−	−	−	−	−	−	−
（螺杆前进）		−	+	−	−	−	−	−	−	−	−	−	+	−	−
（螺杆后退）		−	+	−	−	−	−	−	−	−	+	−	−	−	−

3）低压合模

电磁铁 2YA、3YA 和 13YA 通电。小流量泵 2 的压力由阀 V_{20} 的低压远程调压阀 V_{16} 控制。由于是低压合模,缸的推力较小,即使在两个模板间有硬质异物,继续进行合模动作也不会损坏模具表面。

4）高压合模

电磁铁 2YA 和 3YA 通电。系统压力由高压溢流阀 V_{20} 控制。大流量泵 1 卸荷,小流量泵 2 的高压油用来进行高压合模。模具闭合并使连杆产生弹性变形,牢固地锁紧模具。

2. 注射座整体前移

电磁铁 2YA 和 8YA 通电。大流量泵 1 卸荷,小流量泵 2 的压力油经电磁阀 V_7 进入注射座移动液压缸右腔,推动注射座整体向前移动,注射座移动缸左腔液压油则经阀 V_7 和冷却器而回油箱。

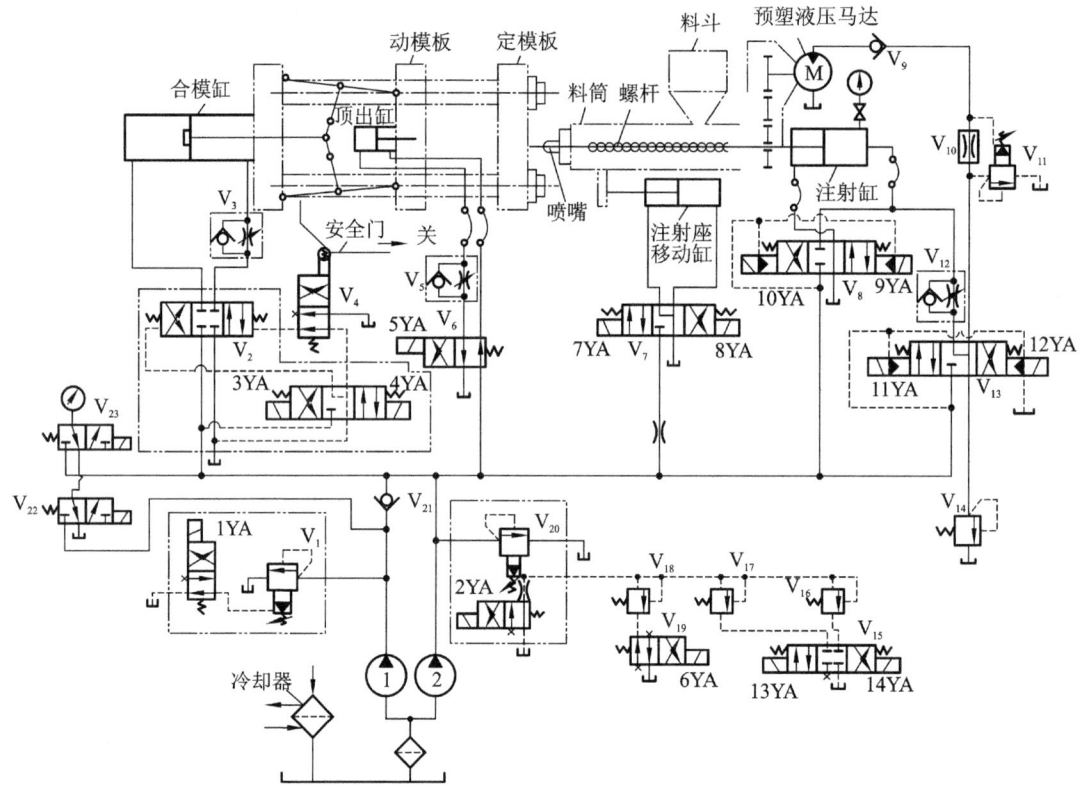

图 8-7　SZ-250A 型注塑机液压系统原理图

3.注射

1）慢速注射

电磁铁 1YA、2YA、6YA、8YA 和 11YA 通电。大流量泵 1 和小流量泵 2 的压力油经电液阀 V_{13} 和单向节流阀 V_{12} 进入注射缸右腔,注射缸的活塞推动注射头螺杆进行慢速注射,注射速度由单向节流阀 V_{12} 调节。注射缸左腔油液经电液阀 V_8 中位回油箱。

2）快速注射

电磁铁 1YA、2YA、6YA、8YA、9YA 和 11YA 通电。大流量泵 1 和小流量泵 2 的压力油经电液阀 V_8 进入注射缸右腔,由于未经过单向节流阀 V_{12},压力油全部进入注射缸右腔,使注射缸活塞快速运动。注射缸左腔回油经阀 V_8 回油箱。快、慢注射时的系统压力均由远程调节阀 V_{18} 调节。

4.保压

电磁铁 2YA、8YA、11YA 和 14YA 通电。由于保压时只需要极少量的油液,所以大流量泵 1 卸荷,仅由小流量泵 2 单独供油,多余油液经溢流阀 V_{20} 溢回油箱。保压压力由远程调压阀 V_{17} 调节。

5.预塑

电磁铁 1YA、2YA、8YA 和 12YA 通电。大流量泵 1 和小流量泵 2 的压力油经电液阀 V_{13}、节流阀 V_{10} 和单向阀 V_9 驱动预塑液压马达。液压马达通过齿轮减速机构使螺杆旋转,料斗中的塑料颗粒进入料筒,被转动着的螺杆带至前端,进行加热。注射缸右腔的油液在螺杆反推力作用下,经单向节流阀 V_{12}、电液阀 V_{13} 和背压阀 V_{14} 回油箱,其背压力由阀 V_{14} 控制。同时,注射缸左腔产生局部真空,油箱的油液在大气压力作用下,经电液阀 V_8 中位而被吸入注射缸左腔。液压马达旋转速度可由节流阀 V_{10} 调节,并由于差压式溢流阀 V_{11}(由阀 V_{10} 和阀 V_{11} 组成溢流节流阀)的控制,使阀 V_{10} 两端压差保持定值,故可得到稳定的转速。

6. 防流涎

电磁铁 2YA、8YA 和 10YA 通电。大流量泵 1 卸荷,小流量泵 2 的压力油经阀 V_7 使注射座前移,喷嘴与模具保持接触。同时,压力油经阀 V_8 进入注射缸左腔,强制螺杆后退,以防止喷嘴端部流涎。

7. 注射座后退

电磁铁 2YA 和 7YA 通电。大流量泵 1 卸荷,小流量泵 2 的压力油经阀 V_7 使注射座移动缸后退。

8. 开模

1)*慢速开模*

电磁铁 2YA 和 4YA 通电。大流量泵 1 卸荷,小流量泵 2 的压力油经阀 V_2 和 V_3 进入合模缸右端,左腔则经阀 V_2 回油。

2)*快速开模*

电磁铁 1YA、2YA 和 4YA 通电。大流量泵 1 和小流量 2 的压力油同时经阀 V_2 和 V_3 进入合模缸右腔,开模速度提高。

9. 顶出

1)*顶出缸前进*

电磁铁 2YA 和 5YA 通电。大流量泵 1 卸荷,小流量泵 2 的压力油经电磁阀 V_6 和单向节流阀 V_5,进入顶出缸左腔,推动顶出杆顶出制品,其速度可由单向节流阀 V_5 调节。顶出缸右腔则经电磁阀 V_6 回油。

2)*顶出缸后退*

电磁铁 2YA 通电。小流量泵 2 压力油经阀 V_6 右腔使顶出缸后退。

10. 螺杆前进和后退

为了拆卸和清洗螺杆,有时需要螺杆后退。这时电磁铁 2YA 和 10YA 通电。小流量泵 2 压力油经阀 V_8 使注射缸携带螺杆后退。当电磁铁 10YA 断电,11YA 通电时,注射缸携带螺杆前进。

在注塑机液压系统中,执行元件数量较多,因此它是一种速度和压力均变化的系统。在完成自动循环时,主要依靠行程开关,而速度和压力的变化主要靠电磁阀切换不同调压阀来得到。近年来,开始采用比例阀来改变速度和压力,这样可使系统中的元件数量减少。

8.4.2　注塑机液压系统的特点

(1)系统采用液压-机械组合式合模机构,合模液压缸通过具有增力和自锁作用的五连杆机构来进行合模和开模,这样可使合模缸压力相应减小,且合模平稳、可靠。最后合模是依靠合模液压缸的高压,使连杆机构产生弹性变形来保证所需的合模力,并能把模具牢固地锁紧。这样可确保熔融的塑料以 40～150 MPa 的高压注入模腔时,模具闭合严密,不会产生塑料制品的溢边现象。

(2) 系统采用双泵供油回路来实现执行元件的快速运动。这可缩短空行程的时间以提高生产效率。合模机构在合模与开模过程中可按慢速-快速-慢速的顺序变化,平稳而不损坏模具和制品。

(3) 系统采用了节流调速回路和多级调压回路。可保证在塑料制品的几何形状、品种、模具浇注系统不相同的情况下,压力和速度是可调的。采用节流调速可保证注射速度的稳定。为保证注射座喷嘴与模具浇口紧密接触,注射座移动液压缸右腔在注射时一直与压力油相通,使注射座移动缸活塞具有足够的推力。

(4) 注射动作完成后,注射缸仍通高压油保压。可使塑料充满容腔而获得精确形状,同时在塑料制品冷却收缩过程中,熔融塑料可不断补充,防止浇料不足而出现残次品。

(5) 注塑机安全门未关闭时,行程阀切断了液动换向阀的控制油路,合模缸不通压力油,合模缸不能合模,保证了操作安全。

该液压传动系统所用元件较多,能量利用不够合理,系统发热较大。近年来,多采用比例阀和变量泵来改进注塑机液压系统。如采用比例压力阀和比例流量阀,则系统的元件数量可大为减少;以变量泵来代替定量泵和流量阀,则可提高系统效率,减少发热。采用微机控制其循环,可优化其注塑工艺。

本 章 小 结

学会阅读液压系统原理图,掌握典型液压传动系统的分析方法和分析内容,是设计液压系统的基础,也是使用、维护、管理液压系统的基础。分析一个液压系统最基本的方法是,首先要明确各执行元件的动作循环,系统中液压元件的作用,然后逐个分析实现该动作所需的液压阀及油路,注意既要考虑进油路,同时也必须考虑回油路。只有执行元件的进油路和回油路都是正确畅通的,执行元件的规定动作才能真正实现。

抓住组成一个液压系统的所有的基本回路,也就掌握了这个系统的功能和具有的性能特点。

思考题与习题

8.1 组合机床的液压系统包括哪几种典型回路?

8.2 分析 YB32-200 型液压机液压系统的特点,并说明主液压缸快速下行、保压和快速返回时管路中油液的流向,说明释压阀的工作原理。

8.3 图 8-8 所示是某专用机床的液压系统原理图。该系统有定位、夹紧油缸和主工作油缸两个液压缸。它们的工作循环为:定位、夹紧→快进→一工进→二工进→快退→松开、拔销→原位停止、泵卸荷。回答下列问题:

(1) 根据工作循环,绘制电磁阀动作表。用符号"+"表示电磁阀通电,符号"-"表示断电;

(2) 说明标号为 a、b、c 的三个阀分别在系统中所起的作用;

(3) 减压阀、溢流阀调压的依据是什么?

(4) 阀 A 和阀 B 的通流面积哪个应该大一些?为什么?

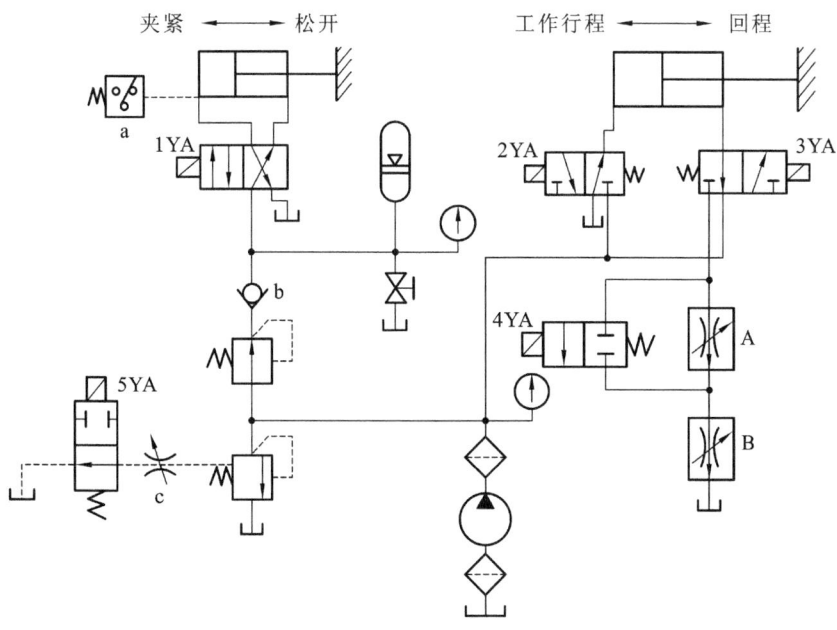

图 8-8　题 8.3 图

8.4　图 8-9 为某组合机床液压系统原理图,该系统有定位油缸、夹紧油缸和主工作油缸三个液压缸。它们的工作循环为:定位→夹紧→快进→工进→快退→松开、拔销→原位停止、泵卸荷。回答下列问题:

(1) 根据工作循环,绘制电磁铁的动作表;用符号"+"表示电磁阀通电,符号"−"则表示断电;

(2) 说明标号为 a、b、c 的阀在系统中所起的作用;

(3) 液控顺序阀调压的依据是什么? 溢流阀调压的依据是什么?

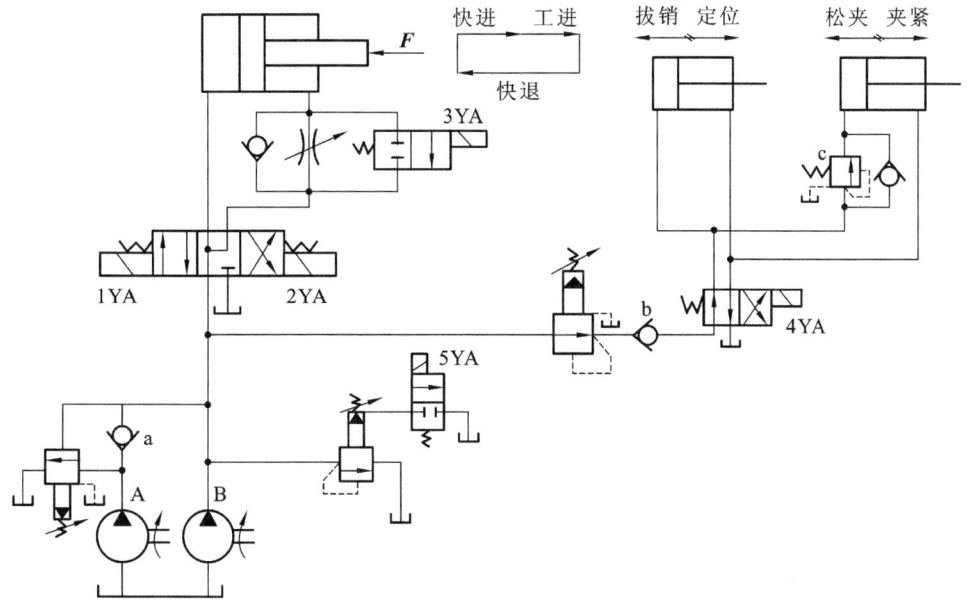

图 8-9　题 8.4 图

第 9 章
液压传动系统的设计

【学习要点】

了解设计一个液压系统的基本步骤和计算的内容。

液压系统是机械设备的动力传动系统。因此,它的设计是主机设计的一部分,必须与主机的总体设计同时进行。一般在分析主机的工作循环和性能要求等基础上,经过认真分析比较,在确定全部或局部采用液压传动方案之后,才会提出液压传动系统的设计任务。

液压系统设计必须采用现代设计思想,从实际出发,注重调查研究,吸收国内外先进设计经验,在满足工作性能要求、工作可靠的前提下,力求使系统结构简单、成本低、效率高、操作维护方便、使用寿命长。

液压系统的设计步骤并没有严格的顺序,各步骤之间往往要相互穿插进行。一般来说,液压系统的设计步骤如下:

(1) 明确液压系统的设计要求及工况分析;

(2) 主要参数的确定;

(3) 进行系统方案论证,拟定液压系统原理图;

(4) 通过计算,选择液压元件;

(5) 对液压系统主要性能进行验算;

(6) 液压装置结构设计;

(7) 编制液压系统技术文件,并提出电气系统设计任务书。

9.1 液压系统的设计依据和工况分析

9.1.1 液压系统的设计依据

设计要求是进行工程设计的主要依据。设计前,必须把主机对液压系统的设计要求和与设计相关的情况了解清楚,一般要明确下列主要问题。

(1) 主机用途,总体布局与结构,主要技术参数与性能要求,工艺流程或工作循环,作业环境与条件等。

(2) 液压系统应完成哪些动作,各个动作的工作循环及循环时间;执行机构的行程、负载大小及性质、运动形式及速度快慢;各动作的顺序要求及互锁关系,各动作的同步要求及同步精度;液压系统的工作性能要求,如运动平稳性、调速范围、定位精度、转换精度,自动化程度、效率与温升、振动与噪声、安全性与可靠性等。

(3) 液压系统的工作温度及其变化范围,湿度大小,风沙与粉尘情况,防火与防爆要求,安装空间的大小、外廓尺寸与质量限制等。

(4) 经济性与成本等方面的要求。

只有明确了设计要求及工作环境,才能使设计的系统不仅满足性能要求,且具有较高的可靠性、良好的空间布局及造型。

9.1.2 液压系统的工况分析

工况分析的目的是明确在工作循环中执行元件的负载和运动的变化规律,它包括运动分析和负载分析。

1. 运动分析

运动分析,就是研究工作机构根据工艺要求应以什么样的运动规律完成工作循环,运动速度的大小、加速度是恒定的还是变化的、行程大小及循环时间长短等。为此必须确定执行元件的类型,并绘制位移-时间循环图或速度-时间循环图。

液压执行元件的类型可按表 9-1 进行选择。

表 9-1 液压执行元件的类型

名　　　称	特　　　点	应 用 场 合
双杆活塞缸	双向输出力、输出速度一样,杆受力状态一样	双向工作的往复运动
单杆活塞缸	双向输出力、输出速度不一样,杆受力状态不同。差动连接时可实现快速运动	往复不对称直线运动
柱塞缸	结构简单	长行程、单向工作
摆动缸	单叶片缸转角小于300°,双叶片缸转角小于150°	往复摆动运动
齿轮、叶片马达	结构简单、体积小、惯性小	高速小转矩回转运动
轴向柱塞马达	运动平稳、转角大、转速范围宽	大转矩回转运动
径向柱塞马达	结构复杂、转角大、转速低	低速大转矩回转运动

2. 负载分析

负载分析,就是通过计算,确定各液压执行元件的负载大小和方向,并分析各执行元件运动过程中的振动、冲击及过载能力等情况。

作用在执行元件上的负载有约束性负载和动力性负载两类。

约束性负载的特征是其方向与执行元件运动方向永远相反,对执行元件起阻止作用,而不会起驱动作用。例如库仑固体摩擦阻力、黏性摩擦阻力是约束性负载。

动力性负载的特征是其方向与执行元件的运动方向无关,其数值由外界规律所决定。执行元件承受动力性负载时可能会出现两种情况:一种情况是动力性负载方向与执行元件运动方向相反,起着阻止执行元件运动的作用,称为阻力负载(正负载);另一种情况是动力性负载方向与执行元件运动方向一致,称为超越负载(负负载)。超越负载变成驱动执行元件的驱动力,执行元件要维持匀速运动,其中的流体要产生阻力功,形成足够的阻力来平衡超越负载产生的驱动力,这就要求系统应具有平衡和制动功能。重力是一种动力性负载,重力与执行元件运动方向相反时是阻力负载;与执行元件运动方向一致时是超越负载。对于负载变化规律复杂的系统必须画出负载循环图。不同工作目的的系统,负载分析的着重点不同。例如,对于工程机械的作业机构,着重点为重力在各个位置上的情况,负载图以位置为变量;机床工作台着重点为负载与各工序的时间关系。

1) 液压缸的负载计算

一般说来,液压缸承受的动力性负载有工作负载 F_w、惯性负载 F_m、重力负载 F_g,约束性负载有摩擦阻力 F_f、背压负载 F_b、液压缸自身的密封阻力 F_{sf}。即作用在液压缸上的外负载为

$$F = \pm F_w \pm F_m \pm F_f \pm F_g \pm F_b \pm F_{sf} \tag{9-1}$$

(1) 工作负载 F_w。

工作负载与主机的工作性质有关,它可能是定值,也可能是变值。

一般工作负载是时间的函数,即 $F_w = f(t)$,需根据具体情况分析决定。

(2) 惯性负载 F_m。

惯性负载是运动部件在启动加速或减速制动过程中产生的惯性力,其值可按牛顿第二定律求出:

$$F_m = ma = m \frac{\Delta v}{\Delta t} \tag{9-2}$$

式中,m 为运动部件总质量;a 为加速度;Δv 为 Δt 时间内速度的变化量;Δt 为启动或制动时间。一般机械系统取 $0.1 \sim 0.5$ s;行走机械系统取 $0.5 \sim 1.5$ s;机床运动系统取 $0.25 \sim 0.5$ s;机床进给系统取 $0.05 \sim 0.2$ s。工作部件较轻或运动速度较低时取小值。

(3) 导向摩擦阻力 F_f。

摩擦阻力是指液压缸驱动工作机构所需克服的导轨摩擦阻力,其值与导轨形状、安放位置和工作部件的运动状态有关。

对于平导轨

$$F_f = \mu(mg + F_N) \tag{9-3}$$

对于 V 形导轨

$$F_f = \frac{\mu(mg + F_N)}{\sin(\alpha/2)} \tag{9-4}$$

式中,F_N 为作用在导轨上的垂直载荷;α 为 V 形导轨夹角,通常取 $\alpha = 90°$;μ 为导轨摩擦系数,其值可参阅相关设计手册。

(4) 重力负载 F_g。

当工作部件垂直或倾斜放置时,自重也是一种负载,当工作部件水平放置时,$F_g = 0$。

(5) 背压负载 F_b。

液压缸运动时还必须克服回油路压力形成的背压阻力 F_b,其值为

$$F_b = p_b A_2 \tag{9-5}$$

式中,A_2 为液压缸回油腔有效工作面积;p_b 为液压缸背压。在液压缸结构参数尚未确定之前,一般按经验数据估计一个数值。系统背压的一般经验数据为:中低压系统或轻载节流调速系统取 $0.2 \sim 0.5$ MPa;回油路有调速阀或背压阀的系统取 $0.5 \sim 1.5$ MPa;采用补油泵补油的闭式系统取 $1.0 \sim 1.5$ MPa;采用多路阀的复杂的中高压工程机械系统取 $1.2 \sim 3.0$ MPa。

(6) 液压缸自身的密封阻力 F_{sf}。

液压缸工作时还必须克服其内部密封装置产生的摩擦阻力 F_{sf},其值与密封装置的类型、油液工作压力,特别是液压缸的制造质量有关,计算比较烦琐;一般将它计入液压缸的机械效率 η_m 中考虑,通常取 $\eta_m = 0.90 \sim 0.97$。

2) 液压缸运动循环各阶段的负载

液压缸的运动分为启动、加速、恒速、减速制动等阶段,不同阶段的负载计算是不同的:

启动时

$$F = (F_f \pm F_g)/\eta_m \tag{9-6}$$

加速时

$$F = (F_m + F_f \pm F_g + F_b)/\eta_m \tag{9-7}$$

恒速运动时

$$F = (\pm F_w + F_f \pm F_g + F_b)/\eta_m \tag{9-8}$$

减速制动时

$$F = (\pm F_w - F_m + F_f \pm F_g + F_b)/\eta_m \tag{9-9}$$

3. 工作负载图

对复杂的液压系统,如有若干个执行元件同时或分别完成不同的工作循环,则有必要按上述各阶段计算总负载力,并根据上述各阶段的总负载力和它所经历的工作时间 t(或位移 s),按相同的坐标绘制液压缸的负载时间($F\text{-}t$)或负载位移($F\text{-}s$)图。图 9-1 所示为某机床主液压缸的速度图和负载图。

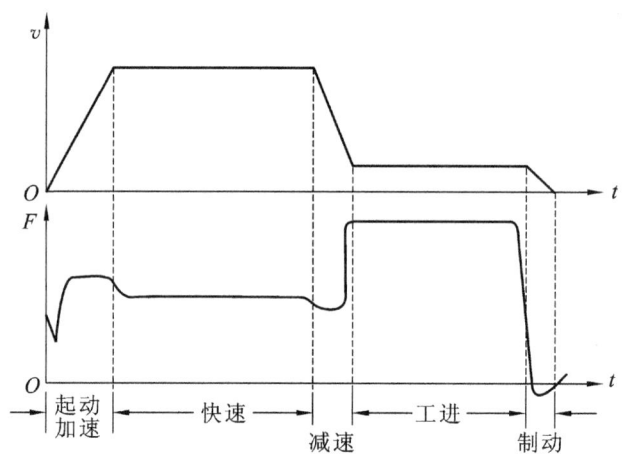

图 9-1　某液压缸的速度图和负载图

最大负载值是初步确定执行元件工作压力和结构尺寸的依据。

液压马达的负载力矩分析与液压缸的负载分析相同,只需将上述负载力的计算变换为负载力矩即可。

◀◀ 9.2　液压系统主要参数的确定 ▶▶

执行元件的工作压力和流量是液压系统最主要的两个参数。这两个参数是计算和选择元件、辅件和原动机的规格型号的依据。要确定液压系统的压力和流量,首先必须根据各液压执行元件的负载循环图,选定系统工作压力;再根据系统压力,确定液压缸有效工作面积 A 或液压马达的排量 V_M;最后,根据位移-时间循环图(或速度-时间循环图)确定其流量。

9.2.1　系统工作压力的确定

根据液压执行元件的负载循环图,可以确定系统的最大载荷点,在充分考虑系统所需流量、系统效率和性能要求等因素后,可参照表 9-2 或表 9-3 选择系统工作压力。

工作压力是确定执行元件结构参数的主要依据。它的大小影响执行元件的尺寸和成本,乃至整个系统的性能。在系统功率一定时,一般选用较高的工作压力,使执行元件和系统的结构紧凑、质量轻、经济性好。但是,若工作压力选得过高,会提高对元件的强度、刚度及密封要求和制造精度要求,不但达不到预期的经济效果,反而会降低元件的容积效率、增加系统发热、降低元件寿命和系统可靠性;反之,若工作压力选得过低,就会增大执行元件及整个系统的尺寸,使结构变得庞大。所以应根据实际情况选取适当的工作压力。

表 9-2 按负载选择系统工作压力

负载/kN	<5	5~10	10~20	20~30	30~50	>50
系统压力/MPa	<0.8~1	1.6~2	2.5~3	3~4	4~5	>5~7

表 9-3 按主机类型选择系统工作压力

设备 类型	机 床				农业机械 汽车工业 小型工程 机械及辅 助机械	工程机械 重型机械 锻压设备 液压支架	船用 系统
	磨床	组合机床 牛头刨床 插床 齿轮加工 机床	车床 铣床 镗床	珩磨 机床	拉床 龙门 刨床		
压力/MPa	<2.5	<6.3	2.5~6.3	<10	10~16	16~32	14~25

9.2.2 执行元件参数的确定

前面初步选定的工作压力可以认为就是执行元件的输入压力 p_1,然后再初步选定执行元件的回油压力 p_2(背压),这样就可以确定执行元件的参数。液压缸的主要结构参数缸径 D、活塞杆径 d 和液压马达的排量 V_M 的计算详见第 3 章、第 4 章相应计算公式。注意计算所得的数值,应圆整为标准值。

9.2.3 执行元件流量的确定

液压缸(液压马达)所需最大流量 q_{max} 按其实际有效工作面积 A(或液压马达的排量 V_M)及所要求的最高速度 v_{max}(或马达最高转速 n_{max})来计算,即

$$q_{max} = A v_{max}/\eta_V \quad (\text{或} \ q_{max} = V_M n_{max}/\eta_V) \qquad (9-10)$$

式中,η_V 为执行元件的容积效率。

当单杆液压缸作差动连接时,实际有效工作面积 $A = A_1 - A_2$。

液压缸所需最小流量 q_{min} 按其实际有效工作面积 A 和所要求的最小速度 v_{min} 来计算,即

$$q_{min} = A v_{min}/\eta_V \qquad (9-11)$$

上式所求得的液压缸最小流量应该等于或大于流量控制阀或变量泵的最小稳定流量。同样地,液压马达最小流量按其排量和所要求的最小转速来计算。

9.2.4 执行元件的工况图

工况图包括压力图、流量图和功率图。压力图、流量图是执行元件在运动循环中各阶段的压力与时间或压力与位移,流量与时间或流量与位移的关系图;功率图则是根据压力 p 与流量 q 计算出各循环阶段所需功率,画出功率与时间或功率与位移的关系图。当系统中有多个同时工作的执行元件时,必须把这些执行元件的流量图按系统总的动作循环组合成总流量图。图 9-2 所示为某液压缸的工况图。

工况图是选择液压泵、液压控制阀和计算电机功率等的依据。利用工况图,可验算各工作阶段所确定的参数的合理性。例如,当多个执行元件按各工作阶段的流量或功率叠加,其

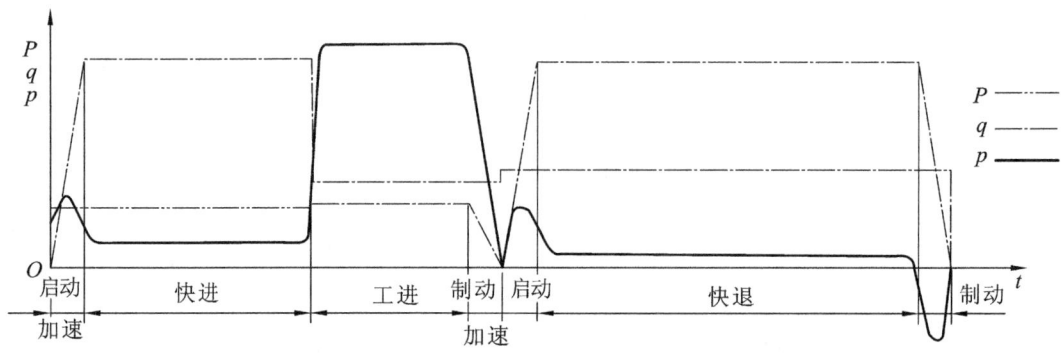

图 9-2　液压缸的压力图、流量图和功率图示例

最大流量或功率重合而使流量或功率分布很不均衡时,可在整机设计要求允许的条件下,适当调整有关执行元件的动作时间或速度,尽量避开或减小流量、功率的最大值,以提高整个系统的效率。

9.3　液压系统原理图的拟定和方案论证

拟定系统原理图是液压系统设计中最重要的一步,它是从工作原理和结构组成上来具体体现设计任务中的各项要求,不需精确计算和选择元件规格,只需选择功能合适的元件,原理合理的基本回路组合成系统。

一般的方法是选择一种与本系统类似的成熟系统作为基础,对它进行适应性调整或改进,使其成为具有继承性的新系统。如果没有合适的相似系统可借鉴,可参阅设计手册和参考书中有关的基本回路加以综合完善,构成自己设计的系统原理图。用这种方法拟定系统原理图时,包括确定系统类型、选择回路和组成系统三方面的内容。

1. 选择系统的类型

系统有开式系统和闭式系统两种类型。选择系统的类型主要取决于它的调速方式和散热要求。一般地,采用节流调速和容积节流调速的系统、有较大空间放置油箱且不需另设散热装置的系统、要求结构尽可能简单的系统等都宜采用开式系统;采用容积调速的系统、对工作稳定性和效率有较高要求的系统、行走机械上的系统等宜采用闭式系统。

2. 选择液压基本回路

液压基本回路是决定主机动作和性能的基础,是组成系统的骨架。要根据液压系统所需完成的任务和工作机械对液压系统的设计要求来选择液压基本回路。

在拟定液压系统原理图时,应根据各类主机的工作特点和性能要求,先确定对主机主要性能起决定性影响的主要回路,然后再考虑其他辅助回路。例如对于机床液压系统,调速和速度换接回路是主要回路;对于压力机液压系统,调压回路是主要回路;有垂直运动部件的系统要考虑平衡回路;有多个执行元件的系统要考虑顺序动作、同步或回路隔离;有空载运行要求的系统要考虑卸荷回路等。

选择基本回路时,首先要抓住各类机器的液压系统的主要矛盾,如对变速、稳速要求严格的主机,速度的调节、换接和稳定是系统设计的核心。

对速度无严格要求,但对输出力、力矩或功率调节有主要要求的机器,功率的调节和分配是系统设计的核心。

压力控制方式的选择主要取决于液压系统的调速方式。节流调速时,多采用调压回路;容积调速或容积节流调速时,则多采用限压回路。卸荷回路的选择,主要由系统功率损失、温升、流量与压力的瞬时变化等因素决定。

3. 液压系统的合成

选定液压基本回路后,配以辅助性回路,如锁紧回路、平衡回路、缓冲回路、控制油路、润滑油路、测压油路等,就可以组成一个完整的液压系统。

合成液压系统时应特别注意以下几点:防止回路间可能存在的相互干扰;系统应力求简单,并将作用相同或相近的回路合并,避免存在多余回路;系统要安全可靠,要有安全、连锁等回路,力求控制油路可靠;组成系统的元件要尽量少,并应尽量采用标准元件;组成系统时还要考虑节省能源,提高效率,减少发热,防止液压冲击;测压点分布合理等。对可靠性要求高又不允许工作中停机的系统,应采用冗余设计方法,即在系统中设置一些备用的元件和回路,以替换故障元件和回路,保证系统持续可靠运转。

最重要的是,实现给定任务有多种多样的系统方案,因此必须进行方案论证,对多个方案从结构、技术、成本、操作、维护等方面进行反复对比,最后组成一个结构完整、技术先进合理、性能优良的液压系统。

◀ 9.4 计算和选择液压元件 ▶

液压元件的计算是指计算液压元件在工作中承受的压力和通过的流量,以便选择元件的规格、型号。此外,还要计算原动机的功率和液压油箱的容量。选择元件时,应尽量选用标准元件。

9.4.1 液压泵的确定与驱动功率的计算

确定液压泵时要根据系统的工作压力和流量以及系统对泵的性能要求来进行。泵选定后,就可计算泵所需电动机功率,并根据此功率和泵所需转速选择相应的电动机。

1. 确定液压泵的最大工作压力和流量

液压泵的最大工作压力 p_p 按下式计算:

$$p_p \geqslant p_{1\max} + \sum \Delta p \tag{9-12}$$

式中,$p_{1\max}$ 为液压执行元件最大工作压力,由压力图(p-t)选取最大值;$\sum \Delta p$ 为从液压泵出口到执行元件入口之间所有沿程压力损失和局部压力损失之和。初算时按经验数据选取:管路简单,管中流速不大时,取 $\sum \Delta p = 0.2 \sim 0.5$ MPa;管路复杂,管中流速较大或有调速元件时,取 $\sum \Delta p = 0.5 \sim 1.5$ MPa。

液压泵的流量 q_p 按下式计算:

$$q_p = K(\sum q)_{\max} \tag{9-13}$$

式中,K 为考虑系统泄漏和溢流阀保持最小溢流量的系数,一般取 $K = 1.1 \sim 1.3$,大流量取小值,小流量取大值;$(\sum q)_{\max}$ 为同时工作的执行元件的最大总流量,由流量图(q-t)选取最大值。

选择液压泵时,可以参考液压元件手册,根据液压泵最大工作压力 p_p 选择液压泵的类型,根据液压泵的流量 q_p 选择液压泵的规格。选择液压泵的额定压力时应考虑动态过程和制造质量等因素,要使液压泵有一定的压力储备。一般泵的额定工作压力应比上述最大工作压力高 $20\% \sim 60\%$,泵的额定流量则应与系统所需的最大流量相适应。

2. 确定原动机的功率

液压泵在额定压力和额定流量下工作时,其驱动电机的功率可从元件手册中查到。此外,也可根据具体工况计算。电动机的转速应与泵的转速匹配。

在工作循环中,当液压泵的压力和功率变化较小时,液压泵所需的驱动功率为

$$P_p = p_p q_p / \eta_p \tag{9-14}$$

式中,η_p 为液压泵的总效率,齿轮泵 $\eta_p = 0.6 \sim 0.8$,叶片泵 $\eta_p = 0.7 \sim 0.8$,柱塞泵 $\eta_p = 0.8 \sim 0.85$。具体数值可参阅产品样本。

限压式变量叶片泵的驱动功率,可按泵的实际流量-压力特性曲线拐点处的功率来计算。

在工作循环过程中,当液压泵的压力和功率变化较大时,液压泵所需的驱动功率应分别计算出工作循环中各个阶段所需的驱动功率,然后求其均方根值即可:

$$P_p = \sqrt{\frac{P_1^2 t_1 + P_2^2 t_2 + \cdots + P_n^2 t_n}{t_1 + t_2 + \cdots t_n}} \tag{9-15}$$

式中,$P_1, P_2, \cdots, P_n$ 为在一个工作循环中,每个工作阶段所需的功率(W);$t_1, t_2, \cdots, t_n$ 为在一个工作循环中,每个工作阶段所需的工作的时间(s)。

在选择电动机时,应将求得的平均功率值与各工作阶段的最大功率值比较,若电动机的超载量在允许范围之内(一般允许短时超载 25%),则按平均功率选择电动机;否则应按最大功率选择电动机。

9.4.2　液压控制阀的选择

阀类元件的规格应按阀所在回路的最大工作压力和通过该阀的最大流量,从产品样本中选定。选用阀类元件时应考虑其结构形式、特性、压力等级、连接方式、集成方式及操纵方式等。

选择压力控制阀时,应考虑压力阀的压力调节范围、流量变化范围、所要求的压力灵敏度和平稳性等。特别是溢流阀的额定流量必须满足液压泵最大流量的要求。

选择流量控制阀时,应考虑流量阀的流量调节范围、流量-压力特性、最小稳定流量、压力补偿要求或温度补偿要求,对油液过滤精度的要求,阀进、出口压差大小及阀内泄漏量的大小等。

选择方向控制阀时,应考虑方向阀的换向频率、响应时间、操纵方式、滑阀机能、阀口压力损失及阀内泄漏量的大小等。对于单杆液压缸系统,若无杆腔有效作用面积为有杆腔有效作用面积的几倍,当有杆腔进油时,则回油流量为进油流量的几倍,此时,应以几倍的流量来选择方向控制阀。

通过各类阀件的实际流量最多不应超过其额定值的 20%。

9.4.3　液压辅件的计算与选择

1. 确定管道尺寸

管道的尺寸取决于需要通过的最大流量和管中允许流速。

1）管内油液的推荐流速

对于液压泵吸油管道一般常取 1 m/s 以下；系统压力管道一般取 3～6 m/s，压力高、管道短、黏度小时取大值；系统回油管道一般取 1.5～2.6 m/s。

2）管道内径的计算

$$d \geqslant \sqrt{\frac{4q}{\pi v}} \qquad\qquad (9\text{-}16)$$

式中，d 为管道内径；q 为通过管道油液的流量；v 为管内油液的流速，按推荐流速选取。

3）管道壁厚的计算

$$\delta \geqslant \frac{pd}{2[\sigma]} \qquad\qquad (9\text{-}17)$$

式中，δ 为金属管壁厚；d 为管道内径；p 为工作压力；$[\sigma]$ 为许用应力，对于钢管，$[\sigma] = \dfrac{\sigma_b}{n}$，$\sigma_b$ 为抗拉强度，n 为安全系数，当 p 在 7～17.5 MPa 之间时，取 $n=6$；当 $p>17.5$ MPa 时，取 $n=4$；对于铜管，取 $[\sigma] \leqslant 25$ MPa。

计算出管道内径和壁厚之后，应按标准选取相应规格的油管。

在实际设计中，管道通常按选定液压元件油口的大小及管接头尺寸来确定其尺寸。

2. 确定油箱容量

液压系统的散热主要依靠油箱，油箱大，散热快，但占地面积大；油箱小，则油温较高。初始设计时，油箱容量可按下列经验公式确定：

$$V = \alpha q_V \qquad\qquad (9\text{-}18)$$

式中，q_V 为液压泵每分钟排出的液体体积（m^3）；α 为经验系数，低压系统取 2～4，中压系统取 5～7，高压系统取 6～12，行走机械取 1～2。

系统设计完成后，应按散热或温升要求验算油箱容积。

滤油器、蓄能器和冷却器的选择可参阅液压设计手册。

◀ 9.5　液压系统性能验算 ▶

液压系统设计完成后，需要对它的技术性能进行验算，以便判断设计质量。

液压系统性能的验算主要是计算系统压力损失、调整压力、泄漏量、系统效率、系统温升、运动平稳性等。这里只介绍系统压力损失和温升的验算，其他验算可参阅液压设计手册。

9.5.1　液压系统压力损失验算

选定了液压元件的规格及管道、滤油器等辅件，确定了安装方式，绘制出管路安装图之后,就可以对管路系统的总压力损失进行验算。总压力损失包括管道的沿程压力损失、局部压力损失和各种液压控制阀的局部压力损失。总压力损失的计算请参阅第 2 章。

验算压力损失的目的之一是为了正确确定系统的调整压力,即系统溢流阀的调整压力,以便指导系统的调试。当系统执行元件的工作压力已确定时,系统的调整压力可根据管路中的压力损失进行计算。各种阀类元件的局部压力损失可从产品样本中查出。

液压泵应有一定的压力储备量,如果计算出的系统调整压力大于液压泵额定压力的75%,则应该重新选择元件规格和管道尺寸,减小压力损失,或者另选额定压力较高的液压泵。

9.5.2　液压系统发热和温升验算

液压系统中各种能量损失都转化为热量,使油温升高。系统连续工作一段时间后,系统所产生的热量和散发到空气中的热量平衡时,系统油温不再升高,此时的油温应不超过允许值。油温超过允许值时,必须采取适当的冷却措施或修改液压系统的设计。

1. 液压系统的发热功率

液压系统发热的原因,主要是液压泵和执行元件的功率损失、管道的压力损失及溢流阀的溢流损失。管道的发热较少,与它自身的散热基本平衡,可以忽略不计。

1) 液压泵的损失功率

$$\Delta P_{\mathrm{p}} = \frac{1}{T} \sum_{i=1}^{n} P_{\mathrm{pi}}(1 - \eta_{\mathrm{pi}}) t_i \tag{9-19}$$

式中,P_{pi} 为各液压泵的输入功率;η_{pi} 为各液压泵的总效率;t_i 为各液压泵的运行时间;T 为工作周期;n 为液压泵数量。

2) 液压执行元件的损失功率

$$\Delta P_2 = \frac{1}{T} \sum_{j=1}^{m} P_{2j}(1 - \eta_{2j}) t_j \tag{9-20}$$

式中,P_{2j} 为各执行元件的输入功率;η_{2j} 为各执行元件的总效率;t_j 为各执行元件的运行时间;m 为执行元件数量。

3) 溢流阀的损失功率

$$\Delta P_{\mathrm{y}} = \sum_{i=1}^{k} p_{\mathrm{Y}i} q_{\mathrm{Y}i} \tag{9-21}$$

式中,$p_{\mathrm{Y}i}$ 为各溢流阀的调整压力;$q_{\mathrm{Y}i}$ 为各溢流阀的溢流量;k 为溢流阀数量。

4) 节流功率损失

$$\Delta P_j = \sum_{i=1}^{k} \Delta p_{ji} q_{ji} \tag{9-22}$$

式中,Δp_{ji} 为各流量阀进出口压差;q_{ji} 为通过各流量阀的流量;k 为流量阀数量。

5) 液压系统的发热功率

$$\Delta P = \Delta P_{\mathrm{P}} + \Delta P_2 + \Delta P_{\mathrm{y}} + \Delta P_j \tag{9-23}$$

液压系统的发热功率也可以用下面的公式进行估算:

$$\Delta P = P_i - P_。\quad \text{或} \quad \Delta P = P_i(1 - \eta) \tag{9-24}$$

式中,P_i 为各液压泵输入的总功率;$P_。$为各执行元件输出的总功率;η 为系统效率,包括泵效率、回路效率和执行元件效率。

2. 液压系统的散热功率

液压系统中产生的热量由系统中的各散热面散发到空气中去,其中油箱是最主要的散热面。当只考虑油箱的散热时,则液压系统的散热功率为

$$P_C = KA\Delta T \tag{9-25}$$

式中,ΔT 为油温与环境温度之差(℃);A 为油箱散热面积(m²);K 为油箱散热系数(W/(m² · ℃)),其值按表 9-4 选择。

表 9-4　油箱散热系数 K 值

散热条件	通风条件较差	通风条件良好	用风扇冷却	循环水强制冷却
散热系数	8～9	15～17	23	110～175

3. 系统温升计算

当液压系统的发热功率 ΔP 与油箱的散热功率 P_C 相等时,系统处于热平衡状态。此时,系统温升为

$$\Delta T = \frac{\Delta P}{KA} \tag{9-26}$$

按上式计算出的温升,不应超过允许的温升值。一般机床液压系统取 $\Delta T \leqslant 25 \sim 30$ ℃。一般低、中压系统正常工作油温为 30～55 ℃,最高不允许超过 70 ℃;高压系统正常工作油温为 50～80 ℃,最高不允许超过 90 ℃,可取 $\Delta T \leqslant 40$ ℃。

◀ 9.6　绘制正式工作图、编制技术文件 ▶

液压系统装配图是液压系统的安装施工图,一般包括正式的液压系统原理图、液压站装配图(包括油箱装配图、液压泵机架、集成块装配图等)、液压装置的总体结构图、管路布置图以及各种非标准元件的零件图等。在管路安装图中应画出各油管的走向,固定装置结构,各种管接头的形式、规格等。

9.6.1　绘制液压系统原理图的要求

绘制液压系统原理图的要求如下:
(1) 液压系统原理图应按系统不工作状态时画出;
(2) 所有元件均按国家标准图形符号绘制;
(3) 明细栏中应标明液压元件的名称、规格、型号和调整值;
(4) 在执行元件的上方应绘出动作循环示意图。复杂的系统,按各执行元件的动作程序绘制动作循环图和电磁铁、压力继电器、行程开关的动作程序表。

9.6.2　液压装置的结构设计

液压系统原理图确定之后,可根据所选择的液压元件、辅助元件进行液压装置的设计。

这时,必须对液压装置的总体结构形式、液压元件的配置形式进行选择。

1. 液压装置的结构形式

通常,液压装置可以设计成集中式和分散式两种形式。集中式结构是将液压系统的动力源、控制阀组等独立设置于主机之外,组成液压泵站。其优点是:安装维修方便,油源的振动、发热不会影响主机,但占地面积较大。分散式结构是将液压系统的动力源、控制阀组等分别安装在设备的适当位置。其优点是:结构紧凑,占地面积小,但安装维修困难,系统的振动、发热对主机性能有一定影响。

2. 液压控制阀的配置形式

液压阀可以采用板式配置与集成式配置两种形式。板式配置是将板式元件及其底板固定在连接底板上,用油管连接成液压系统,如图 9-3 所示。

集成式配置主要有集成块式和叠加阀式两种形式。集成块式配置是用标准回路集成块或自行设计的典型回路集成块,组合成各种液压系统。集成块是一块通用化的六面体,四周除一面安装通向执行元件的管接头之外,其余三面用于安装阀类元件,块内由钻孔形成油路,通常一个块就是一个典型基本回路。一个液压系统往往由几个集成块组成,块的上下两面作为块与块之间的结合面,各集成油路块与顶盖、底板一起用长螺栓叠装起来,即组成整个液压系统。总进油口开在底板上通过集成块的公共孔道直接通顶盖。

叠加阀式配置则是用叠加阀叠加成各种液压回路和系统。叠加阀与一般管式、板式标准元件相比,其工作原理没有多大差别,但具体结构却不相同。它是自成系列的新型元件,每个叠加阀既起控制阀的作用,又起通道的作用。因此,叠加阀式配置不需要另外的连接块,只需用长螺栓直接将各叠加阀叠装在底板上,即可组成所需的液压系统。

集成式配置的优点是:结构紧凑,体积小,节省管件,可标准化,便于设计与制造,更改设计方便,油路压力损失小,减小了泄漏,提高了系统的工作可靠性,因而得到了广泛应用。图 9-4 所示是集成块式配置的外观图。

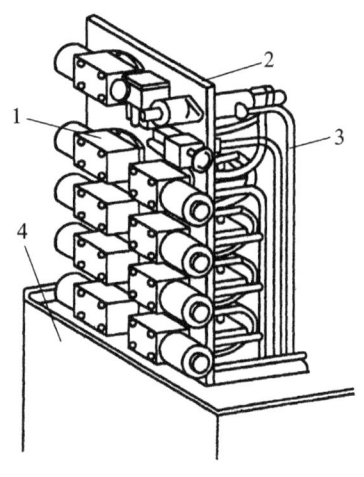

图 9-3　液压元件的板式配置

1—阀;2—连接底板;3—油管;4—油箱

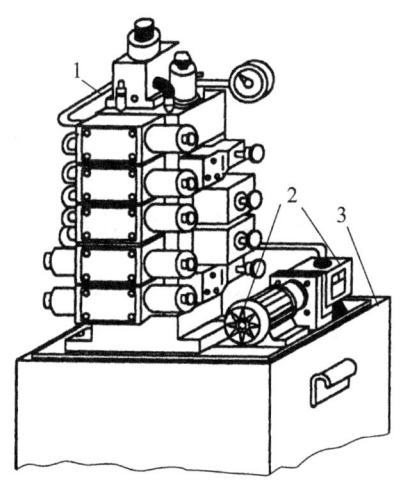

图 9-4　液压元件的集成块式配置

1—油管;2—电动机;3—油箱

9.6.3　编制技术文件

液压系统的技术文件主要包括:设计任务书,设计计算说明书,液压设备操作使用说明书(其中应有液压系统原理图),零部件目录表,标准件、通用件和外购件总表等。必要时,应提出电气系统设计任务书。

◀ 9.7　液压系统设计计算举例 ▶

本节介绍某工厂气缸加工自动线上的一台卧式单面多轴钻孔组合机床液压系统的设计实例。

已知:该钻孔组合机床主轴箱上有 16 根主轴,加工 14 个 $\phi 13.9$ mm 的孔和两个 $\phi 8.5$ mm 的孔;刀具为高速钢钻头,工件材料是硬度为 240HB 的铸铁件;机床工作部件总重量为 $G = 9\,810$ N;快进、快退速度为 $v_1 = v_3 = 7$ m/min,快进行程长度为 $l_1 = 100$ mm,工进行程长度为 $l_2 = 50$ mm,往复运动的加速、减速时间希望不超过 0.2 s;液压动力滑台采用平导轨,其静摩擦系数为 $f_s = 0.2$,动摩擦系数为 $f_d = 0.1$。

要求设计出驱动它的动力滑台的液压系统,以实现"快进→工进→快退→原位停止"的工作循环。下面是该液压系统的具体设计过程,仅供参考。

9.7.1　负载分析

1. 工作负载

由切削原理可知,高速钢钻头钻铸铁孔的轴向切削力 F_t 与钻头直径 D(mm)、每转进给量 s(mm/r)和铸件硬度 HB 之间的经验计算式为

$$F_1 = 25.5 D s^{0.8} (\text{HB})^{0.6} \tag{9-27}$$

根据组合机床加工的特点,钻孔时的主轴转速 n 和每转进给量 s 可选用下列数值:

对 $\phi 13.9$mm 的孔来说:$n_1 = 360$ r/min,$s_1 = 0.147$ mm/r

对 $\phi 8.5$mm 的孔来说:$n_2 = 550$ r/min,$s_2 = 0.096$ mm/r

根据式(9-27),求得

$$F_t = 14 \times 25.5 \times 13.9 \times 0.147^{0.8} \times 240^{0.6} + 2 \times 25.5 \times 8.5 \times 0.096^{0.8} \text{ N} = 30\,468 \text{ N}$$

2. 惯性负载

$$F_m = \frac{G}{g} \frac{\Delta v}{\Delta t} = \frac{9\,810}{9.81} \times \frac{7}{60 \times 0.2} \text{ N} = 583 \text{ N}$$

3. 阻力负载

静摩擦阻力　　　　　　　　$F_{fs} = 0.2 \times 9\,810 \text{ N} = 1962 \text{ N}$

动摩擦阻力　　　　　　　　$F_{fd} = 0.1 \times 9\,810 \text{ N} = 981 \text{ N}$

液压缸的机械效率取 $\eta_m = 0.9$,由此得出液压缸在各工作阶段的负载如表 9-5 所示。

表 9-5　液压缸在各工作阶段的负载值

工　况	负 载 组 成	负载值 F/N	推力 $\dfrac{F}{\eta_\mathrm{m}}$/N
启　动	$F = F_\mathrm{fs}$	1 962	2 180
加　速	$F = F_\mathrm{fd} + F_\mathrm{m}$	1 564	1 500
快　进	$F = F_\mathrm{fd}$	981	1 090
工　进	$F = F_\mathrm{fd} + F_\mathrm{t}$	31 449	34 943
快　退	$F = F_\mathrm{fd}$	981	1 090

4. 负载图和速度图的绘制

已知快进行程 $l_1 = 100$ mm、工进行程 $l_2 = 50$ mm、快退行程 $l_3 = l_1 + l_2 = 150$ mm。负载图按上面计算的数值绘制，如图 9-5(a)所示。速度图则按已知数值 $v_1 = v_3 = 7$ m/min 和工进速度 v_2 等绘制，如图 9-5(b)所示。其中 v_2 由主轴转速及每转进给量求出，即 $v_2 = n_1 s_1 = n_2 s_2 \approx 0.053$ m/min。

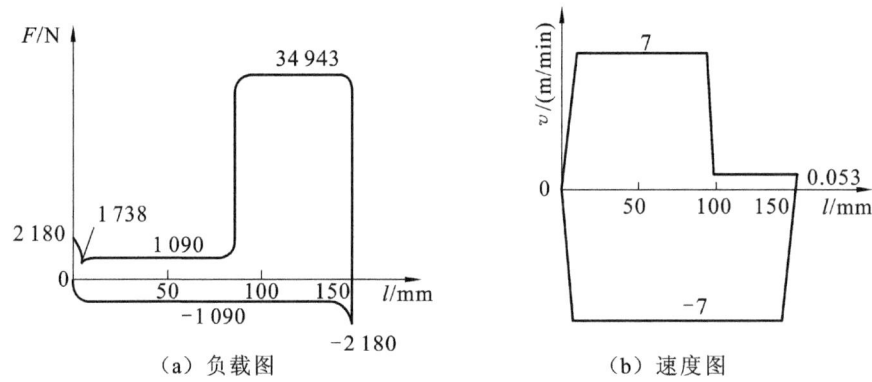

图 9-5　组合机床液压缸的负载图和速度图

9.7.2　液压缸主要参数的确定

由表 9-2(按负载选定工作压力)及表 9-3(按主机类型选择系统压力)可知，组合机床液压系统在最大负载约为 35000 N 时宜取 $p_1 = 4$ MPa。

鉴于动力滑台要求快进、快退速度相等，这里的液压缸可选用单杆式的，并在快进时作差动连接。在这种情况下，液压缸无杆腔工作面积 A_1 应取为有杆腔工作面积 A_2 的两倍，即活塞杆直径 d 与缸筒直径 D 为 $d = 0.707D$ 的关系。

在钻孔加工时，液压缸回油路上必须具有背压 p_2，以防孔被钻通时滑台突然前冲。根据经验，取 $p_2 = 0.8$ MPa。快进时液压缸虽作差动连接，但由于油管中有压差 Δp 存在，有杆腔的压力必须大于无杆腔，估算时可取 $\Delta p \approx 0.5$ MPa。快退时回油腔中也是有背压的，这时 p_2 亦可按 0.5 MPa 估算。

由工进时的推力计算液压缸面积：

$$\frac{F}{\eta_m} = A_1 p_1 - A_2 p_2 = A_1 p_1 - \left(\frac{A_1}{2}\right) p_2$$

故有

$$A_1 = \left(\frac{F}{\eta_m}\right) \Big/ \left(p_1 - \frac{p_2}{2}\right) = \left\{34\ 943 \Big/ \left[\left(4 - \frac{0.8}{2}\right) \times 10^6\right]\right\}\ \text{m}^2 = 0.009\ 7\ \text{m}^2$$

$$D = \sqrt{4A_1/\pi} = 0.111\ 2\ \text{m}, \quad d = 0.707D = 0.078\ 6\ \text{m}$$

按 GB/T 2348—2018 将这些直径圆整成标准值,为:$D = 110$ mm,$d = 80$ mm。由此求得液压缸两腔的实际有效面积为

$$A_1 = \pi D^2/4 = 9.503 \times 10^{-3}\ \text{m}^2, \quad A_2 = \pi (D^2 - d^2)/4 = 4.477 \times 10^{-3}\ \text{m}^2$$

经验算,活塞杆的强度和稳定性均符合要求。

根据上述 D 与 d 的值,可估算液压缸在各个工作阶段中的压力、流量和功率,如表 9-6 所示,并据此绘出工况图如图 9-6 所示。

表 9-6 液压缸在不同工作阶段的压力、流量和功率值

工 况		负载 F/N	回油腔压力 p_2/MPa	进油腔压力 p_1/MPa	输入流量 $q/(\text{L/min})$	输入功率 P/kW	计 算 式
快进 (差动)	启动	2 180	$p_2 = 0$	0.434	—	—	$p_1 = \dfrac{F + A_2 \Delta p}{A_1 - A_2}$
	回速	1 738	$p_2 = p_1 + \Delta p$	0.791	—	—	$q = (A_1 - A_2) v_1$
	恒速	1 090	($\Delta p = 0.5$ MPa)	0.662	35.19	0.39	$P = p_1 q$
工进		34 943	0.8	4.054	0.5	0.034	$p_1 = \dfrac{F + p_2 A_2}{A_1}$ $q = A_1 v_2$ $P = p_1 q$
快退	启动	2 180	$p_2 = 0$	0.487	—	—	$p_1 = \dfrac{F + p_2 A_1}{A_2}$
	加速	1 738	0.5	1.45	—	—	$q = A_2 v_2$
	恒速	1 090		1.305	31.34	0.68	$P = p_1 q$

9.7.3 液压系统图的拟定

1. 液压回路的选择

首先选择调速回路。由图 9-6 中的工况图可知,这台机床液压系统的功率小,动力滑台工进速度低,工作负载变化小,可采用进口节流的调速形式。为了解决进口节流调速回路在孔钻通时的滑台突然前冲现象,回油路上要设置背压阀。

由于液压系统选用了进口节流调速的方式,系统中油液的循环必然是开式的。

从工况图中可以清楚地看到,在这个液压系统的工作循环内,液压缸交替地要求油源提供低压大流量和高压小流量的油液。最大流量与最小流量之比约为 70,而快进、快退所需的

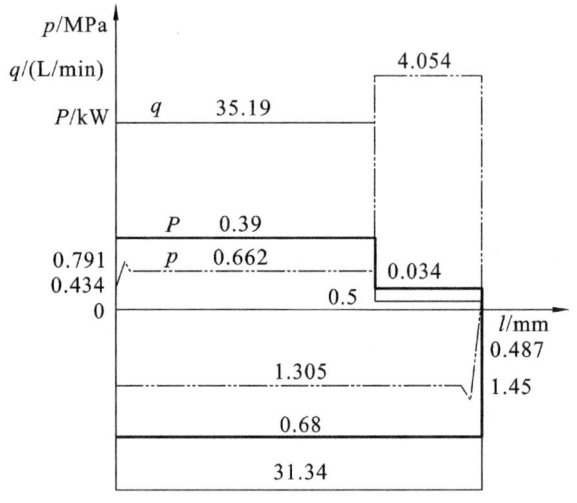

图 9-6　组合机床液压缸工况图

时间比工进所需的时间少得多。因此从提高系统效率、节省能量的角度来看,采用单个定量泵作为油源显然是不合理的,宜采用双泵供油系统,或者采用限压式变量泵加调速阀组成的容积节流调速系统。这里决定采用双泵供油回路,如图 9-7(a)所示。

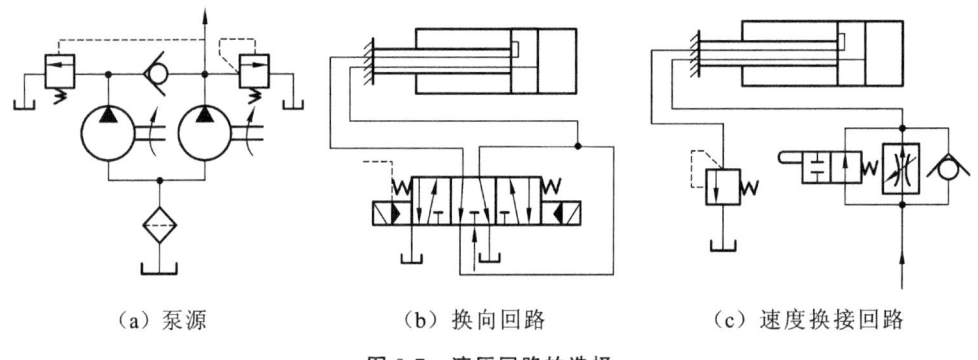

（a）泵源　　　　　　　（b）换向回路　　　　　　（c）速度换接回路

图 9-7　液压回路的选择

　　其次是选择快速运动和换向回路。系统中采用节流调速回路后,不管采用什么油源形式都必须有单独的油路直接通向液压缸两腔,以实现快速运动。在本系统中,单杆液压缸要作差动连接;而且当滑台由工进转为快退时,回路中通过的流量很大:进油路中通过 31.34 L/min,回油路中通过 31.34 L/min×（95/44.77）＝66.50 L/min。为了保证换向平稳,采用电液换向阀式换接回路,所以它的快进、快退换向回路应采用图 9-7(b)所示的形式。

　　由于这一回路要实现液压缸的差动连接,换向阀必须是五通的。

　　再次是选择速度换接回路。由工况图 9-6 中的 q-l 曲线可知,当滑台从快进转为工进时,输入液压缸的流量由 35.19 L/min 降为 0.5 L/min,滑台的速度变化较大,宜选用行程阀来控制速度的换接,以减少液压冲击,如图 9-7(c)所示。

　　最后再考虑压力控制回路。系统的调压问题已在油源中解决。卸荷问题如采用中位机能为 H 型的三位换向阀来实现,就不需再设置专用的元件或油路。

2. 液压回路的综合

把上面选择的各种回路组合画在一起,就可以得到图 9-8 所示的、未设置虚线圆框内元件时的系统原理图。将此图仔细检查一遍,可以发现,这个原理图在工作中还存在问题,必须进行如下的修改和整理。

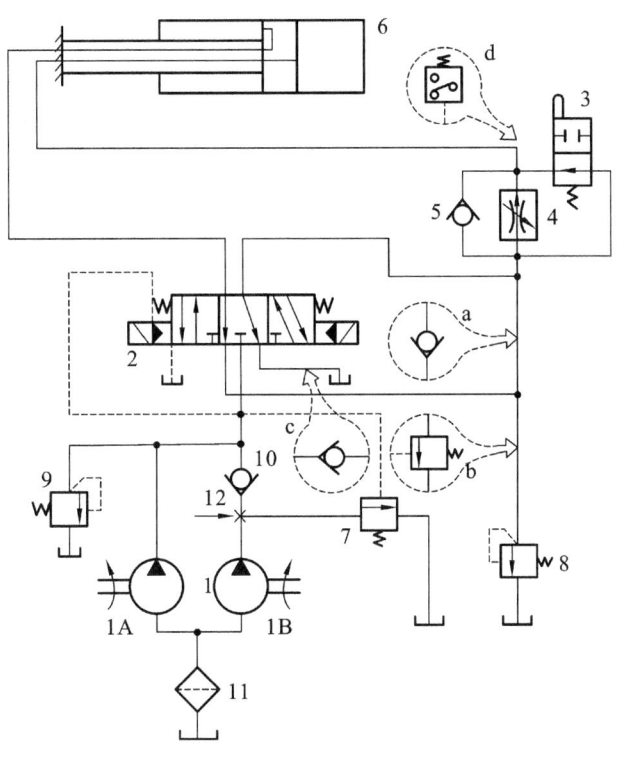

图 9-8　液压回路的综合

1—双联叶片泵(1A— 小流量泵;1B—大流量泵);2—电液换向阀;3—行程阀;4—调速阀;5—单向阀;6—液压缸;
7—卸荷阀;8—背压阀;9—溢流阀;10—单向阀;11—过滤器;12—压力表开关;
a—单向阀;b—顺序阀;c—单向阀;d—压力继电器

(1) 为了解决滑台工进时图中进油路、回油路相互接通,无法建立压力的问题,必须在液动换向回路中串接一个单向阀 a,将工进时的进油路、回油路隔断。

(2) 为了解决滑台快速前进时回油路接通油箱,无法实现液压缸差动连接的问题,必须在回油路上串接一个液控顺序阀 b,以阻止油液在快进阶段返回油箱。

(3) 为了解决机床停止工作时系统中的油液流回油箱,导致空气进入系统,影响滑台运动平稳性的问题,另外考虑到电液换向阀的启动问题,必须在电液换向阀的出口处增设一个单向阀 c。在泵卸荷时,使电液换向阀的控制油路中保持一个满足换向要求的压力。

(4) 为了便于系统自动发出快速退回信号,在调速阀输出端需增设一个压力继电器 d。

(5) 如果将顺序阀 b 和背压阀的位置对调一下,就可以将顺序阀与油源处的卸荷阀合并。

经过修改、整理后的液压系统原理图如图 9-9 所示。

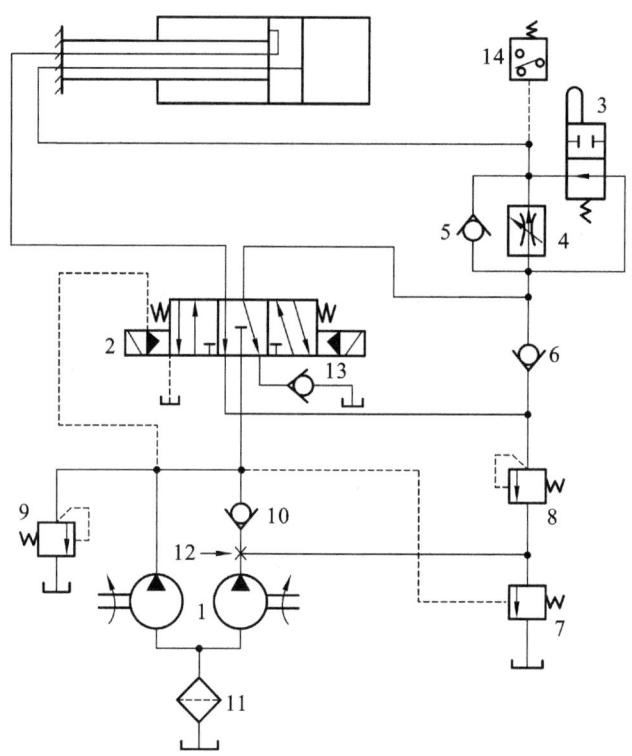

图 9-9   液压回路的综合和整理

1—双联叶片泵;2—换向阀;3—行程阀;4—调速阀;5,6,10,13—单向阀;7—顺序阀;8—背压阀;9—溢流阀;
11—过滤器;12—压力表开关;14—压力继电器

9.7.4   液压元件的选择

1. 液压泵

液压缸在整个工作循环中的最大工作压力为 4.054 MPa,如取进油路上的压力损失为 0.8 MPa,压力继电器调整压力高出系统最大工作压力之值为 0.5 MPa,则小流量泵的最大工作压力应为

$$p_{P1} = (4.054 + 0.8 + 0.5)\ \text{MPa} = 5.354\ \text{MPa}$$

大流量泵是在快速运动时才向液压缸输油的,由图 9-5 可知,快退时液压缸中的工作压力比快进时大,如取进油路上的压力损失为 0.5 MPa,则大流量泵的最高工作压力为

$$p_{P2} = (1.305 + 0.5)\ \text{MPa} = 1.805\ \text{MPa}$$

两个液压泵应向液压缸提供的最大流量为 35.19 L/min(见图 9-5)。若回路中的泄漏按液压缸输入流量的 10% 估计,则两个泵的总流量为

$$q_P = 1.1 \times 35.19\ \text{L/min} = 38.71\ \text{L/min}$$

由于溢流阀的最小稳定溢流量为 3 L/min,而工进时输入流压缸的流量为 0.5 L/min,所以小流量泵的流量规格最少应为 3.5 L/min。

根据以上压力和流量的数值查阅产品目录,最后确定选取 PV2R12 型双联叶片泵。

由于液压缸在快退时输入功率最大,这相当于液压泵输出压力 1.805 MPa、流量 40 L/min 时的情况。如取双联叶片泵的总效率为 $\eta_P = 0.75$,则液压泵驱动电机的功率为

$$P = \frac{p_P q_P}{\eta_P} = \frac{1.805 \times 10^6 \times 40 \times 10^{-3}}{0.75 \times 60 \times 10^3} \text{ kW} = 1.6 \text{ kW}$$

根据此数值查阅电机产品目录,最后选定 Y100L1-4 型电动机,其额定功率为 2.2 kW,满载时转速为 1 430 r/min。

2. 阀类元件及辅助元件

根据液压系统的工作压力和通过各个阀类元件和辅助元件的实际流量,可选出这些元件的型号及规格。表 9-7 所示为选出的一种方案。

表 9-7 元件的型号及规格

序　　号	元 件 名 称	流　量	型　　号	规　　格	生 产 厂 家
1	双联叶片泵	—	PV2R12	14 MPa,36 和 6 L/min	阜新液压件厂
2	三位五通电液阀	75	35DY3Y-E10B	16 MPa,通径 10 mm	高行液压件厂
3	行程阀	84			
4	调速阀	<1	AXQF-E10B		
5	单向阀	75			
6	单向阀	44	AF3-En10B	16 MPa,通径 10 mm	高行液压件厂
7	液控顺序阀	35	XF3-E10B		
8	背压阀	<1	YF3-E10B		
9	溢流阀	35	AF3-E10B		
10	单向阀	35	AF3-En10B		
11	过滤器	40	YYL-105-10	21 MPa,90L/min	新乡 116 厂
12	压力表开关	—	KF3-E3B	16 MPa,3 测点	
13	单向阀	75	AF3-Ea20B	16 MPa,通径 20 mm	高行液压件厂
14	压力继电器	—	PF-B8C	14 MPa,通径 8 mm	榆次液压件厂

3. 油管

各元件间连接管道的规格,一般按元件接口处尺寸决定。液压缸进、出油管则按输入、排出的最大流量计算。由于液压泵具体选定之后液压缸在各个阶段的进、出流量已与原定数值不同,所以要重新计算,如表 9-8 所示。

根据这些数值,当油液在压力管中流速取 3 m/min 时,按下式算得和液压缸无杆腔及和有杆腔相连的油管内径分别为

$$d_1 = 2\sqrt{(79.43 \times 10^6)/(\pi \times 3 \times 10^3 \times 60)} \text{ mm} = 23.7 \text{ mm}$$

$$d_2 = 2\sqrt{(42 \times 10^6)/(\pi \times 3 \times 10^3 \times 60)} \text{ mm} = 17.2 \text{ mm}$$

这两根油管按相关的标准,都选用内径 20 mm、外径 28 mm 的无缝钢管。

表 9-8　液压缸的进、出流量

	快　进	工　进	快　退
输入流量 /(L/min)	$q_1 = (A_1 q^p)/(A_1 - A_2)$ $= (95 \times 42)/(95 - 44.77)$ $= 79.43$	$q_1 = 0.5$	$q_1 = q_p = 42$
排出流量 /(L/min)	$q_2 = (A_2 q_1)/A_1$ $= (44.77 \times 79.43)/95$ $= 37.43$	$q_2 = (A_2 q_1)/A_1$ $= (0.5 \times 44.77)/95$ $= 0.24$	$q_2 = (A_1 q_1)/A_2$ $= (42 \times 95)/44.77$ $= 89.12$
运动速度 /(m/min)	$v_1 = q_p/(A_1 - A_2)$ $= (42 \times 10)/(95 - 44.77)$ $= 8.36$	$v_2 = q_1/A_1$ $= (0.5 \times 10)/95$ $= 0.053$	$v_3 = q_1/A_2$ $= (42 \times 10)/44.77$ $= 9.38$

4. 油箱

油箱容积估算：当取 K 为 6 时，求得其容积为 $V = 6 \times 40 \text{ L} = 240 \text{ L}$，按相关规定，取最接近的标准值 $V = 250 \text{ L}$。

9.7.5　液压系统的性能验算

由于系统的具体管路布置尚未确定，整个回路的压力损失无法估算，仅知阀类元件对工进时液压缸的有效功率为

$$P_o = p_2 q_2 = Fv = \frac{31449 \times 0.053}{60 \times 10^3} \text{ kW} = 0.03 \text{ kW}$$

这时，大流量泵通过液控顺序阀 7 卸荷，小流量泵在高压下供油，所以两个泵的总输出功率为

$$P_i = \frac{p_{P1} q_{P1} + p_{P2} q_{P2}}{\eta_P} = \frac{0.3 \times 10^6 \times 36 \times 10^{-3} + 4.978 \times 10^6 \times 6 \times 10^{-3}}{0.75 \times 60 \times 10^3} \text{ kW} = 0.74 \text{ kW}$$

由此得液压系统的发热量为

$$\Delta P = P_i - P_o = 0.71 \text{ kW}$$

求油液温升近似值。当通风良好时，取散热系数 $K = 16$，则油液温升为

$$\Delta T = \frac{\Delta P}{KA} = 18 \text{ ℃}$$

温升没有超出允许范围，液压系统中不需要设置冷却器。

本 章 小 结

液压系统的设计步骤是穿插进行的。根据设计任务要求确定系统压力是关键，它决定了系统装置的大小、液压元件的规格型号、制造的成本。根据经验，液压泵的工作压力最好在额定压力的 2/3 附近，这样噪声小、使用寿命长。高压化是液压元件的发展趋势，因此应设计成中高压液压系统。

拟定液压系统原理图时，应该提出若干个可供选择的方案，对这些方案必须从技术、成

本、制造、维护等方面进行充分论证,从中选择满意度高的方案。方案论证是液压系统设计的又一个关键问题。

进行液压装置设计时,结构方案很重要,要充分考虑使用、维护的方便性。

为了熟悉、掌握液压系统的设计计算,一般应进行为期一周的课程设计环节。

思考题与习题

9.1 设计液压系统一般经过哪些步骤?要进行哪些计算?

9.2 如何拟定液压系统原理图?

9.3 设计一台板料折弯机液压系统。要求完成的动作循环为:快进→工进→快退→停止,且动作平稳。根据实测,最大推力为 15 kN,快进快退速度为 3 m/min,工作进给速度为 1.5 m/min,快进行程为 0.1 m,工进行程为 0.15 m。

9.4 一台专用铣床,铣头驱动电动机功率为 7.5 kW,铣刀直径为 120 mm,转速为 350 r/min。工作行程为 400 mm,快进、快退速度为 6 m/min,工进速度为 60~1 000 m/min,加、减速时间为 0.05 s。工作台水平放置,导轨摩擦系数为 0.1,运动部件总重量为 4 000 N。试设计该机床的液压系统。

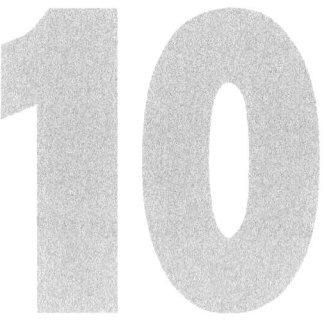

第 10 章
电液比例控制系统

【学习要点】

　　掌握电液比例控制系统的基本原理和组成;掌握典型的电液比例液压元件;了解电液比例控制系统在工业领域的一些应用。

电液比例控制系统是以电液比例阀（或比例变量泵）作为控制元件的液压控制系统，它是介于开关控制与伺服控制之间的一种新型控制系统。相对于开关控制系统而言，它能实现连续、比例控制，并且控制精度高、响应速度快；相对于伺服控制系统来说，虽然控制精度和响应速度不及伺服控制，但它能满足大多数工业控制的性能要求，抗污染性能好，阀内压降小，价格低廉。特别是近年来，比例控制元件的设计原理逐步完善，压力、流量、位移内反馈和动压反馈、电校正技术的运用，使比例阀的稳态精度、动态响应性能和稳定性都有了很大的提高，在工业控制中得到越来越多的应用。

◀ 10.1　电液比例控制系统的基本概念 ▶

10.1.1　电液比例控制的基本原理

电液比例控制分开环控制和闭环控制。当采用电液比例阀进行开环控制时，其控制原理如图 10-1 所示。图中，输入电压信号 u 经电子放大器放大后产生一个驱动电流信号 I，I 驱动比例电磁铁，使之产生一个与 I 成比例的力 F_d，去推动液压比例控制阀，比例控制阀随之输出一个大的液压功率（压力 p 和流量 q），使执行元件带动负载以期望的速度 v 运动。改变输入信号 u 的大小，便可改变负载的运动速度。若需提高控制性能，可以采用闭环控制。

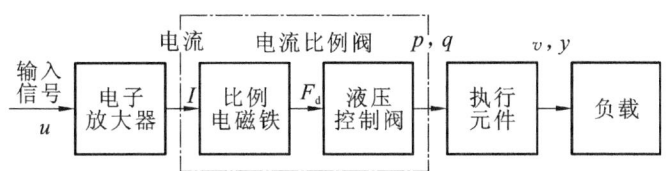

图 10-1　电液比例开环控制系统原理方框图

图 10-2 为电液比例闭环控制系统原理方框图。闭环控制是在开环控制的基础上增加一个测量反馈元件，实时检测系统的输出量 v，并将其转换成与之成比例的反馈电压信号 u_2，送回到系统的输入端，与输入电压信号 u_1 相比较，得到偏差信号 e，此偏差信号 e 经过放大、处理（按某种控制规律运算）后，加到电液比例阀的比例电磁铁线圈上，从而控制液压功率（p 和 q），按期望的规律传递，驱动执行元件，带动负载朝着消除偏差的方向运动，直到输出量的实际值与期望值的偏差 e 趋于零为止。

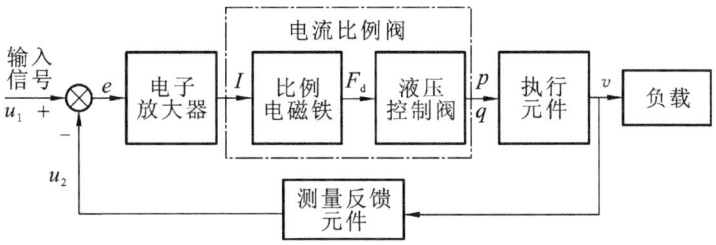

图 10-2　电液比例闭环控制系统原理方框图

10.1.2　电液比例控制系统的组成及类型

电液比例控制系统尽管结构各异,功能也不相同,但都是由功能相同的基本单元组成。电液比例控制系统的组成与采用电液伺服阀的电液伺服系统基本相同,只是用比例阀取代了伺服阀,用比例放大器取代了伺服放大器。

电液比例控制系统一般由下列几部分组成。

(1) 指令元件。它是产生与输入给定控制信号的元件。它也可以是信号发生装置或程序控制器。指令信号可以手动设定或程序设定。

(2) 比较元件。它的功用是把反馈信号与输入信号进行比较产生偏差信号。

(3) 放大及转换元件。将偏差信号放大并转换成液压信号(压力或流量),如比例放大器、电液比例控制阀。

(4) 液压执行元件:驱动控制对象动作的液压元件,通常指液压缸或液压马达。

(5) 检测反馈元件:检测被控制量,产生系统的反馈信号,通常为各种传感器。

(6) 控制对象:即被控制的机器设备或某种过程。

类似液压伺服控制系统,电液比例控制系统按照采用反馈与否,可分为开环控制系统和闭环控制系统。按照功率调节的方式,可分为节流控制系统和容积控制系统。前者采用比例阀调节,后者是通过比例元件控制的液压泵或马达调节。节流控制的优点是动态响应快,利用公共恒压油源可控制不同的执行元件,但功率损失大。容积控制方式的优点是节能。事实上,现代容积控制大多是通过电液节流控制元件,对液压泵或马达的排量(通过改变倾角或偏心量)进行控制而实现的。

电液比例控制系统按照被控制的参数可分为:

(1) 位置(或转角)控制系统;

(2) 速度(或角速度)控制系统;

(3) 压力(或压差)控制系统;

(4) 力(或力矩)控制系统;

(5) 其他参数控制系统。

10.1.3　电液比例控制的技术特点

表 10-1 为比例阀、伺服阀、开关阀的性能对照表。由表可知,除了中位死区和频宽之外,在滞环、重复精度等主要稳态性能方面电液比例阀已与伺服阀相当,工作频宽虽不及伺服阀,但足以满足一般工业系统的控制要求;在对介质过滤精度要求、阀内压力损失和价格方面又与传统开关阀接近,它具有比电液伺服阀更为广泛的应用领域。

表 10-1　比例阀、伺服阀、开关阀的性能对照表

性能 类型	介质过滤 精度/μm	阀内压力降 /MPa	滞环 /(%)	重复精度 /(%)	频宽 /(Hz/-3 dB)	线圈功率 /W	中位死区	价格比
电液 比例阀	20	0.5～2	1～3	0.5～1	1～30	10～24	有	1

性能 类型	介质过滤 精度/μm	阀内压力降 /MPa	滞环 /(%)	重复精度 /(%)	频宽 /(Hz/−3 dB)	线圈功率 /W	中位死区	价格比
早期 比例阀	25	0.25~0.5	4~7	1	1~5	10~30	有	1
电液 伺服阀	3~10	7	1~3	0.5~1	20~300	0.05~5	无	3
普通 开关阀	25	0.25~0.5	—	—	—	—	有	0.5

在控制性能上,电液比例控制元件除具有各种单一控制功能外,还具有流量、方向与压力三者之间的多种复合控制功能。这一技术特征不仅表现在阀控元件上,在容积控制元件中也得以展现。阀控或容积控制元件的多功能复合,使电液比例控制系统较之传统液压控制系统,不仅大为简化,而且可靠性、控制性能得到提高。

◀ 10.2 比例控制阀 ▶

电液比例阀是一种输出量与输入信号成比例的液压阀,它可以按给定的输入电信号连续地、按比例地控制液流的压力和流量。

电液比例阀是从两个方面发展起来的,一方面是在高性能的伺服阀基础上,适当简化伺服阀的结构,降低制造精度,增大电-机械转换器的输出功率水平和改善阀的抗污染能力。另一方面是在普通液压阀的基础上,采用比例电磁铁作为电-机械转换器,取代原来阀的手动调节器或普通的开关型电磁铁。后一种是目前流行的比例元件,以其可靠、节能和廉价获得广泛的工业应用。本节主要介绍这类比例阀。

10.2.1 概述

比例控制阀是电液比例控制系统的核心元件,其种类繁多,性能各异,通常按其控制功能分为比例压力控制阀、比例流量控制阀、比例方向阀和比例复合阀。前两者为单参数控制阀,后两种为多参数控制阀。比例方向阀能同时控制液体流动的方向和流量,是一种两参数控制阀。还有一种被称作比例压力流量阀的两参数控制阀,能同时对压力和流量进行比例控制。有些复合阀能对单个执行器或多个执行器实现压力、流量和方向的同时控制。

按液压放大级的级数来分,又可分为直动式和先导式。直动式是由电-机械转换元件直接推动液压功率级。由于受电-机械转换元件的输出力的限制,直动式比例阀能控制的功率有限,一般控制流量都在 15 L/min 以下。先导控制式比例阀由一个直动式比例阀与能输出较大功率的主阀级构成。前者称为先导阀或先导级,后者称主阀式功率放大级。根据功率输出的需要,它可以是二级或三级的比例阀。二级比例阀可以控制的流量通常在 500 L/min 以下。比例插装式阀可以控制的流量达 1 600 L/min。

按比例控制阀内含的级间反馈参数或反馈物理量的形式来分,又可分为带反馈或不带反馈型。不带反馈型一类,是从开关式或定值控制型的传统阀上加以改进,用比例电磁铁代替手轮调节部分而成。带反馈型一类,是借鉴伺服阀的各种反馈控制发展起来的。它保留了伺服阀的控制部分,降低了液压部分的精度要求,或对液压部分重新设计而构成。

反馈型又分为流量反馈、位移反馈和力反馈。也可以把上述物理量转换成相应的其他物理量或电量再进行级间反馈,又可构成多种形式的反馈型比例阀。例如,有流量-位移-力反馈、位移-电反馈、流量-电反馈等。凡带有电反馈的比例阀,控制它的电控器需要带有能对反馈电信号进行放大和处理的附加电子电路。

比例阀按其主阀阀芯的结构形式来分,又可分为滑阀式和插装式。滑阀式是在传统的三类阀的基础上发展起来的。而插装式是在二通或三通插装元件的基础上,配以适当的比例先导控制级和级间反馈联系组合而成。由于它具有动态性能好、集成化程度高、流量大等优点,是一种很有发展前途的比例元件。

尽管上面已列举了几种不同的分类方法,但并未能把不同的比例阀的性能、特征都详尽无遗地反映出来。例如,还可按控制信号的形式来分,它又分为模拟信号控制式、脉宽调制信号控制式和数字信号控制式。特别是在机电一体化技术不断发展的情况下,新型比例元件不断出现。

一个典型的电液比例元件或系统的控制信号流如图 10-3 所示。电液比例元件控制功能的实现过程为:输入一个给定参考电压信号,通过电控器(通常被称作比例放大器)进行整形、处理,转换成与输入电压成正比的工作电流。此电流输入比例电磁铁,使电磁铁输出一个与输入电流成比例的力或位移,这个力或位移又作为液压阀的输入变量,使后者输出成比例的压力或流量,对液压执行器的速度、作用力进行无级调节和控制。

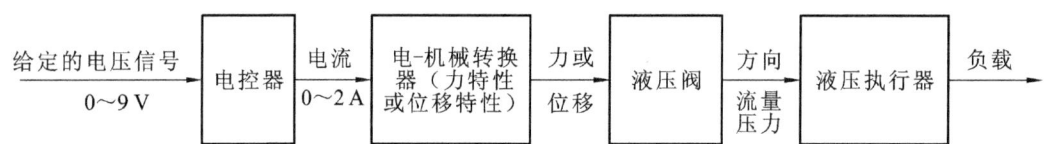

图 10-3　控制信号流

由图 10-3 可知,电液比例阀的结构主要包括电-机械转换器(常用比例电磁铁)和阀本体两部分。比例阀与液压泵或液压马达、或液压缸组成一个整体就构成了比例容积式元件。由此可见,通过对电输入信号的无级调节,不但能对执行器运动部件的速度、力等进行无级调节,而且还能对其运动方向进行控制。此外,可通过调节一段时间内电压或电流的变化量来对执行器的加减速度进行无级调节,实现各种工况的平稳快速转换。

10.2.2　比例电磁铁

在比例阀中,将输入的控制电流成比例地转换成机械量(力、力矩或位移、转角),操纵阀芯动作,从而改变可控液流液阻的机构称为电-机械转换元件。目前,电-机械转换元件多数采用电磁式设计,先将电流转换为电磁力,再利用电磁力与弹簧力相平衡的原理,实现电-机械转换。常见的有直流伺服电动机、力矩马达、动圈式力马达及动铁式力马达等。动铁式力马达就是一般的比例电磁铁。力矩马达、动圈式力马达在 10.3 节中有简单介绍,这里扼要介绍比例电磁铁。

比例电磁铁是一种直流电磁铁,它与普通电磁阀所用的电磁铁不同。普通电磁阀所使用的电磁铁只要求有吸合和断开两个位置,并且为了增加吸力,在吸合时磁路中几乎没有气隙。而比例电磁铁则要求吸力(或位移)与输入电流成比例,并在衔铁的全部工作位置上,磁路中保持一定的气隙。比例电磁铁结构简单,用一般材料制造,工艺性好,能输出较大的力和位移,是目前最主要的电-机械转换元件。

大多数比例电磁铁具有如图 10-4(a)所示的结构,主要由极靴 2、线圈 6、隔磁环 4、外壳 3 和衔铁 8 等组成。线圈 6 通电后产生磁场,因隔磁环 4 的存在,使磁力线主要部分通过衔铁、气隙和极靴,形成回路。极靴对衔铁产生吸力。当线圈电流一定时,吸力的大小因极靴与衔铁间的距离不同而变化。但衔铁在气隙适中的一段行程(如图 10-4(a)所示的Ⅱ)中,吸力随位置的改变发生的变化很小,如图 10-4(b)所示。设计中就使比例电磁铁的衔铁在Ⅱ这段行程中工作。因此,改变线圈中的电流,即可在衔铁上得到与其成正比的吸力。用比例电磁铁代替螺旋手柄来调整液压阀,就能使输出压力或流量与输入电流对应成比例地发生变化。

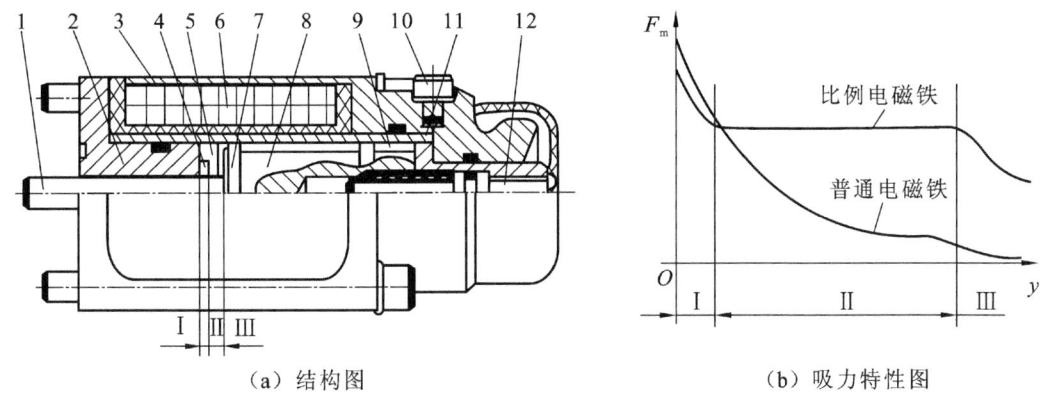

（a）结构图　　　　　　　　　　　　　　（b）吸力特性图

图 10-4　耐高压单向移动式比例电磁铁

Ⅰ—吸合区;Ⅱ—工作行程区;Ⅲ—空行程区;

1—推杆;2—极靴;3—外壳;4—隔磁环;5—工作气隙;6—线圈;7—支承环;8—衔铁;

9—非工作气隙;10—放气螺钉;11—导套;12—调零螺钉

图 10-4 所示的比例电磁铁输出的是电磁力,故称为力控制型比例电磁铁,还有一种带位移反馈的位置输出型比例电磁铁,具有更为优良的稳态控制精度和抗干扰特性,不再赘述。

10.2.3　比例压力控制阀

比例压力阀按用途不同,有比例溢流阀、比例减压阀和比例顺序阀等;按照控制功率大小的不同,分为直动式与先导式。

1. 直动式比例溢流阀

图 10-5 所示为直动锥阀式比例溢流阀的结构原理。用比例电磁铁取代直动式溢流阀的手动调压装置,便成为直动式比例溢流阀。它的工作原理为:当比例电磁铁 1 通入电流 I 时,产生相应的电磁力,经推杆 2 和传力弹簧 3 作用在锥阀芯 4 上,电磁力转换为传力弹簧 3 的弹簧力。当锥阀芯左端的液压力大于电磁吸力时,锥阀芯被顶开溢流。连续地改变控制电流 I 的大小,即可连续按比例地改变 P 口处溢流压力的大小。

直动锥阀式比例溢流阀的控制功率较小,通常控制流量为 1~3 L/min,低压等级的最大可达 10 L/min。该阀可用于小流量系统作溢流阀或安全阀，更主要的是作为先导阀，控制功率放大级主阀，构成先导型溢流阀。

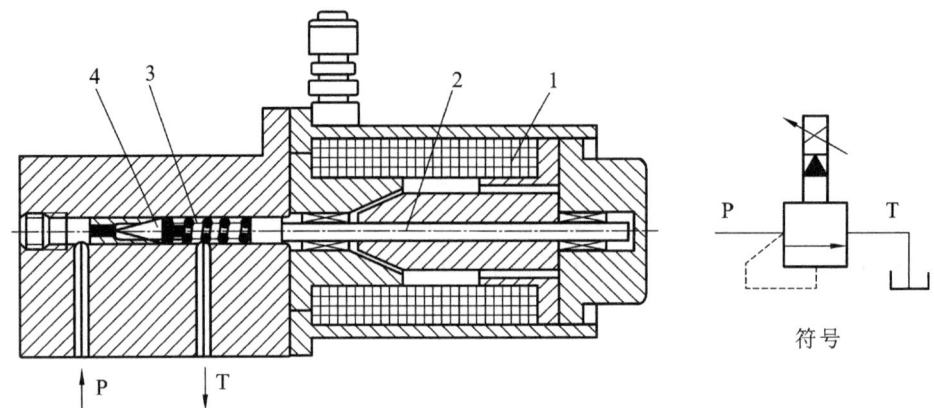

图 10-5　直动锥阀式比例溢流阀的结构原理
1—比例电磁铁；2—推杆；3—传力弹簧；4—锥阀芯

比例压力阀中，也可以带有不同类型的检测、反馈装置。如图 10-6 所示，这是一种带位置电反馈的双弹簧结构的直动式溢流阀。

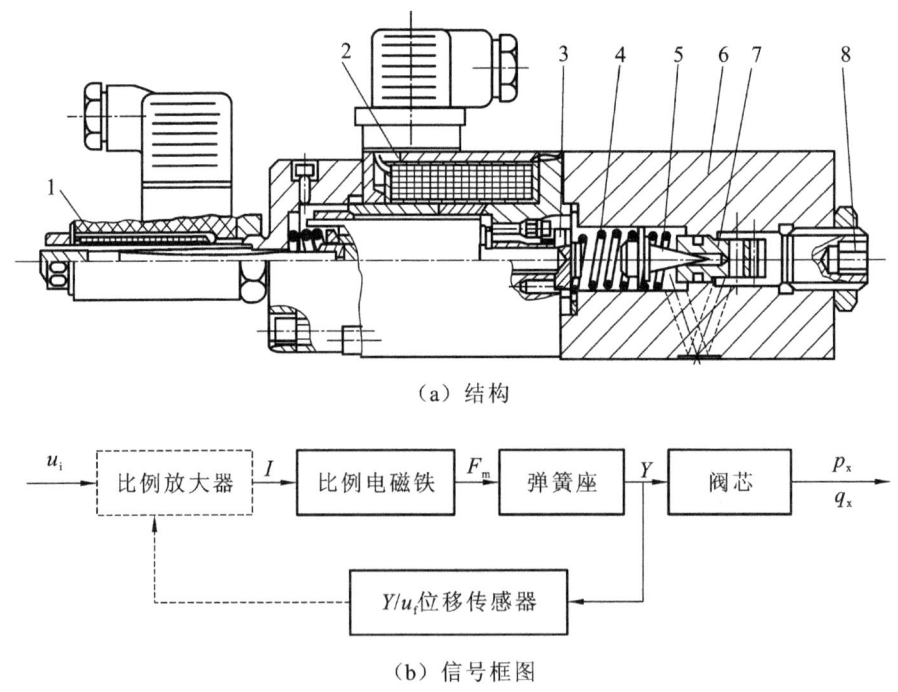

（a）结构

（b）信号框图

图 10-6　带位置电反馈的直动比例溢流阀
1—位移传感器；2—比例电磁铁；3—弹簧座；4—调压弹簧；5—锥阀阀芯；6—阀体；7—阀座；8—调零螺钉

位移传感器 1 检测弹簧座 3 的实际位置，就给出了调压弹簧的被压缩量，此实际值被反馈到输入端与输入值进行比较，当出现误差就由比例放大器产生控制信号加以纠正。由图 10-6(b)所示信号框图可知，这种比例溢流阀可排除电磁铁摩擦的影响，从而减小迟滞，提高重复精度。但是,由于阀芯在闭环之外,阀芯处的液动力、摩擦等因素将会影响调压精度。调零螺钉 8 可在一定范围内调节溢流阀的工作零位(平衡工作点)。

2. 先导式比例溢流阀

将直动锥阀式比例溢流阀作为先导阀与普通压力阀的主阀相结合,便可组成先导式比例溢流阀、比例顺序阀和比例减压阀。这些阀能随输入电流的变化而连续地、按比例地控制输出油的压力。图 10-7 所示为先导式比例溢流阀的结构,其下部为与普通先导型溢流阀相同的主阀,上部则为比例先导压力阀。它的工作原理与普通先导式溢流阀相同。不同点是:普通阀的调压多是手调的,而比例溢流阀的压力是由电流(电信号)输入电磁铁后,产生与电流成比例的电磁力推动推杆,压缩弹簧(或直接)作用在锥阀上。顶开锥阀的压力 p,即是调整压力。该阀还附有一个手动调整的先导阀,用以限制比例溢流阀的最高压力,以避免因电子仪器发生故障使得控制电流过大,系统过载。

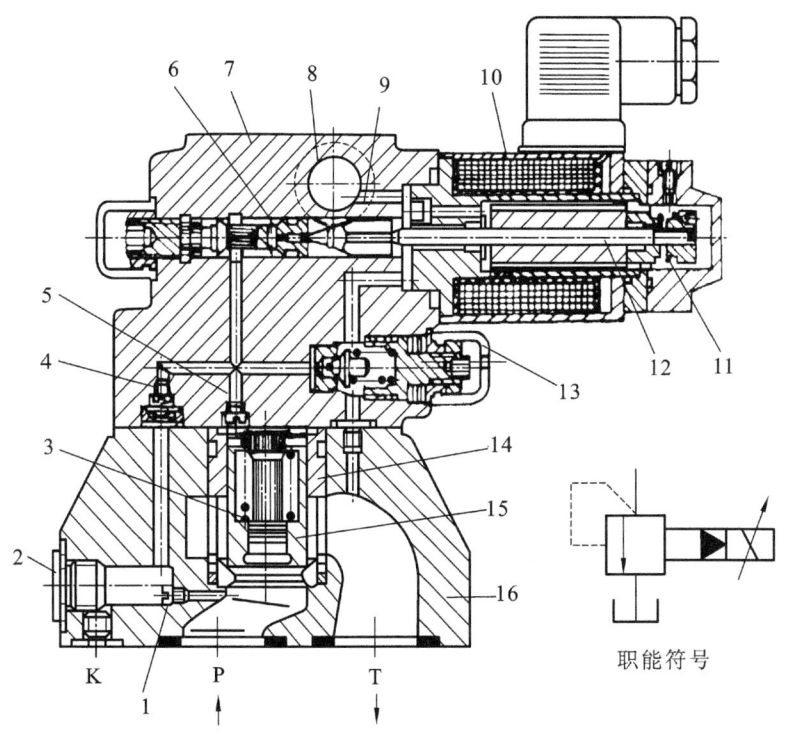

图 10-7　先导式比例溢流阀

1—节流孔;2—螺塞;3—主阀弹簧;4,5—阻尼孔;6—导阀座;7—先导阀体;8—泄油口;9—锥阀芯;
10—比例电磁铁;11—弹簧;12—推杆;13—安全阀;14—阀套;15—主阀阀芯;16—主阀阀体

采用比例溢流阀,可以显著地提高控制性能,使原来溢流阀控制的压力调整由阶跃式变为比例阀控制的缓变式,因而避免了压力调整引起的液压冲击和振动。

3. 先导式比例减压阀

图 10-8 所示为国产 BJY 型比例减压阀的工作原理图。它的先导阀与比例溢流阀的完全一样,工作原理也基本相同。先导控制油来自主阀出油口 P_2,当先导阀未开启时,主阀阀芯上、下两腔压力相等,减压阀阀芯在主阀弹簧作用下处于最下端,减压阀阀口全开;当先导阀开启溢流时,由于油液流经节流孔 R_1 有压力损失,使主阀阀芯上、下两腔压力不相等,此

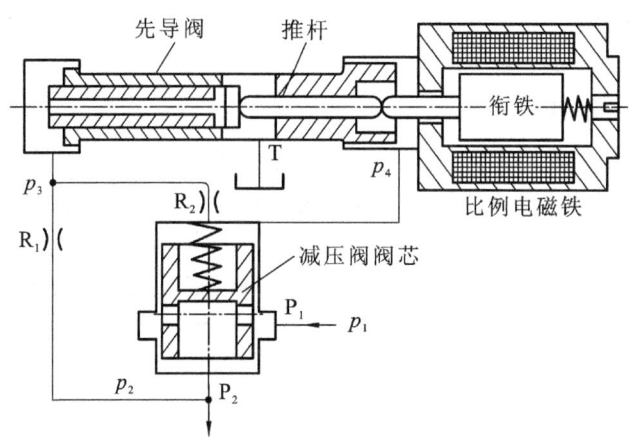

图 10-8　先导式比例减压阀工作原理

压差产生的液压作用力与主阀弹簧力平衡,而使进油口 P_1 与出油口 P_2 之间的通流面积减小,p_1 通过阀口时被减压为 p_2。由于主阀阀芯上腔压力 p_3 基本恒定,主阀弹簧是软簧,因此出口压力 p_2 也就基本恒定。

图 10-9 所示为一种先导式比例减压阀的结构。先导阀的回油必须由 L 油口单独引回油箱。如果需要可以装上单向阀 12,在必要时让油液能从 P_2 口反向流动到 P_1 口。

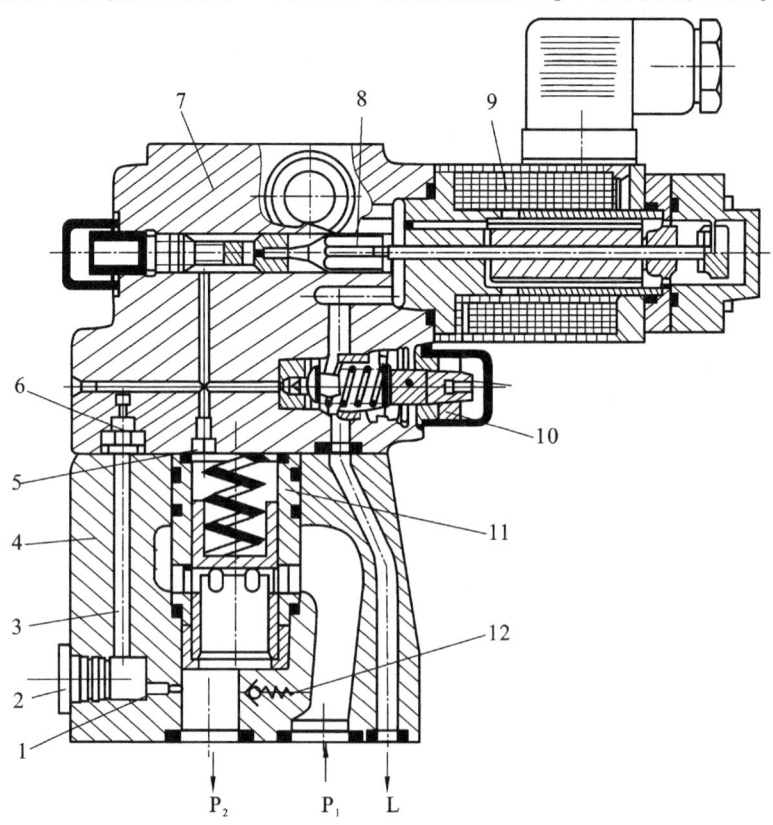

图 10-9　先导式比例减压阀结构

1—节流孔;2—螺塞;3—油道;4—阀体;5,6—阻尼孔;7—先导阀;
8—锥阀阀芯;9—比例电磁铁;10—安全阀;11—主阀组件;12—单向阀

这种减压阀只有两个主油口,称为二通式减压阀。用它控制压力上升时其响应速度是足够快的。但是,用它控制压力下降时,由于结构上的原因,原出油口中的压力油只能经细小的控制油路从先导阀流回油箱,因而压力下降缓慢,即响应变慢。为了克服这个缺点,发展了三通比例减压阀,控制压力下降时,压力油直接回油箱,使降压响应与升压响应一样快速。

直动式三通比例减压阀如图 10-10 所示。当无信号电流输入时,阀芯在对中弹簧作用下处于中位,进油口 P、工作油口 A、回油口 T 三个油口互不相通。当比例电磁铁通电流时,相应的电磁力使阀芯右移,接通油口 P、A;当减小输入电流,降低 A 口工作压力时,由于电磁力减小、A 口压力高,使阀芯左移,关闭油口 P、A,而接通油口 A、T。由于 A 口直接与回油口 T 相通,使得 A 口压力迅速回落到设定值。由此可见,三通比例减压阀可以实现两种流动:一是从 P 口到 A 口的减压流动,二是从 A 口到 T 口的限压流动。

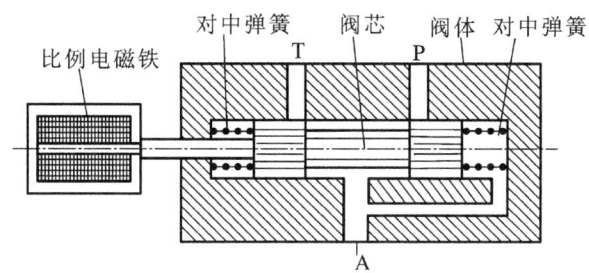

图 10-10　直动式三通比例减压阀

这种三通比例减压阀在实际使用中,可以装配成单作用式或双作用式。单作用式在比例容积控制(比例变量泵和马达)中,常用作先导阀;双作用式即双向三通比例减压阀主要用作比例电液方向阀的先导阀。

图 10-11 所示为直动式双向三通比例减压阀的结构。不工作时,各油口互不相通。如果比例电磁铁 A 通电,减压阀阀芯 3 左移,油液从 P 口流向 B 口。在油口 B 建立起来的压力通过减压阀阀芯上的径向孔作用在左侧测压柱塞 2 的端面上,把柱塞 2 推至最左端,并压住比例电磁铁 B 的推杆。同时,反方向产生的液压作用力推动阀芯 3 去与比例电磁铁 A 的电磁力相平衡,从而使 B 口的压力与电磁力成比例。当电磁力减小时,控制阀芯 3 左移,使 B 口与回油口 T 接通,因而压力下降,直到达到新的力平衡为止。

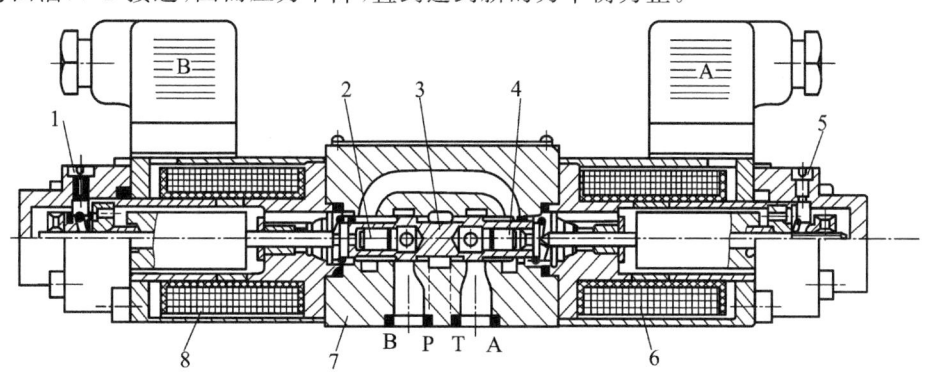

图 10-11　直动式双向三通比例减压阀的结构

1,5—放气螺钉;2,4—测压柱塞;3—减压阀阀芯;6,8—比例电磁铁;7—阀体

10.2.4　比例流量控制阀

在普通流量阀工作原理的基础上,用比例电磁铁取代节流阀或调速阀的手动调速装置,便成为比例节流阀或比例调速阀。也有采用流量直接反馈的比例流量阀。它们能用电信号控制阀口开度,从而控制油液流量,使其与压力和温度的变化无关。若输入的电流是连续地或按一定程序变化,则比例调速阀所控制的流量也按比例或按一定程序变化。它也分为直动式和先导式两种。受比例电磁铁推力的限制,直动式比例流量阀适用作通径不大于10 mm的小规格阀。当通径大于10 mm时,常采用先导式比例流量阀。

1. 直动式比例节流阀

图 10-12 为一种带位置反馈的直动式比例节流阀,其结构与二位四通方向阀相似,带有位置电反馈机构,比例电磁铁的运动直接作用于阀芯和复位弹簧。由于比例电磁铁的连续调节作用,因此不存在"位"的概念,或者说它的阀芯有无限个工作位置,因而可以连续调节流量。这种阀有两条主通路,可根据通过流量的要求,使用两条或其中的一条节流通路,油路连接情况如图 10-12(a)、(b)所示。这时要注意回油口 T 所能承受的最大负载压力,并且需要增设单独的泄油路。

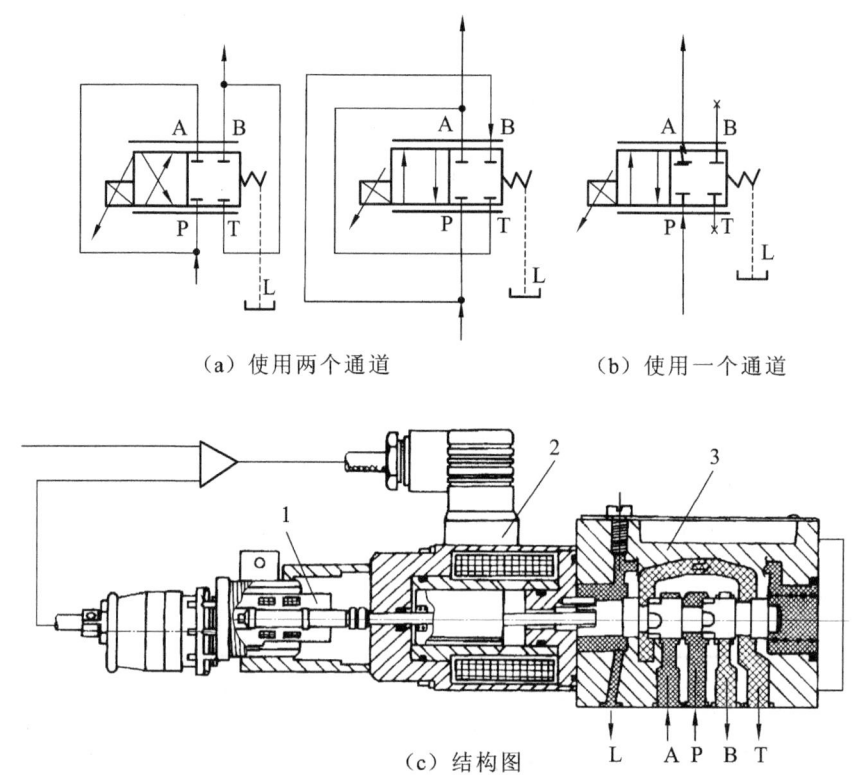

（a）使用两个通道　　　　（b）使用一个通道

（c）结构图

图 10-12　带位置反馈的直动式比例节流阀

1—位移传感器;2—比例电磁铁;3—节流阀

2. 先导式比例节流阀

图 10-13 所示为一种带位置反馈的先导式比例节流阀。它是一个单边控制阀。当比例

电磁铁通入控制电流时,电磁力作用在先导阀 2 左端面上,并与右边的复位弹簧力平衡。对应每一输入电流,先导阀有相应的位移(开口量)x_v,形成一个可变的节流口。压力油从 P_1 口流入,控制油经固定节流口 R、主阀阀芯 3 上的径向油道,流入先导阀,然后从先导阀位移 x_v 形成可变的节流口流到 P_2 油口,此时固定节流口 R 和可变节流口构成了一个液压半桥,随着位移 x_v 的变化,作用在主阀阀芯压差面积 $A(A=A_1-A_2)$ 上的压力 p 随之而变,x_v 增加时,p 下降。主阀阀芯受力平衡方程式为

$$A(p_1-p)=F$$

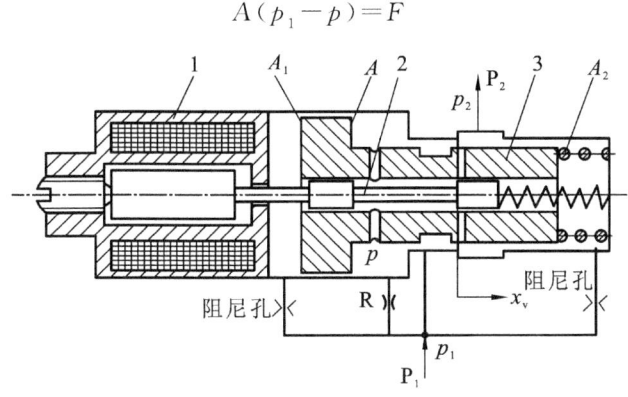

图 10-13 带位置反馈的先导式比例节流阀

1—比例电磁铁;2—先导阀;3—主阀

由于 x_v 增加时,p 下降,作用在压差面积 A 上,由压差产生的液压作用力增大,因此主阀阀芯克服主阀弹簧力 F 向右移动,直到重新受力平衡为止,从而实现从 P_1 口到 P_2 口节流阀通流面积的比例调节。主阀阀芯向右移动的距离也是先导阀位移 x_v,也就是说,主阀阀芯随先导阀移动相同的位移,这样就构成了位置伺服,即构成位置反馈。

这种节流阀的最大开口量受比例电磁铁的行程限制。图中的阻尼器用来增加主阀运动阻尼,改善其动态特性。先导阀的复位弹簧刚度与比例电磁铁的静态特性有关。主阀复位弹簧刚度则影响节流阀的固有频率和最低工作压差。

3. 比例调速阀

比例节流阀只控制了节流面积,为了补偿由于负载变化而引起的流量偏差,需要利用压力补偿原理来保持节流口前后压差恒定。这里仅介绍由直动式比例节流阀和定差减压阀串联的比例调速阀。

图 10-14 为定差减压型比例调速阀的工作原理图。比例调速阀的工作原理与普通调速阀的完全相同,仅仅用比例节流阀取代了普通节流阀而已。

图 10-15 为一种带位置电反馈的定差减压型比例调速阀的结构。比例电磁铁无控制电流时,节流阀阀芯被右端的软弹簧推向左侧,节流口保持关闭;定差减压阀阀芯在左端弹簧作用下,处于最右端位置,保持在开启位置上。比例电磁铁通入控制电流后,电磁力直接使节流阀阀芯向右压缩弹簧,打开节流阀阀口,使压力油从 P_1 口

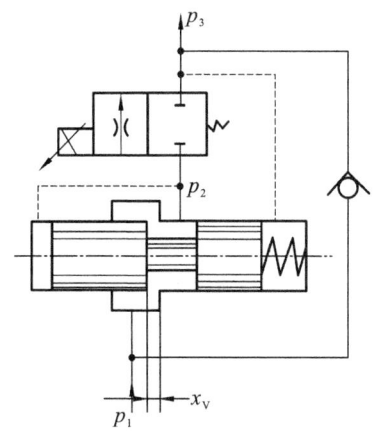

图 10-14 定差减压型比例调速阀的工作原理

流向 P_2 口。压力补偿的获得是依靠把节流口前、后压力分别反馈到减压阀阀芯的两端,经减压阀的调节作用,始终与弹簧力建立力平衡关系,近似使节流口前后压差保持恒定。比例调速阀主要用于各类液压系统连续变速与多速控制。

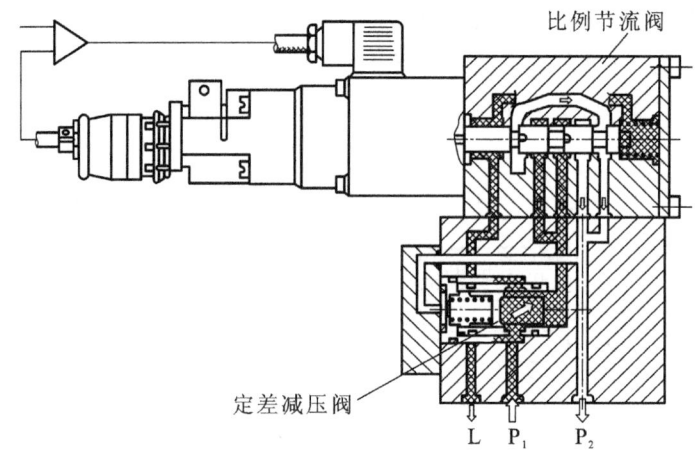

图 10-15 带位置电反馈的定差减压型比例调速阀

10.2.5 比例方向控制阀

电液比例方向阀具有液流方向控制和流量控制功能。通过它的流量与输入电流成比例,而油液流动方向取决于两个比例电磁铁中哪一个受到激励。

1. 直动式比例方向阀

直动式比例方向阀由比例电磁铁直接推动阀芯左右移动来工作。二位四通和三位四通两种最常用。由于电磁力的限制,直动式比例方向阀只能用于流量小于 50 L/min 的系统。图 10-16 所示为带位置电反馈的直动式比例方向阀。图中,位移传感器 1 是一个直线型的差动变压器,它的动铁芯与电磁铁的衔铁机械固连,能在阀芯的两个移动方向上移动 ±3 mm。一般方向阀阀芯凸肩是直角形的,而比例方向阀阀芯上的凸肩则开有多达 8 个的节流槽,节流槽口的形状有三角形、矩形、半圆形以及它们的组合。因而利用比例方向阀不仅能改变执行元件的运动方向,还能通过控制方向阀的阀芯位置来调节阀口的开度,从而控制流量。

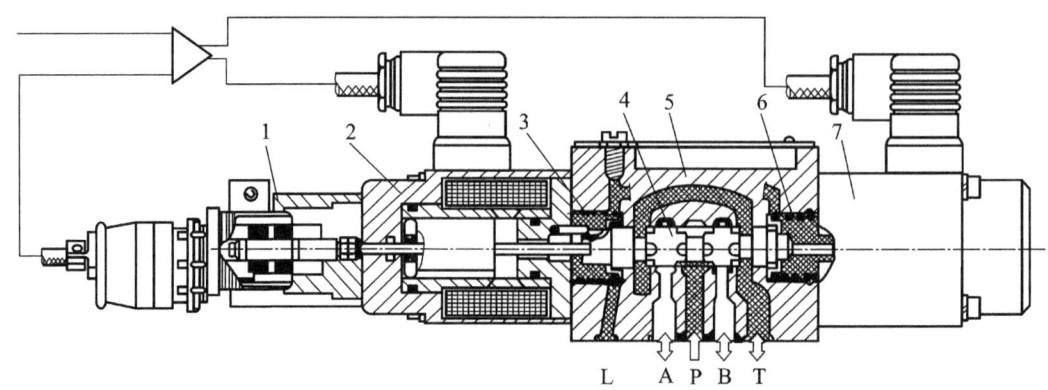

图 10-16 带位置电反馈的直动式比例方向阀

1—位移传感器;2,7—比例电磁铁;3,6—对中弹簧;4—阀芯;5—阀体

2. 先导式电液比例方向阀

先导式比例方向阀主要用于大流量场合。

先导式电液比例方向阀是在电液换向阀的基础上发展起来的。图 10-17 所示为先导式电液比例方向阀的结构。其上部的先导阀是一个双向三通比例减压阀,下部是一个液动阀。不工作时,主阀阀芯由偏置的推拉弹簧保持在中位上,与一些采用两个对中弹簧的结构相比,避免了两个对中弹簧由于弹簧参数不尽相同或发生变化而引起主阀阀芯偏离中位。

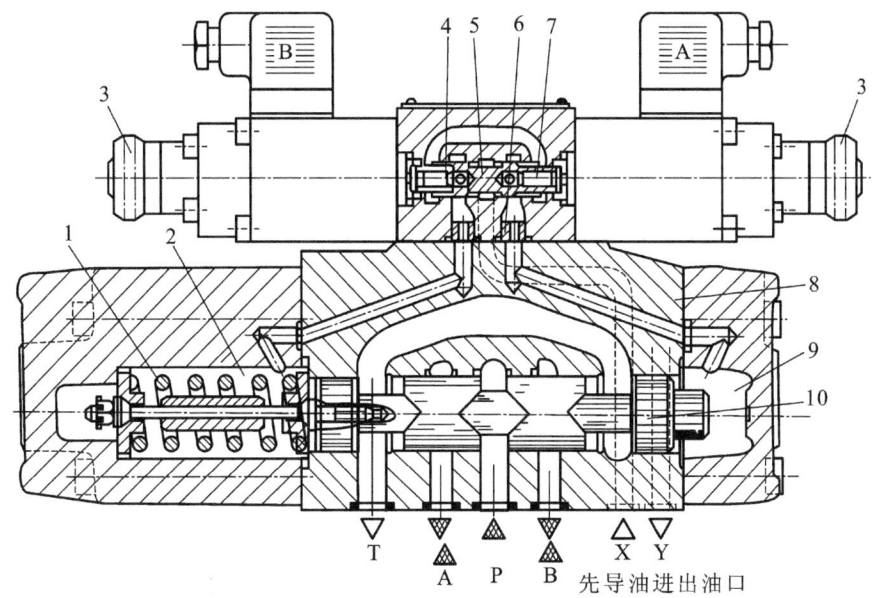

图 10-17　先导式电液比例方向阀

1—偏置对中弹簧;2,9—主阀左、右控制腔;3—手动调整按钮;4—左测压柱塞;
5—先导阀芯;6—节流孔;7—右测压柱塞;8—主阀阀体;10—主阀阀芯

主阀右控制腔 9 有压力时,主阀阀芯左移压缩弹簧 1,反之,主阀左控制腔 2 有压力时,主阀阀芯右移把弹簧 1 拉紧(向右压缩)在弹簧座上。在主阀工作的过程中,主阀阀芯台肩上的节流槽逐渐增大,从而控制从 P 口到 A 口和 B 口到 T 口的流量逐渐增加。通过编写的计算机程序,控制电流输入比例电磁铁的过程,就可以控制主阀阀芯的运动位置和时间,实现执行元件的平滑启动、调速、停止等动作。

10.2.6　压力补偿器和压力流量复合控制阀

比例节流阀或比例方向阀控制的流量受负载影响,可采用叠加压力补偿器的方法构成恒流量装置。压力补偿器有二通/三通定差减压阀和定差溢流阀。

1. 进口节流压力补偿器

这是一种叠加式的压力补偿器,可直接叠加在安装底板和比例方向阀之间。它有两种形式,分别用于单向或双向压力补偿。双向压力补偿在工作油口 A 和 B 之间设置了一个梭阀,用来选择压力较高的一侧作为反馈压力。图 10-18 所示为一种双向进口压力补偿器的结构。

这种压力补偿器的工作原理与定差减压阀相同,与比例方向阀节流口配合,就是调速阀的工作原理。控制阀芯 2 的右端面作用着方向阀的进口压力 p_1,左端面作用着由梭阀 1 选

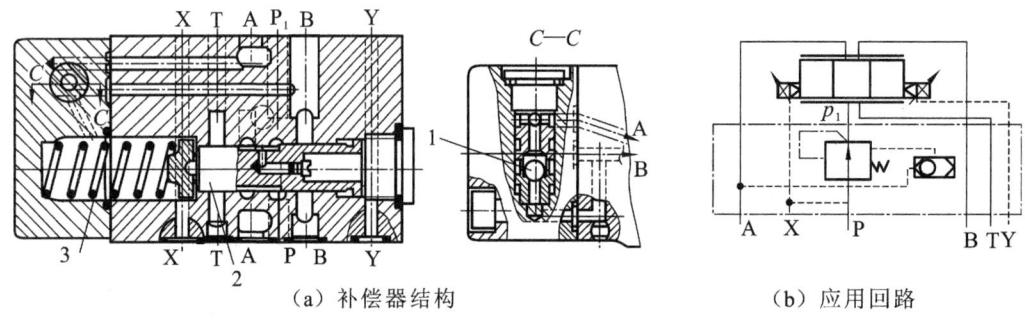

（a）补偿器结构　　　　　　（b）应用回路

图 10-18　双向进口压力补偿器

1—梭阀；2—阀芯；3—弹簧

择的油口 A 和 B 的工作压力 p_A 或 p_B。控制弹簧 3 的预紧力也作用在左端面上，相当于施加了一个约 1 MPa 的压力。当流过比例方向阀节流口的压差小于 1 MPa 的压力时，补偿器处于开启状态，一旦此压差大于 1 MPa 的压力时，控制阀芯左移，使 p_1 随工作压力 p_A 或 p_B 的变化而变化，维持阀芯 4 的受力平衡，而保持比例方向阀节流口的压差为 1 MPa，输出的流量恒定不变。

这种压力补偿器与比例方向阀一起使用的情况如图 10-18(b)所示。使用时，应注意先导压力油口 X 的供油选择，与比例方向阀先导供油的配合。

2. 出口节流压力补偿器

对于双向负载的工作系统，采用进口节流压力补偿器有一定的缺点，就是有可能不能正确选择反馈压力，从而丧失压力补偿的功能，尤其在减速、制动过程中可能如此。这时，除可以加上像制动阀一类的支承元件，还可以采用出口节流压力补偿器。图 10-19 所示为一种出口压力补偿器结构图，图 10-20 所示为出口压力补偿器的控制原理图，点画线框内为出口压力补偿器的液压原理图。为方便阅读理解，两图中相同元件的标记相同，使用时比例方向阀叠加在图示的补偿器上部。

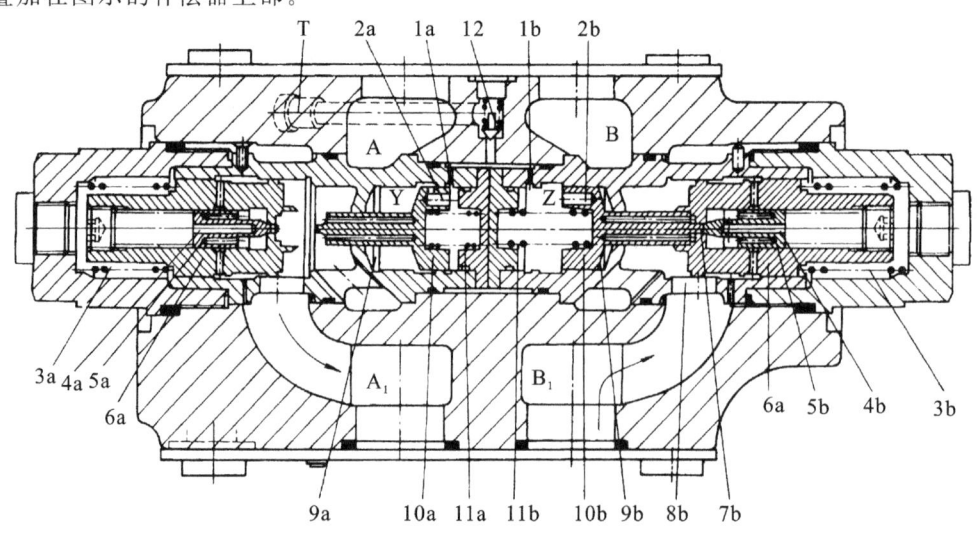

图 10-19　出口压力补偿器

1—可变压节流孔；2—固定阻尼孔；3—主阀阀芯复位弹簧；4—先导锥阀芯内油孔；5—先导锥阀芯；6—主锥阀；
7—先导锥阀开启后形成的通道；8—主阀阀芯开启通道；9—径向孔槽；10—控制活塞；11—控制活塞复位弹簧；12—溢流阀

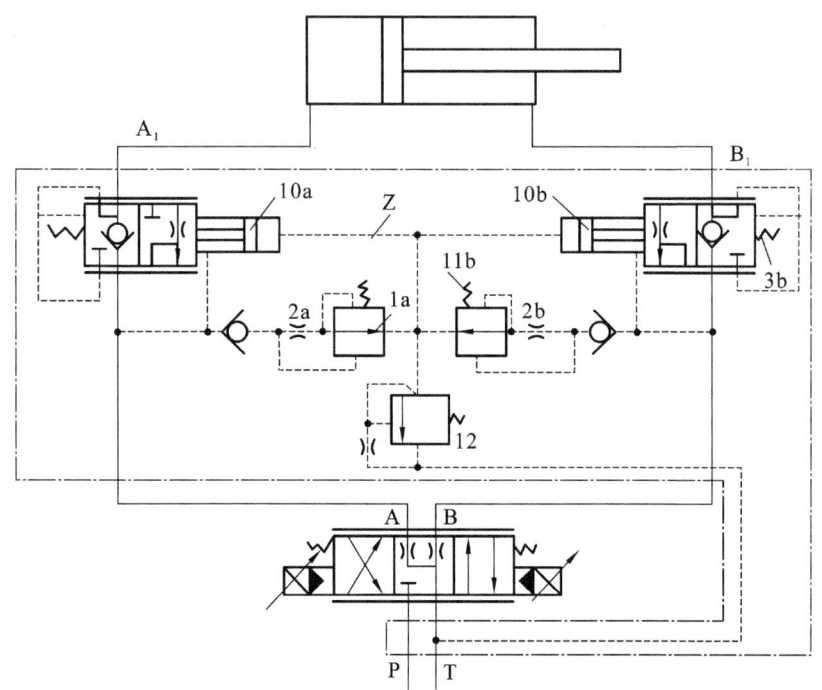

图 10-20　出口节流压力补偿器控制回路

出口压力补偿器具有三种功能。

（1）无泄漏的重力平衡功能。

（2）当 A 口或 B 口与油箱连接时，具有平衡超越负载的功能。

（3）当 A 口或 B 口经节流孔回油箱时，具有出口负载压力补偿功能。

功能（2）和（3）的选择取决于回路的设计。下面介绍这几种功能的实现。

（1）静态重力平衡。

当比例方向阀处在中位时，比例阀和补偿器之间的 A 口和 B 口，见图 10-20，通过中位通道或小孔，由 T 口通油箱，见图 10-19，使 1a 和 1b 的控制腔 Z 的压力为零，作用在控制活塞 10 上的所有液压力为零，先导控制的主锥阀 6 复位并锁住负载。

这时由负载形成的背压经主锥阀 6 的径向孔和先导锥阀的轴向孔 4a 和 4b 进入主锥阀的弹簧腔，主锥阀弹簧的压缩力相当于 0.4 MPa 的压力作用，这个力与负载产生的背压一起把主锥阀 6 锁定在关闭的位置上。由于是锥阀密封，可以保证无泄漏。

（2）重力平衡和出口压力补偿。

当比例阀转换到使液压缸伸出的位置时，泵的输出流量推开单向阀 6a，从 A 口进入 A_1，并使控制活塞 10 右移。这时先导流量已经形成，先导流量经控制活塞的轴向孔和径向孔进入 Y 腔，再经固定阻尼孔 2 和可变节流孔 1 后，从溢流阀 12 和小孔流回油箱。固定阻尼孔 2 与可变节流孔 1 及弹簧 11 构成了一个流量稳压器，因此通过溢流阀 12 和小孔的流量为恒值。溢流阀或小孔产生的背压设定在 1.2 MPa。

此时，Z 腔从通道处感应出 1.2 MPa 压力，推动活塞 10b 向右，使先导阀 5b 也向右运动，切断了原先 B_1 与弹簧腔 3b 的油路连接，同时使 B 腔经径向孔槽 9b，再经 10b 的轴向孔、先导锥阀 5 的头部阀口和轴向孔 4 连通弹簧腔 3b。

至此,B口的压力作用在与先导活塞有效面积相等的面积上,与相当于 0.4 MPa 压力的弹簧 3 一起作用在控制活塞的右侧。而控制活塞左侧作用着由溢流阀或小孔产生的 1.2 MPa 压力。在这三个力的作用下,主阀阀芯将调节开口 8,以保证 B 口的压力维持在 (1.2−0.4=0.8 MPa)的恒定值上,这个压力使从比例阀的 B 口到 T 口的压差为常值,从而产生压力补偿作用。

如果在 T 口处有一背压,此背压也必然经小孔影响到 Z 腔,于是开启量 8b 增大,仍维持 B 到 T 口的压差为常值。

当通过比例阀把油口 P 和 B 连接时,A 侧的压力补偿情况与前述的完全相同。

(3)重力平衡和超越负载平衡。

考虑如图 10-21 所示的液压回路图,负载类型为双向超越负载,采用面积比为 2∶1 的液压缸驱动,如果采用出口节流虽可平衡超越负载的作用,但差动缸的增压使有杆腔的压力超过许用值。为此,这里采用双向进口压力补偿,使速度不受负载影响,同时还利用出口压力补偿器的平衡超越负载功能。注意,这里选用的比例阀,应是从 A 到 T 和从 B 到 T 是不节流的,结果是 B 处的压力经常为零,只有 0.4 MPa 的弹簧力作用在主锥阀 6 的关闭方向上。因此出口补偿器没有出口压力补偿功能,比例阀只能进口压力补偿。

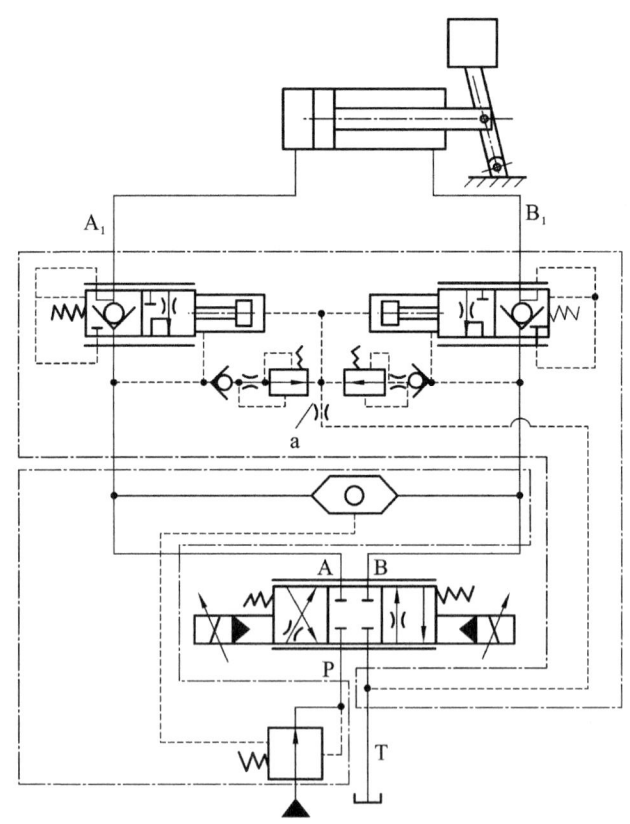

图 10-21　平衡超越负载回路

开始工作时(向右)是阻性负载,在 A 口处产生高的压力,使节流孔 2 前产生一个 1.2 MPa 的压力,这个压力使控制活塞 10b(见图 10-19)克服 0.4 MPa 弹簧力把主锥阀完全打开,这时仅有进口压力补偿。当阻性负载变成超越负载时,在 A 口处的压力下降到 0.4 MPa 时达到调整点,这时弹簧 3b 有足够的力使主锥阀关闭。随着负载下降,主阀阀芯 6b 与阀座形成的节流孔 8b 起着充分的节流作用,足以防止负载超速下降,且负载的下降速度始终处在进口节流压力补偿决定的受控状态下。

10.2.7 压力流量复合控制阀(p-q 阀)

它是由比例溢流阀和比例节流阀构成的复合阀。其中比例溢流阀的主阀兼作三通压力补偿器,对比例节流口进行压力补偿。从而获得与负载无关的流量。阀的结构如图 10-22(a)所示,图 10-22(b)为阀的图形符号,图 10-22(c)为该阀的工作特性曲线。

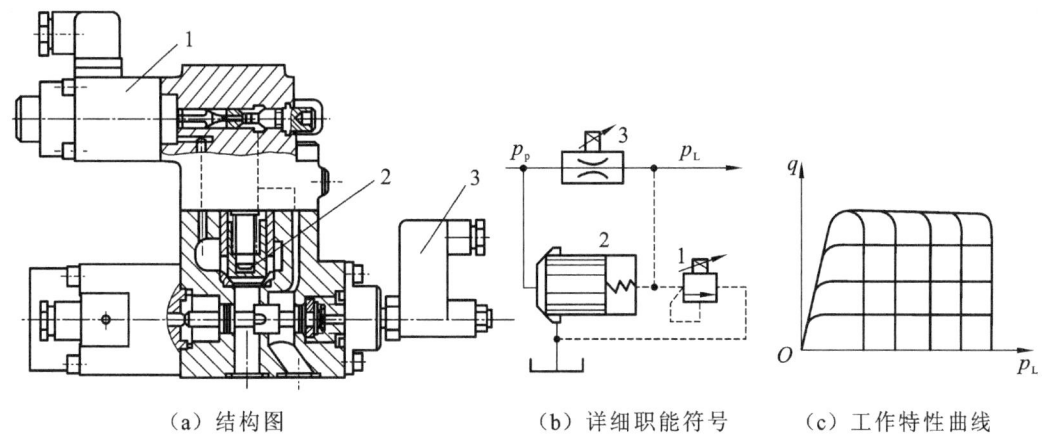

（a）结构图　　　　　（b）详细职能符号　　　　（c）工作特性曲线

图 10-22　压力流量复合控制阀

1—直动式比例溢流阀;2—三通压力补偿器;3—带位移传感器的比例节流阀

从该阀的特性曲线可知,该阀在系统压力未达到比例溢流阀的调定压力前,通过阀的流量是恒定的,仅决定于比例节流阀的开口量,此时溢流阀主阀起压力补偿器作用。当系统压力达到比例溢流阀的调定压力时,通过阀的流量为零,且系统压力保持不变。可见,该阀具有很好的节能效果,最适合用在不同的工步中要求不同的压力和流量的场合。有些压力流量复合控制阀还带有限压阀,以确保系统安全。目前这种复合阀在注塑机液压系统中获得广泛应用。

◀ 10.3　电液比例变量泵和马达 ▶

比例变量泵和马达按其控制方式可分为比例排量、比例压力、比例流量和比例功率控制四大类。这四种类型的控制都是在其相应的手动控制的基础上发展起来的。

10.3.1　比例排量调节型变量泵

比例排量控制是利用适当的电-机械转换装置,通过液压放大级对变量泵或变量马达的变量机构进行位置控制,使其排量与输入电信号成正比的一种控制方式。

比例排量调节变量泵的输出流量能在负荷状态下,跟随输入信号作连续比例变化。而泵的输出压力由外部负载决定。由于泵的容积效率随工作压力上升而下降,使这种泵的流量随负载改变而变化,因此得不到精确的控制,但可以通过适当的电气补偿的方法加以克服。图 10-23 所示为几种常见的比例排量调节方式。

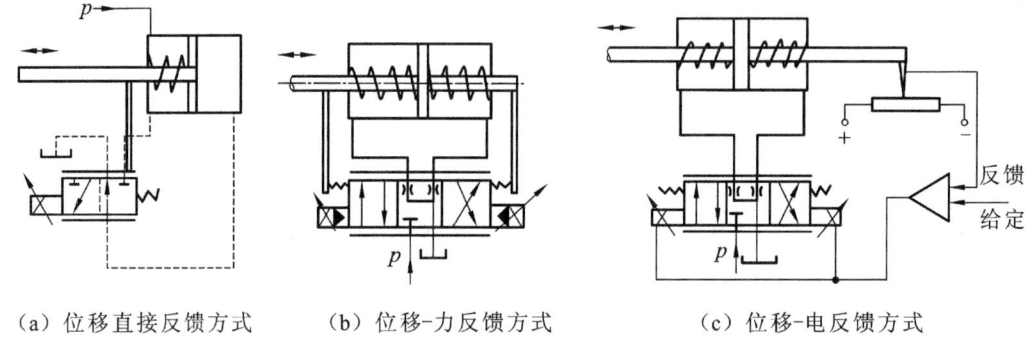

（a）位移直接反馈方式　　　（b）位移-力反馈方式　　　（c）位移-电反馈方式

图 10-23　电液比例排量的调节方式

按反馈信号的类型,可分为位移直接反馈、位移-力反馈和位移-电反馈三种。图 10-23 中的比例阀或是直动式的,或是先导式的,使其获得足够大的推力。也可以用机械力代替控制力,或用手动,这时就相当于手动变量。变量缸内设有对中弹簧,以便无控制信号时回到无流量状态。图 10-23(a)用于单向变量机构,图 10-23(b)、(c)用于双向变量机构。

1. 位移直接反馈式比例排量调节变量泵

图 10-24 所示为直接反馈式比例排量调节变量泵的原理图。它利用比例减压阀输出的压力来驱动伺服阀的阀芯,实现比例排量调节。它是在手动伺服变量泵上增设电液比例减压阀 2、操纵缸 3 而构成的,变量活塞的行程不受比例电磁铁的行程限制。其控制精度和灵敏度虽不如电液伺服变量泵,但价格低,抗污染能力强,工作可靠。

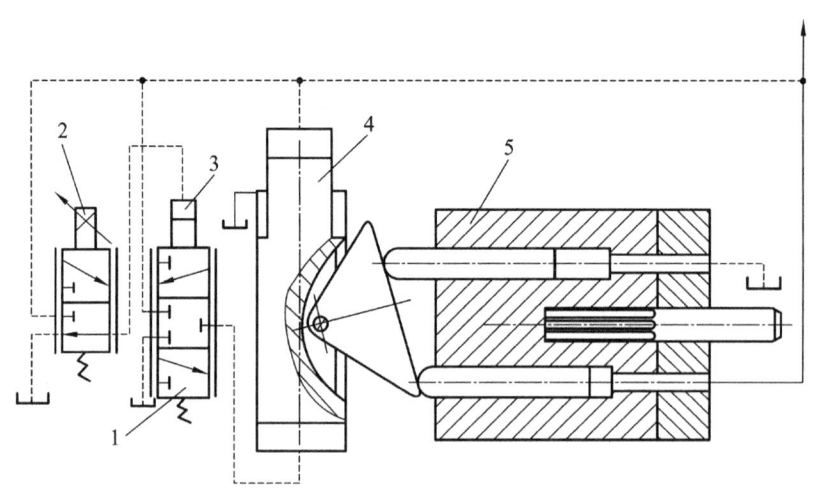

图 10-24　直接反馈式比例排量调节变量泵

1—液动伺服阀;2—比例减压阀;3—操纵缸;4—变量活塞;5—柱塞式变量泵

位置直接反馈式必须采用伺服阀来进行位置比较,而伺服阀的制造工艺和成本较高。而且为了驱动伺服阀,往往还需要增加一级比例控制的先导级,又使结构复杂化。采用位移-力反馈的控制方式来使变量活塞定位,可使变量机构的控制得到简化。

2. 位移-力反馈式比例排量调节变量泵

图 10-25 所示为位移-力反馈控制方式的变量泵的工作原理图。我国引进生产的 A7V 斜轴式轴向柱塞泵就是一种位移-力反馈式的比例变量泵,其结构如图 10-26 所示。

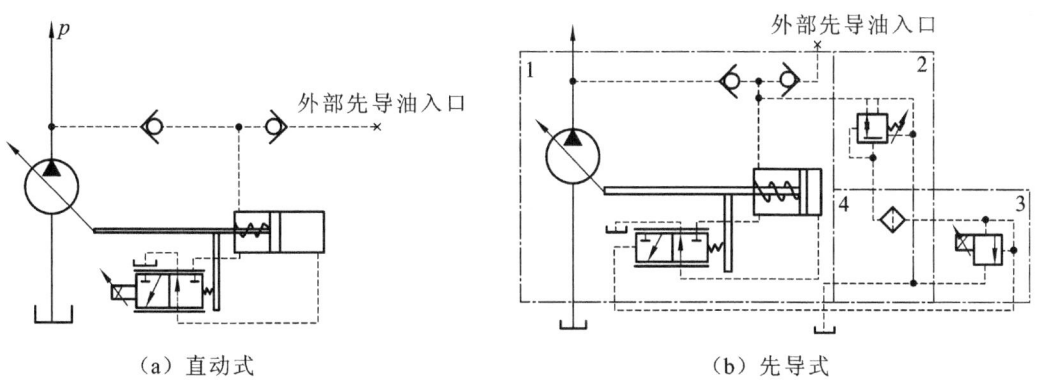

（a）直动式　　　　　　　　　　（b）先导式

图 10-25　位移-力反馈比例排量调节变量泵原理图

1—变量泵;2—三通减压阀;3—比例溢流阀;4—过滤器

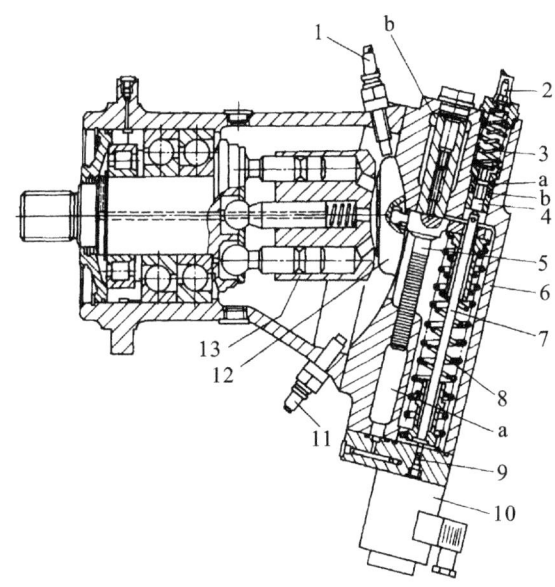

图 10-26　A7V 比例排量调节变量泵结构

a—变量活塞小腔;b—变量活塞大腔(控制腔)

1—最小流量限位螺钉;2—调节螺钉;3—起点调节弹簧;4—比例控制阀;5—变量活塞;6—端盖;7—推杆;
8—反馈弹簧;9—调节套筒;10—比例电磁铁;11—最小流量限位螺钉;12—配流盘;13—缸体

在无控制电流时,该泵在压力和复位弹簧的作用下返回原位,控制腔 a 接通先导压力油,b 腔接通回油。当有信号电流时,比例电磁铁 10 产生推力,通过调节套筒 9 和推杆 7 作用在控制阀 4 上。当 10 产生的推力足以克服起点调节弹簧 3 和反馈弹簧 8 的预压缩力的总和时,阀芯 4 位移使 a、b 控制腔接通,变量活塞 5 从最小排量位置向增大排量的方向移动,实现变量。与此同时,在移动中不断压缩反馈弹簧 8,直至弹簧上的压缩力略大于电磁力时,先导芯开始关闭,并平衡于某一位置上,实现位移-力反馈,使变量活塞 5 定位在与输入信号成正比的新位置上。

在有限的电磁力下,为加大变量行程,就要选用较软的弹簧。但比例控制阀是靠弹簧复位的,这样阀的最高工作频率就下降,为提高控制灵敏度和自然频率,应采用较硬的弹簧,以致电磁力直接驱动方式成为不可能。这时可采用液压力来代替电磁力。图 10-25(b)所示为这种类型变量泵的原理。这时泵的排量与控制阀左端的压力成正比,而阀左端的压力由比例溢流阀控制,为提高控制精度,通过一个三通减压阀来稳定溢流阀的溢流压力。

在排量为零时启动或泵的工作压力低于某一定值(例如 4 MPa)的这两种情况下,泵将无法产生足够的压力和流量来使变量机构移动,因此必须采用外部先导供油方式。

这种泵,其控制的线性度相当好,但有较大的先导电流。

3. 位移-电反馈式比例排量调节变量泵

图 10-27 所示为一种位移-电反馈型比例排量调节变量泵的原理图。变量机构的位移或倾角,代表了流量的信息,由位移传感器 2 检测和反馈,所以实际上是间接的流量反馈。反馈的实际值与给定值进行比较,得出需要的排量调节信息。

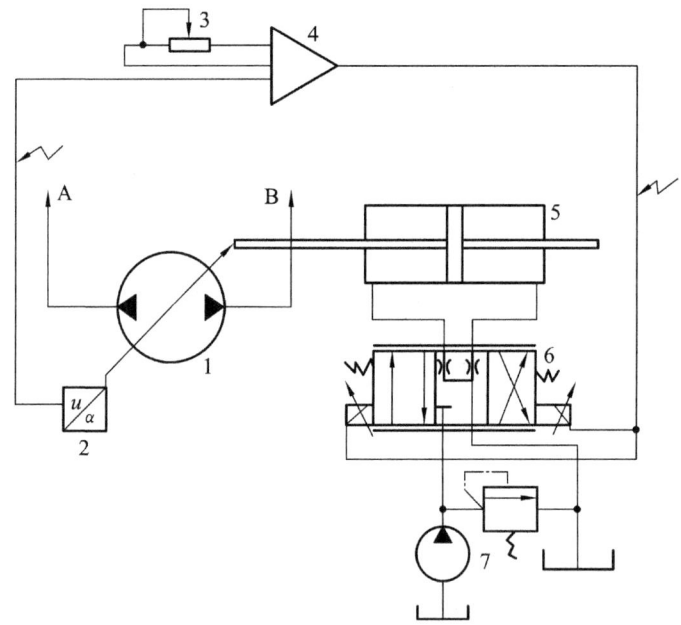

图 10-27 位移-电反馈型变排量调节泵的原理图

1—双向变量泵;2—位移传感器;3—输入信号电位器;4—电控器;
5—双向变量机构;6—三位四通变量换向阀;7—先导油泵

因为是双向变量机构,需要采用辅助先导泵向比例阀供油。使在主泵的排量为零的位置下变量机构仍能可靠工作。变量机构由弹簧对中,控制失效时,通过比例阀的中位节流口实现油液体积平衡而回零。

图 10-28(a)所示为该泵的控制电压与斜盘倾角之间的控制特性。因倾角与流量成比例,所以该曲线也代表了输入信号与输出流量的关系。由曲线图可见静态特性中存在死区 u_0 以及滞环 $\Delta\alpha$。图 10-28 (b)为泵的静态压力-流量特性曲线。其流量随压力升高有负偏差,这是泵的泄漏流量引起的。因负载变化、泄漏等因素引起的流量变化得不到补偿,使比

例排量调节变量泵的流量不能得到精确的控制。

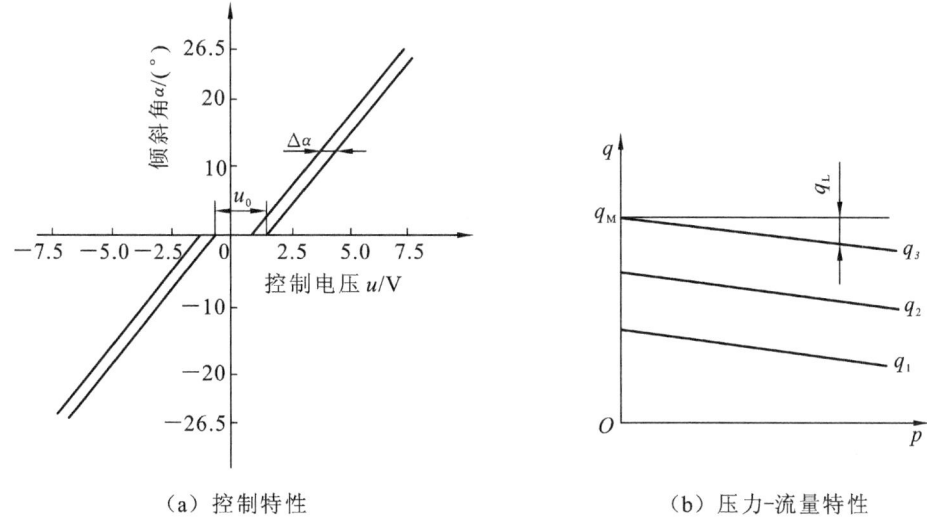

（a）控制特性　　　　　　　　　　（b）压力-流量特性

图 10-28　位移-力反馈式变量泵的特性

10.3.2　比例压力调节型变量泵

这是一种负载压力反馈的变量泵。其特点是利用泵的出口压力代表负载大小的信息，作为变量的控制信号。当它低于设定压力时，像一个定量泵一样工作，输出最大流量。当工作压力等于设定压力时，按变量泵工作。这时工作压力的微小变化将引起泵的较大的输出流量变化，从而对压力提供一个反向变化的补偿。当负载压力大于设定压力时，泵的输出流量迅速减小到仅能维持各处的内、外泄漏，且维持压力不变。可见这种泵具有流量适应的性质。在泵作流量适应调节时，其工作压力变动很小。因这种泵完全消除了过剩的流量，而输出压力又可根据工况随时重新设定，因而有很好的节能效果。这种泵是流量适应的，不需设置溢流阀，但系统应设置安全阀。

图 10-29 所示为一种先导式比例压力调节型的变量叶片泵。其定子环位置由两个控制活塞控制，分别作用着出口压力 p 和控制压力 p_C（出口压力 p 流经节流孔 A_0 后下降为 p_C），p_C 受节流口 S 控制。大控制活塞的有效面积 A_2 为小控制活塞的两倍，并由一弹簧支承，弹簧的推力应在零压力时足以克服各种摩擦力，把定子定位在最大偏心位置上。因此，泵启动时能给出最大流量，直到输出压力达到拐点压力为止，其后便按变量泵工作。泵的设定压力 p_0 由比例溢流阀调定，当反馈压力 p（工作压力）小于设定压力 p_0 和弹簧 k_{s2} 的预紧力时，控制阀口 S 关闭，大柱塞控制腔不通回油，定子处在极左的位置。这时相当于一个定量泵。当反馈压力 p 大于 p_0 和弹簧 k_{s2} 的预紧力之和时，控制阀芯右移并在 S 处开启，使大控制腔通回油，控制压力 p_C 下降，定子向右移动，偏心距变小，同时输出流量减小，使工作压力向相反方向变化，维持原来的数值不变。

比例压力调节型变量泵的静态特性曲线如图 10-29（b）所示。曲线中 C 点的压力称为设定压力 p_C（拐点压力），它等于比例溢流阀的设定压力 p_0 与弹簧预紧力之和。图中还给出了泵的最大输出功率曲线 P_1 及零行程时的输出功率曲线 P_2。在 $p < p_C$ 的区域内，功率特性与定量泵相同。在 $p > p_C$ 的区域内，输出功率急剧下降，直至达到零行程功率曲线。

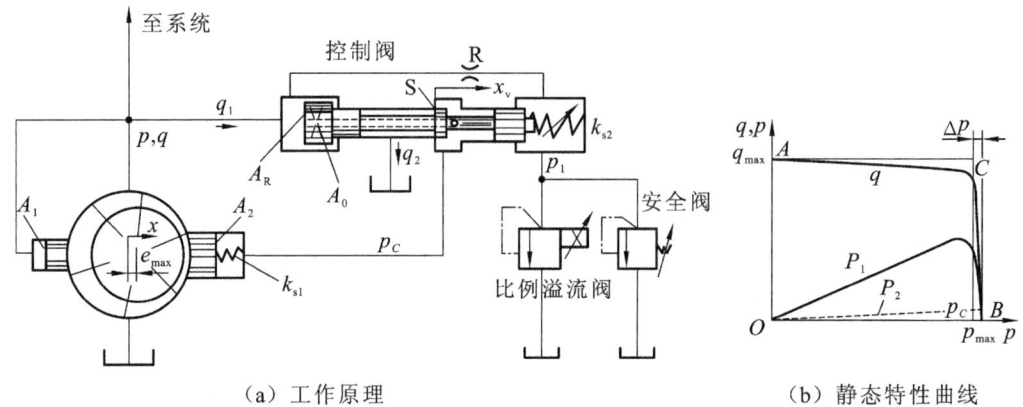

（a）工作原理 （b）静态特性曲线

图 10-29 先导式比例压力调节型变量叶片泵

因此该泵用于保压时，有很好的节能效果。

10.3.3 比例流量调节型变量泵

比例流量调节型变量泵是一种稳流量型的自动变量泵，它以流量作为控制对象，其输出流量与负载无关。在泵作压力适应变化时，能自动补偿流量的变化，维持流量稳定不变。但由于它的恒流量性质是靠容积节流实现的，大流量时其节流损失不容忽视。

一种比例流量调节型变量泵的原理图如图 10-30（a）所示。通过比例节流阀 3 的液流的压差是泵输出流量的一个度量信息，该压差作用在控制阀 5 的两端，阀 5 实质上是一个特别的定差溢流阀，当通过节流阀 3 的压差变化时，控制阀口 S 的开度 x_v 做出相应的变化，调节活塞腔的控制压力，导致偏心距改变，使泵的输出压力做出相反的变化，维持通过节流阀 3 的压差不变，也就是维持泵的输出流量不变。

由于通过控制阀口 S 处的控制流量必须通过固定阻尼孔 4，而阻尼孔 4 很小，通过它的微小流量变化，就能引起控制压力 p_C 的较大变化，因此这种泵是流量敏感型的。

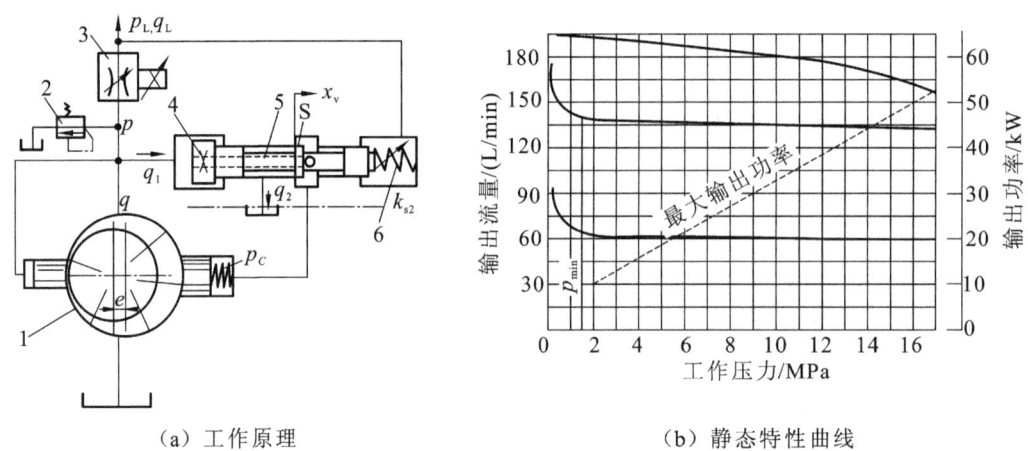

（a）工作原理 （b）静态特性曲线

图 10-30 比例流量调节型变量泵

1—变量叶片泵；2—安全溢流阀；3—比例节流阀；4—固定阻尼孔；5—控制阀；6—调节弹簧

这种泵的静态特性曲线如图 10-30(b)所示。它分成两段,在压力大于 p_{min} 时,曲线近似水平,是泵的流量受控段,这时控制阀处于微小开口状态,正常工作时只利用这一段。在压力小于 p_{min} 时,有很大的超调流量,然后随工作压力增大,从最大值迅速减至受控流量,是非控制段,这是因为泵启动时总是从最大流量开始的。但这超调流量却不会直接输出。通过分析可知,最小工作压力 p_{min} 由调节弹簧 6 设定,同时它也是节流口的设定压差。还可以看到,随着压力升高不存在截流压力,即这种泵不会自动回到零流量处,不具有流量适应性。因而系统须设置规格足够大的安全溢流阀 2。

10.3.4　比例压力和流量调节型变量泵

这类泵大致可分为压力补偿型和电反馈型两种。前者以容积节流为基础,由变量泵加比例节流阀构成,并由一个特殊的定差溢流阀(称为恒流控制阀)和一个特殊的定压溢流阀(称为恒压控制阀)对变量机构进行控制,从而实现对压力和流量的比例控制。电反馈型的可以取消节流阀,是纯粹的容积调速。它要利用流量和压力传感器,对被控的压力和流量进行检测和反馈,构成闭环控制系统,因而有更好的控制精度和节能效果。

图 10-31 所示为一种压力补偿型比例压力和流量调节变量泵的原理和特性曲线。这种泵采用两个压力补偿阀分别进行压力和流量调节,其工作原理实际上就是前面介绍过的比例压力和比例流量调节的组合,可见明显改善了调节特性。在作压力调节时存在滞环,在低压段也存在一个最小控制压力和流量的不稳定阶段。

电反馈型比例压力和排量调节变量泵通过传感器把压力信息和流量信息反馈到输入端,与给定值进行比较,任何偏差都由比例控制器进行处理,通过改变排量来达到控制输出的流量和压力符合要求。它取消了节流阀,是完全的容积调速。利用不同的比例控制器形式,可以灵活地达到不同的控制目的。鉴于篇幅此处不再介绍,感兴趣的读者可参阅液压元件手册。

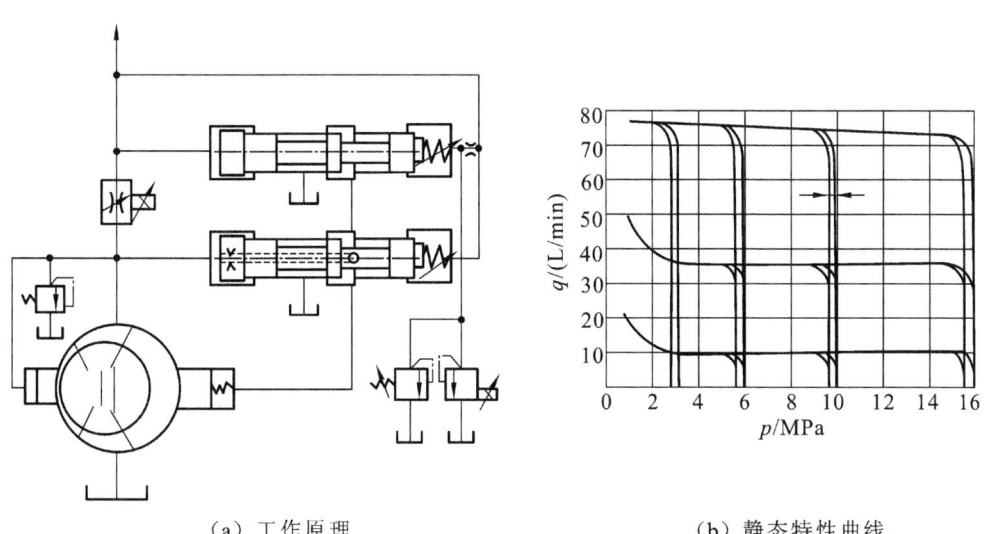

（a）工作原理　　　　　　　　（b）静态特性曲线

图 10-31　用两个控制阀的比例 $p\text{-}q$ 调节变量泵

10.4 电液比例控制系统应用实例

10.4.1 电液比例压力控制系统

1.开环比例压力控制系统

如图 10-32 所示,采用比例溢流阀取代普通溢流阀后,通过调节比例放大器的输入信号,就能获得无级压力控制。用普通的溢流阀实现多级压力控制,需要较多的元件,压力切换时会产生一定的压力冲击。采用比例溢流阀无级调压时,既可简化液压回路,也使压力切换过程平稳,便于远程控制和自动控制。

2.比例减压系统

减压回路是利用同一油源获得不同压力级的供油回路,而且能使减压后的压力保持恒定,是产生保压作用的理想回路。常规的减压阀在长期工作中容易发生液压卡死现象,高压系统尤为严重。由于比例减压阀的比例放大器可以加入颤振信号,使阀芯产生高频颤振,因而能防止液压卡死现象。

图 10-33 为双动薄板冲压液压机压边缸的保压回路。在冲压零件时,由于冲压形状不对称,工艺上要求四角四个压边缸的压力具有不同的数值,还要求压边力能随主滑块拉伸行程的增加而减少。如果采用比例溢流阀来实现,则需要配置 4 套泵组。采用图示比例减压系统,只需配置一套泵组,系统简明。也可以采用三通型比例减压阀或先导型比例减压阀,由于阀内自身有一条旁通流道,能自动保持最小控制流量的流动,即使在被控液压缸为零流量的情况下,也能保持良好的压力控制性能。

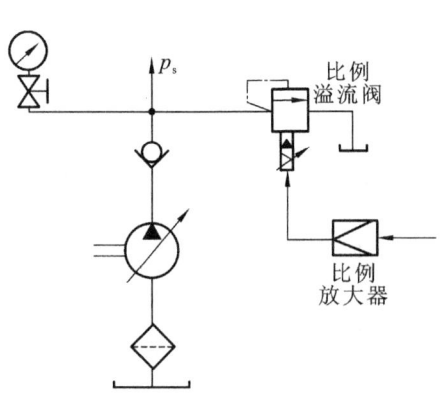

图 10-32 电液比例压力控制回路

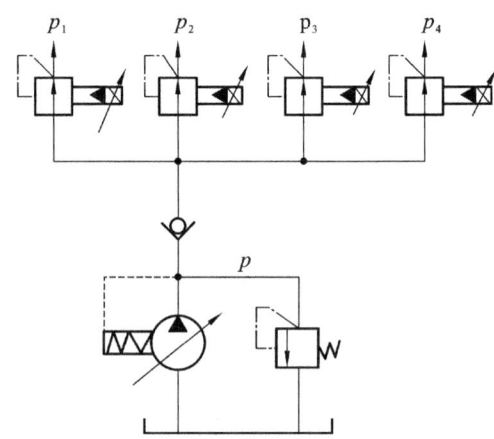

图 10-33 冲压液压机压边缸保压回路

3.闭环比例压力控制系统

图 10-34 为一个闭环比例压力控制系统示例。压力容器在进行疲劳寿命试验时,需要施加不同频率和波形的负载压力。为此,通常采用信号发生器产生所要求的信号,加到控制系统的输入端,同压力传感器检测的压力信号相比较,形成偏差信号,经比例放大器放大后,

再到比例压力阀的比例电磁铁线圈上,以改变施加于被试容器上的压力。闭环控制可提高压力控制精度,克服外界干扰及内部参数变化造成的影响。

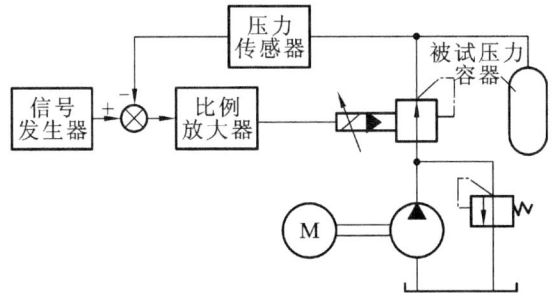

图 10-34 闭环比例压力控制系统

闭环比例压力控制方式用途极多。例如,在设备试验台中,可用作加载系统。

10.4.2 电液比例速度控制系统

1. 开环比例速度控制系统

在很多场合,希望运行速度既快又平稳,但在采用开关控制回路时,由于启动和制动过程不易控制,产生较大的冲击,限制了速度的提高,特别是大惯量系统。

液压电梯就是一个典型实例。图 10-35 是液压电梯的液压系统图。图中比例调速阀 3 为一个带先导压力阀的比例溢流节流阀,可调节柱塞向上运动的速度。运用比例溢流节流阀可使液压泵的输出压力与负载相适应,达到节能的效果。先导压力阀可以控制柱塞突然停止时所产生的液压冲击。

液压电梯是一种垂直运输工具,轿箱下降时泵停止工作,靠其自重下落,是单纯的速度控制问题,不必采用如阀 3 一样的比例溢流节流阀,而用带手动应急下降先导阀的比例调速阀 4。手动应急下降先导阀的作用是遇到意外事故时,通过人工操作,使轿箱平稳地回到原始位置。限速切断阀 5 的作用是万一管道破裂时,不使轿箱超速下降造成事故。

由于系统采用比例调速阀进行速度控制,可以对轿箱的加、减速度进行精确的控制,达到快速、平稳和节能的要求。

2. 闭环速度控制系统

注塑机的注射速度是影响制品质量的重要参数。为获得优质制品,必须对注射缸的压力和工作速度进行精确、有效的控制。图 10-36 为注塑机的压力、流量控制回

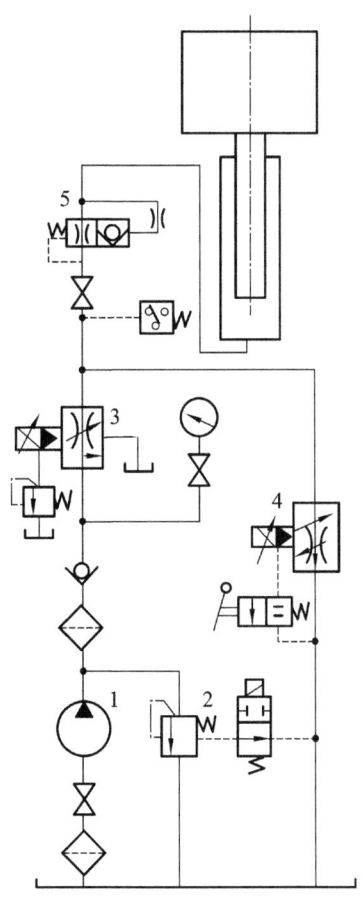

图 10-35 液压电梯的液压系统图

1—泵;2—溢流阀;3—比例溢流节流阀;
4—比例调速阀;5—限速切断阀

路,它采用插装阀集成块,具有体积小、流量大、效率高的特点。

回路中 1 为高压小流量泵,2 为低压大流量泵。5 为低压溢流阀,压力由先导阀 11 调定;6 为高压溢流阀,压力则由先导阀 9 设定。当系统压力达到卸荷先导阀 7 的设定压力后,低压泵 2 卸荷。8 为定差先导阀,其作用是使比例节流阀 4 的前后压差恒定,以补偿负载变化对阀 4 输出流量的影响。图中比例先导压力阀 10 对系统压力进行实时控制。

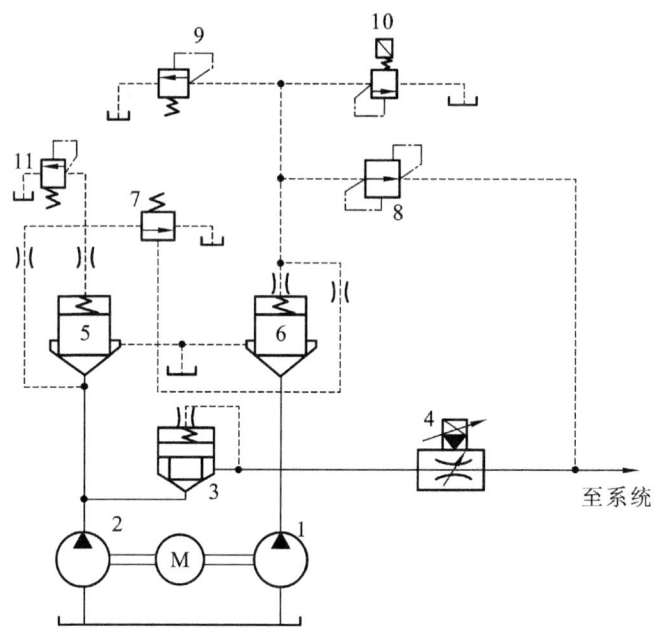

图 10-36　注塑机压力和流量控制回路

1,2—液压泵;3—插装式单向阀;4—比例节流阀;5,6—溢流阀;7—卸荷先导阀;
8—定差先导阀;9,11—先导阀;10—比例先导压力阀

该控制回路能满足注塑机各工况对速度及压力的不同要求。它是一种容积式分级调速和节流式无级调速的混合控制模式,在需要大流量无级节流调速时,通道切换泵 1 和泵 2 实现,可在一个工作循环中大幅度降低溢流损失,减少发热,提高效率。

为实现注射速度的精确控制,很多注塑机都采用了闭环速度控制。为此,必须在螺杆上安装位移传感器,以获取螺杆的位移和速度反馈信号。工作时,先将注塑机注射过程所要求的速度曲线存入控制器中,它实际上就是闭环速度控制系统的输入指令信号。在注射过程中,位移传感器实时检测螺杆的位移,经 A/D 转换送入控制器,再经运算处理获得螺杆的速度信号。该实测的速度值与预先存在控制器内的指令值相比较,得到偏差信号。然后经 D/A 转换后输出到比例放大器,通过调节比例节流阀 4 的开口,改变输入注射缸的流量,从而使其按设定的速度曲线运行,达到精确控制注射速度的目的。

3. 电液比例控制的容积调速系统

对于高压大功率液压系统,为降低能耗、减少发热,常采用容积调速方法。图 10-37 是挤压机的电液比例控制调速系统。实际上,它也是一种泵控和阀控调速的混合控制系统。阀控调速部分在锥阀集成块中。图中手动变量泵 1 的作用是扩大流量范围,它在需要较大的挤压速度时才启动,容积调速功能由比例控制变量泵 2 实现。大多数电液比例控制液压泵是在原有变量泵的基础上增设电液比例先导阀而成的,它利用电-机械转换器和先导阀来操作变量机构,这不仅是操纵方式的改变,而且是利用微电子技术、计算机控制技术和容积调节的综合优势,方便引入各种控制策略,便于利用电信号实现功率协调或各种适应控制等。

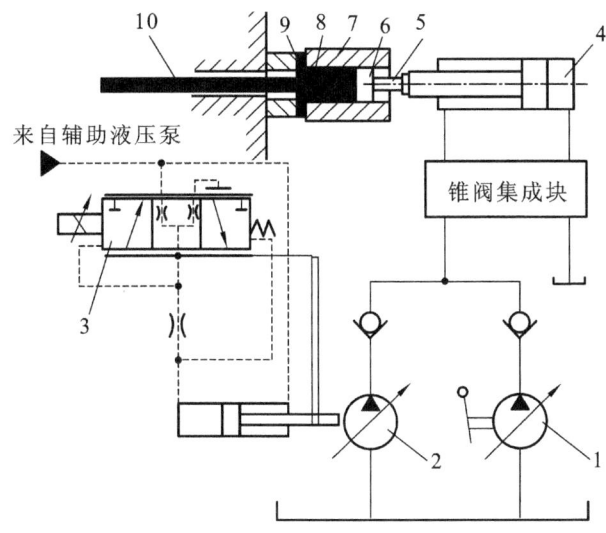

图 10-37 挤压机电液比例控制调速系统
1—手动变量泵;2—比例控制变量泵;3—电液比例阀;4—挤压缸;5—挤压杆;
6—挤压垫;7—挤压筒;8—铝锭;9—凹模;10—型材制品

10.4.3 电液比例方向流量控制系统

图 10-38 为造纸厂堆垛机液压系统原理图。堆垛机是一种垂直起重设备,由于下降制动时,液压缸有杆腔会产生增压作用,因此必须设置平衡阀 3。图示为截止型平衡阀,在停止工况,能无泄漏地锁闭,使活塞能可靠地停在某个位置。当活塞下降时,由液压缸上腔的油压将其开启,阀口的节流程度随运动部分的重量不同而改变,因而其下降速度决定于上腔的供油量,完全受比例阀 1 的控制,如若产生自重超速下降的情况,则液压缸上腔的压力降低,阀 3 的开口随之减小,节流作用加强,使活塞又恢复为规定的速度。进口压力补偿阀 2 和梭阀 4 配合,可使液压缸在上、下运动时电液比例阀进、出油口的压差都保持恒定,从而减少能量损失,并提高了比例阀的分辨率。在这种存在垂直负载力的系统中,若没有平衡阀 3,就不能通过梭阀 4 获得上、下运动的双向压力补偿,因为在下降减速时,下腔油压将有可能超过上腔,所以压力补偿阀 2 的弹簧腔引入的将不再是液压缸上腔的压力,而是通过梭阀 4 引入了下腔压力。由于下腔压力高于比例阀的进口压力,因而压力补偿阀 2 全开,失

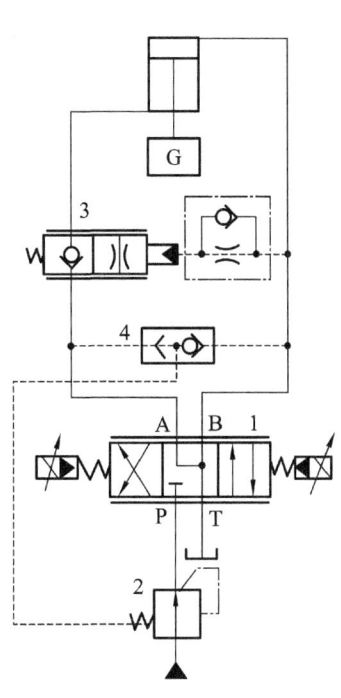

图 10-38 堆垛机液压系统原理图
1—比例阀;2—压力补偿阀;
3—平衡阀;4—梭阀

去了正确的压力补偿作用。解决的办法是,可将阀2弹簧腔的控制油直接连到比例阀的B腔,并取消梭阀4,以避免下腔压力的干扰。但这样一来,液压缸回程时就无压力补偿作用了,并且在活塞下行减速时,由于液压缸上腔的油压很低,使阀2的开口极小,在此强烈节流的情况下,会使气体析出,产生气蚀作用。在这种工况下应该采用平衡阀和进油路压力补偿器的方案。

10.4.4 电液比例位置控制系统

1. 位置同步控制系统

应用比例控制技术可以用较低廉的价格获得高质量的同步控制系统。图10-39是一个采用两个比例调速阀的同步控制系统。图中两个比例调速阀都输入同样的电流信号,控制左、右两个液压缸的输入流量,使之相等,以保证液压机横梁同步运行。调节比例阀的给定值可以调节液压机的运行速度,若不加横梁偏斜量反馈机构3,则系统为开环同步控制系统,其同步控制精度取决于比例调速阀的等流量特性和液压缸泄漏量的大小,同步控制精度一般可达0.5 mm/m左右。

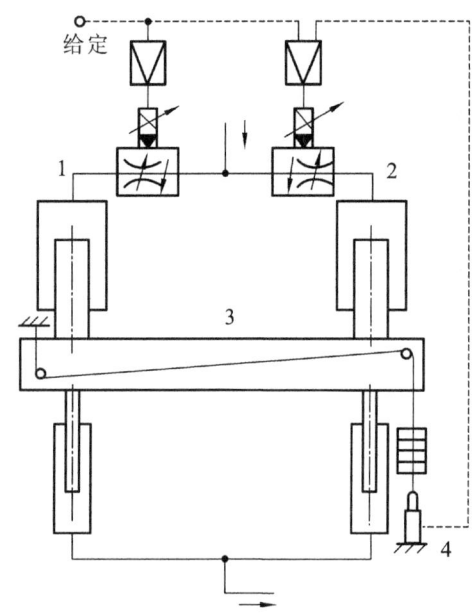

图10-39 液压机同步控制回路

1—比例调速阀;2—比例调速阀;
3—横梁偏斜量反馈机构;4—位移传感器

若加上钢带式横梁偏斜量反馈机构3,则可构成闭环同步控制系统。由图可知,件3的钢带末端带有位移传感器4。当横梁同步下行时,虽然钢带由左滚轮下端转移到右滚轮上端,但由于横梁左、右两端下行的距离相同,因而位移传感器4维持在零位不变,输出信号为零。当横梁左、右两端不能同步运行时,则位移传感器4将根据横梁偏斜的具体情况,输出不同的电压信号。此电压信号将被反馈到比例调速阀2的比例放大器,并相应地调节比例调速阀2的输出流量,从而纠正横梁的偏斜。

闭环同步控制系统的同步控制精度可达0.2 mm/m,亦即液压机若台面长为10 m,则工作时在台面两端检测其同步偏差将不超过2 mm。

2. 实现同步及位置精确控制的电液比例控制系统

折弯机是一种具有同步控制和位置精确控制的液压设备,其电液控制系统如图10-40所示。该系统采用一台电机驱动的双变量泵传动,以获得初步的同步,并且使两个液压缸具有各自独立的液用回路,这样可避免单泵驱动时,在偏心负载作用下由于两缸的压力差而造成的节流损失。图中比例溢流阀1用来控制系统压力,因此板料的折弯力可以得到精确的控制。电液比例方向阀4用来控制液压缸的运动速度和方向。

由于阀4的开口可以无级调节,因而可使折弯机整个工作过程既快速又平稳。折弯机

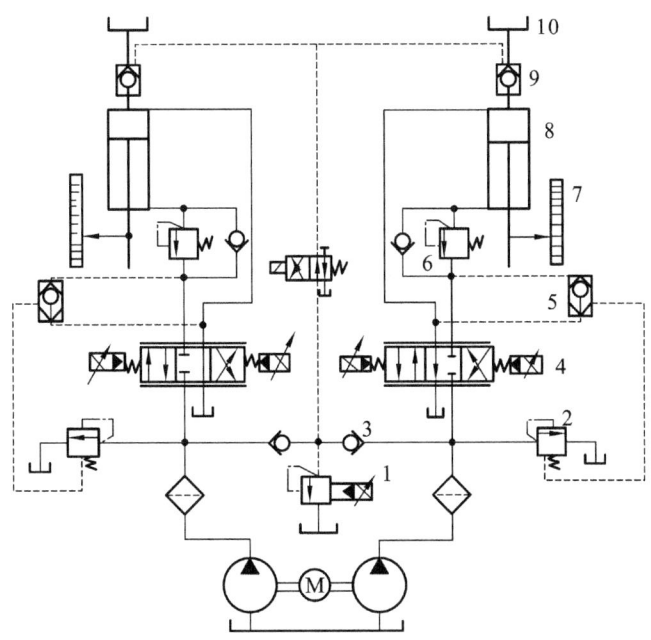

图 10-40　折弯机电液比例控制系统

1—比例溢流阀;2—溢流阀;3—单向阀;4—电液比例方向阀;5—梭阀;6—单向顺序阀;
7—位移传感器;8—同步液压缸;9—充液阀;10—充液油箱

滑块两边分别装有高精度的光栅位移传感器,其分辨率为 0.005 mm。如采用计算机作为控制器,就构成了一个高精度的闭环位置控制系统。由于位移传感器能分别测得滑块两侧的位移值,将此两值进行比较后对比例阀进行控制,就可获得高精度的同步控制,其同步精度和位置控制精度均可达到 0.01 mm。

本 章 小 结

本章首先介绍了电液比例控制的基本原理:开环控制和闭环控制;然后介绍了电液比例控制系统的基本组成、类型以及电液比例控制技术的特点。接着从比例电磁铁开始,比较详细地介绍了比例压力阀、比例流量阀和比例方向阀的工作原理。比例容积控制是比例控制技术的一个特点,因此,比较详细地介绍了各种比例调节变量泵的工作原理。最后介绍了比例压力控制、比例流量控制、比例方向流量复合控制和比例位置控制等具体应用系统实例。

电液比例控制技术在工业控制中得到越来越多的应用,它的发展趋势如下。

(1)比例阀的主要零件与传统控制阀基本通用化,从而提高了比例阀的通用性。

(2)不断更新和引进新的设计技术,比例阀的控制性能不断提高。目前,带位置反馈的闭环比例阀,其流量输出稳态控制特性已无中位死区,滞环仅为 0.3%,零位压力增益可达 3%额定控制电压,工作腔压力可达 80%供油压力,其工作频带宽度和响应性能已达到高性能电液伺服阀的水平。由于比例阀对油液清洁度要求比伺服阀低,因而工作更可靠。

(3)与插装技术相结合形成的比例插装技术,通油能力大、流动阻力小、集成度高、结构简单、性能可靠,在大功率、大流量系统中获得应用。如在大功率注塑机、铸钢机械、轧机等的液压系统中得到应用。

(4)与计算机控制技术相结合,引入各种控制算法,在控制精度、运行可靠性和稳定性方面得到进一步提高。

（5）传感器、电子器件的微型化使电液比例技术趋于集成化，出现了机电液一体化比例元件，最典型的有电液比例容积元件。

思考题与习题

10.1 比例控制阀主要由哪两个主要部分组成？它具有什么特点？

10.2 电液比例控制系统的组成与电液伺服控制系统有哪些相同点和不同点？

10.3 图 10-41 是材料试验机电液比例加载测控系统的液压原理图。该试验机能够对试件进行抗压强度和抗折强度检测试验。试验机的工作循环是：压头快速下行接近试件→压头慢速下降对试件加压→试件破坏、压头快速上升→原位、卸荷。请详细叙述其工作原理。

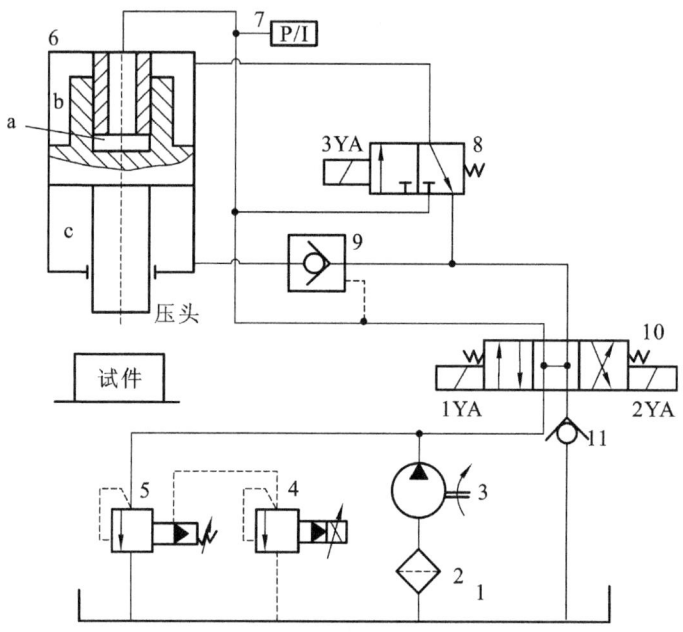

图 10-41 试验机电液比例系统液压原理图

1—油箱；2—过滤器；3—液压泵；4—电液比例溢流阀；5—先导式溢流阀；6—加载液压缸；

7—压力传感器；8—二位三通阀；9—液控单向阀；10—三位四通阀；11—背压阀；

a，b，c—加载液压缸工作腔

第 11 章
气压传动基础知识

【学习要点】

　　了解空气的基本性质、气压传动对介质的要求,掌握气体的状态变化基本参数和气体的流动规律,正确理解气体状态方程和连续性方程;正确运用伯努利方程解决实际工程问题。

气压传动与液压传动的工作原理和系统组成相同,但因其工作介质不同,气压传动与液压传动又有着显著差异。气压传动的工作介质是取之不尽的空气,流动损失小,可集中供气,适于远距离输送;废气排放处理方便、无污染、成本低。由于空气具有可压缩性,气动元件的动作稳定性差。为了更好地掌握气动技术,了解空气的性质、气体的状态变化规律和气体流动的规律是十分必要的。

◀ 11.1 空气的物理性质 ▶

11.1.1 空气的组成

自然界的空气由若干气体混合组成,主要由氮气(N_2)、氧气(O_2)等组成,其他气体所占比例极小。空气可分为干空气和湿空气两种形态。含有水蒸气的空气称为湿空气,不含水蒸气的空气称为干空气,大气中的空气基本上都是湿空气。在基准状态(0℃,绝对压力为101 325 Pa,相对湿度为0)下地面附近的干空气的组成见表11-1。

表 11-1 空气的组成

空气的主要组成	N_2	O_2	Ar	CO_2	备 注
质量组成/(%)	75.5	23.1	1.28	0.045	其他气体约占0.075%
容积组成/(%)	78.09	20.95	0.93	0.03	
相对分子质量	28	32	40	44	

空气中氮气所占比例最大,由于氮气的化学性质不活泼,具有稳定性,不会自燃,所以空气作为工作介质可以用在易燃、易爆场所。

11.1.2 空气的密度

单位体积空气的质量,称为空气的密度 ρ(kg/m³),其公式为

$$\rho = m / V \tag{11-1}$$

式中,m 为空气的质量(kg);V 为空气的体积(m³)。

气体密度与气体压力和温度有关,压力增加,密度增加,而温度上升,密度减少。

11.1.3 空气的黏性

空气在流动过程中产生的内摩擦阻力的性质叫作空气的黏性,用黏度表示其大小。空气的黏度受压力的影响很小,一般可忽略不计。随温度的升高,空气分子热运动加剧,因此,空气的黏度随温度的升高而略有增加。黏度随温度的变化关系见表11-2。

表 11-2 空气的运动黏度 ν 随温度的变化值(压力为 0.1 MPa)

t/℃	0	5	10	20	30	40	60	80	100
ν/($\times 10^{-4}$ m²/s)	0.133	0.142	0.147	0.157	0.166	0.176	0.196	0.21	0.238

11.1.4 空气的压缩性和膨胀性

气体与液体和固体相比具有明显的压缩性和膨胀性。空气的体积较易随压力和温度的变化而变化。例如,对于大气压下的气体等温压缩,压力增大 0.1 MPa,体积减小一半。而将油的压力增大 18 MPa,其体积仅缩小 1%。在压力不变、温度变化 1 ℃时,气体体积变化约 1/273,而水的体积只改变 1/20 000,空气体积变化的能力是水的 73 倍。气体体积在外界作用下容易产生变化,气体的可压缩性导致气压传动系统刚度差,定位精度低。

气体体积随温度和压力的变化规律遵循气体状态方程。

11.1.5 空气的湿度

空气中含有水分的多少对系统的稳定性有直接影响,因此不仅各种气动元器件对含水量有明确的规定,并且常采取一些措施防止水分带入。

含有水蒸气的空气称为湿空气,其所含水分的程度用湿度和含湿量来表示,湿度的表示方法有绝对湿度和相对湿度之分。

1. 绝对湿度

绝对湿度指每立方米湿空气中所含水蒸气的质量,用 χ 表示,即

$$\chi = m_s/V \tag{11-2}$$

式中,m_s 为水蒸气的质量(kg);V 为湿空气的体积(m^3)。

在一定的压力和温度下,含有最大限度水蒸气量的空气叫作饱和湿空气。$1\ m^3$ 饱和湿空气中所含水蒸气的质量称为饱和湿空气的绝对湿度。

$$\chi_b = \frac{p_b}{R_s \cdot T} = \rho_b \tag{11-3}$$

式中,χ_b 为饱和绝对湿度(kg/m^3);p_b 为饱和湿空气中水蒸气的分压力(Pa);ρ_b 为饱和湿空气中水蒸气的密度(kg/m^3);R_s 为水蒸气的气体常数,$R_s = 462.05\ J/(kg \cdot K)$;$T$ 为绝对温度(K)。

2. 相对湿度

在同一温度下,湿空气中水蒸气分压 p_s 和饱和水蒸气分压 p_b 的比值称为相对湿度,用 ϕ 表示

$$\phi = \frac{p_s}{p_b} \times 100\% \tag{11-4}$$

通常,湿空气大多是处于未饱和状态所以应了解它继续吸收水分的能力和离饱和状态的远近。引入相对湿度概念清楚地说明了这个问题。

当空气绝对干燥时,$p_s = 0$,则 $\phi = 0$。

当湿空气饱和时,$p_s = p_b$,则 $\phi = 100\%$,称此时的空气为绝对湿空气。

一般 ϕ 在 0~100% 之间变化,当空气的相对湿度 $\phi = 60\% \sim 70\%$ 时,人感觉舒适,而气动系统中元件使用的工作介质的相对湿度应小于 95%。

3 空气的含湿量

空气的含湿量是指在单位质量的湿空气中所混合的水蒸气的质量,即

$$d = \frac{m_s}{m_g} \tag{11-5}$$

式中,m_s 为水蒸气的质量(kg);m_g 为干空气的质量(kg)。

◀ 11.2 气体状态方程 ▶

11.2.1 理想气体的状态方程

理想气体是一种假想没有黏性的气体,在状态变化的某一平衡状态的瞬时,有如下气体状态方程。

$$pv = RT \tag{11-6}$$

或

$$\frac{pV}{T} \tag{11-7}$$

式中,p 为绝对压力;v 为空气的比体积,m^3/kg;V 为气体体积;T 为热力学温度(K);R 为气体常数(J/(kg·K))。

但由于实际气体具有黏性,因而严格地讲它并不完全依从理想气体方程式,随着压力和温度的变化,其 pv/RT 并不是恒等于1。当压力在 0~10 MPa,温度在 0~200℃之间变化时,pv/RT 的比值仍接近于1,其误差小于 4%。在气动技术中,气体的工作压力一般在 2 MPa 以下,因而此时将实际气体看成理想气体,由此引起的误差是相当小的。

11.2.2 理想气体状态变化过程

气体(空气)作为气动系统的工作介质,在能量传递过程中其压力 p、比容 v、温度 T 三状态是要发生变化的。实际过程是很复杂的,一般将气体由状态变化简化为有附加限制条件的四种过程,即等压过程、等容过程、等温过程、绝热过程,而把不附加条件限制,往往更接近实际的变化过程称为多变过程。

1. 等容过程(查理定律)

一定质量的气体,在状态变化过程中体积保持不变时,此过程称为等容过程,即

$$\frac{p}{T} = 常数 \quad 或 \quad \frac{v_1}{T_1} = \frac{v_2}{T_2} = \frac{R}{p} = 常数 \tag{11-8}$$

式(11-8)表明,当体积不变时,压力的变化与温度的变化成正比;当压力上升时,气体的温度随之上升。

2. 等压过程(盖-吕萨克定律)

一定质量的气体,在状态变化过程中,当压力保持不变时,此过程称为等压过程,即

$$\frac{V}{T} = 常数 \quad 或 \quad \frac{v_1}{T_1} = \frac{v_2}{T_2} = \frac{R}{p} = 常数 \tag{11-9}$$

式(11-9)表明,当压力不变时,温度上升,气体比体积增大(气体膨胀);当温度下降时,气体比体积减小(气体被压缩)。

3. 等温过程(波义耳定律)

一定质量的气体,在其状态变化过程中,当温度不变时,此过程称为等温过程,即

$$p_1 v_1 = p_2 v_2 = RT = 常数 \tag{11-10}$$

式(11-10)表明,在温度不变的条件下,当气体压力上升时,气体体积被压缩,比体积下降;当气体压力下降时,气体体积膨胀,比体积上升。

4. 绝热过程

一定质量的气体,在状态变化过程中,与外界完全无热量交换时,这种变化过程称为绝热过程,则有

$$pV^k = 常数 \quad 或 \quad p_1 V_1^k = p_2 V_2^k \tag{11-11}$$

式中,k 为等嫡指数,对于干空气 $k=1.4$,对于饱和蒸汽 $k=1.3$。

式(11-11)表明,在绝热过程中,气体状态变化与外界无热量交换,系统靠消耗本身的热力学能(或称内能)对外做功。当气体状态变化很快时可被认为是绝热过程。例如,空气压缩机气缸在压缩空气时速度很快,气缸中被压缩的气体来不及与外界进行热交换,此过程就已结束,可以看作是绝热过程。应该指出,在绝热过程中,气体温度的变化是很大的,例如空气压缩机压缩空气时,温度可高达 250℃,而快速排气时,温度可降至 -100℃。

5. 多变过程

在实际问题中,气体的变化过程往往不能简单地归属为上述几个过程中的任一个,不加任何条件限制的过程称之为多变过程,此时可用下式表示,即

$$pV^n = 常数 \quad 或 \quad p_1 V_1^n = p_2 V_2^n \tag{11-12}$$

式中,n 为多变指数,在 $0 \sim 1.4$ 之间变化。

当 $n=0$ 时,为等压过程;当 $n=1$ 时,为等温过程;当 $n=\pm\infty$ 时,为等容过程。当 $n=k$ 时,为绝热过程,$k=1.4$。

本 章 小 结

本章介绍了空气的主要性质、理想气体的状态方程及变化过程。

思考题与习题

11.1 什么叫湿空气的绝对湿度、饱和绝对湿度和相对湿度?

11.2 在常温 $t=20$℃时,将空气从 0.1 MPa(绝对压力)压缩到 0.7 MPa(绝对压力),求温升 Δt 为多少?

11.3 空气压缩机向容积为 40 L 的气罐充气直至 $p=0.8$ MPa 时停止,此时气罐内温度 $t=40$℃,又经过若干小时罐内温度降至室温 $t=10$℃,问:

(1) 此时罐内表压力为多少?

(2) 此时罐内压缩了多少室温为 10℃的自由空气(设大气压力近似为 0.1 MPa)?

第 12 章
气源装置与气动元件

【学习要点】

掌握气源装置、气动辅助元件、执行元件、控制元件、气动逻辑元件等的结构、工作原理和它们的主要用途及其图形符号。能够根据气压系统的工作要求,正确选用及运用它们来实现气压系统的功能与性能。

◀ 12.1 气源装置及辅助元件 ▶

气源装置是气动系统不可缺少的重要组成部分,其主体部分是空气压缩机(简称空压机)。气源装置一般由气压发生装置、净化及储存压缩空气的装置和设备、传输压缩空气的管道系统和气动三大件四部分组成。其作用是将原动机的机械能转换成气体压力能并经辅助设备净化、除尘和干燥后,给系统提供足够清洁、干燥且具有一定压力和流量的压缩空气。一般的压缩空气站如图 12-1 所示,包括空气压缩机、过滤器、冷却器、油水分离器、储气罐等。

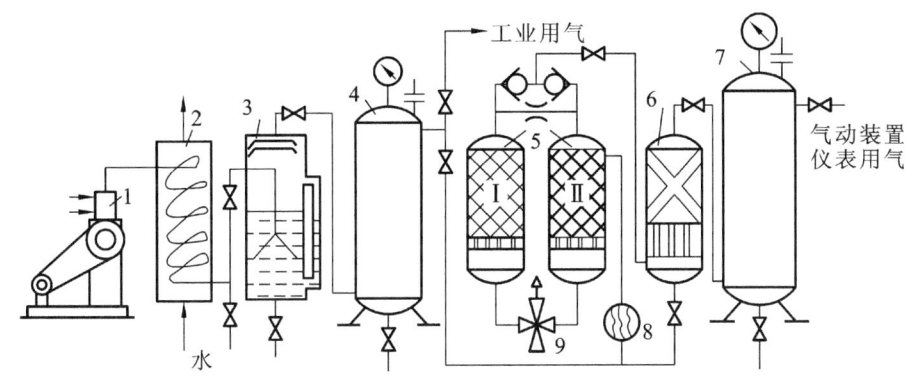

图 12-1　气源装置的组成和布置示意图

1—空气压缩机;2—后冷却器;3—油水分离器;4,7—储气罐;5—干燥器;6—过滤器;8—加热器;9—四通阀

图 12-1 中,1 为空气压缩机,用以产生压缩空气,一般由电动机带动。其吸气口装有空气过滤器,以减少进入空气压缩机内气体的杂质量。2 为后冷却器,用以降温冷却压缩空气,使气化的水、油凝结起来。3 为油水分离器,用以分离并排出降温冷却凝结的水滴、油滴、杂质等。4 为储气罐,用以储存压缩空气,稳定压缩空气的压力,并除去部分油分和水分。5 为干燥器,用以进一步吸收或排除压缩空气中的水分及油分,使之变成干燥空气。6 为过滤器,用以进一步过滤压缩空气中的灰尘、杂质颗粒。7 为储气罐。储气罐 4 输出的压缩空气可用于一般要求的气压传动系统,储气罐 7 输出的压缩空气可用于要求较高的气动系统(如气动仪表及射流元件组成的控制回路等)。8 为加热器,可将空气加热,使热空气吹入闲置的干燥器中进行再生,以备干燥器Ⅰ、Ⅱ交替使用。9 为四通阀,用于转换两个干燥器的工作状态。

12.1.1　空气压缩机

空气压缩机简称空压机,是气源装置的核心,用以将原动机输出的机械能转化为气体的压力能。

空气压缩机的种类很多,但按工作原理主要可分为容积式和速度式(叶片式)两类。在容积式压缩机中,气体压力的提高是由于压缩机内部的工作容积被缩小,使单位体积内气体的分子密度增加而形成的;而在速度式压缩机中,气体压力的提高是由于气体分子在高速流动时突然受阻而停滞下来,使动能转化为压力能而达到的。容积式压缩机按结构不同又可分为活塞式、膜片式和螺杆式等;速度式压缩机按结构不同可分为离心式和轴流式等。目前,使用最广泛的是活塞式空气压缩机。

如图 12-2 所示为活塞式空气压缩机的工作原理图,当活塞向右移动时,气缸内活塞左腔的压力低于大气压力,吸气阀开启,外界空气进入缸内,这个过程称为"吸气过程"。当活塞向左移动时,缸内气体被压缩,这个过程称为"压缩过程"。当缸内压力高于输出管道内的压力后,排气阀被打开,压缩空气输送至管道内,这个过程称为"排气过程"。活塞的往复直线运动是由电动机带动曲柄转动,通过连杆带动滑块在滑道内移动,从而驱动活塞在缸体内做直线往复运动。图 12-2 中只表示一个缸一个活塞的空气压缩机,大多数空气压缩机是多缸和多活塞的组合。

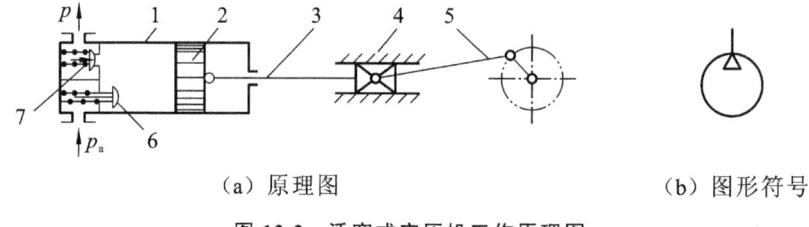

（a）原理图　　　　　　　　　　（b）图形符号

图 12-2　活塞式空压机工作原理图

1—缸体;2—活塞;3—活塞杆;4—滑块;5—曲柄连杆机构;6—吸气阀;7—排气阀

12.1.2　气源净化装置

压缩空气使用前要用净化装置进行净化处理,除去混在压缩空气中的水分、油分等杂质,因此必须设置一些除油、除水、除尘并使压缩空气干燥的提高压缩空气质量、进行气源净化处理的辅助设备。

压缩空气净化装置一般包括后冷却器、油水分离器、储气罐、干燥器、空气过滤器等。

1. 后冷却器

后冷却器安装在空气压缩机出口管道上,将空气压缩机排出具有 140～170 ℃的压缩空气经过后冷却器,温度降至 40～50 ℃。这样,就可使压缩空气中油雾和水汽达到饱和使其大部分凝结成水滴和油滴。后冷却器上应装有自动排水器,以排除冷凝水和油滴等杂质。

后冷却器有风冷式和水冷式两大类。风冷式是靠风扇产生的冷空气吹向带散热片的热空气管道。水冷式是通过强迫冷却水沿压缩空气流动方向的反方向流动来进行冷却,一般采用蛇管式或列管式,如图 12-3 所示。

2. 油水分离器

油水分离器的作用是将压缩空气中的冷凝水和油污等杂质分离出来,使压缩空气得到初步净化。图 12-4 所示的油水分离器采用了惯性分离原理。因固态、液态的物质密度比气态物质的密度大得多,依靠气流撞击隔离壁时的折转和旋转离心作用,使气体上浮,液态和固态物下沉,固液态杂质积聚在容器底部,经排污阀排出。

为了提高油水分离的效果,气流回转后的上升速度越小越好,但为了不使容器内径过大,速度宜为 1 m/s 左右。

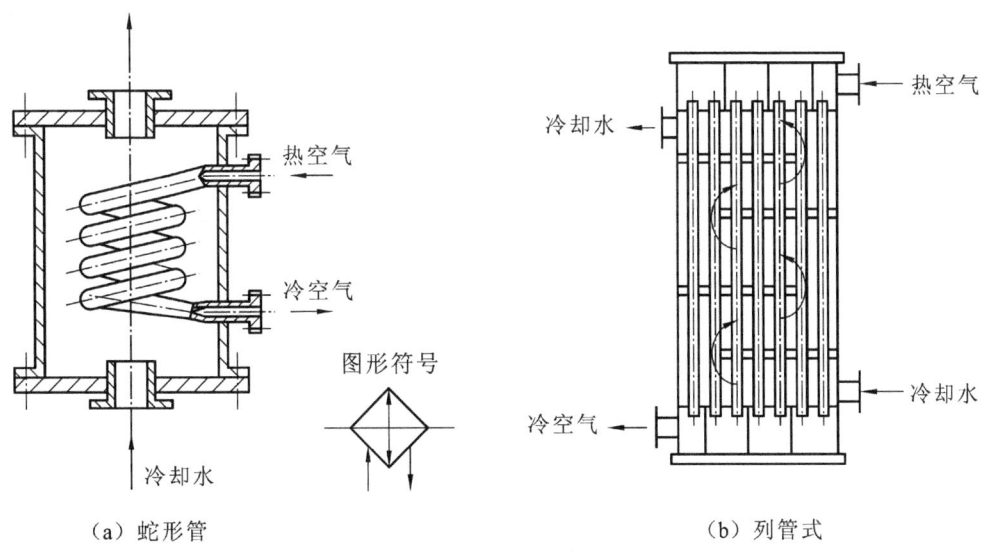

（a）蛇形管 （b）列管式

图 12-3 后冷却器

3. 储气罐

储气罐的作用是消除压力波动,保证输出气流的连续性;储存一定数量的压缩空气,调节用气量或以备发生故障和临时需要应急使用;进一步分离压缩空气中的水分和油分。储气罐一般采用圆筒状焊接结构,有立式和卧式两种,一般以立式居多。立式储气罐的高度 H 为其直径 D 的 2~3 倍,同时应使进气管在下,出气管在上,并尽可能加大两管之间的距离,以利于进一步分离空气中的油和水。同时,每个储气罐应有安全阀,清理、检查用的孔口,压力表,储气罐的底部排放油水的接管等,如图 12-5 所示。

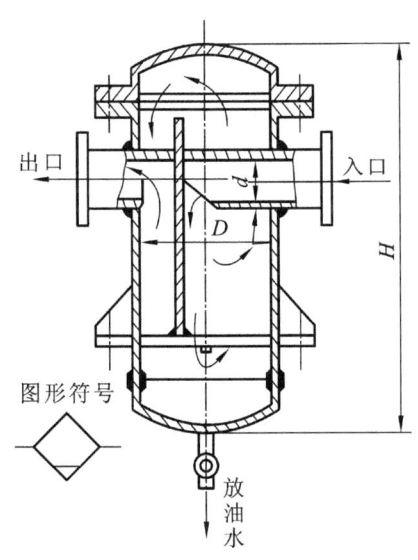

图 12-4 油水分离器

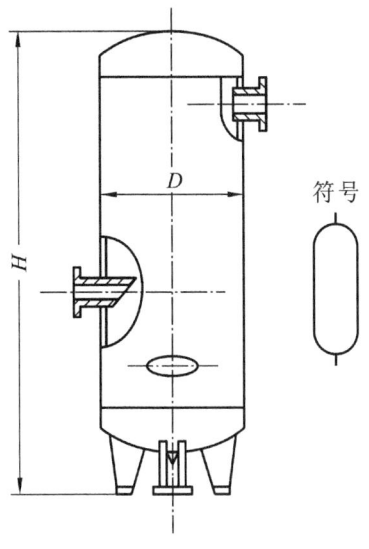

图 12-5 储气罐

4. 干燥器

压缩空气经后冷却器的冷却和油水分离器等的初步净化后,仍含有少量的油、水、粉尘等杂质,虽已能满足一般气动系统的使用要求,但对一些精密机械、仪表等装置还不能满足要求。干燥器就是用来进一步除去压缩空气中含有的水分、油分和杂质等,使压缩空气变成干空气的装置。

当前使用的干燥方法主要是吸附法和冷冻法。冷冻法是利用制冷设备使空气冷却到一定的露点温度,析出空气中超过饱和水蒸气压部分的水分,以降低其含湿量,增加干燥程度的方法。吸附法是利用硅胶、铝胶、分子筛、焦炭等吸附剂吸收压缩空气中的水分,使压缩空气得到干燥的方法。如图 12-6 所示为一种不加热再生式干燥器的结构及其图形符号,它有两个填满干燥剂的相同容器。空气从一个容器的下部流到上部,水分被干燥剂吸收而得到干燥,一部分干燥后的空气又从另一个容器的上部流到下部,从饱和的干燥剂中把水分带走并排入大气,即实现了不需外加热源而使吸附剂再生。Ⅰ、Ⅱ两容器定期地交替工作(5～10 min)使吸附剂产生吸附和再生,这样可得到连续输出的干燥压缩空气。

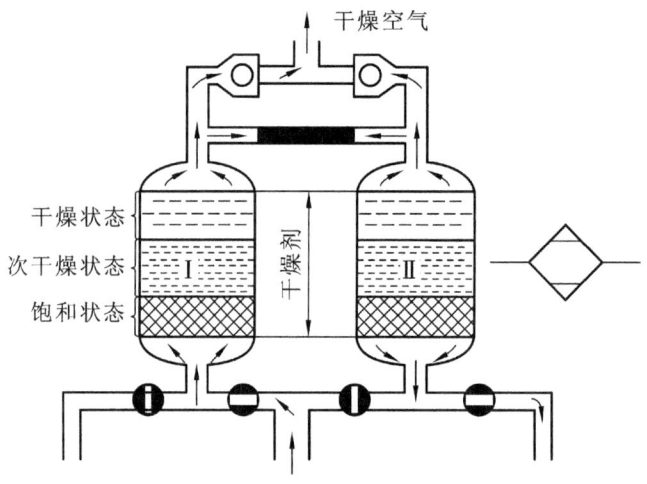

图 12-6 不加热再生式干燥器的结构及其图形符号

5. 空气过滤器

空气过滤器又名分水滤气器、空气滤清器,它的作用是滤除压缩空气中的水分、油滴及杂质,以达到气动系统所要求的净化程度。它属于二次过滤器,大多与减压阀、油雾器一起构成气动三联件,安装在气动系统的入口处。

如图 12-7 所示,它的工作原理是:当压缩空气从输入口流入后,由导流板(旋风挡板)引入滤杯中。旋风挡板使气流沿切线方向旋转,于是,空气中的冷凝水、油滴和固态杂质等因质量较大,受离心力作用被甩到滤杯内壁上,并流到底部沉积起来;随后,空气流过滤芯,进一步除去其中的固态杂质,并从输出口输出。挡水板的作用是防止已沉积于滤杯底部的冷凝水再次被混入气流输出。拧开排放螺栓,可排放掉沉积的冷凝水和杂质。

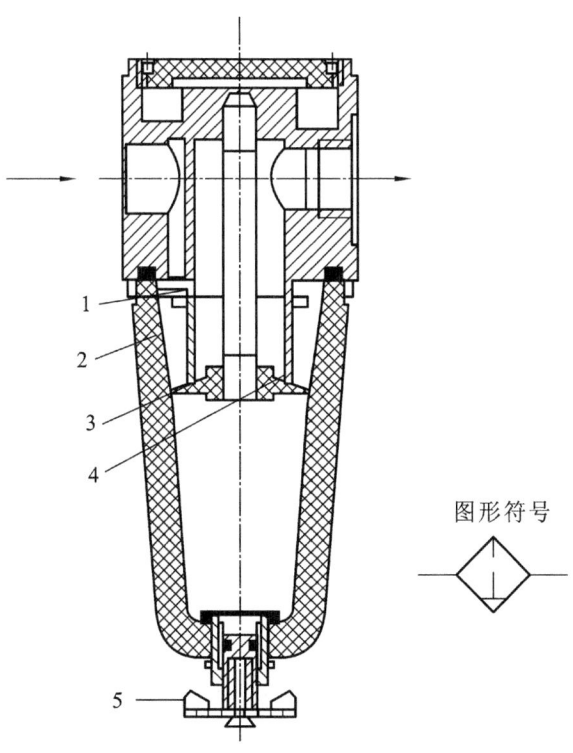

图形符号

图 12-7　分水滤气器

1—旋风叶子；2—存水杯；3—挡水板；4—滤芯；5—手动排水阀

12.1.3　其他辅助装置

1. 油雾器

油雾器是一种特殊的注油装置，它以压缩空气为动力，将润滑油喷射成雾状并混合于压缩空气中，使压缩空气具有润滑气动元件的能力。目前，气动控制阀、气缸和气马达主要是靠这种带有油雾的压缩空气来实现润滑的，其优点是方便、干净、润滑质量高。

油雾器的工作原理如图 12-8 所示。假设气流通过文氏管后压力降为 p_2，当输入压力 p_1 和 p_2 的压差 Δp 大于把油吸引到排出口所需压力 $\rho g h$ 时，油被吸上，在排出口形成油雾并随压缩空气输送出去。若已知输入压力为 p_1，通过文氏管后压力降为 p_2，而 $\Delta p = p_1 - p_2$，因油的黏性阻力是阻止油液向上运动的力，故实际需要的压力差要大于 $\rho g h$，黏度较高的油吸上时所需的压力差 Δp 就较大。相反，黏度较低的油吸上时所需的压力差 Δp 就小一些，但是，黏度

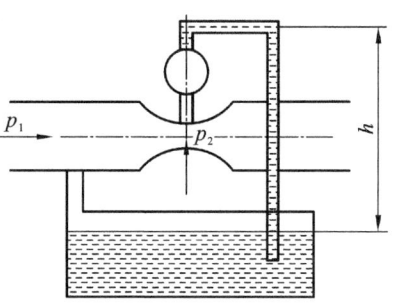

图 12-8　油雾器的工作原理

较低的油即使雾化也容易沉积在管道上，很难到达所期望的润滑地点。因此，在气动装置中要正确选择润滑油的牌号。

图 12-9 所示为普通型油雾器的结构及其图形符号。压缩空气从输入口进入后,通过立杆 1 上的小孔 a 进入截止阀座 4 的腔内,在截止阀的阀芯 2 上下表面形成压力差,此压力差被弹簧 3 的部分弹簧力所平衡,而使阀芯处于中间位置,因而压缩空气就进入储油杯 5 的上腔 c,油面受压,压力油经吸油管 6 将单向阀 7 的阀芯托起,阀芯上部管道有一个边长小于阀芯(钢球)直径的四方孔,使阀芯不能将上部管道封死,压力油能不断地流入视油器 9 内,再滴入立杆 1 中,被通道中的气流从小孔 b 中引射出来,雾化后从输出口输出。视油器上部的节流阀 8 用以调节滴油量,可在 0~200 滴/min 范围内调节。

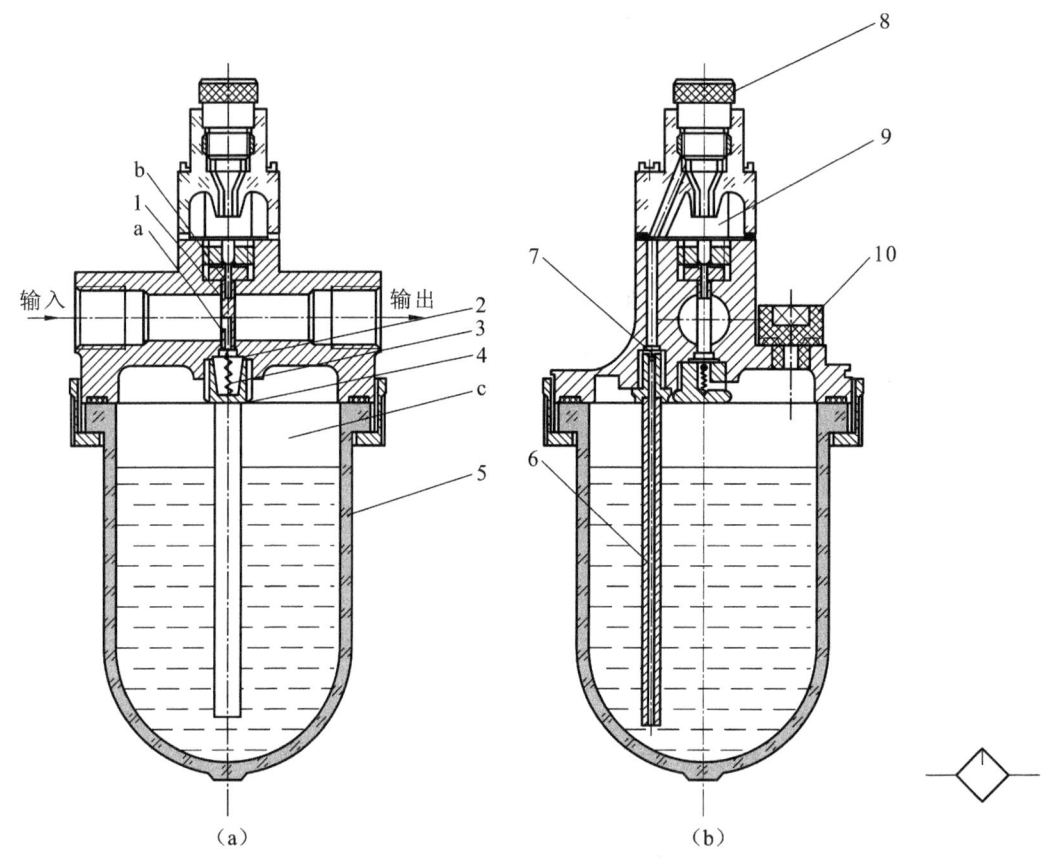

图 12-9 普通型油雾器的结构及其图形符号

1—立杆;2—阀芯;3—弹簧;4—阀座;5—储油杯;6—吸油管;7—单向阀;8—节流阀;9—视油器;10—油塞

普通型油雾器能在进气状态下加油,这时只要拧松油塞 10 后,储油杯上腔 c 便通大气,同时输入进来的压缩空气将阀芯 2 压在截止阀座 4 上,切断压缩空气进入 c 腔的通道。又由于吸油管 6 中单向阀 7 的作用,压缩空气也不会从吸油管倒灌到储油杯中,所以就可以在不停气状态下向油塞口加油。加油完毕,拧上油塞。由于截止阀稍有泄漏,储油杯上腔的压力又逐渐上升到将截止阀打开,油雾器又重新开始工作,油塞上开有半截小孔,当油塞向外拧出时,并不等油塞全打开,小孔已经与外界相通,油杯中的压缩空气逐渐向外排空,以免在油塞打开的瞬间产生压缩空气突然排放的现象。

储油杯一般由透明的聚碳酸酯制成,能清楚地看到杯中的储油量和清洁程度,以便及时补充与更换。视油器用透明的有机玻璃制成,能清楚地看到油雾器的滴油情况。

2. 消声器

在气动系统中,使用后的压缩空气直接排入大气,较高的压差使气体体积急剧膨胀,发出强烈的噪声,为消除这种噪声应安装消声器。消声器是指能阻止声音传播而允许气流通过的一种气动元件,气动装置中的消声器主要有吸收型消声器、膨胀干涉型消声器及膨胀干涉吸收型消声器。

吸收型消声器主要依靠吸声材料消声,如图 12-10 所示为吸收型消声器结构,消声罩 2 为多孔的吸声材料(玻璃纤维、毛毡、泡沫塑料、烧结金属、烧结陶瓷以及烧结塑料等)。其消声原理是:当有压缩气体通过消声罩时,气流受阻,噪声的能量被部分吸收转化为热能,从而降低了噪声强度。吸收型消声器结构简单,有良好的消除中、高频噪声的性能,消声效果大于 20 dB。气动系统的排气噪声主要是中、高频噪声,尤其是高频噪声较多。因此,采用这种消声器是合适的。

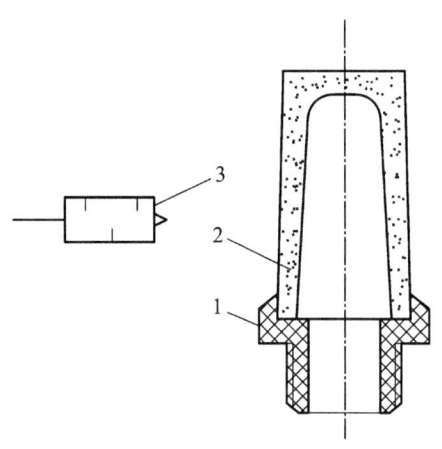

图 12-10 吸收型消声器
1—连接螺钉;2—消声罩;3—图形符号

膨胀干涉型消声器的原理是使气体膨胀互相干涉而消声。这种消声器呈管状,其直径比排气孔大得多,气流在里面膨胀、扩散、反射和互相干涉,从而削弱了噪声强度。这种消声器结构简单、排气阻力小,主要用于消除中、低频,尤其是低频噪声。它的缺点是结构较大,不够紧凑。

膨胀干涉吸收型消声器是综合上述两种消声器的特点而构成的,能在很宽的频率范围内起消声作用。

3. 转换器

在气动控制系统中,也与其他自动控制装置一样,有发信、控制和执行部分,其控制部分工作介质为气体,而信号传感部分和执行部分不一定全用气体,可能用电或液体传输,这就要通过转换器来转换。常用的转换器有气电转换器、电气转换器、气液转换器等。

1) 气电转换器及电气转换器

气电转换器是将压缩空气的气信号转变成电信号的装置,即用气信号(气体压力)接通或断开电路的装置,也称之为压力继电器。

压力继电器按信号压力的大小可分为低压型(0~0.1 MPa)、中压型(0.1~0.6 MPa)和高压型(>1.0 MPa)三种。图 12-11 所示为中高压型压力继电器的结构及其图形符号。气压 p 进入 A 室后,膜片 6 受压产生推力,该力推动圆盘 5 和顶杆 7 克服弹簧 2 的弹簧力向上移动,同时带动爪枢 4,使两个微动开关 3 发出电信号。旋转定压螺母 1,可以调节控制压力范围。调压范围分别是 0.025~0.5 MPa、0.065~1.2 MPa 和 0.6~3.0 MPa 三种。这种压力继电器结构简单,调压方便。在安装气电转换器时应避免安装在振动较大的地方,且不应倾斜和倒置,以免使控制失灵,产生误动作,造成事故。

电气转换器的作用正好与气电转换器的作用相反,它是将电信号转换成气信号的装置。实际上各种电磁换向阀都可作为电气转换器。

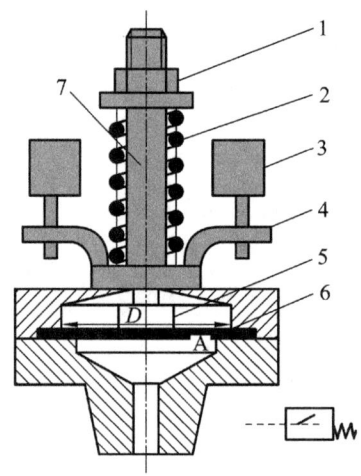

图 12-11 中高压型压力继电器的结构及其图形符号

1—螺母;2—弹簧;3—微动开关;4—爪枢;

5—圆盘;6—膜片;7—顶杆

2) 气液转换器

气动系统中常常用到气-液阻尼缸,或使用液压缸作执行元件,以求获得较平稳的速度,因而就需要一种把气信号转换成液压信号的装置,这就是气液转换器。其种类主要有两种:一种是直接作用式,即在一筒式容器内,压缩空气直接作用在液面上,或通过活塞、隔膜等作用在液面上,推压液体以同样的压力向外输出。图 12-12 所示为气液直接接触式转换器的结构及其图形符号,当压缩空气由上部输入管输入后,经过管道末端的缓冲装置使压缩空气作用在液压油面上,因而液压油即以压缩空气相同的压力,由转换器主体下部的排油孔输出到液压缸,使其动作,气液转换器的储油量应不小于液压缸最大有效容积的 1.5 倍。另一种气液转换器是换向阀式,它是一个气控液压换向阀。采用气控液压换向阀,需要另外备有液压源。

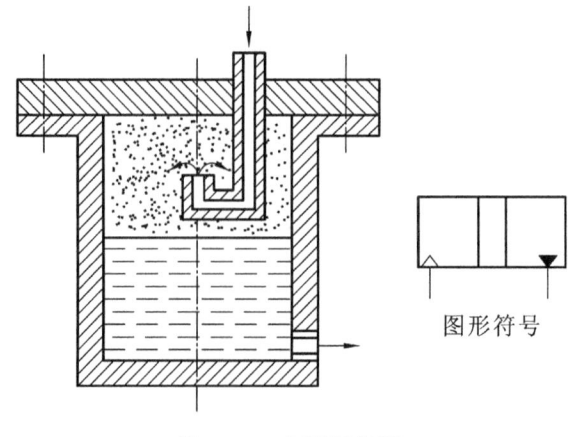

图形符号

图 12-12 气液转换器

◀ **12.2 气动执行元件** ▶

气动执行元件是将压缩空气的压力能转换为机械能的装置,包括气缸和气马达。气缸用于直线往复运动或摆动,气马达用于实现连续回转运动。

12.2.1 气缸

气缸是气动系统的执行元件之一。它是将压缩空气的压力能转换为机械能并驱动工作机构作往复直线运动或摆动的装置。与液压缸比较,它具有结构简单,制造容易,工作压力低和动作迅速等优点,故应用十分广泛。

1. 气缸的分类

气缸种类很多,结构各异,分类方法也多,常用的有以下几种。

(1) 按压缩空气对活塞端面作用力的方向不同分为单作用气缸和双作用气缸。

(2) 按结构特点不同分为活塞式、柱塞式、薄膜式和摆动式气缸等。

(3) 按安装方式可分为固定式(耳座式、法兰式和凸缘式)、轴销式、嵌入式和回转式气缸等。

(4) 按功能分为普通式气缸(包括单作用气缸和双作用气缸)和特殊气缸(包括缓冲式、摆动式、气-液阻尼式、冲击气缸和步进气缸等)。

2. 几种常见气缸的工作原理

1) 普通气缸

(1) 单作用气缸。

所谓单作用是指压缩空气仅在气缸的一端进气,并推动活塞(或柱塞)运动,而活塞或柱塞的返回则是借助于其他外力,如重力、弹簧力等,其结构原理如图 12-13 所示。这种气缸,结构简单、耗气量小,缸体内因安装弹簧因而有效行程短,多用于短行程及对活塞杆推力、运动速度要求不高的场合,如定位和夹紧装置等,比如气动座椅。

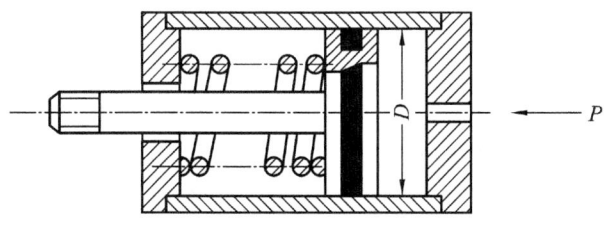

图 12-13 弹簧复位的单作用气缸

(2) 双作用气缸。

双作用气缸的往返运动均通过压缩空气实现,最常用的单杆单作用气缸结构原理与液压缸类似,如图 12-14 所示,当压缩空气从右缸盖上的气口进入无杆腔,同时有杆腔向外排气时,推动活塞,使活塞杆向左运动;当压缩空气从左缸盖上的气口进入有杆腔,同时无杆腔向外排气时,推动活塞,使活塞杆向右运动;这种气缸主要用于行程较长,对活塞杆推力、拉力和运动速度要求不高的场合。

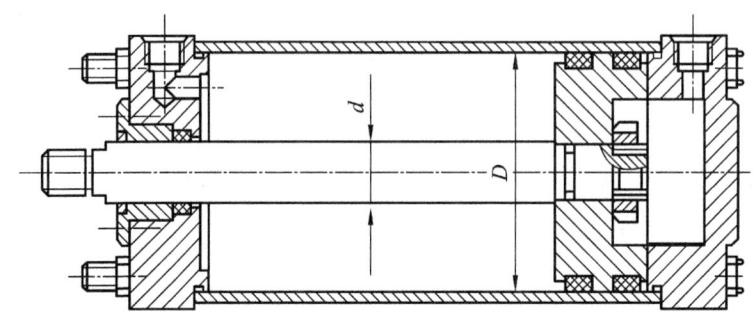

图 12-14　双作用气缸结构原理图

2）薄膜式气缸

薄膜式气缸由缸体、膜片、膜盘和活塞杆等主要零件组成。它可以是单作用式的，也可以是双作用式的，其结构如图 12-15 所示。

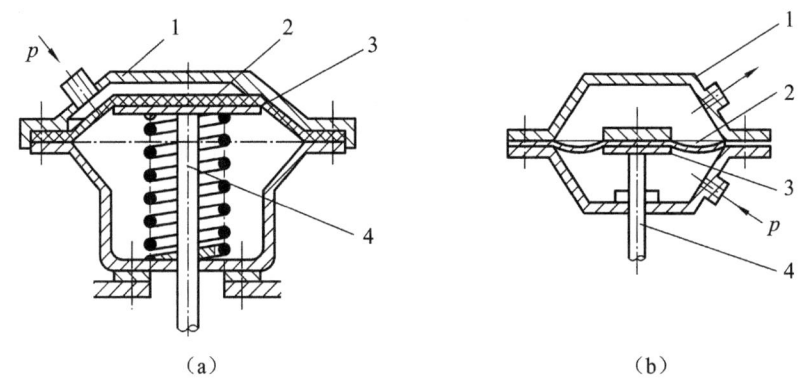

（a）　　　　　　　　　　　　　　　　　（b）

图 12-15　薄膜气缸

1—缸体；2—膜片；3—膜盘；4—活塞杆

薄膜式气缸与活塞式气缸相比较，具有结构紧凑、简单、制造容易、成本低、维修方便、寿命长、泄漏少、效率高等优点，广泛地应用于化工生产过程的调节器上。但因膜片的变形量的限制，薄膜式气缸行程短，一般不超过 40～50 mm。因为膜片变形要吸收能量，所以活塞杆上的输出力随着行程的加大而减小。

3）冲击气缸

冲击气缸是一种体积小、结构简单、易于制造、耗气功率小但能产生较大冲击力的一种特殊气缸。与普通气缸比较，其结构特点是增加了一个具有一定容积的储能腔和喷嘴，其工作原理及工作过程如图 12-16 所示，可简述为以下三个阶段。

第一阶段如图 12-16(a)所示，气缸控制阀处于原始位置，压缩空气由 A 孔进入冲击气孔头腔，储能腔与尾腔通大气，活塞上移，处于上限位置，封住中盖上的喷嘴口，中盖与活塞间的环形空间（即尾腔）经小孔口与大气相通。

第二阶段如图 12-16(b)所示，控制阀切换，储能腔进气，压力 p_1 逐渐上升，作用在与中盖喷嘴口相密封接触的活塞侧一小部分面积（通常设计为活塞面积的 1/9）上的力也逐渐增大。与此同时，头腔排气，压力 p_2 逐渐降低，使作用在头腔侧活塞面上的力逐渐减小。

第三阶段如图 12-16(c)所示，当活塞上下两边的力不能保持平衡时，活塞即离开喷嘴口向下运动,在喷嘴打开的瞬间,储能腔的气压突然加到尾腔的整个活塞面上,于是活塞在很大的压差作用下加速向下运动,使活塞、活塞杆等运动部件在瞬间达到很高的速度(为同样条件下普通气缸速度的 10~15 倍),以很高的动能冲击工件。图 12-16(d)所示为冲击气缸活塞向下自由冲击运动的三个阶段。经过上述三个阶段后,控制阀复位,冲击气缸开始另一个循环。

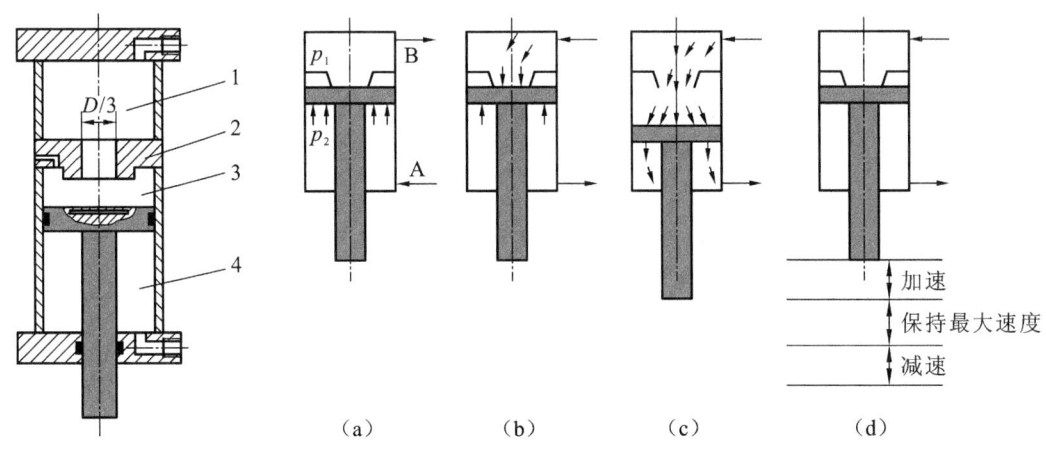

图 12-16　冲击气缸结构与工作原理图

1—储能腔;2—中盖;3—尾腔;4—头腔

4)气-液阻尼缸

在气压传动中,需要准确的位置控制和速度控制时,可采用综合了气压传动和液压传动优点的气-液阻尼缸。如图 12-17 所示为气-液阻尼缸工作原理图。气-液阻尼缸的原理是以压缩空气为能源,并利用油液的不可压缩性来获得活塞的平稳运动,如图 12-7(a)所示将液压缸和气缸串联成一个整体,两个活塞固定在一根活塞杆上,当气缸右腔供气时,活塞克服外载并带动液压缸活塞向左运动。此时液压缸左腔排油,油液只能经节流阀缓慢流回右腔,对整个活塞的运动起到阻尼作用。调节节流阀就能调节活塞运动速度,当压缩空气进入气缸左腔时,液压缸右腔排油,单向阀开启,活塞能快速返回。

串联型气-液阻尼缸的缺点是:缸体长,加工与装配的工艺要求高,且两缸间可能产生窜油、窜气现象。

并联型气-液阻尼缸结构原理如图 12-17(b)所示,其工作原理和作用与串联气-液阻尼缸相同。这种气-液阻尼缸的缸体短,结构紧凑,消除了气缸和液压缸之间的窜气现象。

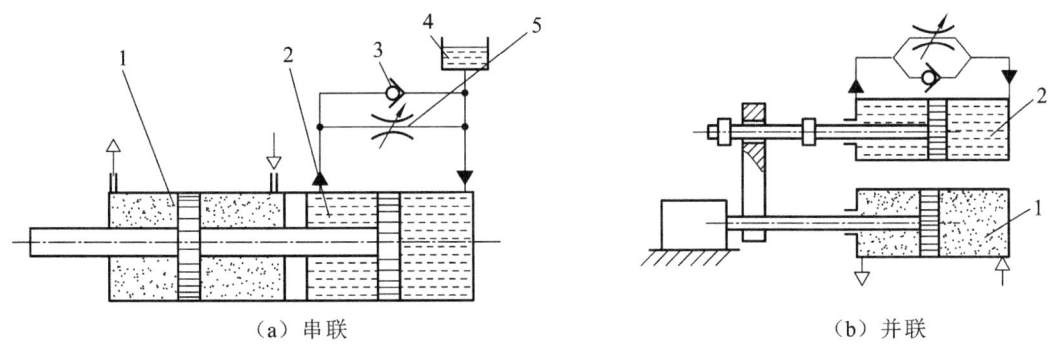

（a）串联　　　　　　　　　　　　　　　　　（b）并联

图 12-17　气-液阻尼缸

1—气缸;2—液压缸;3—单向阀;4—高位油箱;5—节流阀

12.2.2 气马达

气动马达是将压缩空气的压力能转换成旋转的机械能的装置气动执行元件。在气压传动中使用最广泛的是叶片式和活塞式气动马达。图 12-18 所示为叶片式马达结构原理图，其主要由定子 1、转子 2、叶片 3 及壳体 4 构成。压缩空气从输入口 A 进入，作用在工作腔两侧的叶片上。由于转子偏心安装，气压作用在两侧叶片上产生转矩差，使转子按逆时针方向旋转。做功后的气体从输出口 B 排出。若改变压缩空气输入方向，即可改变转子的转向。转子转动的离心力和叶片底部的气压力、弹簧力（图中未画出）使得叶片紧贴在定子 3 的内壁上，以保证密封，提高容积效率。

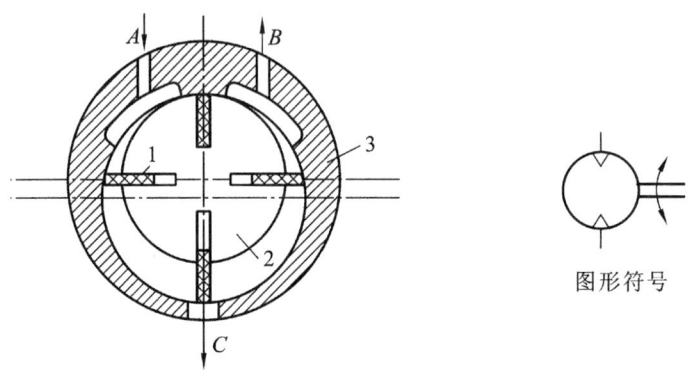

图形符号

图 12-18　双向旋转叶片式气动马达
1—叶片；2—转子；3—定子

气动马达的突出特点是具有防爆、高速等优点，也有其输出功率小、耗气量大、噪声大和易产生振动等缺点。叶片式气动马达主要用于风动工具、高速旋转机械及矿山机械等。

◀ 12.3　气动控制元件 ▶

在气压传动系统中，气动控制元件是控制和调节压缩空气的压力、流量和流动方向的阀类，使气动执行元件按设计的程序正常地进行工作。气动控制元件按功能和用途主要有方向控制阀、压力控制阀和流量控制阀。

在气压传动系统中，用来控制与调节压缩空气的压力、流量和流动方向，以及为保证执行元件按照设计程序正常动作而发送信号的元件称为气动控制阀。按功能也可将气动控制阀分为压力控制阀、流量控制阀和方向控制阀三大类。

12.3.1 方向控制阀

气动方向控制阀也分为单向阀和换向阀。气动换向阀按结构不同分为滑阀式、截止式、平面式、旋塞式和膜片式等。按控制方式可分为电磁控制、气压控制、机械控制和手动控制等。下面介绍几种气压系统常用的方向控制阀。

1. 单向型控制阀

单向型方向控制阀包括普通单向阀、或门型梭阀、与门型梭阀、快速排气阀。

1）单向阀

单向阀是指气流只能向一个方向流动而不能反向流动的阀。单向阀的工作原理、结构和图形符号与液压阀中的单向阀基本相同,只不过在气动单向阀中,阀芯和阀座之间有一层胶垫(密封垫),如图 12-19 所示。

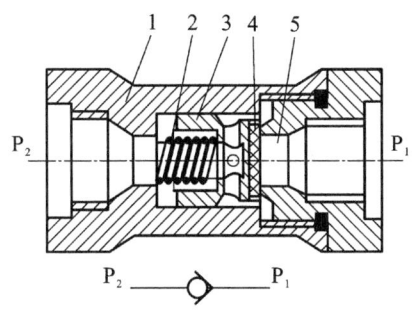

图 12-19　气动单向阀

1—阀体;2—弹簧;3—阀芯;4—密封件;5—截止型阀口

2）梭阀

在气压传动系统中,当两个通路 P_1 和 P_2,均与通路 A 相通,而不允许 P_1 与 P_2 相通时,就要采用梭阀。由于阀芯像梭子一样来回运动,因而称之为梭阀。该阀的结构相当于两个单向阀的组合,如图 12-20 所示,其工作特点是,不论 P_1 和 P_2 哪条通路单独通气,都能导通其与 A 的通路;当 P_1 和 P_2 同时通气时,哪端压力高,A 就和哪端相通,另一端关闭,其逻辑关系为"或"。

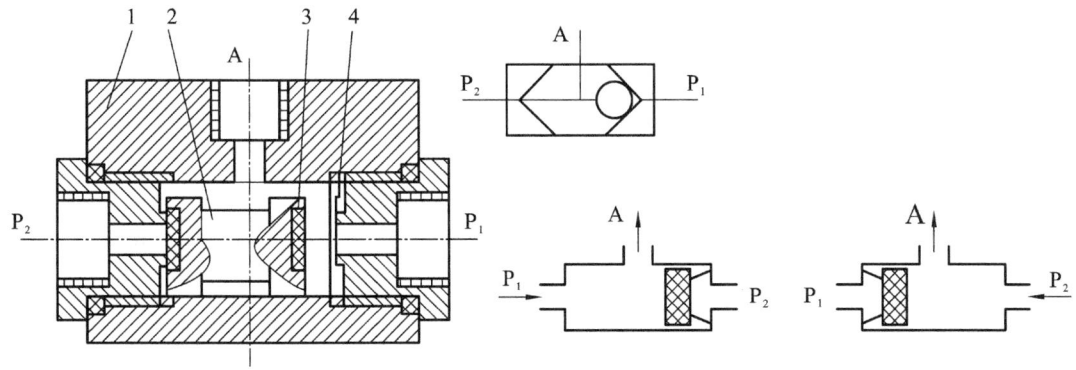

图 12-20　或门型气动梭阀结构与工作原理

1—阀体;2—阀芯;3—密封件;4—截止型阀口

与门型梭阀又称双压阀,结构原理如图 12-21 所示。双压阀只有两个输入口 P_1 和 P_2 同时通气时,A 口才有输出,如图 12-21 所示为双压阀的工作原理及其图形符号。当 P_1 或 P_2 单独有输入时,阀芯被推向右端或左端[见图 12-21(a)、(b)],此时 A 口无输出;只有当 P_1 和 P_2 同时有输入时,A 口才有输出[见图 12-21(c)]。当 P_1 和 P_2 气体压力不等时,则气压低的通过 A 口输出。图 12-21(e)所示为双压阀的图形符号。

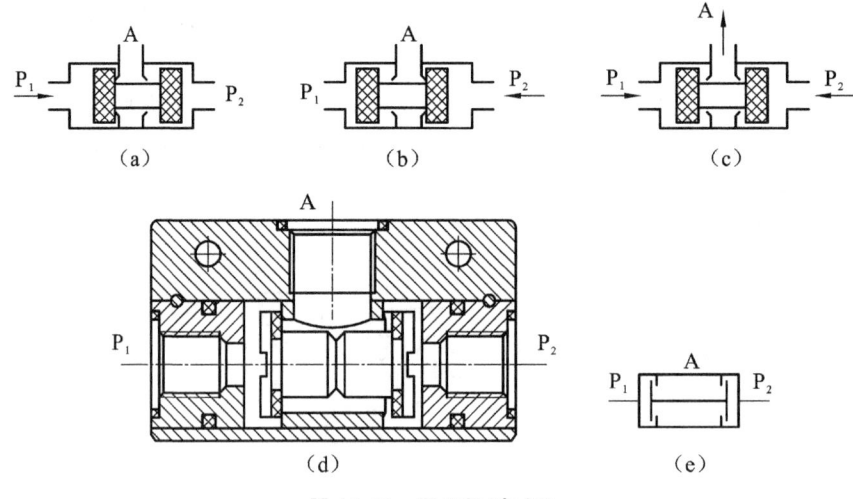

图 12-21 双压阀(与门)

3）快速排气阀

快速排气阀是为加快气体排放速度而采用的气压控制阀。图 12-22 所示为快速排气阀的结构原理。当气体从 P 通入时,气体的压力使唇型密封圈右移封闭快速排气口 e,并压缩密封圈的唇边,导通 P 口和 A 口,当 P 口没有压缩空气时,密封圈的唇边张开,封闭 A 和 P 通道,A 口气体的压力使唇型密封圈左移,A、T 通过排气通道 e 连通而快速排气(一般排到大气中)。

快速排气阀的应用回路如图 12-23 所示。在实际使用中,快速排气阀应配置在需要快速排气的气动执行元件附近,否则会影响快排效果。

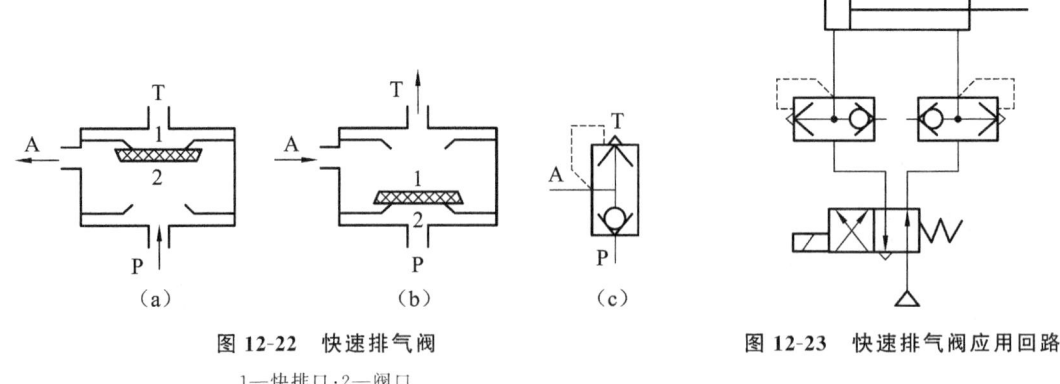

图 12-22 快速排气阀

1—快排口;2—阀口

图 12-23 快速排气阀应用回路

2. 换向型方向控制阀

换向型方向控制阀是通过改变气流通路而使气流方向发生改变,从而达到改变气动执行元件运动方向的目的。换向型方向控制阀按其驱动方式可分为气压控制换向阀、电磁控制换向阀、机械控制换向阀、手动控制换向阀和时间控制换向阀。

1）气压控制换向阀

气压控制换向阀是利用气体压力来使主阀阀芯运动而使气体改变流向的,图 12-24 所示为单气控换向阀的工作原理及其图形符号。图 12-24(a)所示为没有控制信号 K 时的状态,阀芯在弹簧及 P 腔压力作用下关闭,阀处于排气状态;当输入控制信号 K 时[见图 12-24(b)],主阀阀芯下移,打开阀口使 P 与 A 相通。故该阀属常闭型二位三通阀,当 P 与 O 换接时,即成为常通型二位三通阀。图 12-24(c)所示为其图形符号。

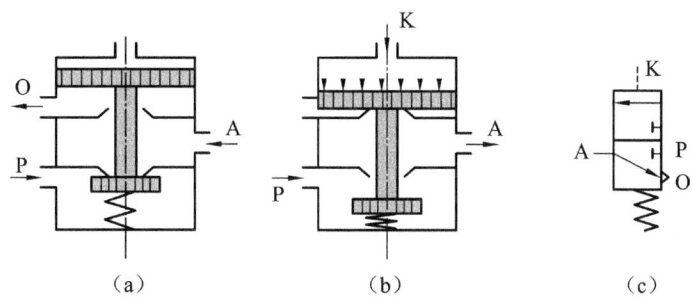

图 12-24　二位三通单气控截止式换向阀

2）电磁控制换向阀

单电控电磁换向阀:由一个电磁铁的衔铁推动换向阀芯移位,可分直动换向阀和先导换向阀两种。如图 12-25(a)所示为单电控直动式电磁换向阀的工作原理及其图形符号。靠电磁铁和弹簧的相互作用使阀芯换位实现换向。图中所示为电磁铁断电状态,弹簧的作用是导通 A、T 通道,封闭 P 口通道;电磁铁通电时,压缩弹簧导通 P、A 通道,封闭 T 口通道。图 12-25(b)所示为单电控先导式换向阀的工作原理及其图形符号。它是用单电控直动换向阀作为气控主换向阀的先导式阀来工作的。图中所示为断电状态,气控主换向阀在弹簧力的作用下,封闭 P 口,导通 A、T 通道;当先导阀带电时,电磁力推动先导阀芯下移,控制压力推动主阀阀芯右移,导通 P、A 通道,封闭 T 通道。类似于电液换向阀,电控先导式换向阀适用于较大通径的场合。

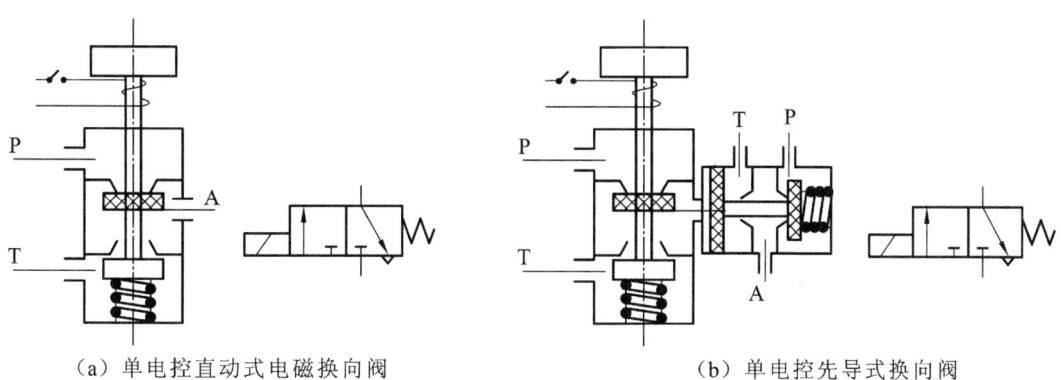

（a）单电控直动式电磁换向阀　　　　　　　（b）单电控先导式换向阀

图 12-25　单电控电磁换向阀

双电控电磁换向阀:由两个电磁铁的衔铁推动换向阀芯移位的阀,如图 12-26 所示。工作原理与单电控先导式换向阀类似。注意,这里的两个电磁铁不能同时通电。

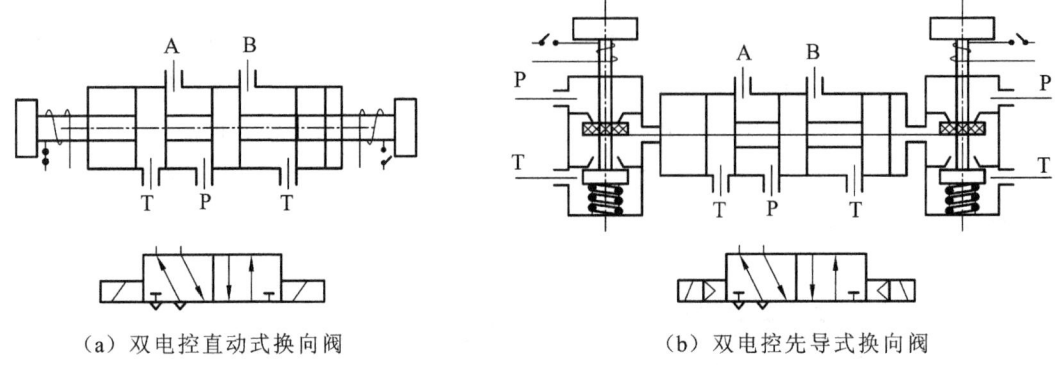

（a）双电控直动式换向阀　　　　　　　（b）双电控先导式换向阀

图 12-26　双电控电磁换向阀

3）气压延时控制阀

图 12-27 所示为二位三通延时换向阀，它是由延时部分和换向部分组成的。当无气控信号时，P 与 A 断开，A 腔排气，当有气控信号时，气体从 K 腔输入经可调节流阀节流后到气容 a 内，使气容不断充气，直到气容内的气压上升到某一值时，使阀芯 2 由左向右移动，使 P 与 A 接通，A 有输出。当气控信号消失后，气容内气压经单向阀到 K 腔排空。这种阀的延时时间可在 0～20 s 间调整。

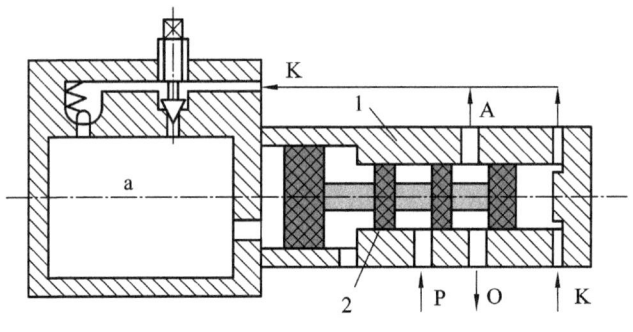

图 12-27　二位三通延时换向阀

1—阀体；2—阀芯

12.3.2　压力控制阀

气动压力控制阀在气动系统中主要起调节、降低或稳定气源压力、控制执行元件动作顺序、保证系统工作安全等作用。气动压力控制阀包括减压阀（调压阀）、顺序阀、安全阀（溢流阀）等。

1. 减压阀

图 12-28 所示为直动式减压阀的工作原理及其图形符号。当顺时针方向调节手柄 1 时，调压弹簧 2（实际上有两个弹簧）推动下弹簧座 3、膜片 4 和阀芯 5 向下移动，使阀口开启，气流通过阀口后压力降低，从右侧输出二次压力气。与此同时，有一部分气流由阻尼孔 7 进入膜片室，在膜片下产生一个向上的推力与弹簧力平衡，调压阀便有稳定的压力输出。当输入压力 p_1 增大时，输出压力 p_2 也随之增高，使膜片下的压力也增高，将膜片向上推，阀芯

5 在复位弹簧 9 的作用下上移,从而使阀口 8 的开度减小,节流作用增强,使输出压力降低到调定值为止;反之,若输入压力下降,则输出压力也随之下降,膜片下移,阀口开度增大,节流作用降低,使输出压力回升到调定压力,以维持压力稳定。

调节手柄 1 以控制阀口开度的大小,即可控制输出压力的大小。目前常用的 QTY 型调压阀的最大输入压力为 1.0 MPa,其输出流量随阀的通径大小而改变。

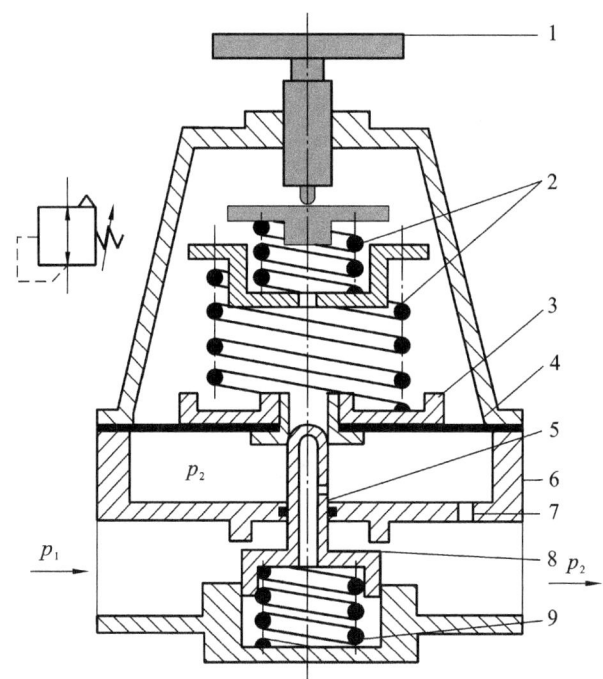

图 12-28　直动式减压阀的工作原理及其图形符号

1—手柄;2—调压弹簧;3—下弹簧座;4—膜片;5—阀芯;6—阀套;7—阻尼孔;8—阀口;9—复位弹簧

2. 顺序阀

顺序阀是一种依靠回路中的压力变化来实现各种顺序动作的压力控制阀,常用来控制气缸的顺序动作。若将顺序阀和单向阀组装成一体,则称为单向顺序阀。顺序阀常用于气动装置中不便于安装机控阀发行程信号的场合。图 12-29 是顺序阀的工作原理图,图 12-30 是单向顺序阀的工作原理图。它们都是靠调压弹簧的预压缩量来控制其开启压力大小的。

在图 12-29(a)中,压缩空气从 P 口进入阀后,作用在阀芯下面的环形活塞面积上,与调压弹簧的力相平衡。一旦空气压力超过调定的压力值即将阀芯顶起,气压立即作用于阀芯的全面积上,使阀达到全开状态,压缩空气便从 A 口输出。当 P 口的压力低于调定压力时,阀再次关闭,如图 12-29(b)所示。

图 12-30(a)所示为单向顺序阀进气时的工作原理。这时,单向阀在弹簧和进气压力的作用下,处于关闭状态。排气时气流反向流动[如图 12-30(b)所示的气流方向],阀芯在弹簧作用下使阀关闭。此时。单向阀在气压作用下克服弹簧力而开启,反向流动的压缩空气经单向阀从 O 口排出。

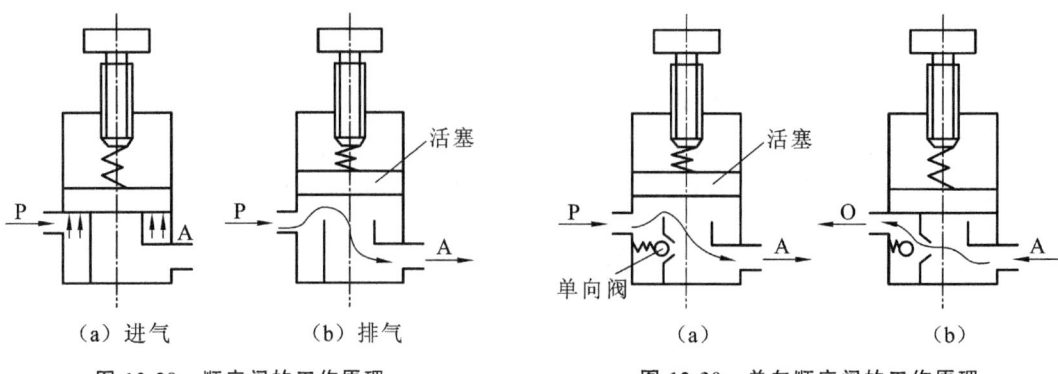

<table>
<tr><td>（a）进气</td><td>（b）排气</td><td>（a）</td><td>（b）</td></tr>
</table>

图 12-29 顺序阀的工作原理   图 12-30 单向顺序阀的工作原理

3. 安全阀

当储气罐或回路中压力超过某调定值,要用安全阀向外放气,安全阀在系统中起过载保护作用。

图 12-31 是安全阀工作原理图。当系统中气体压力在调定范围内时,作用在活塞 2 上的压力小于弹簧 1 的力,活塞处于关闭状态[见图 12-31(a)]。当系统压力升高,作用在活塞 2 上的压力大于弹簧的预定压力时,活塞 2 向上移动,阀门开启排气[见图 12-31(b)]。直到系统压力降到调定范围以下,活塞又重新关闭。开启压力的大小与弹簧的预压缩量有关。

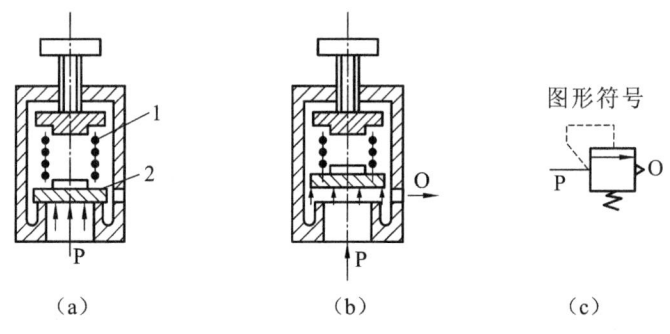

图形符号

图 12-31 安全阀工作原理图
1—弹簧;2—活塞

12.3.3 流量控制阀

在气压传动系统中,有时需要控制气缸的运动速度,有时需要控制换向阀的切换时间和气动信号的传递速度,这些都需要调节压缩空气的流量来实现。流量控制阀就是通过改变阀的通流截面积来实现流量控制的元件。流量控制阀包括节流阀、单向节流阀、排气节流阀等。

1. 节流阀

图 12-32 所示为圆柱斜切型节流阀的结构图。压缩空气由 P 口进入,经过节流后,由 A 口流出。旋转阀芯螺杆,就可改变节流口的开度,这样就调节了压缩空气的流量。由于这种节流阀的结构简单、体积小,故应用范围较广。

2. 单向节流阀

单向节流阀是由单向阀和节流阀并联而成的组合式流量控制阀,如图 12-33 所示。当气流沿着一个方向,例如 P→A[见图 12-33(a)]流动时,经过节流阀节流;反方向[见图 12-33(b)]流动,由 A→P 时单向阀打开,不节流,单向节流阀常用于气缸的调速和延时回路。

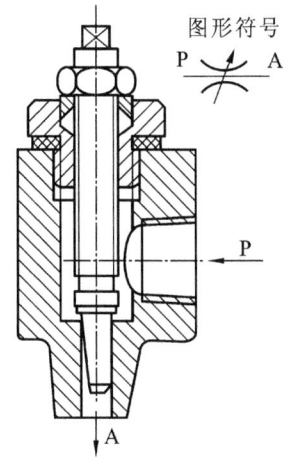

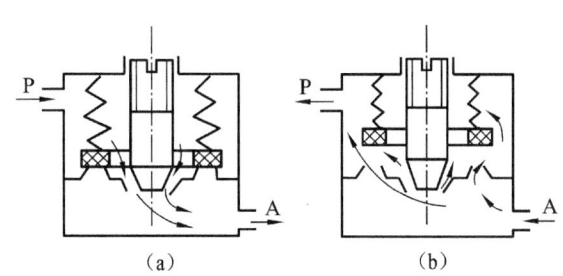

图形符号

(a)   (b)

图 12-32　节流阀工作原理图　　　　图 12-33　单向节流阀的工作原理图

3. 排气节流阀

排气节流阀是装在执行元件的排气口处,调节进入大气中气体流量的一种控制阀。它不仅能调节执行元件的运动速度,还常带有消声器件,所以也能起降低排气噪声的作用。

图 12-34 为排气节流阀工作原理图。其工作原理和节流阀类似,靠调节节流口 1 处的通流面积来调节排气流量,由消声套 2 来减小排气噪声。

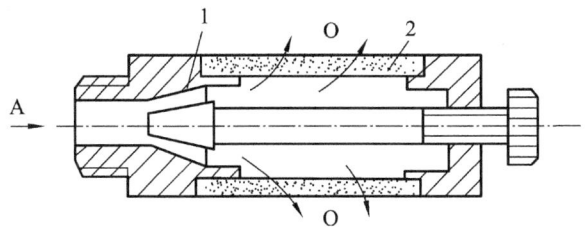

图 12-34　排气节流阀工作原理图

1—节流口;2—消声套

◀ 12.4　气动逻辑元件 ▶

逻辑元件也称为开关元件,指在控制系统中能够完成一定逻辑功能的器件。

气动逻辑元件具有气流通道孔径较大、抗污染能力强、结构简单、成本低、工作寿命长、响应速度慢等特点。气动逻辑元件按工作压力可分为高压元件(工作压力为 0.2~0.8 MPa)、低压元件(工作压力为 0.02~0.2 MPa)及微压元件(工作压力为 0.02 MPa 以下);按逻辑功能分为与门元件、或门元件、非门元件、或非元件、与非元件、双稳元件等,常见的有滑阀式、截止式、膜片式等。最基本的逻辑元件是"与"、"或"及"非"三种元件,它们之间的不同组合可完成不同的逻辑功能。

12.4.1 逻辑或门

截止式逻辑元件中的或门,大多由硬芯膜片及阀体所构成,膜片可水平安装,也可垂直安装。图12-35所示为或门元件的工作原理及其图形符号,图中A、B为信号输入孔,S为输出孔。当只有A有信号输入时,阀芯a在信号气压作用下向下移动,封住信号孔B,气流经S输出;当只有B有输入信号时,阀芯a在此信号作用下上移,封住A信号孔通道,S也有输出;当A、B均有输入信号时,阀芯a在两个信号作用下或上移,或下移,或保持在中位,S均会有输出。也就是说,或有A,或有B,或者A、B两者都有,均有输出S,亦即S=A+B。

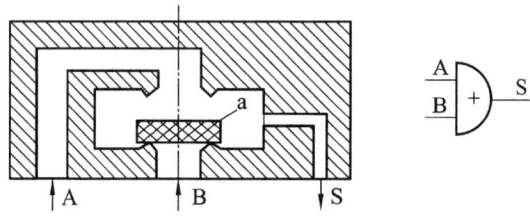

图 12-35 或门元件的工作原理及其图形符号

12.4.2 是门和与门元件

图12-36所示为是门和与门元件的工作原理及其图形符号,图中A为信号输入孔,S为信号输出孔,中间孔接气源P时为是门元件。也就是说,在A输入孔无信号时,阀芯2在弹簧及气源压力p作用下处于图示位置,封住P、S间的通道,使输出孔S与排气孔相通,S无输出;反之,当A有输入信号时,膜片1在输入信号作用下将阀芯2推动下移,封住输出口与排气孔间通道,P与S相通,S有输出。也就是说,无输入信号时无输出,有输入信号时就有输出。元件的输入和输出信号之间始终保持相同的状态,即S=A。

若将中间孔不接气源而换接另一输入信号B,则成与门元件,也就是只有当A、B同时有输入信号时,S才有输出,即S=A·B。

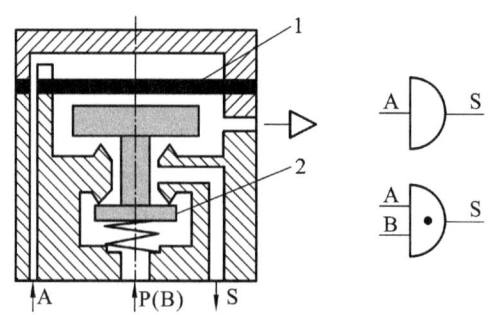

图 12-36 是门和与门元件的工作原理及其图形符号
1—膜片;2—阀芯

12.4.3　非门和禁门元件

图 12-37 所示为非门和禁门元件的工作原理及其图形符号。当元件的输入端 A 没有信号输入时,阀芯 3 在气源压力作用下紧压在上阀座上,输出端 S 有输出信号;反之,当元件的输入端 A 有输入信号时,作用在膜片 2 上的气压力经阀杆使阀芯 3 向下移动,关断气源通路,没有输出。也就是说,当有信号 A 输入时,就没有输出 S;当没有信号 A 输入时,就有输出 S,即 $S = \bar{A}$。显示活塞 1 用以显示有无输出。

若把中间孔不作气源孔 P,而改作另一输入信号孔 B,该元件即为"禁门"元件。也就是说,当 A、B 均有输入信号时,阀杆及阀芯 3 在 A 输入信号作用下封住 B 孔,S 无输出;在 A 无输入信号而 B 有输入信号时,S 就有输出。A 的输入信号对 B 的输入信号起"禁止"作用,即 $S = \bar{A}B$。

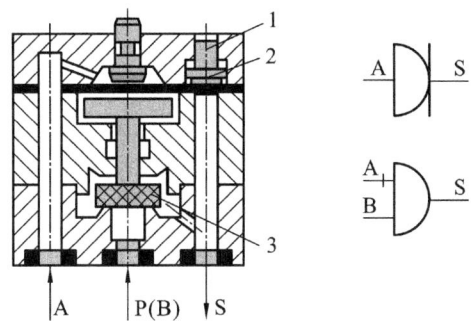

图 12-37　非门和禁门元件的工作原理及其图形符号

1—显示活塞;2—膜片;3—阀芯

12.4.4　或非元件

图 12-38 所示为或非元件的工作原理及其图形符号,它是在非门元件的基础上增加两个信号输入端,即具有 A、B、C 三个输入信号。很明显,当所有的输入端都没有输入信号时,元件有输出 S,只要三个输入端中有一个有输入信号,元件就没有输出 S,即 $S = \overline{A + B + C}$。

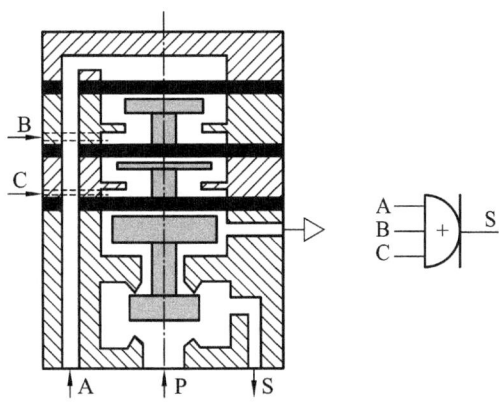

图 12-38　或非元件的工作原理及其图形符号

或非元件是一种多功能逻辑元件,用这种元件可以实现是门、或门、与门、非门及记忆等各种逻辑功能,见表12-1。

表 12-1 或非元件的逻辑功能

元 件 类 型	简 化 图	逻 辑 功 能
是门	A ⊃ S	A ⊃+ → ⊃+ S=A
或门	A B ⊃+ S	A B ⊃+ → ⊃+ S=A+B
与门	A B ⊃• S	A ⊃+ , B ⊃+ → ⊃+ S=A+B
非门	A ⊃ S	A ⊃+ S=Ā
双稳	A 1 S₁ B 0 S₂	A ⊃+ •S₁ , B ⊃+ •S₂

本 章 小 结

本章主要介绍了气动系统的元件及装置。其中,气源装置为气动系统提供满足一定质量要求的压缩空气,是气动系统的一个重要组成部分;气动执行元件是将压缩空气的压力能转换成机械能的装置,主要包括气缸和气马达;气动控制阀的功用、工作原理等和液压控制阀相似,仅在结构上有所不同;辅助元件主要包括消声器、管道、管接头等,是气动控制系统中不可或缺的;气动逻辑元件是一种采用压缩空气作为工作介质,通过元件内部可动部件的动作,改变气流的方向,从而实现一定逻辑功能的气动控制元件。

思考题与习题

12.1　试简述分水滤气器的作用,并分析其工作原理。

12.2　在气动系统中设置后冷却器的目的是什么?

12.3　气源装置的组成部分有哪些?它们各自有哪些作用?

12.4　气缸有哪些类型?与液压缸比较,气缸有哪些特点?

12.5　冲击气缸的工作原理是什么?举例说明冲击气缸的用途。

12.6　分别列出气动方向控制阀、气动压力控制阀和气动流量控制阀的种类。

12.7　已知一单杆双作用气缸内径 $D=100$ mm,活塞杆直径 $d=30$ mm,工作压力 $p=0.5$ MPa,气缸效率为 $\eta=0.5$,求气缸往复运动时的输出力各为多少?

12.8　单作用气缸内径 $D=63$ mm,工作压力 $p=0.5$ MPa,气缸效率 $\eta=0.4$,复位弹簧最大反作用力为 150 N,求此缸的有效推力。

第 13 章
气动基本回路及气动系统

【学习要点】

掌握压力控制回路、方向控制回路、速度控制回路和其他常用回路的组成和工作原理,能够正确使用各种基本回路。了解气动系统的组成及工作原理。

气动系统与液压系统一样,无论其多么复杂,也都是由一些基本回路组成的。熟悉和掌握气动基本回路的工作原理和特点,可为设计、分析和使用比较复杂的气动控制系统打下良好的基础。本章主要介绍几种常用的气动控制回路的工作原理及其特点。

◀ 13.1 方向控制回路 ▶

13.1.1 单作用气缸换向回路

通过控制进气方向改变执行元件运动方向的回路称为换向回路。

图 13-1(a)所示为由二位三通电磁阀控制的换向回路,通电时,活塞杆伸出;断电时,在弹簧力作用下活塞杆缩回。

图 13-1(b)所示为由三位五通电磁阀控制的换向回路。

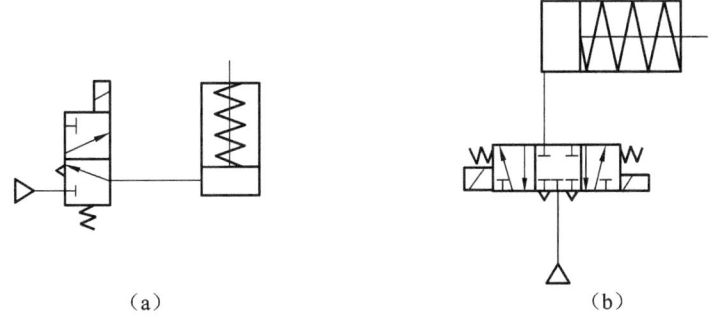

(a)　　　　　　　　　　　　　　　　(b)

图 13-1　单作用气缸换向回路

13.1.2 双作用气缸换向回路

图 13-2(a)为小通径的手动换向阀控制二位五通主阀操纵气缸换向;图 13-2(b)为二位五通双电控阀控制气缸换向;图 13-2(c)为两个小通径的手动阀控制二位五通主阀操纵气缸换向;图 13-2(d)为三位五通阀控制气缸换向。该回路有中停功能,但定位精度不高。

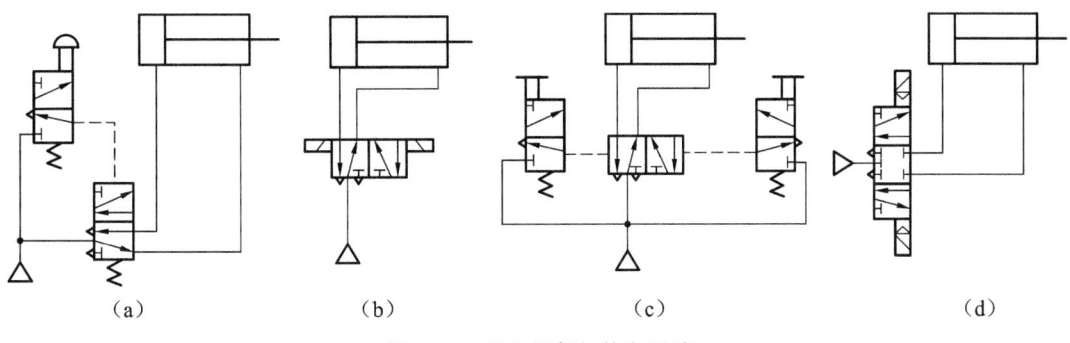

(a)　　　　　　　(b)　　　　　　　(c)　　　　　　　(d)

图 13-2　双作用气缸换向回路

◀ 13.2 压力控制回路 ▶

对气动系统的压力进行调节和控制的回路称为压力控制回路。压力控制回路的功用是使系统保持在某一规定的压力范围内。常用的有一次压力控制回路,二次压力控制回路和高低压转换回路。

13.2.1 一次压力控制回路

一次压力控制回路用于使气罐送出的压力不超过规定压力,如图 13-3 所示为一次压力控制回路,通常气罐上装有一只安全阀,一旦罐内压力超过规定压力,安全阀便打开放气。气罐上有带触电的压力表,当压力超出时,立即断开空气压缩机,气罐便不再充气。

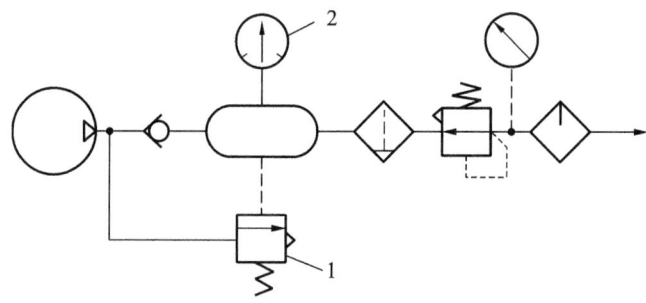

图 13-3 一次压力控制回路

1—溢流阀;2—电接点压力表

13.2.2 二次压力控制回路

二次压力控制回路用于气动控制系统气源压力的控制,以保证系统使用的气体压力为稳定值。图 13-4 所示为二次压力控制回路,图 13-4(a)是由气动三大件组成的控制回路,主要由溢流减压阀来实现压力控制;图 13-4(b)是由减压阀和换向阀构成的对同一系统实现输出高低压力 p_1、p_2 的控制;图 13-4(c)是由减压阀来实现对不同系统输出不同压力 p_1、p_2 的控制。

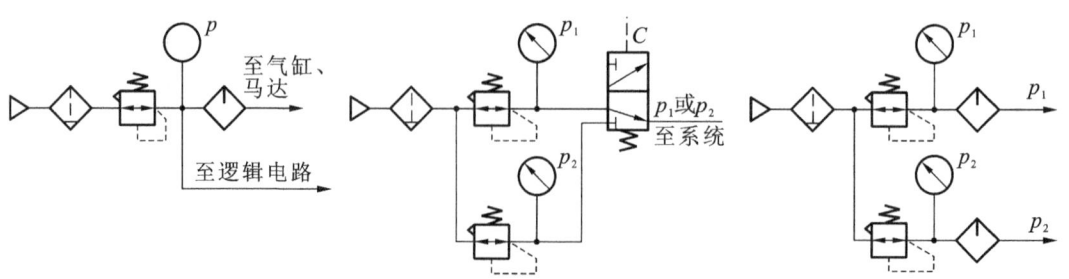

(a)由溢流减压阀控制压力   (b)由换向阀控制高低压力   (c)由减压阀控制高低压力

图 13-4 二次压力控制回路

13.2.3　高低压转换回路

该回路利用两只减压阀和一只换向阀输出低压或高压气源,图 13-5(a)为可同时输出高低压的回路;图 13-5(b)为利用换向阀控制的高低压切换回路,由换向阀控制气动装置所需要的压力。

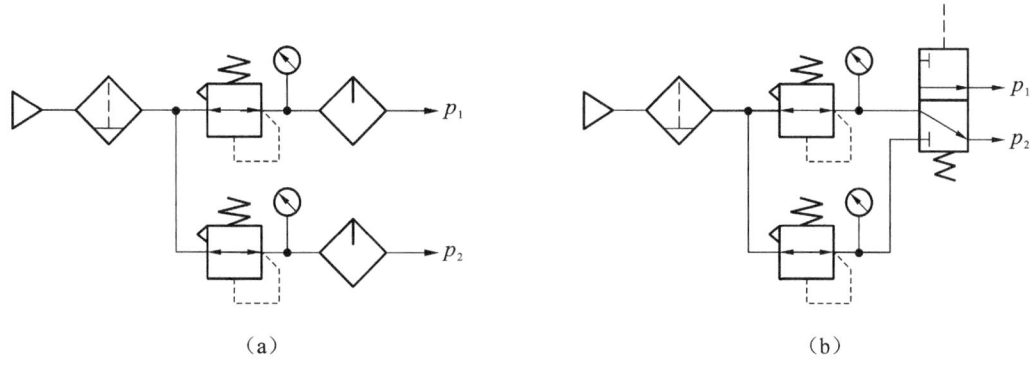

（a）　　　　　　　　　　　　　　（b）

图 13-5　高低压转换回路

◀ 13.3　速度控制回路 ▶

速度控制回路主要用于调节气缸的运动速度或实现气缸的缓冲等,对于气动系统来说,一般其承受的负载较小,故调速方式主要采用节流调速。

13.3.1　单作用气缸的速度控制回路

图 13-6(a)为采用两个单向节流阀的速度控制回路,活塞的两个方向运动速度分别由两个单向节流阀来调节。在图 13-6(b)所示的回路中,气缸活塞杆伸出时的速度可调,缩回时则通过快速排气阀排气,使气缸快速返回。

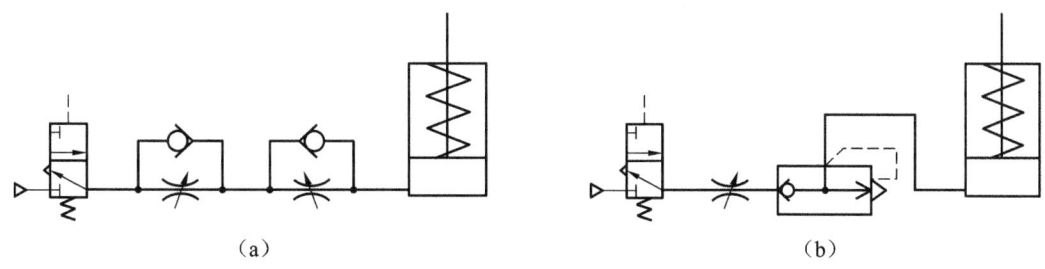

（a）　　　　　　　　　　　　　　（b）

图 13-6　单作用气缸的速度控制回路

13.3.2　双作用气缸的速度控制回路

1. 单向调速回路

图 13-7 所示为双作用缸单向调速回路。图 13-7(a)为进气节流调速回路。在图中所示

位置时,当气控换向阀不换向时,进入气缸 A 腔的气流流经节流阀,B 腔排出的气体直接经换向阀快排。当节流阀开度较小时,由于进入 A 腔的流量较小,压力上升缓慢。当气压达到能克服负载时,活塞前进,此时 A 腔容积增大,结果使压缩空气膨胀,压力下降,使作用在活塞上的力小于负载,因而活塞就停止前进。待压力再次上升时,活塞才再次前进。这种由于负载及供气的原因使活塞忽走忽停的现象,叫气缸的"爬行"。节流供气多用于垂直安装的气缸的供气回路中,在水平安装的气缸供气回路中一般采用图 13-7(b)所示的排气节流回路。该回路可承受一定的负载,运动平稳性较好。

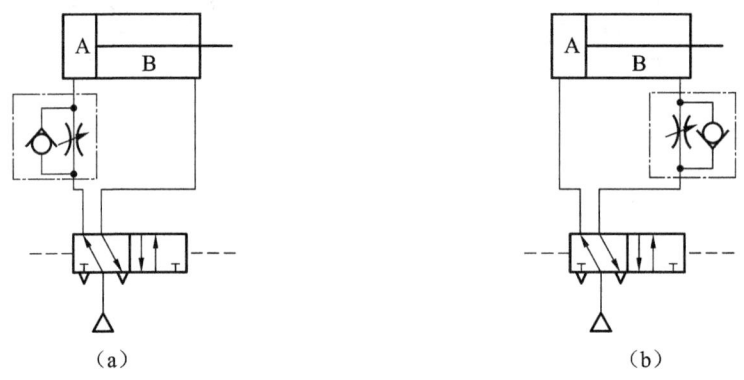

图 13-7 双作用缸单向调速回路

2. 双向调速回路

图 13-8 为双向调速回路。图 13-8(a)所示为采用单向节流阀式的双向节流调速回路。图 13-8(b)所示为采用排气节流阀的双向节流调速回路。它们都是采用排气节流调速方式,当外负载变化不大时,进气阻力小,负载变化对速度影响小,比进气节流调速效果要好。

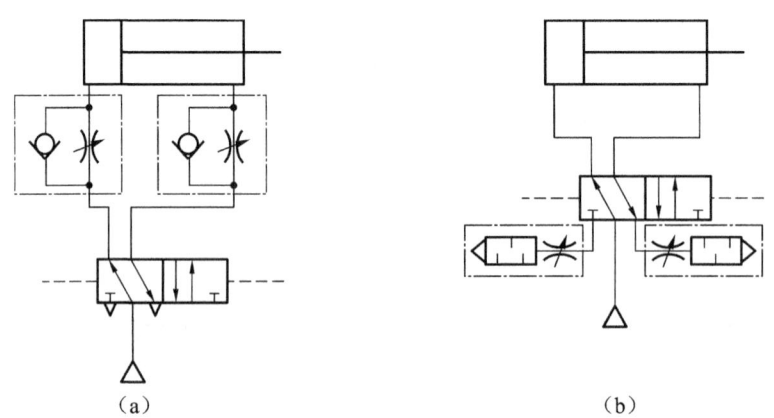

图 13-8 双向调速回路

13.3.3 速度换接回路

如图 13-9 所示,速度换接回路利用两个二位二通阀与单向节流阀并联,当撞块压下行程开关时,发出电信号,使二位二通阀换向,改变排气通路,从而使气缸速度改变。行程开关的位置可根据需要选定。图中二位二通阀也可改用行程阀。

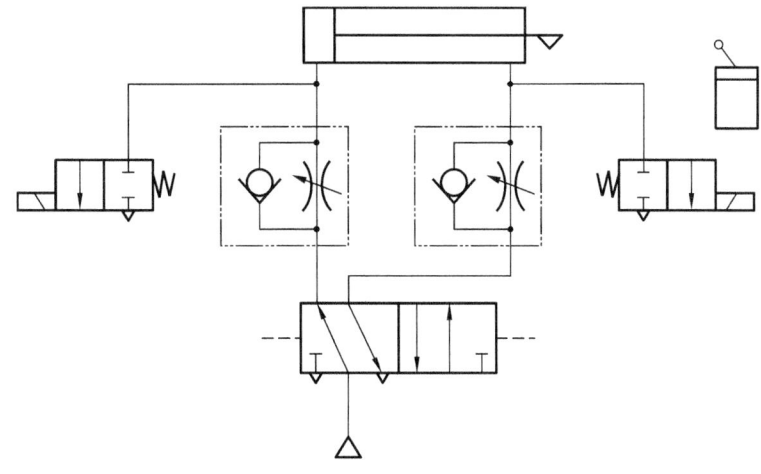

图 13-9　速度换接回路

13.3.4　缓冲回路

要获得气缸行程末端的缓冲,除采用带缓冲的气缸外,特别是在行程长、速度快、惯性大的情况下,往往需要采用缓冲回路来满足气缸运动速度的要求。常用的缓冲回路如图 13-10 所示。图 13-10(a)所示的回路能实现快进→慢进缓冲→停止快退的循环,行程阀可根据需要来调整缓冲开始位置,这种回路常用于惯性力大的场合。图 13-10(b)所示回路的特点是,当活塞返回到行程末端时,其左腔压力已降至打不开顺序阀 2 的程度,余气只能经节流阀 1 排出,因此活塞得到缓冲,这种回路常用于行程长、速度快的场合。

图 13-10 所示的回路都只能实现一个运动方向上的缓冲,若两侧均安装此回路,则可达到双向缓冲的目的。

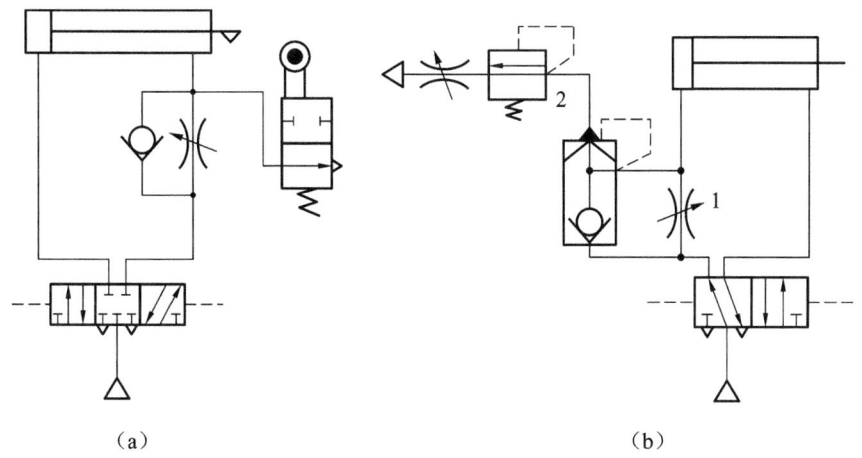

(a)　　　　　　　　　　　　　　　　　　(b)

图 13-10　缓冲回路

1—节流阀;2—顺序阀

13.3.5　气-液转换速度控制回路

图 13-11 所示为气-液转换速度控制回路。该回路以气缸为动力,利用气-液转换器,将气压变成液压,利用液压油驱动液压缸,通过调节节流阀开度,可以得到相应平稳的活塞运动速度,且易控制。

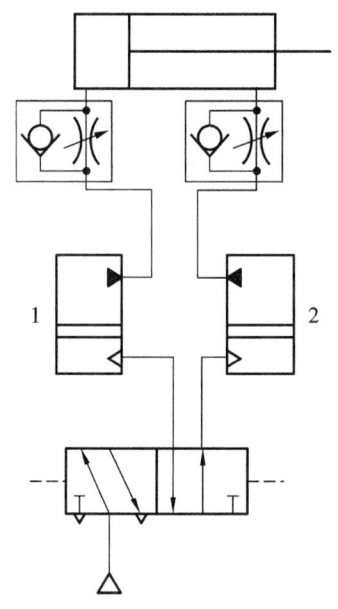

图 13-11　气-液转换速度控制回路

1,2—气-液转换器

◀ 13.4　其他常用基本回路 ▶

13.4.1　安全保护回路

气动机构负荷过载或气压的突然降低以及气动执行机构的快速动作等原因都可能危及操作人员或设备的安全,因此在气动回路中,常常要加入安全回路。下面介绍几种常用的安全保护回路。

1. 过载保护回路

图 13-12 所示为过载保护回路。按下手动换向阀 1,在活塞杆伸出的过程中,若遇到障碍 6,无杆腔压力升高,打开顺序阀 3,使阀 2 换向,阀 4 随即复位,活塞立即退回,实现过载保护。若无障碍 6,气缸向前运动时压下阀 5,活塞即刻返回。

2. 互锁回路

图 13-13 所示为互锁回路。在该回路中,四通阀的换向受三个串联的机动三通阀控制,只有三个阀都接通,主阀才能换向。

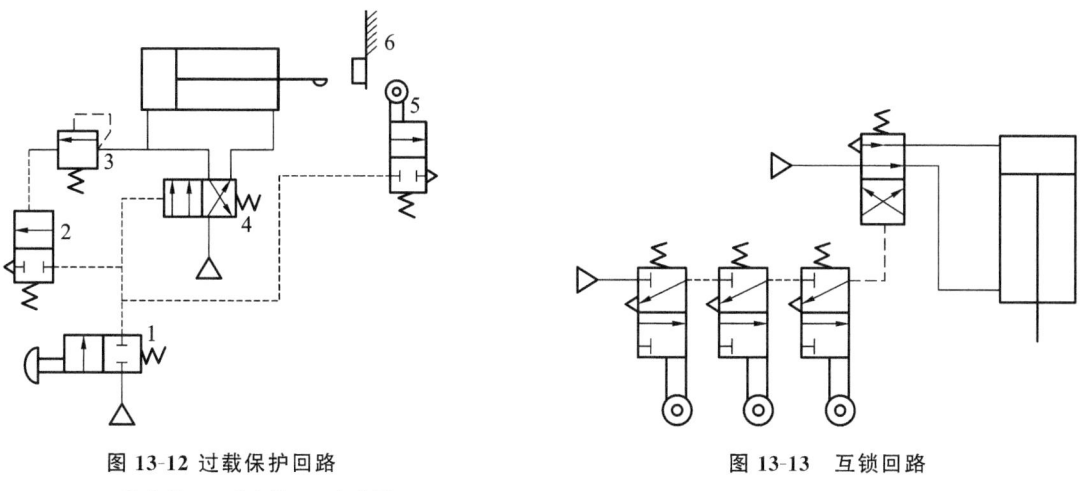

图 13-12 过载保护回路

1,2,5—换向阀;3—溢流阀;4—电磁阀

图 13-13　互锁回路

3. 双手同时操作回路

所谓双手同时操作回路就是使用两个启动阀的手动阀,只有同时按动两个阀才动作的回路。图 13-14 所示为双手同时操作回路。

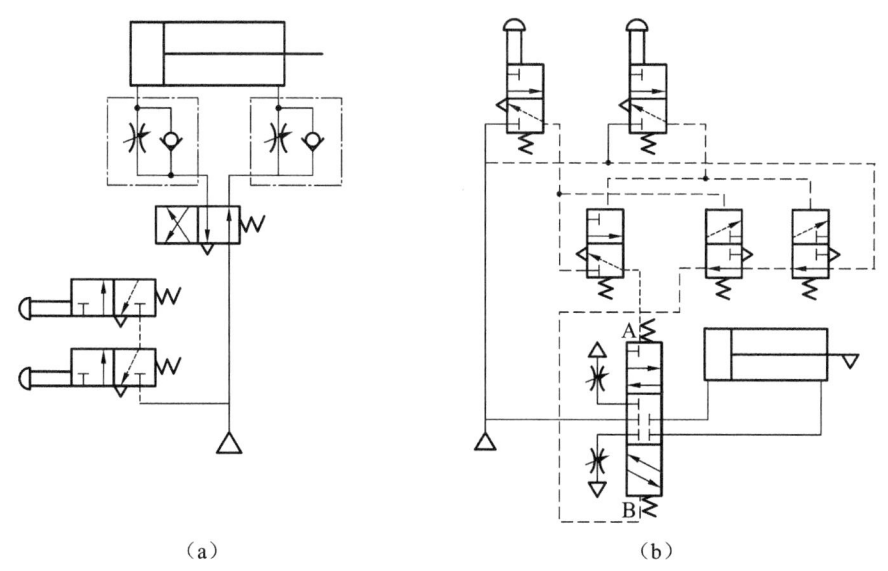

（a）　　　　　　　　　　　　　　（b）

图 13-14　双手同时操作回路

13.4.2　延时回路

图 13-15 所示为延时回路。图 13-15(a)为延时输出回路,当控制信号切换阀 4 后,压缩

空气经单向节流阀 3 向储气罐 2 充气。当充气压力经过延时升高致使阀 1 换位时,阀 1 就有输出。图 13-15(b)为延时接通回路,按下阀 8,则气缸向外伸出,当气缸在伸出行程中压下阀 5 后,压缩空气经节流阀到储气罐 6,延时后才将阀 7 切换,气缸退回。

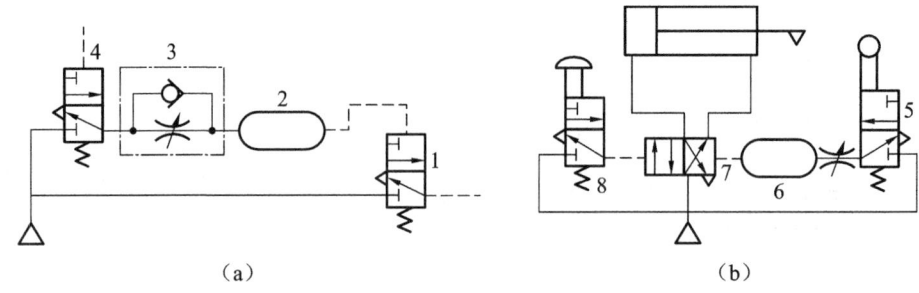

(a)   (b)

图 13-15　延时回路

1,4,5,8—行程阀;2,6—储气罐;3—单向节流阀;7—换向阀

13.4.3　往复动作回路

1. 单往复动作回路

图 13-16 所示为三种单往复动作回路。图 13-16(a)是行程阀控制的单往复回路;图 13-16(b)是压力控制的往复动作回路;图 13-16(c)是利用延时回路形成的时间控制单往复动作回路。

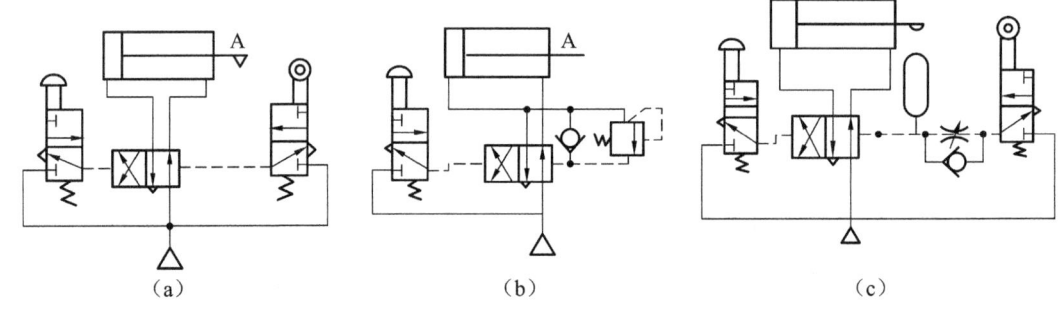

(a)   (b)   (c)

图 13-16　单往复动作回路

由以上可知,在单往复动作回路中,每按下一次按钮,气缸就完成一次往复动作。

2. 连续往复动作回路

图 13-17 所示为较简单的采用机控阀实现连续往复动作的回路,属于位置控制式连续往复动作回路。拉动手动阀 1 使其处于右位,则二位五通阀 2 被切换,活塞前进。当活塞达到行程终点时压下行程阀 4,使二位五通阀 2 复位,活塞则后退。当活塞达到行程终点时压下行程阀 3,使二位五通阀 2 再次被切换,活塞再次前进。只要手动阀 1 不改变启动状态,气缸将连续不断运动,直至该阀复位,活塞才停于后退位置。

13.4.4　多缸顺序动作回路

两只、三只或多只气缸按一定顺序动作的回路,称为多缸顺序动作回路。在一个循环顺

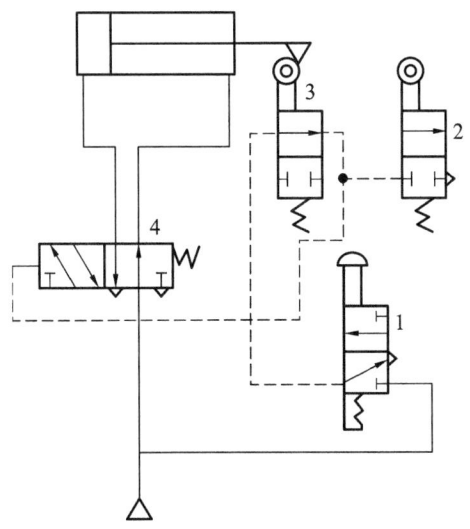

图 13-17　连续往复动作回路

1—手动阀；2—二位五通阀；3,4—行程阀

序里,若气缸只做一次往复,称之为单往复顺序,若某些气缸做多次往复,就称为多往复顺序。若用 A、B、C⋯表示气缸,用下标 1,0 表示活塞的伸出和缩回,则两只气缸的基本顺序动作有 $A_1B_0A_0B_1$、$A_1B_1B_0A_0$ 和 $A_1A_0B_1B_0$ 三种。而三只气缸的基本动作就有 15 种之多如 $A_1B_1C_1A_0B_0C_0$、$A_1A_0B_1C_1C_0B_0$、$A_1A_0B_1C_1B_0C_0$、$A_1B_1C_1A_0C_0B_0$ 等。这些顺序动作回路,都属于单往复顺序,即在每一个程序里,气缸只做一次往复,多往复顺序动作回路,其顺序的形成方式,将比单往复顺序多得多。

◀ 13.5　典型气动系统实例 ▶

13.5.1　气动机械手

气动机械手结构简单、制造成本低廉,可根据各种自动化设备的工作需要按规定的控制程序动作。它以气压为动力驱动执行件动作,而控制执行件动作的各类阀都是电磁气动控制的系统,因此它在自动生产设备和生产线上被广泛应用。

图 13-18 为某通用机械手结构示意图。它由真空吸头、水平气缸、垂直气缸、齿轮齿条副、回转气缸及小车组成。一般可用于装卸轻质、薄片工件,若更换适当的手指部件,还能完成其他工作。其基本工作循环是:垂直气缸上升→水平气缸伸出→回转气缸置位→回转气缸复位→水平气缸回缩→垂直气缸下降,其相应的气压传动系统原理图如图 13-19 所示。空气压缩机输出的压缩空气进入储气罐后,经安全阀和压力继电器的共同作用获得压力等于压力继电器调定值的稳定压力(安全阀用于限制气罐的最高压力)。储气罐内一定压力的压缩空气由截止阀流出,经油水分离器和分水过滤器的过滤和净化,再经减压阀减压获得系统所需的压力气源。只要相应的气路打开,具有一定压力的压缩空气便从该气源流出,途经

油雾器把润滑油雾吸入气流中,分送至有关气缸。

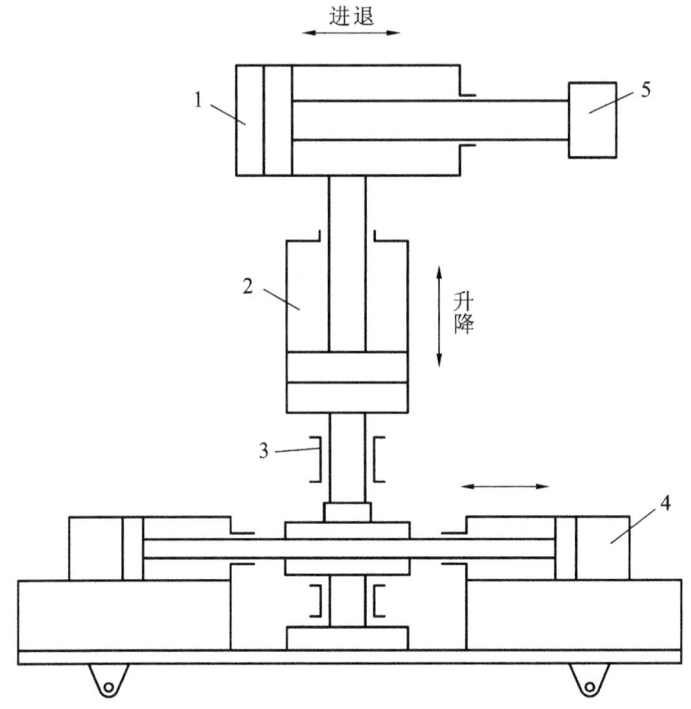

图 13-18　通用机械手结构示意图

1—水平缸;2—垂直缸;3—齿轮齿条副;4—回转机构缸;5—真空吸头

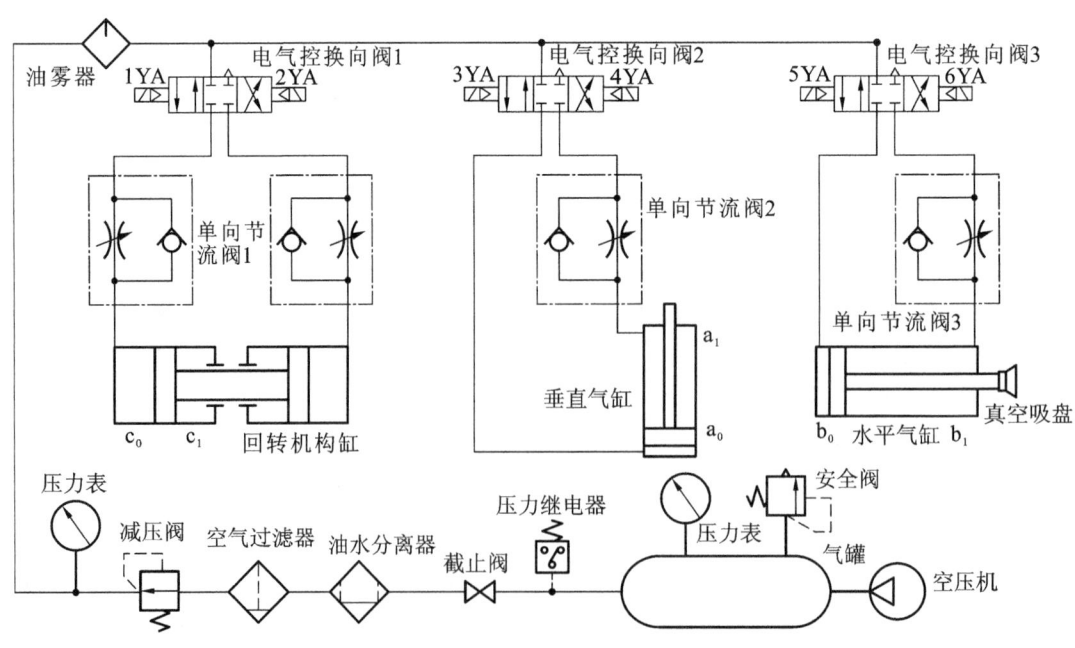

图 13-19　机械手气压传动系统原理

a_0,a_1,b_0,b_1,c_0,c_1——磁接近开关或行程开关

根据上述的基本工作循环,系统的工作原理如下。

1. 垂直气缸上升

按下启动按钮,4YA 通电,电气控换向阀 2 处于右位,其气路为:

气源→油雾器→电气控换向阀 2 右位→垂直气缸下腔;

垂直气缸上腔→单向节流阀 2 节流口→电气控换向阀 2 右位→大气。

4YA 断电,垂直气缸停止上升。

2. 水平气缸伸出

当垂直气缸活塞在其挡块触碰到电气行程开关 a_1 时,电气行程开关 a_1 发出信号使 4YA 断电、5YA 通电,则电气控换向阀 2 处于中位,垂直气缸停止上升,电气控换向阀 3 处于左位,其气路为:

气源→油雾器→电气控换向阀 3 左位→水平气缸左腔;

水平气缸右腔→单向节流阀 3 节流口→电气控换向阀 3 左位→大气。

3. 回转机构置位

当水平气缸活塞伸至预定位置挡块触碰到行程开关 b_1 时,5YA 断电,水平气缸停止伸出,1YA 通电时,电气控换向阀 1 处于左位,真空吸头吸取工件,其气路为:

气源→油雾器→电气控换向阀 1 左位→单向阀→回转机构缸左腔;

回转机构缸右腔→单向节流阀 1 节流口→电气控换向阀 1 左位→大气。

当齿条活塞杆到位时,真空吸头工件在下料点下料,挡块触碰开关 c_1 使 1YA 断电、2YA 通电时,回转机构缸停止后又向反方向复位。

从回转机构缸复位动作→水平气缸复位→垂直气缸下降至原位,全部动作均由电气行程开关发信号引发相应的电磁铁使换向阀换向后得到,其气路与上述正好相反。到垂直气缸复原位时,碰到行程开关 a_0 时,使 3YA 断电而结束整个工作循环。如再给启动信号,将进行上述同样的工作循环。

13.5.2 工件夹紧气压装置

此工件夹紧气压装置结构简单,工作效率高,故常用于机械加工自动线和组合机床中。图 13-20 为某工件夹紧气压装置传动系统图。

其动作循环是:工件置位→气缸 A 活塞杆伸出→工件定位后气缸 B 和气缸 C 的活塞杆伸出→工件侧面被夹紧后加工→气缸 A、B、C 的活塞杆退回→工件松开。

其工作原理描述如下:

启动阀 1,气缸 A 上腔进气,气缸 A 活塞杆下降,定位工件,使行程阀 2 换向,压缩空气经单向节流阀 5 进入气控换向阀 6 右侧,使换向阀 6 处于右位,压缩空气经换向阀 6 右位、换向阀 4 左位,使气缸 B 的左腔及气缸 C 的右腔进气,两活塞前进,工件被夹紧及加工;同时气缸 B 的左腔及气缸 C 的右腔的部分空气经阀 3 进入阀 4 右侧,压缩空气单向节流阀 3 调定延时后使换向阀 4 换向,气缸 B 及 C 的活塞杆回到原来位置。同时气缸 B 的右腔及气缸 C 的左腔部分空气进入阀 1,接通右位,使气缸 A 的活塞杆回到原位,行程阀 2 及换向阀 6 复位,阀 4 自动复位,完成一个工作循环。

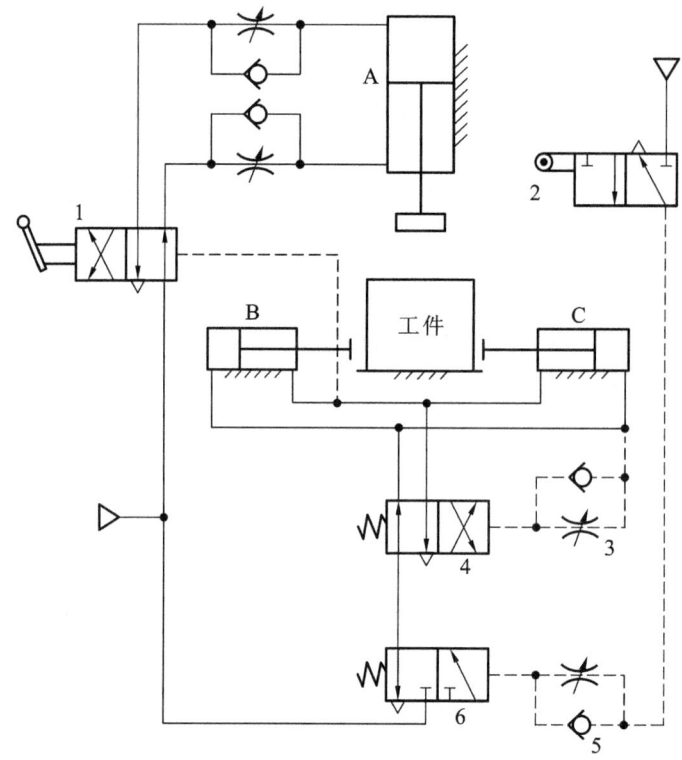

图 13-20 工件夹紧气压传动系统

1—手动阀;2—行程阀;3,5—单向节流阀;4,6—换向阀

本 章 小 结

本章主要介绍了气动基本回路的组成和工作原理。通过图例,详细介绍了压力控制回路、速度控制回路、换向回路的组成、类型、各自的性能特点和应用场合。这些回路是复杂气动系统的基本结构单元,是系统设计和计算的基础。

此外,通过气动系统实例简要地讲述了气动机械手系统、工件夹紧系统的组成和工作原理。

附录 A 常用液压传动图形符号

附表 A-1 基本符号、管路及连接

名　　称	符　　号	名　　称	符　　号
工作管路		节流	
控制管路		可调性符号	
连接管路		带单向阀的快换接头	
交叉管路		不带单向阀的快换接头	
柔性管路		单通路旋转接头	
组合元件线		三通路旋转接头	
液压符号		直接排气口	
气压符号		带连接排气口	
弹簧		单向放气装置	
连续放气装置		间断放气装置	

附表 A-2　控制机构和控制方法

名　称	符　号	名　称	符　号
按钮式 人力控制		双作用 电磁铁	
手柄式 人力控制		比例电磁铁	
踏板式 人力控制		加压或 泄压控制	
顶杆式 机械控制		内部压 力控制	
弹簧控制		外部压 力控制	
滚轮式 机械控制		液压先 导控制	
单作用 电磁铁		电-液 先导控制	
气压先 导控制		电磁-气压先导控制	

附表 A-3　泵、马达和缸

名　称	符　号	名　称	符　号
单向定量 液压泵		双向定量 液压泵	
单向变量 液压泵		双向变量 液压泵	
空气压缩机		摆动马达 （液压、气压）	
单向定量 马达		液压整体式 传动装置	
双向 定量马达		单作用 弹簧复位缸	详细符号　简化符号
单向 变量马达		单作用 伸缩缸	
双向变量 电动机		双作用 单活塞杆缸	详细符号　简化符号 详细符号　简化符号

名　称	符　号	名　称	符　号
定量液压泵 -马达		双作用双 活塞杆缸	详细符号　简化符号
变量液压泵 -马达			
液压源		双向缓冲缸 （可调）	详细符号　简化符号
压力补偿 变量泵			
单向缓冲缸 （可调）	详细符号　简化符号 	双作用 伸缩缸	

附表 A-4　控制元件

名　称	符　号	名　称	符　号
直动式 溢流阀		先导式 减压阀	
先导式 溢流阀		直动式 顺序阀	

名　称	符　号	名　称	符　号
先导式比例电磁溢流阀		先导式顺序阀	
直动式减压阀		卸荷阀	
双向溢流阀		溢流减压阀	
不可调节流阀		旁通式调速阀	详细符号　　简化符号
可调节流阀	详细符号　　　简化符号	单向阀	详细符号　　　简化符号
调速阀	详细符号　　简化符号	液控单向阀	弹簧可以省略

名　　称	符　　号	名　　称	符　　号
温度补偿调速阀	详细符号　　简化符号	液压锁	
带消声器的节流阀		快速排气阀	
二位二通换向阀	(常闭式)	二位五通换向阀	
二位三通换向阀		三位四通换向阀	
二位四通换向阀		三位五通换向阀	

附表 A-5　辅助元件

名　　称	符　　号	名　　称	符　　号
过滤器		蓄能器（一般符号）	
磁芯过滤器		蓄能器（气体隔离式）	

续表

名　称	符　号	名　称	符　号
污染指示过滤器		压力计	
冷却器		液面计	
加热器		温度计	
流量计		电动机	
压力继电器	详细符号　简化符号	原动机	
压力指示器		行程开关	详细符号　简化符号
分水排水器		空气干燥器	
		油雾器	

名　称	符　号	名　称	符　号
空气过滤器		气源调节装置	
		消声器	
除油器		气-液转换器	
		气压源	

参 考 文 献

［1］雷天觉.新编液压工程手册［M］.北京:北京理工大学出版社,1998.

［2］李壮云.中国机械设计大典第5卷机械控制系统设计［M］.南昌:江西科学技术出版社,2002.

［3］周士昌.液压系统设计图集［M］.北京:机械工业出版社,2004.

［4］黎启柏.液压元件手册［M］.北京:冶金工业出版社,机械工业出版社,2000.

［5］王守城,容一鸣.液压与气压传动［M］.北京:中国林业出版社,北京大学出版社,2008.

［6］容一鸣,陈传艳.液压传动［M］.北京:化学工业出版社,2009.

［7］张玉平,液压传动［M］.武汉.华中科技大学出版社,2017.

［8］左建民.液压与气压传动.5版［M］.北京:机械工业出版社,2016.

［9］容一鸣.汽车液压传动［M］.广州:华南理工大学出版社,2011.

［10］马恩,李素敏.液压与气压传动［M］.北京:北京大学出版社,2017.

［11］隋文臣.液压与气压传动［M］.重庆:重庆大学出版社,2007.

［12］杨逢瑜.电液伺服与电液比例控制技术［M］.北京:清华大学出版社,2009.

［13］牛国玲,李彩花,胡晓平.液压与气压传动［M］.北京:北京大学出版社,2019.

［14］李壮云,葛宜远.液压元件与系统［M］.北京:机械工业出版社,2000.

［15］张磊.实用液压技术300题［M］.北京:机械工业出版社,1998.

［16］郗志刚,张鹏,刘朝福.液压与气压传动［M］.成都:西南交通大学出版社,2017.

［17］卢光贤.机床液压传动与控制［M］.西安:西北工业大学出版社,1993.

［18］王宝和.流体传动与控制［M］.长沙:国防科技大学出版社,2001.

［19］官忠范.液压传动系统［M］.北京:机械工业出版社,1998.

［20］骆简文,雷宝苏,张卫.液压传动与控制［M］.重庆:重庆大学出版社,1994.

［21］张保生,史双喜,李晓星.液压与气动技术［M］.西安:西北工业大学出版社,2017.

［22］何存兴,张铁华.液压传动与气压传动［M］.武汉:华中科技大学出版社,2000.

［23］朱新才.液压传动与控制［M］.重庆:重庆大学出版社.

［24］李兵,黄方平.液压与气压传动［M］.武汉:华中科技大学出版社,2015.

［25］刘延俊.液压与气压传动［M］.北京:机械工业出版社,2003.

［26］许明.液压与气压传动［M］.西安:西安电子科技大学出版社,2018.

［27］许福玲,陈尧巩.液压与气压传动［M］.2版.北京:机械工业出版社,2005.

［28］贾铭新.液压传动与控制［M］.北京:国防工业出版社,2001.

［29］刘延俊.液压与气压传动［M］.北京:机械工业出版社,2014.

［30］明仁雄,王会雄.液压与气压传动［M］.北京:国防工业出版社,2003.

［31］王积伟.液压与气压传动［M］.北京:机械工业出版社,2019.

［32］章宏甲,黄谊,王积伟.液压与气压传动［M］.北京:机械工业出版社,2000.